国家出版基金资助项目

"十三五"国家重点出版物出版规划项目

重有色金属冶金
生产技术与管理手册

锌 卷

中国有色金属学会重有色金属冶金学术委员会组织编写

唐谟堂 总主编　　尉克俭 副总主编　　王 辉 主编

Handbook for Metallurgical Production Technology and
Management of Heavy Nonferrous Metals
Zinc Volume

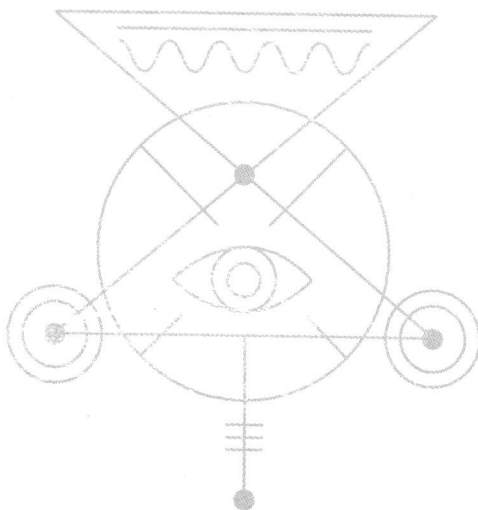

中南大学出版社
WWW.csupress.com.cn
·长沙·

图书在版编目（CIP）数据

重有色金属冶金生产技术与管理手册 锌卷／唐谟堂总主编. —长沙：中南大学出版社，2020.10
（重有色金属冶金生产技术与管理手册）
ISBN 978-7-5487-2770-5

Ⅰ.①重… Ⅱ.①唐… Ⅲ.①炼锌－技术手册②炼锌－生产管理－手册 Ⅳ.①TF81-62

中国版本图书馆 CIP 数据核字（2020）第 068653 号

重有色金属冶金生产技术与管理手册 锌卷
ZHONGYOUSEJINSHU YEJIN SHENGCHAN JISHU YU GUANLI SHOUCE XIN JUAN

总主编　唐谟堂

□责任编辑	史海燕　张琨瑜
□责任印制	易红卫
□出版发行	中南大学出版社
	社址：长沙市麓山南路　　　邮编：410083
	发行科电话：0731-88876770　传真：0731-88710482
□印　　装	长沙市宏发印刷有限公司

□开　　本	787 mm×1092 mm 1/16	□印张 23.25	□字数 465 千字
□版　　次	2020 年 10 月第 1 版	□2020 年 10 月第 2 次印刷
□书　　号	ISBN 978-7-5487-2770-5
□定　　价	80.00 元

重有色金属冶金生产技术与管理手册

编写组织单位及负责人

中国有色金属学会重有色金属冶金学术委员会

主　　任　陆志方

副 主 任　张传福　彭金辉　蒋开喜

　　　　　张廷安　周　民　黄明金

秘 书 长　尉克俭

副秘书长　陈　莉

重有色金属冶金生产技术与管理手册
锌　卷

编委会

主　　任　陆志方

副 主 任　唐谟堂　刘朗明　张廷安

　　　　　尉克俭　郑金华

委　　员　王　辉　李若贵　王浩宇

　　　　　戴孟良　陈为亮　周玉林

　　　　　李德磊　刘野平　张　琦

　　　　　袁建明　龙　双　刘卫平

　　　　　俞　兵　赵兴伟　杨林平

　　　　　张国辉　陈　莉

秘 书 长　陈　莉

内容简介

　　《重有色金属冶金生产技术与管理手册》总结了我国六十多年来，特别是近三十多年来在重有色金属冶金技术、单元过程(工序)生产实践与管理方面的经验和进步。全书共6卷，按铜卷、镍钴卷、铅卷、锌卷、锡锑铋卷和综合利用及通用技术卷先后出版，分别介绍重有色金属及伴生元素在先进工艺冶炼生产中各单元过程的生产实践和管理状况，收集了大量技术数据和实例。本手册与以前出版的手册或相关书籍有显著区别，其主要特点和创新之处是突出设备运行及维护；突出生产实践与操作，包括工艺技术条件与指标、操作步骤及规程、常见事故及其处理；突出计量、检测和自动控制；突出单元生产过程(工序)管理，包括原辅助材料、能量消耗、金属回收率、产品质量和生产成本的控制与管理。手册可供冶金、检测与自动控制、安全与环保、企业管理专业人员参考，亦可作为上述专业职业院校的教材，更可供冶炼厂基层单位(车间、工段)生产人员学习借鉴。

　　锌卷共6章。第1章绪言，简介锌的性质、资源、生产方法、基本原理、应用以及发展。第2章精矿炼前处理，包括硫化锌精矿流态化氧化焙烧和硫化铅锌混合精矿烧结焙烧2个部分。第3章湿法炼锌，介绍了常规浸出、高温高酸浸出、硫化锌精矿氧压直接浸出、硫化锌精矿富氧常压直接浸出、氧化矿浸出、黄钾铁矾法除铁、针铁矿法除铁、硫酸锌溶液深度净化、锌电积、电锌熔铸、回转窑挥发法和烟化炉法处理锌浸出渣等生产过程的设备运行、生产实践与管理情况，系统地展示了我国十多年来在湿法炼锌工业中取得的技术进步。第4章火法炼锌，介绍了密闭鼓风炉炼锌、电炉炼锌粉和粗锌精馏精炼的设备运行、生产实践与管理情况。第5章介绍了锌冶炼安全生产和劳动卫生。第6章介绍了锌冶炼三废治理与环境保护。

序言

Preface

　　20世纪80年代以来，我国重有色金属冶金行业发生了翻天覆地的变化，技术进步在行业发展过程中发挥了主要的引领与推动作用。一方面通过原始创新和集成创新，另一方面通过引进、消化和再创新，行业取得了一大批重大成果，工艺技术和核心装备都已经从引进走向出口，实现了从跟进到引领的重大转变，推动我国重有色金属冶金领域的主体工艺和技术达到世界先进水平。

　　底吹和侧吹富氧熔池熔炼就是自主原始创新的典型范例：底吹富氧熔池熔炼从无到有，从半工业试验研究到产业化应用，从铅精矿的氧化熔炼到液态氧化铅渣的还原熔炼，再扩展到铜、金精矿的造锍熔炼，铜锍吹炼和阳极泥处理，为重有色金属冶金工艺技术的发展和进步开辟了新途径。侧吹富氧熔池熔炼从铜、镍精矿造锍熔炼和锍吹炼到铅的冶炼，其装备技术也不断发展，从白银炉到金峰炉乃至浸没燃烧侧吹炉等，使侧吹富氧熔池熔炼工艺的应用快速拓展，全面应用在老厂改造和新厂建设中，技术水平大为提升。

　　闪速熔炼和基夫赛特冶炼等悬浮冶金工艺以及顶吹熔池熔炼工艺是引进、消化和再创新的典型范例：闪速熔炼产能大，广泛应用于铜、镍精矿的造锍熔炼和铜锍吹炼。基夫赛特冶炼实现了铅精矿及铅物料的直接冶炼，原料适应性广，综合利用好。顶吹熔池熔炼工艺，无论是艾萨法还是澳斯麦特法，首先应用于铜精矿的造锍熔炼和锡精矿的还原熔炼，随后扩展到铅冶炼和镍精矿的造锍熔炼以及铜锍吹炼，实现了从引进、完善、拓展到创新突破的水平提升。

　　镍铁冶金工艺与技术，从无到有，从小高炉、小电炉冶炼低品位含镍生铁，发展到转底炉、回转窑等煤基直接还原生产高品位镍铁。从与国外的技术合作，发展到自主设计开发、深入开展RKEF工艺与技术研究，使之实现产业化应用，在节能、环保、大型化等方面均取得长足的进步。此外，在羰化冶金以及原料干燥等预处理技术方面，也都取得了可喜的进步。

　　湿法冶金的电解工艺与技术，从小板到大板，从人工作业到自动化生产线，从始极片到永久阴极，从低电流密度到高电流密度，技术水平不断提升。湿法冶金的堆浸和槽浸工艺也有较大技术进步；硫化锌精矿、硫化铜钴矿、复杂金矿、高镍锍和红土矿的中高压浸出均实现规模化生产，使伴生资源得到综合回收和利用。从控制手段到工艺作业条件，无论是应用的广度还是技术的整体水平，均实现了质的飞跃。此外，在溶剂萃取、电解液净化等方面，也都取得了骄人的成绩。

在二次资源处理工艺与技术方面，从倾动炉、顶吹旋转转炉的技术引进到侧吹浸没燃烧技术的自主创新，从高品位紫杂铜的处理到低品位复杂物料的综合回收，再到硫酸铅泥膏的高效回收，从与硫化矿搭配处理到原料细分、短流程利用，二次资源利用的整体技术水平得到显著提升。

在装备技术方面，技术进步的成果更是令人赞叹：到目前为止，我国几乎已经占有了世界上重有色金属冶金领域所有主要工艺技术的规模之最，各种工艺最大的主体装备多数集中在我国，并且是由我们自己设计制造的。

技术进步推动了全行业的健康发展，科技创新支撑了行业技术的不断进步。创新是我们进步与发展的原动力。我国重有色金属冶炼行业的技术进步充分证明了这一点。为总结我国重有色金属冶炼行业的技术进步成果，反映冶金生产单元过程生产实践和管理方面的技术进步和经验，中国有色金属学会重有色金属冶金学术委员会集聚行业一线的专家、教授编写了《重有色金属冶金生产技术与管理手册》。与此前出版的同领域各种技术手册、专著不同，本手册侧重于生产实践与操作，包括各单元过程工艺技术指标、设备运行及维护、操作步骤及规程、常见事故及其处理，以及过程物流、能源、质量、成本测控与管理。作为一种新的探索和尝试，希望能够给读者提供更多的资讯和帮助。

此书面世，有赖于全国各重有色金属冶炼企业给予的极大支持，得益于参编人员付出的艰辛努力，我代表手册组织单位向以总主编及各卷主编为代表的所有为此付出心血、提供支持的各位专家、教授、领导、同仁致以衷心的感谢！相信手册的出版发行，必将为推动行业技术与管理水平的持续提升、促进我国重有色金属冶金行业的创新发展发挥重要作用。

中国有色金属学会重有色金属冶金学术委员会主任委员
中国有色工程有限公司党委书记、执行董事、总经理
中国恩菲工程技术有限公司董事长

陆志方

前言

近三十多年来，我国重有色金属冶金技术取得长足进步。20 世纪 80 年代，我国引进的铜闪速熔炼、锌大型硫态化焙烧技术获得成功，之后我国自行研发的底吹、侧吹富氧熔池熔炼工艺和引进的顶吹熔炼、锌精矿直接浸出工艺成功应用，并在铜、铅、锌、锡、镍冶金中快速推广。针对这种情况，已出版了一些介绍重有色金属冶金技术成就的书籍，但尚未介绍冶金生产单元过程(工序)的技术参数执行、过程控制和管理方面的进步和经验，而这些对冶金生产是非常重要的，各冶炼厂将其作为内部资料，从不公开发表，很少彼此交流。

在上述背景下，中国有色金属学会重有色金属冶金学术委员会(简称重冶学委会)决定组织《重有色金属冶金生产技术与管理手册》的编写。2010 年 3 月在昆明召开的"低碳经济条件下重有色金属冶金技术发展研讨会"期间召集重有色金属冶金行业的参会人员对该手册的编写事宜进行专门讨论，确定了中南大学唐谟堂教授任总主编，受学委会委托，尉克俭秘书长号召各单位积极参编，提出可撰稿的内容范围，推荐编写人员和编委。2011 年 11 月在深圳召开的"全国重有色金属冶炼资源综合回收利用与清洁生产技术经验交流会"期间，学委会又组织参会人员进行了第二次专门讨论，确定了入编原则，研讨了总主编提出的编写提纲，确定突出单元生产过程(工序)的生产实践与管理是本手册的特色；根据各单位的推荐和对撰稿范围的要求，初步确定了铜、镍钴及铅、锌的责任主编和编写分工。之后又确定了锡、锑、铋和综合利用及通用技术的责任主编和编写分工。

在重冶学委会的组织下，各卷分别召开两次以上的编写工作会议，确定编写细纲和部分撰稿任务调整。初稿完成后交责任主编汇总和审改，汇总稿交总主编审核修改，对撰稿人提出修改补充要求，然后返回撰稿人进行补充和修改，补充修改的内容返回后，总主编进行第二次审改，二审稿由总主编和副总主编终审定稿。

重冶学委会副秘书长陈莉女士对手册编写做了大量的组织联络工作，中南大学出版社给予大力支持，本手册已列入国家"十三五"重点出版物出版规划项目。

　　《重有色金属冶金生产技术与管理手册》总结了我国六十多年来，特别是近三十多年来在重有色金属冶金技术、单元过程（工序）生产实践与管理方面的经验和进步。手册突出设备运行及维护，突出生产实践与操作，强调计量、检测和自动控制，突出单元生产过程（工序）管理，是一部大型工具书，可供冶金、检测与自动控制、安全与环保、企业管理专业人员参考，亦可作为上述专业职业院校的教材，更可供冶炼厂基层单位（车间、工段）生产人员学习借鉴。

　　参与和完成锌卷编写工作的单位有：株洲冶炼集团股份有限公司、中南大学、中国恩菲工程技术有限公司、东北大学、韶关冶炼厂、丹霞冶炼厂、云南驰宏锌锗股份有限公司、白银有色集团股份有限公司、云南祥云飞龙再生科技股份有限公司、昆明理工大学。

　　锌卷各章节的撰稿人如下：第1章张廷安。第2章：2.1王辉，2.2王浩宇、王辉，2.3戴孟良、袁祥旦、黄大霜、李勇。第3章：3.1陈为亮，3.2.1周玉琳，3.2.2李德磊、孙国记，3.2.3刘野平、张登凯、王李娟、陈思象、胡东风、周东风、袁涛，3.2.4苗华磊、王辉，3.2.5张琦、赵永波，3.3.1王辉，3.3.2李德磊、孙国记，3.3.3刘野平、张登凯、王李娟、陈思象、尹朝晖、李昭、郑莉莉、高艳芬、曾日明、余锋、李铭、刘标，3.4袁建明，3.5龙双，3.6及3.7.1王辉，3.7.2刘卫平，3.7.3俞兵、马绍斌、王勇、张云良、张红、张玉涛。第4章：4.1王辉，4.2.1赵兴伟、张建立、曹逻涛、张全玉，4.2.2俞兵、孙祖禄、张云良、杨伟，4.3杨林平、罗琨、王国富、李勇。第5章：张国辉、王辉（5.3.2除外），5.3.2陈建华。第6章王辉。

　　由于编者学识水平有限，手册中错误在所难免，敬请各位同行和读者批评指正，以便再版时修正。

目录

Contents

第1章 绪 言

我国是世界上最早生产锌的国家,明朝《天工开物》记载,我国从唐朝就已经开始用火法还原熔炼工艺生产锌,锌的冶炼方法最初是由我国传至欧洲等地,18世纪前欧洲使用的锌大多从我国和印度购买。

1758年以前,炼锌的原料主要是氧化锌矿。随着直接焙烧硫化锌矿炼锌工艺专利的提出,1798年平罐炼锌法投入生产,在其后相当长一段时间内,大部分金属锌是用平罐法生产的。火法炼锌在20世纪有很大发展,1929年美国新泽西公司改进并完善了竖罐炼锌过程,使之成为锌的连续蒸馏系统;1935年,St. Joseph铅公司首先使用了电热方法,使得炼锌过程得到改进;1959年,英国帝国熔炼法开发成功并投入工业生产,即在密闭鼓风炉中直接处理铅锌混合精矿产出粗铅和粗锌,至今在处理复杂锌铅原料方面仍具有一定的竞争力。

湿法炼锌的第一个半工业试验开始于1881年。1916年美国Anacond锌厂首先将硫酸湿法炼锌方法应用于工业生产,由于其能够实现设备的大型化并能弥补火法炼锌的某些缺陷,自问世以来发展迅速。湿法炼锌的主要特点是能够综合回收有价金属,金属回收率高,产品质量好,易于实现大规模、连续化、自动化生产。因此,随着湿法炼锌技术不断完善和发展,不到半个世纪,产量超过了火法炼锌,目前湿法炼锌产量已超过锌总产量的80%。

湿法炼锌正向大型化、联合工艺和加压浸出方向发展,生产线规模不断扩大。如我国第1台配套100 kt/a电锌的109 m² 鲁奇式流态化焙烧炉于1992年5月在白银有色集团股份有限公司(白银有色集团)投产,后来株洲冶炼集团(株冶集团)、云南驰宏锌锗股份有限公司(驰宏锌锗)、河南豫光金铅股份有限公司(豫光金铅)等相继采用。2016年,中国恩菲工程技术有限公司设计的152 m² 流态化焙烧炉在西北铅锌冶炼厂投产,配套150 kt/a电锌。联合工艺包括两个方面,一是不同的湿法炼锌方法联合;二是氧化浸出湿法炼锌工艺与一步炼铅工艺相结合,如株冶集团将直接空气浸出湿法炼锌工艺与基夫赛特一步炼铅工艺相结合,炼铅过程"吃掉"含硫高的锌浸出渣,不仅解决湿法炼锌废渣污染环境的难题,而且综合回收锌精矿中的硫、铅、锌、银等有价元素,获得硫及硫化物燃烧的大量能量。20世纪70年代加拿大开始锌的加压浸出实验研究,并于1981年投入工业生产,建立了世界上第一个锌精矿加压酸浸工厂。我国于21世纪初开始锌精矿的氧压酸浸研究,并投入生产应用,目前已建立多条工业生产线。随着清洁环保的锌精矿加压酸浸技术的提出,锌冶金技术的发展达到了新的高度。

1.1 锌及其化合物的性质

1.1.1 锌的物理性质

锌是化学元素周期表中第 4 周期 ⅡB 族元素，是一种白而略带蓝灰色的金属，断面具有金属光泽。锌的熔点和沸点都较低，质软，有展性，熔化后流动性很好。锌的主要物理性质列于表 1-1。

锌是重金属，原子序数为 30，相对原子质量为 65.38，20℃下密度为 7.14 g/cm³，熔点为 692.7 K。由于锌熔点低，液态流动性好，在压力浇铸时能充满模内，所以常作为精密铸件的原料。液态金属锌的沸点比较低，其蒸汽压随温度升高而迅速增加。在不同温度下锌的蒸汽压列于表 1-2。

表 1-1　锌的物理性质

原子量	原子半径/nm	熔点/K	沸点/K	熔化热/(kJ·mol^{-1})	汽化热/(kJ·mol^{-1})	莫氏硬度	熔点下液体黏度/(mN·m^{-1})
65.37	0.1332	692.7	1179.97	7.28	114.7	2.5	3.85

线膨胀系数(293~523 K)/K^{-1}	熔点下液体表面张力/(mN·m^{-1})	电阻/(μΩ·cm^{-1})		密度/(g·cm^{-3})			
		固(293 K)	液(692 K)	固(298 K)	固(692 K)	液(692 K)	液(1073 K)
39.7×10^{-6}	782	5.96	37.3	7.14	6.83	6.62	6.25

导热率/(W·m^{-1}·K^{-1})				热容/(J·mol^{-1}·K^{-1})		
固(298 K)	固(692 K)	液(692 K)	液(1023 K)	固体(298~692.7 K)	液体	气体
113	96	61	57	22.40+10.05×10^{-3}T	31.40	20.80

表 1-2　不同温度下锌的蒸汽压

温度/K	692.7	773	973	1180	1223
蒸汽压/Pa	19.5	169	7982	101325	156347

锌有 3 种结晶状态：α 锌、β 锌和 γ 锌，其同质异形变化温度为 443 K 和 603 K。

锌在熔点附近的蒸汽压很小,但液态锌的蒸汽压随温度升高而迅速增大,在 1179.97 K 时即达 101325 Pa,火法炼锌就是利用了锌的这一特性。

1.1.2 锌的化学性质

锌的价态有 $Zn(0)$ 和 $Zn(Ⅱ)$,正常价态为 +2 价,$Zn(0)$ 能放出两个电子形成二价化合物。在室温下干燥空气对锌作用很小,高于 200℃ 时锌在干燥空气中便会迅速氧化,在潮湿而含有 CO_2 的空气中,锌的表面会逐渐氧化生成灰白色致密的碱式碳酸锌 $[ZnCO_3·3Zn(OH)_2]$ 薄膜层,紧粘在锌表面而阻碍其继续氧化。

锌是负电性金属,标准电位为 −0.76 V。金属锌能将比其电位更正的金属从溶液中置换出来,并能快速溶入多种矿物酸中。由于析氢的超电压,高纯金属锌可以抵抗稀硫酸的浸蚀,锌电积过程就是利用这一特性。各种纯度的金属锌都能溶于强碱水溶液形成锌酸盐。$Zn(Ⅱ)$ 能形成有机化合物,也能与阴离子、阳离子及中性配位体形成配合物。

锌能和多种金属形成合金,其中黄铜是最主要的锌合金,应用广泛。

1.1.3 锌的主要化合物

1. 硫化锌

硫化锌是炼锌的主要原料,呈白色或微黄色粉末。β 变体为无色立方晶体,密度 4.102 g/cm³,于 1293 K 转化为 α 型;α 变体为无色六方晶体,密度 3.98 g/cm³,熔点 1973 K,在 1473 K 时显著挥发,主要存在于闪锌矿中。硫化锌是一种难熔化合物,不溶于水、易溶于酸,见阳光后颜色变暗,久置潮湿空气中转变为硫酸锌。硫化锌一般由硫化氢与锌盐溶液作用而得,用作分析试剂与涂料、油漆、白色和不透明玻璃的原料,充填橡胶、塑料,以及用于制备蓝色荧光粉。

2. 氧化锌

氧化锌(ZnO),俗称锌白,难溶于水,可溶于酸和强碱,无天然矿物形式,自然界中主要以红锌矿石的形式存在。红锌矿中含有的少量锰元素等杂质使得矿石呈黄色或红色。当金属锌氧化、碳酸锌煅烧分解和硫化锌氧化时皆能生成氧化锌。

氧化锌熔点约为 2273 K,在 1473 K 时开始微量升华,1673 K 时挥发就十分激烈。氧化锌晶体受热时,会有少量氧原子溢出,使得物质显现黄色,当温度下降后晶体则恢复白色。当温度高于 823 K 时,ZnO 能与 Fe_2O_3 形成铁酸锌($ZnO·Fe_2O_3$)。

氧化锌是一种常用的化学添加剂,广泛应用于塑料、硅酸盐制品、合成橡胶、润滑油、油漆涂料、药膏、黏合剂、食品、电池、阻燃剂等产品的制作中。氧化锌的能带隙和激子束缚能较大,透明度高,有优异的常温发光性能,在半导体领域的液晶显示器、薄膜晶体管、发光二极管等产品中均有应用。此外，氧化锌及含有氧化锌的烟灰等可作为冶炼工业烟气的脱硫吸收剂。

3. 硫酸锌

硫酸锌有多种水合物：在 0～39℃与水相平衡的稳定水合物为七水硫酸锌，39～60℃内为六水硫酸锌，60～100℃内则为一水硫酸锌。当加热到 280℃时硫酸锌完全失去结晶水，680℃时分解为硫酸氧锌，750℃以上进一步分解，在 850℃左右其分解压即达 101325 Pa，最后在 930℃左右分解为氧化锌和三氧化硫。

无水硫酸锌为无色斜方晶体、颗粒或粉末，无气味，味涩，熔点 100℃，相对密度 1.957，易溶于水。自然界中发现有天然七水硫酸锌矿物，俗称皓矾。焙烧硫化锌、金属锌或氧化锌与硫酸反应都可以生成硫酸锌。硫酸锌用于制造立德粉，并用作媒染剂、木材防腐剂等。

4. 氯化锌

氯化锌为白色粒状、棒状或粉末，无气味，易吸湿。相对密度 2.907，熔点为 556 K，沸点 1005 K，在 773 K 左右显著挥发。$ZnCl_2$ 易溶于水，水中溶解度（g/100 g）分别为 432(298 K)、614(373 K)，溶于甲醇、乙醇、甘油、丙酮、乙醚，不溶于液氨。潮解性强，在空气中吸收水分而潮解。熔融氯化锌有很好的导电性能，灼热时有浓厚的白烟生成。氯化锌有腐蚀性，有毒，其水溶液对石蕊呈酸性，pH 约为 4。

氯化锌主要用作有机合成工业的脱水剂及催化剂，染织工业的媒染剂、丝光剂、上浆剂、增重剂及防腐剂，电池工业的石油净化剂和活性炭的活化剂，硬纸板和布制品的阻燃剂，等等。工业氯化锌分为 3 种型号：Ⅰ型主要为电池工业固体氯化锌；Ⅱ型主要为一般工业用固体氯化锌；Ⅲ型为氯化锌溶液，电池和一般工业均可用。

5. 碱式碳酸锌

碱式碳酸锌的分子式是一种不定式，可用通式 $XZnCO_3 \cdot YZn(OH)_2 \cdot ZH_2O$ 表示，锌含量为 57%～59%。当分子式为 $ZnCO_3 \cdot 2Zn(OH)_2 \cdot H_2O$ 时，其分子量为 342.15。主要天然矿物有水锌矿 $[2ZnCO_3 \cdot 3Zn(OH)_2]$。碱式碳酸锌外观为白色细微无定形粉末，无臭、无味，在空气中能缓缓吸收水分，不溶于水和醇，微溶于氨，能溶于稀酸和氢氧化钠溶液，在 300℃失去二氧化碳生成氧化锌。碱式碳酸锌物理性能随着工艺条件变化而变化。比重 4.42～4.45，折光率 1.62。

碱式碳酸锌可在医药卫生领域用作轻型收敛剂，配制炉甘石、皮肤保护剂；可用作乳胶制品原料，可生产人造丝，可以作为化肥行业的催化脱硫剂；在橡胶制品、油漆等化工产品中也广泛应用；在石油钻井中用作含 H_2S 油气井的缓蚀剂、除硫剂，碱式碳酸锌能与 H_2S 反应生成稳定的不溶性 ZnS，加入泥浆后不影响泥浆性能，可有效消除 H_2S 的污染和腐蚀。

6. 铁酸锌

铁酸锌($ZnFe_2O_4$)经常出现在锌精矿的焙烧产物中,属尖晶石类型,性质稳定,不溶于水和稀酸,具有较好的耐火度。熔点偏高,为 1863 K,在还原气氛下易于分解。

铁酸锌常被用作高级耐火材料,是一种性能优良的软磁材料,又是非常有代表性的烯类有机化合物氧化脱氢的催化剂,同时是具有很高光催化活性及对可见光敏感的半导体催化剂。铁酸锌纳米粒子还是性能优良的透明无机颜料。

7. 硅酸锌

硅酸锌(Zn_2SiO_4)为锌精矿焙烧的另一种产物,天然矿物有异极矿[$Zn_2SiO_4 \cdot H_2O$ 或 $Zn_4Si_2O_7(OH)_2 \cdot H_2O$]。硅酸锌属橄榄石型结构,性质稳定,相对密度 3.9~4.2 g/cm^3,熔点与铁酸锌相近,为 1782 K,在焙烧温度下属于不熔的组成物。偏硅酸锌(Zn_2SiO_3)的熔点为 1710 K。

1.2 锌资源

1.2.1 锌矿物资源

自然界中很少发现锌的单金属矿,锌一般多与铅、铜共生,并含有 Ag、Au、As、Sb、Cd 等元素及脉石。较常见的有闪锌矿(ZnS)、磁闪锌矿($nZnS - mFeS$)、菱锌矿($ZnCO_3$)、硅锌矿(Zn_2SiO_4)和异极矿($Zn_2SiO_4 \cdot H_2O$)。通常将含锌矿石分为硫化矿和氧化矿。

2015 年美国地质调查局发布数据显示,全球已探明锌资源储量基础约 19 亿 t,主要分布在亚洲、大洋洲、北美洲和南美洲。2015 年全球锌储量为 2.3 亿 t,锌储量较多的国家有中国、澳大利亚、美国、加拿大、哈萨克斯坦、秘鲁和墨西哥等国,其中澳大利亚、中国、美国和哈萨克斯坦的矿石储量占世界锌储量的 54% 左右,占世界基础储量的 64.66%,具体见表 1-3。

表 1-3 2015 年世界主要国家锌矿资源储量   kt

国家	储量	国家	储量
澳大利亚	62000	秘鲁	29000
中国	43000	墨西哥	16000

续表 1-3

国家	储量	国家	储量
美国	10000	爱尔兰	1100
加拿大	5900	哈萨克斯坦	10000
玻利维亚	4500	其他	42000
印度	11000	世界总计	234500

　　我国锌资源的特点是多金属硫化物共生矿床多，矿石类型复杂，较难分选，成分复杂，但综合利用价值高。我国的铅锌矿是镉、铟、银等金属的主要矿源，也是硫、铋、锗、铊、碲等有价元素的重要来源。据国土资源部发布的《2014 年中国国土资源公报》显示，截至 2014 年，我国查明锌矿资源金属储量为 144.219 Mt（1.44219 亿 t）。至 2007 年全国已探明的锌矿床 778 处，保有地质储量较多的省份有云南、广东、湖南、甘肃、广西、内蒙古、四川和青海等。其中云南为首，占全国 21.8%；内蒙古次之，占 13.5%；其他如甘肃、广东、广西、湖南等的锌矿资源也较丰富，均在 6 Mt 以上。我国铅锌资源分布比例如表 1-4 所示。

表 1-4　中国铅锌资源各大区分布比　　　　　　%

全国	中南	西南	西北	华北	华东	东北
100	27.8	22.7	15.3	16.1	14	4.1

　　硫化锌精矿是生产锌的主要原料，成分实例见表 1-5。

表 1-5　我国硫化锌精矿成分实例　　　　　　%

精矿来源	Zn	Pb	S	Fe	Cu	Cd	As	Sb	SiO$_2$	$\rho(Ag)$ /(g·t^{-1})
湖南某矿	44.83	0.98	32.43	15.60	0.64	0.20	<0.20	0.001	1.32	80
黑龙江某矿	51.34	0.88	32.53	11.48	0.12	0.02	0.04	0.02	0.50	85
广东某矿	51.92	1.40	32.69	7.03	0.20	0.14	<0.20	0.01	3.88	180
甘肃某矿	55.00	1.09	30.35	4.40	0.04	0.12	0.01	0.011	3.05	33

　　表 1-5 说明，硫化锌精矿的主要成分为：锌 45%~60%；铁 5%~15%；硫的含量变化不大，为 30%~33%。可见，锌精矿的主要组分为 Zn、Fe 和 S，三者共占总重的 90% 左右。从经济价值来考虑，首先应该回收锌和硫，因为两者加起

来占精矿总量的80%左右。从冶炼过程和回收率来考虑，铁是最主要的杂质金属，采用的冶炼工艺要有利于原料中的锌铁分离，相近的化学性质决定了二者在冶金过程中的行为相似，应使铁全部进入熔炼渣或湿法冶金浸出渣或除铁渣中，且渣量要少，分离性要好，从而减少渣中的金属损失。

氧化锌矿是锌的次生矿，是一类重要的含锌矿物，主要以菱锌矿($ZnCO_3$)、水锌矿或异极矿[$Zn_4(Si_2O_7)(OH) \cdot H_2O$]、硅锌矿($ZnSiO_4$)等形态存在，含有大量的金属杂质，如铅、铁、镉、铜等，其中脉石矿物主要为方解石、白云石、石英、黏土、氧化铁和氢氧化铁等。目前，氧化锌矿尚无完善的选矿富集方法，往往以原矿石的形式送到冶炼厂，含锌高的可直接处理，含锌低的[$w(Zn) \approx 10\%$]可用选矿法、回转窑法和烟化法富集。这种矿石中 SiO_2 质量分数高，且含有 Ge、F、Cl 等元素，处理时有一定困难。近年来，随着世界对锌金属的需求量越来越大，从低品位矿中提取金属的研究愈加迫切，由于锌的硫化矿物资源的不断开发和枯竭，如何开发和利用好氧化锌矿资源显得越加重要。

1.2.2 再生锌资源

目前世界上的锌70%来自开采的锌矿石，而30%源于回收锌或二次锌。随着锌生产和锌回收技术的进步，现在80%的二次锌可以在生产和使用的各个阶段进行回收。

再生锌按照来源可以分为三类：①加工产生的再生锌资源，即在生产、加工制造阶段产生的各种锌废料；②内部再生锌资源，即企业产生并在企业内部重新利用的再生锌资源；③折旧再生锌资源，即回收利用各种锌制品，如使用报废后的锌废料。含锌二次资源具体包括：镀锌过程中产生的热镀锌渣和锌灰，锌合金生产过程中产生的新废料，报废的锌合金，钢铁行业电弧炉烟尘和瓦斯泥、瓦斯灰，铜铅等行业冶炼产生的含锌烟尘，等等。2016 年我国国内产生的上述资源含锌量在 2.47 Mt 左右，这个数据还会不断提高，尤其是钢铁行业电弧炉烟尘和瓦斯灰、铜铅行业的冶炼烟尘的含锌量；还有废弃的含锌催化剂、废弃的碱性锌锰电池，这些至今没能纳入研究者的视野。进口的锌废料如铸锌废料、锌板废料和废纯锌切片等含锌量很高，大于96%；废混合锌切片的含锌较低，约55%。

2016 年我国含锌二次资源的含锌总量约 2.48 Mt，其中国内资源 2.47 Mt，进口锌废碎料 9.88 kt。除了海关公布的数据外，还有大量的含锌废料进入我国，2016 年实际进入我国的含锌二次资源总量超过 50 kt，其中包括汽车行业的锌铸件、以废铝形式进口的含锌部件及镀锌钢材等。

1.3 锌的生产方法简介

炼锌方法较多，归纳起来分为火法和湿法两大类。

1.3.1 火法炼锌

火法炼锌是首先将锌精矿进行氧化焙烧或烧结焙烧，使精矿中的 ZnS 转变为 ZnO，以便为碳质还原剂所还原。由于锌的沸点较低，在高于其沸点温度下还原出来的锌将呈蒸气状态从炉料中挥发出来，与炉料中其他组分分离。锌蒸气随炉气一起进入冷凝器，在冷凝器内冷凝成液体锌，呈蒸气状态进入气相的还有其他易挥发的杂质金属，如镉和铅，这些元素会影响锌的纯度，须将冷凝所得的粗锌进行精炼。火法炼锌有平罐蒸馏法、竖罐蒸馏法、电热蒸馏法和密闭鼓风炉法（ISP）等 4 种。平罐炼锌在 20 世纪前是唯一的炼锌方法，是一种简单而又落后的炼锌方法，由于能耗高、生产率低等问题，目前已基本被淘汰。竖罐炼锌和电热法炼锌于 20 世纪初用于工业生产，在生产能力和连续化操作等方面比平罐炼锌优越得多，由于煤耗或电耗大，且消耗一定量的耐火材料，同时环境污染严重等问题难以克服，其竞争力不强。目前竖罐炼锌国内还有工厂采用，而电热法主要适用于一些电力较充足的地区，目前多用于生产锌粉。ISP 法自 20 世纪 50 年代在工业上被采用以来有了一定发展，此法具有适于处理铅锌混合精矿，直接生产铅锌、银等贵金属回收率高的特点。总体上说火法炼锌的前景远不如湿法炼锌，新建的炼锌厂很少采用火法工艺流程。火法炼锌的原则工艺流程如图 1 - 1 所示。

1.3.2 湿法炼锌

湿法炼锌是当前的主导炼锌方法，最早于 1916 年用于工业生产，由于具有生产规模大、能耗较低、劳动条件较好、易于实现机械化和自动化等优点而得到迅速发展。自 20 世纪 80 年代以来，世界锌产量的 80% 以上是由湿法炼锌方法生产的。湿法炼锌处理硫化锌精矿一般要预先进行焙烧，使 ZnS 变成易于被稀硫酸溶解的 ZnO。浸出过程中，与氧化锌一道溶解进入溶液的还有杂质金属，浸出液中的这些杂质将严重影响下一步的电积过程，因此必须将这种溶液进行净化。净化过程得到的含杂质金属的滤渣送去回收有价金属（镉、钴、铜等），净化后的 $ZnSO_4$ 溶液经电解沉积后，阴极析出锌即电锌片，最终经熔铸得精锌锭。

在湿法炼锌中，焙烧、浸出、浸出液净化和电解是主要工艺过程，其中浸出又是整个湿法流程中的最重要环节，按浸出及脱铁方式，湿法炼锌包括传统湿法炼锌和全湿法炼锌两类。传统湿法炼锌又可分为常规浸出法和热酸浸出法两种。

硫化锌精矿

↓

氧化焙烧或烧结

焙烧产品　　　烟气

还原蒸馏或还原　　　收尘
挥发熔炼

蒸馏残渣或炉渣　锌蒸气　蓝粉　　炉气　烟尘

烟化处理　冷凝器　提取镉　　制酸　另行处理

氧化锌粉　液体锌　　　　硫酸

另行处理　精馏精炼

纯锌
$w(\mathrm{Zn}) > 99.99\%$

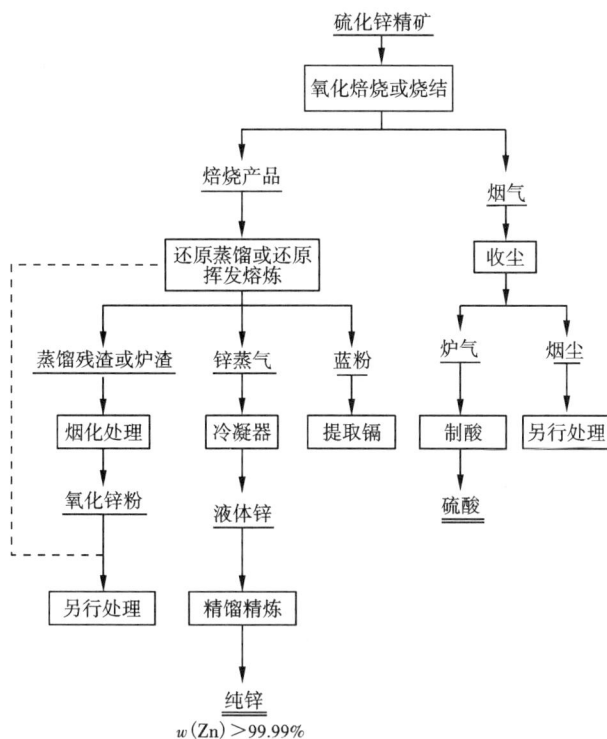

图 1 - 1　火法炼锌原则工艺流程

传统湿法炼锌原则工艺流程见图 1 - 2。

传统湿法炼锌包括中性浸出、低酸浸出和低酸浸出渣回转窑还原挥发 3 个过程。而热酸浸出湿法炼锌包括中性浸出、低酸浸出、高酸浸出和低酸浸出液除铁 4 个过程，即通过高酸浸出和低酸浸出液除铁来处理低酸浸出渣。除铁方法有黄钾铁矾法、赤铁矿法和针铁矿法。

全湿法炼锌原则流程 (前段) 见图 1 - 3。

全湿法炼锌包括硫化锌精矿的高压浸出和常压浸出两种方法，除铁方法有针铁矿法和赤铁矿法。全湿法炼锌省去了传统湿法炼锌工艺中的焙烧和制酸工序，硫以元素硫的形式富集在浸出渣中另行回收，是名副其实的湿法炼锌工艺。

酸性氧压浸出硫化锌精矿系基于如下反应：

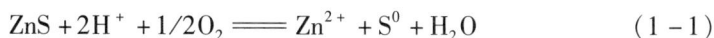

$$\mathrm{ZnS} + 2\mathrm{H}^+ + 1/2\mathrm{O}_2 \Longrightarrow \mathrm{Zn}^{2+} + \mathrm{S}^0 + \mathrm{H}_2\mathrm{O} \qquad (1-1)$$

$$\mathrm{ZnS} + \mathrm{H}^+ + 2\mathrm{O}_2 \Longrightarrow \mathrm{Zn}^{2+} + \mathrm{HSO}_4^- \qquad (1-2)$$

氧压酸浸炼锌工艺于 20 世纪 70 年代由加拿大舍利特 - 高登公司首先试验成功，一段浸出率 (%) 为 Zn 75.8、Cu 50，S^0 转化率 6%；二段浸出率为 Zn 99%、

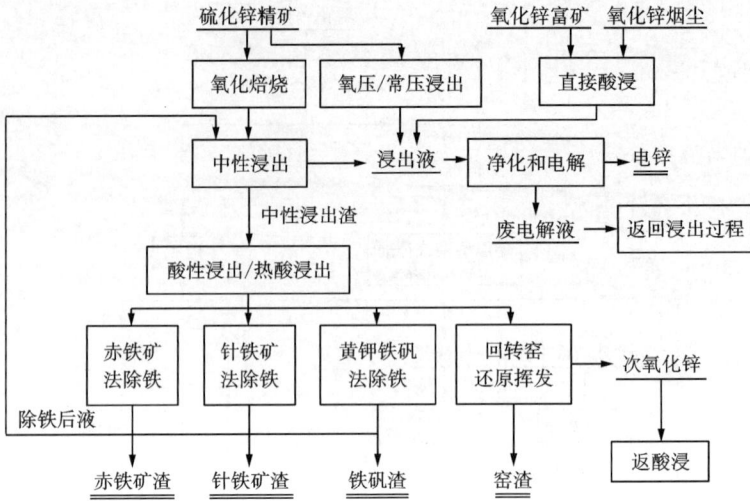

图 1-2 传统湿法炼锌原则工艺流程

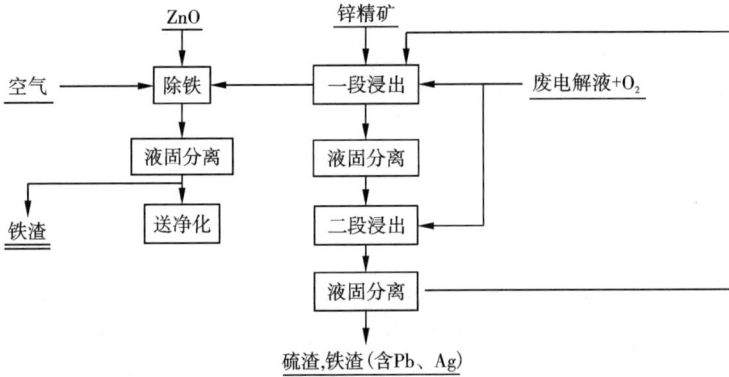

图 1-3 全湿法炼锌原则流程（前段）

Cu 86%，S^0 转化率 86%。1981 年成功用于工业生产。该工艺的特点是锌精矿可不经过焙烧，在一定压力和温度条件下，利用氧气直接浸出获得硫酸锌溶液和元素硫，因而无须建设配套的焙烧车间和硫酸厂。生产实践表明，该工艺对环境污染少，适应性好，锌回收率高，与其他炼锌方法相比，在环保和经济方面都有很强的竞争力，尤其是对于成品硫酸外运交通困难的地区，氧压浸出工艺以元素硫为产品，便于储存和运输。

直接空气浸出硫化锌精矿是在通风的搅拌槽内完成的，闪锌矿中的负二价硫将 Fe^{3+} 还原成 Fe^{2+}，本身被氧化成单质硫，并生成硫酸锌进入溶液。硫化锌精矿常压富氧直接浸出技术由芬兰奥图泰公司开发,在芬兰科科拉和挪威奥达电锌厂实现工业化生产多年,生产实践表明:常压富氧浸出工艺作业环境优良、运行稳定、安全可靠、原料适应性广。株冶集团成功搭配处理了锌二系统的中性浸出渣,锌浸出率大于 98.5%。对传统焙烧工艺难处理的高铜、高铅、高硅、高锰或高钴锌精矿以及铅锌多金属混合矿,该工艺也体现出了很强的原料适应性,能保证很高的浸出率,对铜、镉、铟等有价金属的回收具有显著的工艺优势。不足之处是对硫精矿的综合回收技术尚未取得有效突破。

1.4 基本原理

1.4.1 硫化锌精矿炼前处理原理

1.流态化焙烧的理论基础

从硫化锌精矿中提取锌,传统的炼锌工艺不论火法还是常规湿法流程,第一道工序均须将硫化锌精矿在高温且有氧存在的条件下进行流态化焙烧。焙烧的实质就是在氧化气氛中加热硫化锌精矿,使其发生物理化学变化,改变其成分以适应下一步冶金过程的要求。

湿法炼锌工艺要求焙烧过程把 ZnS 转变成 ZnO,因此一般都采用较高的焙烧温度(900~1000℃)进行全氧化焙烧,以强化焙烧过程,提高脱硫率。此外,湿法炼锌工艺还要求焙烧过程尽可能减少铁酸锌和硅酸锌的生成量,并要求获得细小颗粒的焙烧产品。

目前普遍采用流态化焙烧炉进行硫化锌精矿的焙烧。流态化是一种强化焙烧过程的新方法,具有热容量大且热场分布均匀、炉内各处温差小、反应速度快、焙烧强度高、操作简单、固-气之间传热传质效率高等特点,因而焙烧过程被大大强化。

1)硫化锌精矿流态化焙烧的热力学

(1)Zn-S-O 系等温平衡状态图 在硫化锌精矿焙烧过程中,Zn-S-O 系基本反应列于表 1-6。利用表中的数据便可做出某一温度下的 $\lg p_{SO_2} - \lg p_{O_2}$ 的等温状态图,如图 1-4 所示。从图 1-4 可以看出,当焙烧温度不变时,锌以何种化合物稳定存在取决于体系的 p_{SO_2} 和 p_{O_2}。当焙烧气相中 p_{O_2} 不变,改变 p_{SO_2} 时,可以改变焙烧产物中锌存在形态。如气相组成为点 A($\varphi_{O_2} = 4\%$, $\varphi_{SO_2} = 10\%$)所示时,焙烧产物中锌以碱式硫酸锌($ZnO_2 \cdot ZnSO_4$)的形态存在;气相组成为点 B($\varphi_{O_2} = \varphi_{SO_2} = 4\%$)所示时,焙烧产物中锌以 ZnO 形态存在。同理,当气相中的 p_{SO_2} 不变,改变 p_{O_2} 时,也能改变焙烧产物中锌的存在形态。

表 1 – 6　Zn – S – O 系基本反应的 lg$K$

序号	反应	温度/K				
		900	1000	1100	1200	1300
1	$ZnS + 2O_2 \rlap{=}= ZnSO_{4(\alpha, \beta)}$	26.6069	22.1580	18.6139	15.6730	13.2063
2	$3ZnSO_{4(\alpha, \beta)} \rlap{=}=$ $ZnO \cdot 2ZnSO_4 + SO_2 + \frac{1}{2}O_2$	− 3.9775	− 2.1197	− 0.8686	0.1507	1.0080
3	$3ZnS + \frac{11}{2}O_2 \rlap{=}=$ $ZnO \cdot 2ZnSO_4 + SO_2$	75.8431	64.3544	54.9731	47.1697	40.6271
4	$\frac{1}{2}(ZnO \cdot 2ZnSO_4) \rlap{=}=$ $\frac{3}{2}ZnO + SO_2 + \frac{1}{2}O_2$	− 5.2601	− 3.3944	− 1.8799	− 0.6267	0.4237
5	$ZnS + \frac{3}{2}O_2 \rlap{=}= ZnO + SO_2$	21.7743	19.1885	17.0711	15.3054	13.8248
6	$Zn_{(气、液)} + SO_2 \rlap{=}= ZnS + O_2$	− 6.8524	− 6.3161	− 5.8755	− 5.5891	− 5.6713
7	$2Zn_{(气、液)} + O_2 \rlap{=}= 2ZnO$	29.8438	25.7448	22.3912	19.4326	16.3070

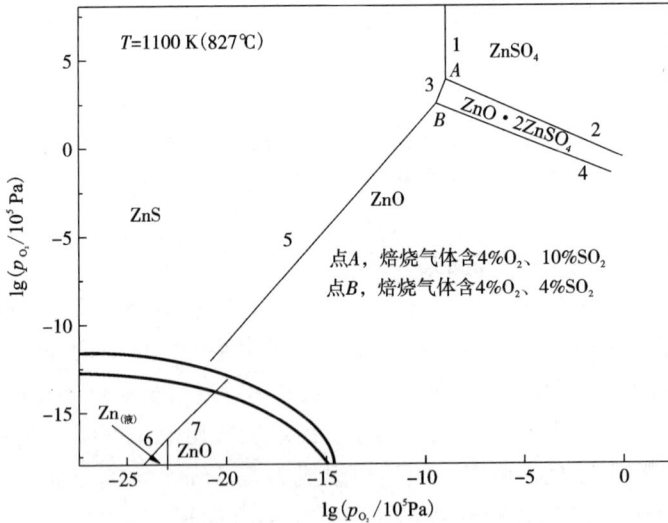

图 1 – 4　Zn – S – O 系等温平衡状态图(1100 K)

当气相组成不变时，改变焙烧温度亦可改变焙烧产物中锌存在形态。温度升高，反应 2 和反应 4 的 $\lg K$ 增大，使得 ZnO 稳定区扩大而 $ZnSO_4$ 稳定区缩小。例如气相组成为 A 点，当温度从 1100 K 升高到 1300 K 时，焙烧产物中的锌就从 $ZnO_2 \cdot ZnSO_4$ 变为 ZnO。

实际生产中就是通过控制焙烧温度和气相组成来控制焙烧产物中锌的存在形态，气相组成的控制是通过控制供风的空气过剩系数来实现的。火法炼锌用锌精矿的焙烧温度一般控制在 1273 K 以上，我国有的工厂控制在 1340~1370 K，空气过剩系数一般为 1.05~1.10，此时硫、铅、镉脱除率分别为 96%、60% 和 90% 以上。湿法炼锌用锌精矿的焙烧温度一般控制在 1143~1193 K，有的工厂控制在 1293 K，空气过剩系数一般控制在 1.20~1.30。

（2）$ZnO \cdot Fe_2O_3$ 的生成原理 由于硫化锌精矿中含有 FeS 或 (Zn, Fe)S，焙烧过程中铁酸锌的生成是不可避免的。焙烧产物中 $ZnO \cdot Fe_2O_3$ 的存对火法炼锌影响不大，但对湿法炼锌却有较大影响。图 1-5 和图 1-6 分别是 Zn-Fe-S-O 系的 $\lg p_{SO_2} - \lg p_{O_2}$ 和 $\lg p_{O_2} - 1/T$ 平衡状态图。

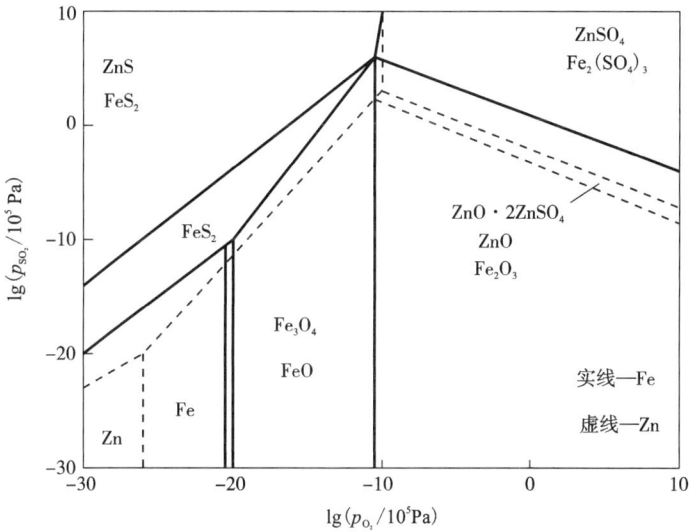

图 1-5 Zn-Fe-S-O 系等温平衡状态图（1100 K）

铁酸锌的生成反应为：

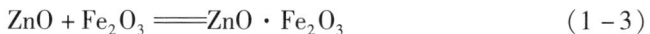

$$ZnO + Fe_2O_3 \Longrightarrow ZnO \cdot Fe_2O_3 \qquad (1-3)$$

图 1-5 及图 1-6 说明，只要能限制 Fe_2O_3 的生成，就可以限制 $ZnO \cdot Fe_2O_3$ 的生成。由图 1-6 可以看出，当体系的 $\lg p_{O_2} < -6.0$ 时，Fe_2O_3 开始分解为 Fe_3O_4，这样焙烧产物中的 Fe_2O_3 减少。这表明，要使焙烧产物中少生成 $ZnO \cdot Fe_2O_3$，必须

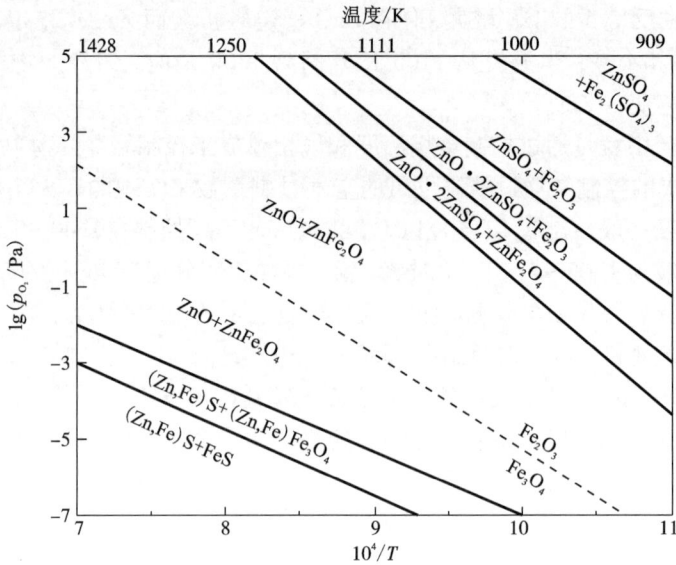

图 1-6　Zn-Fe-S-O 系 $\lg p_{O_2}$-1/T 平衡状态图(1100 K)

维持焙烧气相中低的氧分压。提高焙烧温度是减少铁酸锌生成的有效措施。这是由于温度升高，Fe_3O_4 稳定区扩大而 Fe_2O_3 稳定区缩小的缘故。

（3）硫酸盐生成原理　硫化锌精矿焙烧时，ZnO 与 $ZnSO_4$ 之间存在下列平衡：

$$ZnSO_4 \Longrightarrow ZnO + SO_3 (K_1 = p_{SO_3}) \qquad (1-4)$$

式中：p_{SO_3} 为 $ZnSO_4$ 的分解压。

如果实际的 SO_3 压力大于 p_{SO_3}，就会发生生成 $ZnSO_4$ 的反应，这种关系对于 $ZnO \cdot ZnSO_4$ 也适用。

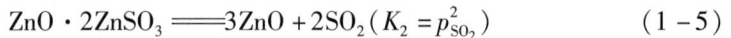

$$ZnO \cdot 2ZnSO_3 \Longrightarrow 3ZnO + 2SO_2 (K_2 = p_{SO_2}^2) \qquad (1-5)$$

锌和铁的硫酸盐分解压与温度关系如图 1-7 所示。

SO_3 分压可由下式确定：

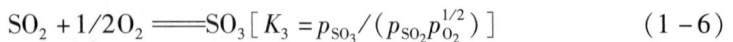

$$SO_2 + 1/2O_2 \Longrightarrow SO_3 [K_3 = p_{SO_3}/(p_{SO_2} p_{O_2}^{1/2})] \qquad (1-6)$$

在温度一定时，上述反应中 $p_{SO_2} : p_{O_2} = 2:1$，则

$$p_{O_2} = [p_{SO_3}/(2K_3)]^{2/3} \qquad (1-7)$$

体系的总压 p_T 为：

$$p_T = p_{SO_2} + p_{SO_3} + p_{O_2} = p_{SO_3} + 3[p_{SO_3}/(2K_3)]^{2/3} \qquad (1-8)$$

在实际焙烧中，p_T 在 20265.0 ~ 10132.5 Pa 范围内，p_{SO_3} 与温度关系见图 1-7 曲线。p_T 与 $ZnSO_4$ 和 $ZnO \cdot 2ZnSO_4$ 的分解曲线相交于 A、B 和 A′、B′。当温度低

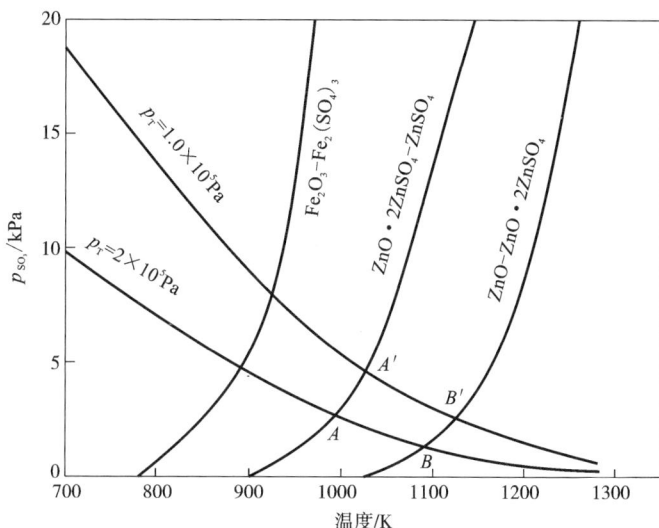

图 1-7 硫酸盐分解压与温度的关系

于 A、A' 点所对应的温度时，$ZnSO_4$ 稳定存在；当温度高于 B、B' 点对应的温度时，ZnO 稳定存在；当温度介于两者之间时，$ZnO \cdot 2ZnSO_4$ 稳定存在。控制上述条件可使 ZnS 氧化成所需要的产物。

（4）硫化锌精矿流态化焙烧的基本反应 从上述焙烧反应的分析可知，硫化锌精矿中的 ZnS 在氧化焙烧条件下，最终绝大部分转化为 ZnO 留在焙烧产物中，其总的氧化反应可表示为：

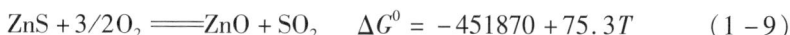

$$ZnS + 3/2O_2 \Longrightarrow ZnO + SO_2 \quad \Delta G^0 = -451870 + 75.3T \quad (1-9)$$

反应过程机理可用下式表示：

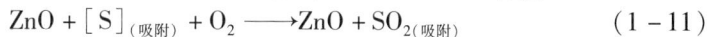

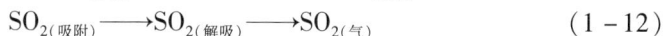

$$ZnS + 1/2O_{2(气)} \longrightarrow ZnS + [O]_{(吸附)} \longrightarrow ZnO + [S]_{(吸附)} \quad (1-10)$$

$$ZnO + [S]_{(吸附)} + O_2 \longrightarrow ZnO + SO_{2(吸附)} \quad (1-11)$$

$$SO_{2(吸附)} \longrightarrow SO_{2(解吸)} \longrightarrow SO_{2(气)} \quad (1-12)$$

该反应过程机理有如下特点：①该反应是气相与固相反应物和生成物同时参与的多相反应，包括从外界气流向精矿颗粒反应界面和从反应界面向外的传热与传质过程，必须掌握界面反应各个阶段的反应速度，才能表明反应的总速度。②决定焙烧反应速度的最慢过程：在低温下（<927 K）是界面发生的化学反应，而在高温下则是 O_2 通过反应产物层的扩散过程。因为参与焙烧反应的 O_2 分子要比生成的 SO_2 分子数多，因此气流中 O_2 向精矿颗粒反应界面的扩散更为重要。③硫化锌精矿的焙烧反应是一个强烈的放热过程，因此固体颗粒内部的反应界面与粒子表面有一个较大的温度梯度，伴有热传递发生。由于 ZnO 的热传导性差，

加之产生的 ZnO 层厚度不均匀，通过 ZnO 层的热传递速度也就不均匀，导致粒子反应界面进行的反应产生很大差异。硫化锌焙烧的这些特点表明，不管焙烧反应是受化学反应过程限制，还是受扩散过程限制，对于工业生产来说，影响反应速度的因素包括温度、气流特性、反应物与生成物的特性。

2. 烧结焙烧原理

烧结焙烧的基本原理与流态化焙烧大同小异，其主要区别是烧结焙烧过程中除了硫化锌氧化外，还有大量的硫化铅氧化，先生成氧化铅，再与二氧化硅化合成低熔点的硅酸铅，从而将焙烧产物烧结成块。为防止低熔点的硅酸铅过热熔化，烧结焙烧的原料含硫较低，采用大量返粉的方法实现硫含量控制。

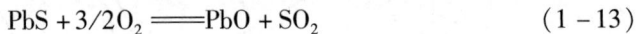

$$PbS + 3/2O_2 =\!=\!= PbO + SO_2 \qquad\qquad (1-13)$$

$$PbO + SiO_2 =\!=\!= PbO \cdot SiO_2 \qquad\qquad (1-14)$$

1.4.2 湿法炼锌原理

1. 锌焙砂浸出过程

（1）氧化物的溶解　锌焙砂浸出过程主要是焙砂中金属氧化物的溶解，例如 Zn、Cu、Fe、Co、Ni 和 Cd 等的氧化物能有效地溶解在稀硫酸中，CaO 和 PbO 在浸出过程中生成难溶性硫酸盐进入浸出渣。

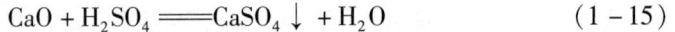

$$CaO + H_2SO_4 =\!=\!= CaSO_4 \downarrow + H_2O \qquad\qquad (1-15)$$

$$PbO + H_2SO_4 =\!=\!= PbSO_4 \downarrow + H_2O \qquad\qquad (1-16)$$

氧化物溶解反应的通式如下：

$$MO_{n/2} + nH^+ =\!=\!= M^{n+} + n/2H_2O \qquad\qquad (1-17)$$

随着氧化物的溶解，浸出渣中 M^{n+} 离子浓度逐渐增大，酸的浓度逐渐降低。当反应达到平衡时，则有下列关系：

$$\lg a_{M^{n+}} =\!=\!= \lg K - npH^0 \qquad\qquad (1-18)$$

由此关系式作图 1-8。

由图 1-8 可知，当中性浸出液中 Zn^{2+} 质量浓度为 120~130 g/L 时，浸出过程的溶液 pH 应当控制在 5.5 以下。中性浸出液是一种含有多种金属离子的溶液。这种复杂溶液将给下一步电沉积法提取锌带来许多困难，因此必须在电沉积之前将杂质离子分离除去。分离酸性溶液中金属离子最简单的方法是中和沉淀法。

水溶液中金属离子以氢氧化物形态沉淀，可用下式表示：

$$M^{n+} + nOH^- =\!=\!= M(OH)_n \qquad\qquad (1-19)$$

反应的平衡常数，即溶度积 $K = a_{M^{n+}} \cdot a_{OH^-}^n$，可由此值判断金属离子是否沉淀。在 298 K 下各种氢氧化物的 $\lg a_{M^{n+}} - pH$ 关系如图 1-9 所示。图 1-10 是多金属的电位-pH 图。

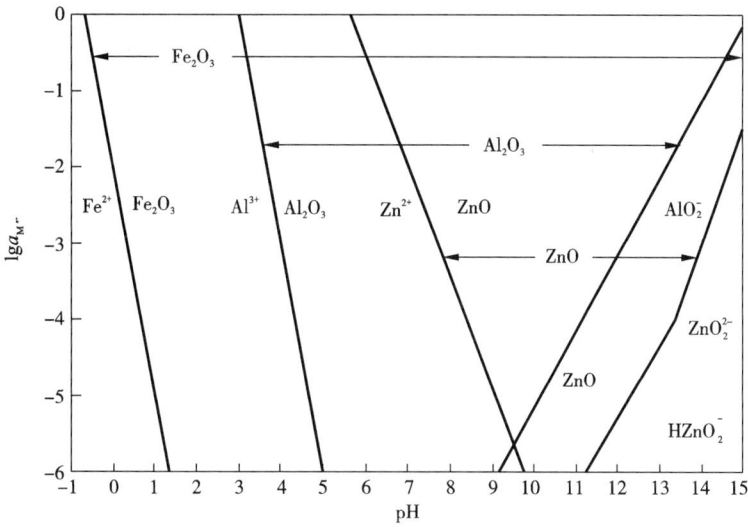

图 1 - 8 MO$_{n/2}$ 的稳定区域图

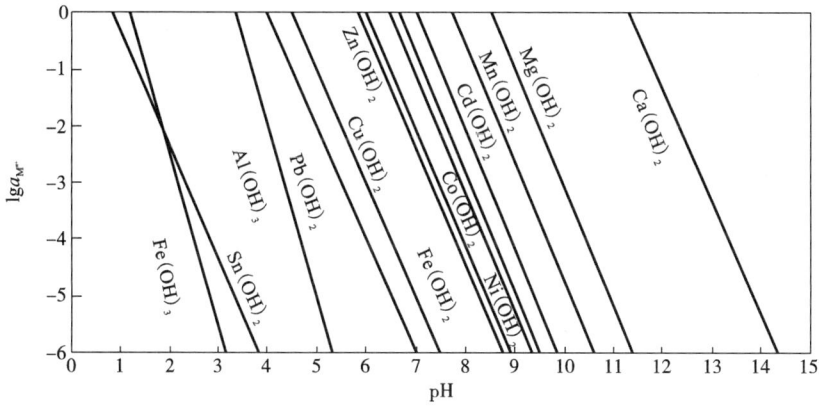

图 1 - 9 氢氧化物的 $\lg a_{M^{n+}}$ - pH 关系图

表 1 - 7 列出了 MgSO$_4$ 和 CaSO$_4$ 在不同温度下的溶解度。

表 1 - 7 MgSO$_4$ 和 CaSO$_4$ 在不同温度下的溶解度   g/100 g

温度/K	298	303	313	323	333
MgSO$_4$	26.65	39.0	31.0	33.4	35.0
CaSO$_4$	0.209	0.213	0.214	0.211(326 K)	0.200

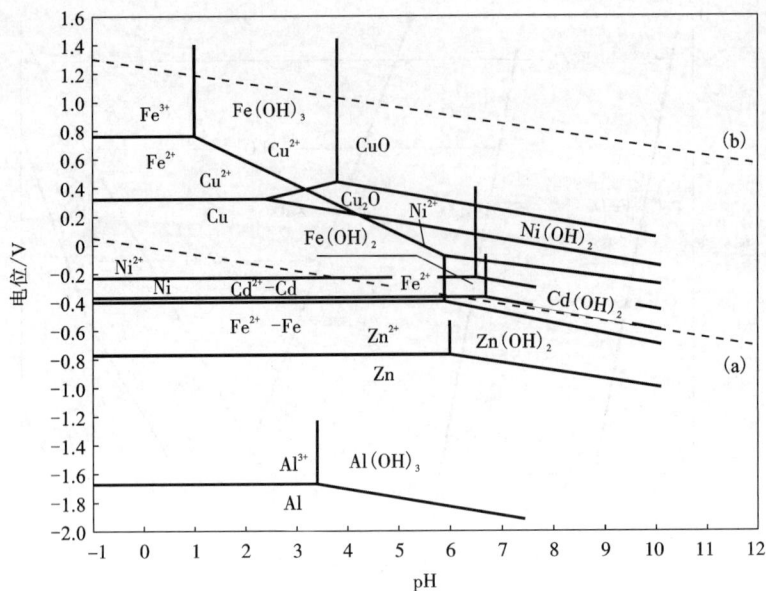

图 1 - 10　298 K 下多金属 – H₂O 系电位 – pH 图

　　从表 1 - 7 可知，MgSO₄ 比 CaSO₄ 的溶解度大得多，虽然随温度的降低其溶解度有所减小，但仍然可以认为浸出时产生的 MgSO₄ 完全进入溶液中；而 CaSO₄ 的溶解度随温度的降低而略有增加，但增加不大。所以湿法炼锌的循环溶液中，钙、镁在溶液中的浓度会达到饱和，尤其在冷却过程中，容易从溶液中析出，形成钙镁结晶，堵塞管道，带来许多生产麻烦。

　　表 1 - 8 列出了实际中性浸出液成分及各种复杂离子与其氢氧化物平衡的 pH。

表 1 -8　中性浸出液中各种离子与其氢氧化物平衡的 pH

M^{n+}	质量浓度 /(g·L⁻¹)	摩尔浓度 /(mol·L⁻¹)	活度系数 f_i	$\lg a_i$	pH(298 K)	pH(343 K)
Fe^{3+} – FeOOH	0.00558	10^{-5}	1	-5	1.351	0.86
Fe^{3+} – Fe(OH)₃	0.00558	10^{-5}	1	-5	3.284	2.657
Cu^{2+}	0.3	4.72×10^{-3}	0.53	-2.6	5.9	5.18
Ni^{2+}	130.8	2.0	0.038	-1.112	6.41	5.476
Zn^{2+}	0.005	8.52×10^{-5}	1	-4.07	8.125	6.995
Co^{2+}	0.012	2×10^{-4}	1	-3.7	8.15	7.13
Cd^{2+}	0.5	4.45×10^{-3}	0.476	-2.674	8.49	7.49
Mn^{2+}	5.5	10^{-1}	0.2	-1.7	8.505	7.4

根据表 1-8、图 1-9 及图 1-10 可知，目前各湿法炼锌厂的中性浸出过程控制 pH 为 5~5.2。这样溶液中杂质除了 Fe^{3+} 以外，其他就不能完全沉淀。实践表明，Fe^{3+} 沉淀的同时，进入溶液中的砷和锑可以与 Fe^{3+} 共同沉淀。

(2) Fe^{2+} 的氧化及 Fe^{3+} 与 As、Sb 共沉淀 由前面的分析可知，当 pH 控制在 5~5.2 时，Fe^{3+} 可以形成 $Fe(OH)_3$ 沉淀除去，而 Fe^{2+} 不能。要把溶液中的铁除去，必须将 Fe^{2+} 氧化成 Fe^{3+}。生产实践中，通常用软锰矿（MnO_2）氧化 Fe^{2+}。其原理可用式（1-20）~式（1-22）说明。

$$Fe^{3+} + e \Longrightarrow Fe^{2+} \qquad \varphi_1 = 0.77 + 0.059 \lg(a_{Fe^{3+}}/a_{Fe^{2+}}) \qquad (1-20)$$

$$MnO_2 + 4H^+ + 2e \Longrightarrow Mn^{2+} + 2H_2O \qquad \varphi_2 = 1.23 - 0.12pH - 0.03 \lg a_{Mn^{2+}}$$
$$(1-21)$$

$$O_2 + 4H^+ + 4e \Longrightarrow 2H_2O (p_{O_2} = 21.28 \text{ kPa}) \qquad \varphi_3 = 1.224 - 0.059 pH$$
$$(1-22)$$

由式（1-20）~式（1-22）可以看出，MnO_2 和 O_2 均能将 Fe^{2+} 氧化成 Fe^{3+}，其氧化能力取决于 φ_2、φ_3 与 φ_1 的差值。φ_2、φ_3 与 pH 有关，随着 pH 增大，φ_2 和 φ_3 逐渐降低，φ_2 降低的幅度比 φ_3 大。可见，pH 低时，φ_2、φ_3 与 φ_1 的电位差大，MnO_2 氧化能力强。pH 小于 0.5 时，MnO_2 的氧化能力大于空气中氧的氧化能力，所以在中性浸出时先将 MnO_2 加入矿浆中，在浸出的同时将 Fe^{2+} 氧化成 Fe^{3+}：

$$2Fe^{2+} + MnO_2 + 4H^+ \Longrightarrow 2Fe^{3+} + Mn^{2+} + 2H_2O \qquad (1-23)$$

$$\varphi_4 = \varphi_2 - \varphi_1 = 0.46 + 0.12pH - 0.03 \lg(a_{Mn^{2+}} \cdot a_{Fe^{3+}}^2/a_{Fe^{2+}}^2) \qquad (1-24)$$

另外，在中性浸出过程采用空气搅拌时，空气中的氧可将 Fe^{2+} 氧化成 Fe^{3+}。在中性浸出终点，控制 pH 为 5.2 左右，将 Fe^{3+} 沉淀除去。用软锰矿作氧化剂虽然氧化效果好，但消耗 MnO_2，增加成本，且会向溶液中带入锰离子。空气中氧可以使 Fe^{2+} 氧化成 Fe^{3+}，但由于 O_2 在溶液中溶解度低，氧化速度慢，所以多年来并未单独采用。研究表明，在用 O_2 氧化 Fe^{2+} 时，Cu^{2+} 的存在有利于反应加速进行。

用中和法沉淀铁的同时，溶液中的 As、S、Ge 可以与铁共沉淀。所以当浸出液中 As、Sb、Ge 的质量分数比较高时，为了使其完全沉淀，必须保证溶液中有足够的铁离子。溶液中的铁离子质量分数应为 As + Sb 总量的 10 倍以上，Sb 质量分数高时要求更高一些。当溶液中铁量不足时，应该向溶液中加入含铁的物质。在湿法炼锌厂，往往向浸出矿浆中加入 $FeSO_4$，以满足除 As、Sb 的需要。

关于铁与 As、Sb 共沉淀的机理，目前有下列两种理论：①$Fe(OH)_3$ 胶体聚凝过程中，具有很强的吸附能力，于是 As、Sb 的氢氧化物被吸附共沉。②溶液中的 $Fe(OH)_3$ 与 As^{3+} 发生下列反应，生成难溶化合物 $Fe_4O_5(OH)_5As$ 共沉淀，锑也有类似的反应。

$$4Fe(OH)_3 + H_3AsO_3 \Longrightarrow Fe_4O_5(OH)_5As \downarrow + 5H_2O \qquad (1-25)$$

（3）铁酸锌在浸出过程中的行为　锌焙砂经过中性和酸性浸出以后，得到的浸出渣中锌的质量分数都较高，一般在20%左右，其成分见表1-9。典型工厂锌浸出渣物相分析结果列于表1-10。

表1-9　锌焙砂浸出渣成分　　　　　　　　　　　　　%

Zn	Fe	Cu	Pb	Cd	As	Sb	Sn	$\rho(Ag)$ /$(g \cdot t^{-1})$
14 ~ 28	18 ~ 45	0.35 ~ 2.7	0.7 ~ 0.5	0.06 ~ 0.5	0.07 ~ 0.4	0.015 ~ 0.04	0.02 ~ 0.65	80 ~ 1200

表1-10　锌在浸出渣中各种形态分配　　　　　　　%

序号	$ZnFe_2O_4$	ZnS	$ZnSiO_3$	ZnO	$ZnSO_4$	Zn总
1	61.2	15.8	2.2	2.7	18.1	100(22.2)
2	94.9	—	1.8	2.2	1.1	100(20.4)
3	76.3	0.78	3.7	5.5	10.8	100(21.2)

注：( )内数字为渣中锌的质量分数。

从表1-10可以看出，以铁酸锌形态存在的锌占浸出渣中总锌量的60%以上。这表明铁酸锌很难按式(1-26)溶解，铁酸锌及其他金属铁酸盐酸溶的pH见表1-11。

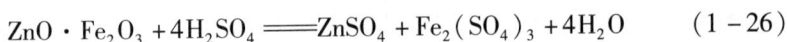

$$ZnO \cdot Fe_2O_3 + 4H_2SO_4 = ZnSO_4 + Fe_2(SO_4)_3 + 4H_2O \qquad (1-26)$$

表1-11　铁酸锌及其他金属铁酸盐酸溶的pH

$MO \cdot Fe_2O_3$	$ZnO \cdot Fe_2O_3$	$NiO \cdot Fe_2O_3$	$CoO \cdot Fe_2O_3$	$CuO \cdot Fe_2O_3$
pH_{298}	0.6747	1.227	1.213	1.583
pH_{373}	-0.1524	0.205	0.352	0.560

$ZnO \cdot Fe_2O_3 - H_2O$ 系电位-pH图见图1-11。

从图1-11可知：①按温度，$ZnO \cdot Fe_2O_3$ 的稳定区的pH下限分别为4(298 K)及3(373 K)，这说明低酸浸出难度大。②$ZnO \cdot Fe_2O_3$ 的浸出分两段进行。首先在低酸下按式(1-27)反应溶出 Zn^{2+}；随后在高酸下按式(1-28)反应溶出 Fe^{3+}，即锌比铁优先溶解。

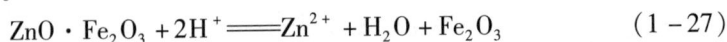

$$ZnO \cdot Fe_2O_3 + 2H^+ = Zn^{2+} + H_2O + Fe_2O_3 \qquad (1-27)$$

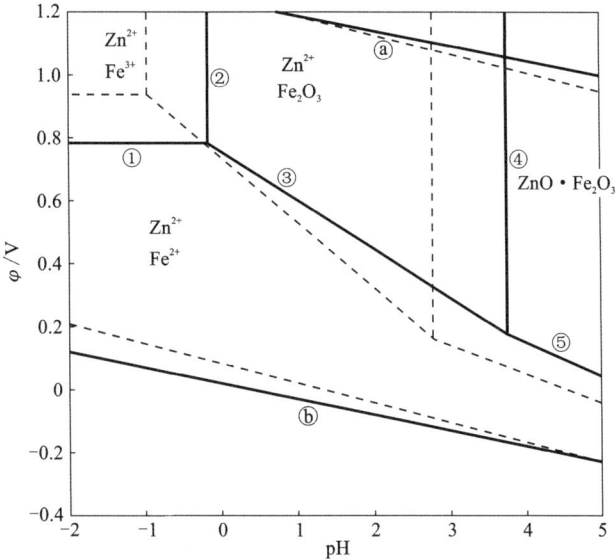

图 1－11　298 K 下 ZnO·Fe₂O₃－H₂O 系电位－pH 图

($a=1$，实线 $T=298$ K，虚线 $T=373$ K)

$$Fe_2O_3 + 6H^+ = 2Fe^{3+} + 3H_2O \qquad (1-28)$$

　　目前几乎所有新建或改造的湿法炼锌厂都采用热酸浸出法处理浸出渣。热酸浸出，即酸浸浸出渣时，将浸出温度由一般酸浸的 333 K 左右提高到 358～368 K，终酸质量浓度由 1～5 g/L 提高到 20～60 g/L。在这种条件下浸出 3～4 h，铁酸锌的浸出率为 90% 以上。这时，溶液中铁的质量浓度往往升高到 30 g/L 以上。如果将此溶液返回中性浸出，即用中和法除铁，便会产生大量的 Fe(OH)₃。这种胶状物质给澄清、过滤和洗涤带来极大的困难，使锌的回收率降低。

　　2. 锌精矿氧压浸出过程

　　硫化锌精矿加压酸浸过程中，锌精矿中的硫化锌与硫酸发生如下反应：

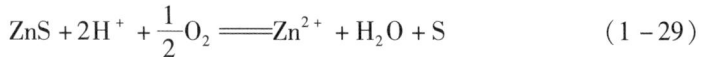

$$ZnS + 2H^+ + \frac{1}{2}O_2 = Zn^{2+} + H_2O + S \qquad (1-29)$$

　　反应中酸的作用实质上首先是中和 OH⁻，保持 Zn²⁺ 不水解；其次是可以利用浓度较小的稀硫酸或废电解液作浸出剂，实现湿法炼锌过程酸溶液的循环；最后是在加压条件下反应温度允许升高，对反应的热力学和动力学都有利。加压酸浸可以在有氧化剂存在的情况下进行，浸出反应主要有以下几种：

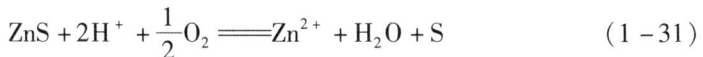

$$ZnS + 2H^+ = Zn^{2+} + H_2S \qquad (1-30)$$

$$ZnS + 2H^+ + \frac{1}{2}O_2 = Zn^{2+} + H_2O + S \qquad (1-31)$$

$$ZnS + H^+ + 2O_2 \underline{\underline{\hspace{1cm}}} Zn^{2+} + HSO_4^- \qquad (1-32)$$

$$ZnS - 2e \underline{\underline{\hspace{1cm}}} Zn^{2+} + S \qquad (1-33)$$

反应式(1-30)无电子转移，只与 H^+ 有关。反应式(1-31)和反应式(1-32)既有电子转移又与 H^+ 有关。反应式(1-33)只有电子转移而无 H^+ 变化。

150℃的 φ -pH 计算式见表 1-12，由此绘制的 150℃ 及 1.0 MPa 氧分压下 ZnS - H_2O 系电位 - pH 图见图 1-12。

表 1-12　150℃ ZnS - H_2O 系中的反应及 φ - pH 计算式

序号	反应式	φ - pH 关系式
1	$Zn^{2+} + S + 2e \underline{\underline{\hspace{0.3cm}}} ZnS$	$\varphi_{423} = 0.638 + 0.0419[Zn^{2+}]$
2	$ZnS + 2H^+ \underline{\underline{\hspace{0.3cm}}} Zn^{2+} + H_2S$	$pH_{423} = -0.904 - 0.5lg[Zn^{2+}] - 0.5lg(p_{H_2S}/p^0)$
3	$S + 2H^+ + 2e \underline{\underline{\hspace{0.3cm}}} H_2S$	$\varphi_{423} = 0.563 - 0.0839pH - 0.0419lg(p_{H_2S}/p^0)$
4	$SO_4^{2-} + H^+ \underline{\underline{\hspace{0.3cm}}} HSO_4^-$	$pH_{423} = 3.956 - lg([HSO_4^-]/[SO_4^{2-}])$
5	$HSO_4^- + 7H^+ + 6e \underline{\underline{\hspace{0.3cm}}} S + 4H_2O$	$\varphi_{423} = 0.635 - 0.0979pH + 0.0140lg[HSO_4^-]$
6	$Zn^{2+} + HSO_4^- + 7H^+ + 8e \underline{\underline{\hspace{0.3cm}}} ZnS + 4H_2O$	$\varphi_{423} = 0.635 - 0.0734pH + 0.0105lg([Zn^{2+}] \cdot [HSO_4^-])$
7	$Zn^{2+} + SO_4^{2-} + 8H^+ + 8e \underline{\underline{\hspace{0.3cm}}} ZnS + 4H_2O$	$\varphi_{423} = 0.677 - 0.0839pH + 0.0105lg([Zn^{2+}] \cdot [SO_4^{2-}])$
8	$ZnSO_4 \cdot Zn(OH)_2 + 2H^+ \underline{\underline{\hspace{0.3cm}}} 2Zn^{2+} + SO_4^{2-} + 2H_2O$	$pH_{423} = 10.390 - 0.5lg[SO_4^{2-}] - lg[Zn^{2+}]$
9	$ZnSO_4 \cdot Zn(OH)_2 + SO_4^{2-} + 18H^+ + 16e \underline{\underline{\hspace{0.3cm}}} 2ZnS + 10H_2O$	$\varphi_{423} = 0.0354 - 0.0944pH + 0.00466lg[SO_4^{2-}]$
10	$S^{2-} + H^+ \underline{\underline{\hspace{0.3cm}}} HS^-$	$pH_{423} = 9.956 - lg([HS^-]/[S^{2-}])$
11	$ZnS + H^+ + 2e \underline{\underline{\hspace{0.3cm}}} Zn + HS^-$	$\varphi_{423} = -0.823 - 0.0419pH - 0.0419lg[HS^-]$
12	$H^+ + HS^- \underline{\underline{\hspace{0.3cm}}} H_2S$	$pH_{423} = 8.253 + lg[HS^-] - 0.5lg(p_{H_2S}/p^0)$
13	$ZnS + 2H^+ + 2e \underline{\underline{\hspace{0.3cm}}} Zn + H_2S$	$\varphi_{423} = -0.476 - 0.0839pH - 0.0419lg(p_{H_2S}/p^0)$
14	$ZnS + 2e \underline{\underline{\hspace{0.3cm}}} Zn + S^{2-}$	$\varphi_{423} = -1.241 - 0.0419lg[S^{2-}]$
15	$Zn^{2+} + 2e \underline{\underline{\hspace{0.3cm}}} Zn$	$\varphi_{423} = -0.401 + 0.0419lg[Zn^{2+}]$

续表 1 – 12

序号	反应式	φ – pH 关系式
16	$2Zn(OH)_2 + SO_4^{2-} + 2H^+ =\!=\!= ZnSO_4 \cdot Zn(OH)_2 + 2H_2O$	$\varphi_{423} = 15.125 + 0.5\lg[SO_4^{2-}]$
A	$O_2 + 4H^+ + 4e =\!=\!= 2H_2O$	$\varphi_{423} = 1.136 - 0.0839pH + 0.021\lg(p_{O_2}/p^0)$
B	$2H^+ + 2e =\!=\!= H_2$	$\varphi_{423} = -0.0839pH - 0.042\lg(p_{H_2}/p^0)$

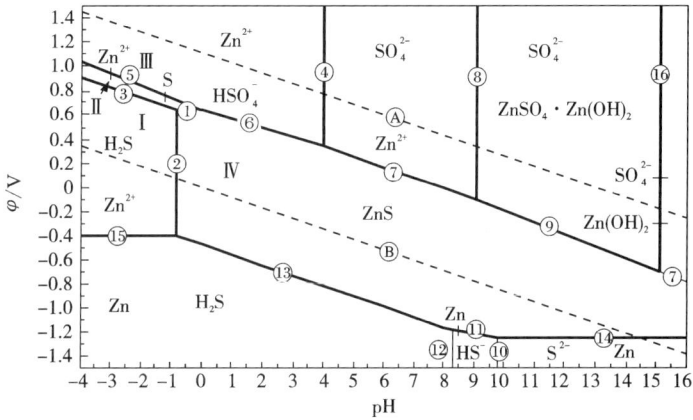

图 1 – 12   150℃及 1.0 MPa 下 ZnS – H₂O 系电位 – pH 图

从图 1 – 12 可看出，Zn²⁺的稳定区面积较大，而且 pH 几乎都小于 3，由此可知在酸性体系的闪锌矿中的锌易被浸出。反应 1、3、5 所构成的稳定区 Ⅱ 是 Zn²⁺与 S⁰稳定共存的区域，该区域的存在为闪锌矿通过氧压浸出方式在浸出锌的同时将硫转化为元素硫提供了热力学条件和依据。

另外，图中有 3 个液相区（Ⅰ、Ⅱ、Ⅲ）和一个固相区（Ⅳ），在不同条件下，ZnS 分别与不同组分的液相保持平衡。从区间 Ⅰ 转移到区间 Ⅱ 时，反应 2 硫化氢将被氧化成元素硫，这一反应伴随着电子迁移且与 H⁺浓度有关，Ⅱ/Ⅲ 区间的平衡线是倾斜的。Ⅱ/Ⅳ 区间的平衡关系是液固相间的平衡，S²⁻产生是由于 ZnS 的离解，在有氧化剂存在的情况下，按反应 4 进行，即有电子迁移，与 H⁺浓度无关，平衡线与横坐标平行。Ⅰ/Ⅱ 区间平衡关系为反应 3，ZnS 酸浸产生 HSO₄⁻，反应有电子迁移，又与 H⁺浓度有关，平衡线为斜线。由图 1 – 14 可知，加压酸浸下随着溶液酸度的减小（pH 增大），平衡将由 Ⅰ 区间向 Ⅱ、Ⅲ 区间移动，提高氧分压可使电位增大，可取得同样效果。

为了比较各种硫化物在水溶液中的性质，可以在同一图上绘制多金属的 $MeS-H_2O$ 系 $\varphi-pH$ 图，如图 1-13 所示。

由图 1-13 可以看出，各种硫化物进行反应的中和 pH 及各种硫化物相对稳定的程度。各种硫化物的溶出顺序为：$FeS \rightarrow NiS \rightarrow ZnS \rightarrow FeS_2 \rightarrow CuFeS_2 \rightarrow Cu_2S \rightarrow CuS \rightarrow Ag_2S$。

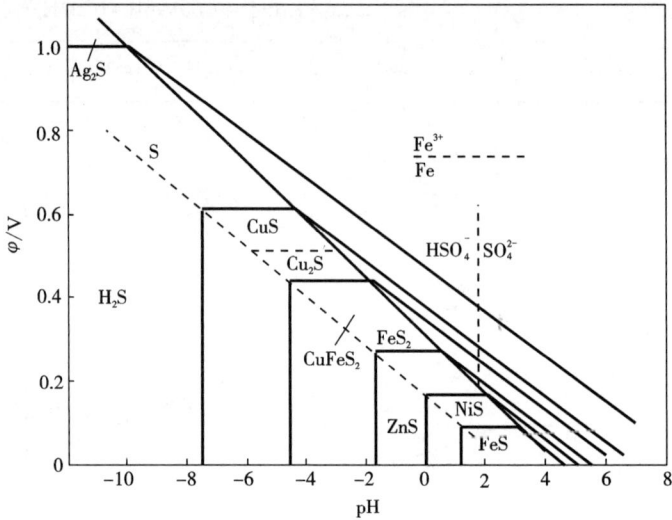

图 1-13 $MeS-H_2O$ 系电位-pH 图

锌精矿加压酸浸中有关硫化物的行为及硫化锌加压酸浸的基本反应见式(1-34)：

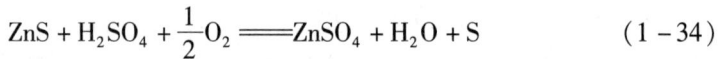

$$ZnS + H_2SO_4 + \frac{1}{2}O_2 =\!=\!= ZnSO_4 + H_2O + S \qquad (1-34)$$

当系统内缺乏传递氧的物质时，上述反应进行得很慢。但锌精矿中铁溶解后，铁离子是一种很好的传递氧的物质，通过铁离子的还原、氧化来加速 ZnS 的浸出过程：

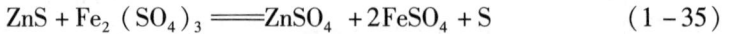

$$ZnS + Fe_2(SO_4)_3 =\!=\!= ZnSO_4 + 2FeSO_4 + S \qquad (1-35)$$

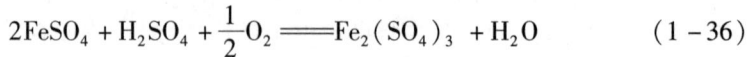

$$2FeSO_4 + H_2SO_4 + \frac{1}{2}O_2 =\!=\!= Fe_2(SO_4)_3 + H_2O \qquad (1-36)$$

在加压浸出锌精矿时，铁闪锌矿[(Zn，Fe)S]、磁黄铁矿(Fe_7S_8)和黄铁矿(FeS_2)中的铁都有可能溶出，浸出液中含有足够的铁，完全可以满足浸出过程的需要。磁黄铁矿(Fe_7S_8)或者铁闪锌矿[(Zn，Fe)S]中铁的氧化反应与硫化锌氧化反应类似：

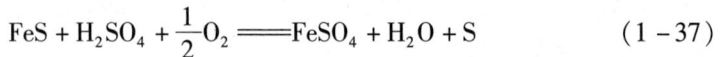

$$FeS + H_2SO_4 + \frac{1}{2}O_2 =\!=\!= FeSO_4 + H_2O + S \qquad (1-37)$$

黄铁矿(FeS_2)是惰性的,较难浸出,其氧化与浸出参数有关,在高温和强氧化条件下,黄铁矿将氧化成硫酸铁:

$$2FeS_2 + H_2O + \frac{15}{2}O_2 \Longrightarrow Fe_2(SO_4)_3 + H_2SO_4 \tag{1-38}$$

$$2FeS_2 + 4H_2O + \frac{15}{2}O_2 \Longrightarrow Fe_2O_3 + 4H_2SO_4 \tag{1-39}$$

浸出矿浆如果供氧不足,温度较低,含酸较高,黄铁矿氧化可生成元素硫。

铜在锌精矿中常以黄铜矿形态存在,可大部分被浸出:

$$CuFeS_2 + 2H_2SO_4 + O_2 \Longrightarrow CuSO_4 + FeSO_4 + 2H_2O + 2S \tag{1-40}$$

锌精矿中的方铅矿发生下述反应生成硫酸铅沉淀:

$$PbS + H_2SO_4 + \frac{1}{2}O_2 \Longrightarrow PbSO_4 \downarrow + H_2O + S \tag{1-41}$$

在加压浸出时,硫化锌精矿中一般仅有5%的其他金属硫化物的硫被氧化成SO_4^{2-}:

$$MeS + 2O_2 \Longrightarrow MeSO_4 \tag{1-42}$$

式(1-42)中,Me代表Zn、Pb、Fe或Cu。因此,传递氧的铁离子是来自铁闪锌矿和磁黄铁矿。在高温低酸的除铁阶段,溶液中的铁发生水解反应:

$$PbSO_4 + 3Fe_2(SO_4)_3 + 12H_2O \Longrightarrow PbFe_6(SO_4)_4(OH)_{12} \downarrow + 6H_2SO_4 \tag{1-43}$$

$$Fe_2(SO_4)_3 + (x+3)H_2O \Longrightarrow Fe_2O_3 \cdot xH_2O \downarrow + 3H_2SO_4 \tag{1-44}$$

$$3Fe_2(SO_4)_3 + 14H_2O \Longrightarrow 2(H_3O)Fe_3(SO_4)_2(OH)_6 \downarrow + 5H_2SO_4 \tag{1-45}$$

通常,工业生产的废电积溶液中有K^+、Na^+等存在。随着酸度的降低,硫酸铁与K^+、Na^+等反应生成钾矾和钠矾沉淀而进入渣:

$$3Fe_2(SO_4)_3 + 12H_2O + 2K^+ \Longrightarrow 2KFe_3(SO_4)_2(OH)_6 \downarrow + 5H_2SO_4 + 2H^+ \tag{1-46}$$

$$3Fe_2(SO_4)_3 + 12H_2O + 2Na^+ \Longrightarrow 2NaFe_3(SO_4)_2(OH)_6 + 5H_2SO_4 + 2H^+ \tag{1-47}$$

即生成铅铁矾、黄草铁矾、黄钾铁矾、黄钠铁矾等矾类物质以及水合氧化铁,由溶液中析出,并使部分硫酸再生。

浸出的结果是锌精矿中的锌进入溶液,铅、元素硫、铁的水解产物留在渣中。硫在浸出时的行为比较复杂,氧化产物的主要形式是元素硫、硫酸和HSO_4^-。元素硫的转化率与操作条件有关。酸度高时易生成元素硫,降低酸度使反应向生成硫酸和HSO_4^-方向进行,通常pH<2时,容易得到元素硫;pH>2时,易于生成HSO_4^-和SO_4^{2-}。温度低时,易生成低价态的硫;温度高时则氧化成为高价态的SO_4^{2-}。例如温度达到185℃时,精矿中的硫大量氧化成硫酸,引起酸过剩,这在锌精矿的加压浸出过程中是要尽量避免的。

3. 浸出液净化原理

中性浸出液中的主要杂质还有铜、镉、钴、镍、铅等杂质，一般采用锌粉置换法除去，具体反应方程式如下：

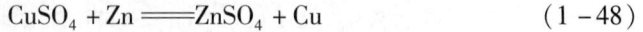

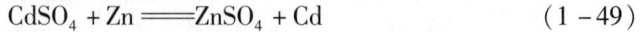

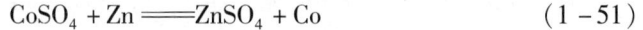

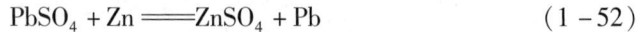

$$CuSO_4 + Zn = ZnSO_4 + Cu \tag{1-48}$$
$$CdSO_4 + Zn = ZnSO_4 + Cd \tag{1-49}$$
$$NiSO_4 + Zn = ZnSO_4 + Ni \tag{1-50}$$
$$CoSO_4 + Zn = ZnSO_4 + Co \tag{1-51}$$
$$PbSO_4 + Zn = ZnSO_4 + Pb \tag{1-52}$$

热力学上只能用较负电性金属去置换溶液中的较正电性金属。因此，置换的次序取决于在体系中金属的电位次序，而且置换趋势取决于它们的电位差。标准状态下锌与各主要杂质元素的标准电极电位见表1-13。

表1-13　298 K下锌与各主要杂质元素的标准电极电位　　　　V

$\varphi^0_{Zn^{2+}/Zn}$	$\varphi^0_{Pb^{2+}/Pb}$	$\varphi_{Co^{2+}/Co}$	$\varphi_{Ni^{2+}/Ni}$	$\varphi^0_{Cd^{2+}/Cd}$	$\varphi^0_{Cu^{2+}/Cu}$	$\varphi^0_{Cu^+/Cu}$
-0.7626	0.1251	-0.277	-0.257	-0.4025	0.340	0.520

由表1-13可见，中性浸出液体系中存在的杂质元素标准电极电位都比锌正，而且电位差都较大，因此这些杂质元素在理论上均易被锌粉置换除去。但是由于Cd的电位位于析氢电位以下，因此会发生Cd的反溶。而Co属于惰性金属，反应速度慢，因此针对除钴出现了黄药净化法、逆锑净化法、砷盐净化法、β-萘酚法、合金锌粉法等净化方法。

4. 锌电沉积原理

酸性硫酸锌溶液电沉积是向溶液中通直流电提取金属锌的过程。其反应为：

$$ZnSO_4 + H_2O = Zn + H_2SO_4 + 1/2O_2 \tag{1-53}$$

下面将从电极过程反应入手来阐明电沉积过程的基本原理。

1) 阳极过程

锌电沉积过程中阳极反应为：

$$2H_2O - 4e = O_2 + 4H^+ \tag{1-54}$$

反应放出氧气，同时溶液的酸度增大。在发生上述阳极反应之前，阳极上可能发生的反应有：

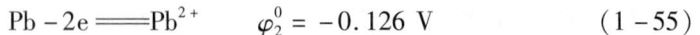

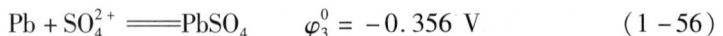

$$Pb - 2e = Pb^{2+} \qquad \varphi^0_2 = -0.126 \text{ V} \tag{1-55}$$
$$Pb + SO_4^{2+} = PbSO_4 \qquad \varphi^0_3 = -0.356 \text{ V} \tag{1-56}$$

由于$\varphi^0_2 > \varphi^0_3$，所以反应式(1-56)更易进行。生成的$PbSO_4$覆盖在阳极表

面，使阳极电位升高。同时还会发生如下反应：

$$Pb + 2H_2O - 4e \rightleftharpoons PbO_2 + 4H^+ \qquad \varphi_4^0 = 0.655 \text{ V} \qquad (1-57)$$

即未被覆盖的铅会直接生成 PbO_2，使阳极表面形成一层致密的保护层。这时即进入正常的阳极反应。正常电解时，阳极电位达到 $1.90 \sim 2.00$ V。这期间还可能发生以下反应：

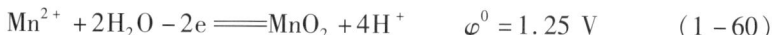

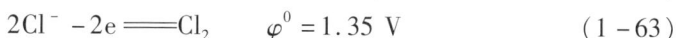

$$Pb^{2+} + 2H_2O - 2e \rightleftharpoons PbO_2 + 4H^+ \qquad \varphi_5^0 = 1.45 \text{ V} \qquad (1-58)$$

$$PbSO_4 + 2H_2O - 2e \rightleftharpoons PbO_2 + H_2SO_4 + 2H^+ \qquad \varphi_6^0 = 1.68 \text{ V} \qquad (1-59)$$

$$Mn^{2+} + 2H_2O - 2e \rightleftharpoons MnO_2 + 4H^+ \qquad \varphi^0 = 1.25 \text{ V} \qquad (1-60)$$

$$Mn^{2+} + 4H_2O - 5e \rightleftharpoons MnO_4^- + 8H^+ \qquad \varphi^0 = 1.5 \text{ V} \qquad (1-61)$$

$$MnO_2 + 2H_2O - 3e \rightleftharpoons MnO_4^- + 4H^+ \qquad \varphi^0 = 1.71 \text{ V} \qquad (1-62)$$

$$2Cl^- - 2e \rightleftharpoons Cl_2 \qquad \varphi^0 = 1.35 \text{ V} \qquad (1-63)$$

$$Cl^- + 4H_2O - 8e \rightleftharpoons ClO_4^- + 8H^+ \qquad \varphi^0 = 1.39 \text{ V} \qquad (1-64)$$

正常情况下，氧析出占阳极总电流的 98%，而 Mn^{2+} 氧化成 MnO_2 约占 1%。

2）阴极过程

阴极过程包括锌析出和杂质元素析出等过程。

（1）锌与氢的析出 在正常电解条件下，锌和氢的平衡电位分别为：

$$\varphi_{Zn^{2+}/Zn} = \varphi_{Zn^{2+}/Zn}^0 + (0.0632/2)\lg C_{Zn^{2+}} = -0.7656 \text{ V} \qquad (1-65)$$

$$\varphi_{H^+/H} = \varphi_{H^+/H}^0 + 0.0632\lg C_{H^+} = 0.0233 \text{ V} \qquad (1-66)$$

理论上，应当是 H^+ 优先于 Zn^{2+} 放电析出氢气。但是由于 H^+ 在锌金属电极上有很高的超电位，而 Zn^{2+} 的超电位很小，因此使得 H_2 的实际析出电位远远低于 Zn 的实际析出电位。由塔菲尔定律可知：

$$\eta_{H^+} = a + b\lg D_k \qquad (1-67)$$

当电流密度为 600 A/m^2 时：

$$\eta_{H^+} = 1.24 + 0.113\lg 0.06 = 1.102 \text{ V} \qquad (1-68)$$

而 Zn^{2+} 在锌金属上的超电位为 $0.02 \sim 0.03$ V。这样 Zn 和 H_2 的实际析出电位分别为：

$$\varphi_{Zn} = -0.7656 - 0.03 = -0.7956 \text{ V} \qquad (1-69)$$

$$\varphi_{H_2} = 0.0233 - 1.102 = -1.074 \text{ V} \qquad (1-70)$$

因此，锌电解过程中阴极上主要是 Zn^{2+} 放电析出金属锌。

（2）杂质元素的析出 标准电位比锌更正的杂质金属在锌电解沉积过程中与锌一起析出。当溶液中杂质元素离子的浓度低到一定程度时，其析出速度即取决于杂质元素离子扩散到阴极表面的速度。当杂质元素离子扩散到阴极表面即放电析出时，析出速度等于扩散速度。

$$J = DS(C_i - C_c)/\delta \qquad (1-71)$$

式中：J 为扩散速度，mol/s；D 为扩散系数，m^2/s；S 为电极表面积，m^2；C_c、C_i 分别为电极表面及溶液本体内杂质元素离子的摩尔浓度，mol/m^3；δ 为扩散层厚度，m。

扩散电流密度 D_k 可写成：

$$D_k = nFD(C_i - C_c)/\delta \tag{1-72}$$

而 $C_c \approx 0$，于是就得到极限电流密度 D_d：

$$D_d = nFDC_i/\delta \tag{1-73}$$

可见，杂质元素的放电析出是在极限电流密度条件下进行的，其析出速度只决定于扩散，与其电位无关。

1.4.3 火法炼锌原理

火法炼锌包括粗炼和精炼两个过程，粗炼是还原挥发和冷凝，精炼是精馏。现将它们的基本原理分别简介如下。

1. 粗炼原理

1）热力学分析

在高温下，ZnO 主要被 CO 还原，其次是碳还原：

$$ZnO_{(s)} + CO_{(g)} = Zn_{(g)} + CO_{2(g)} \tag{1-74}$$

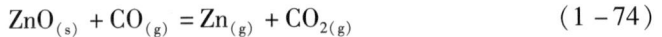

$$\Delta G^0 = 178020 - 111.67T \tag{1-75}$$

$$K = p_{Zn} \cdot p_{CO_2}/(a_{ZnO} \cdot p_{CO}) \tag{1-76}$$

还原所消耗的 CO 可由碳的气化反应补给：

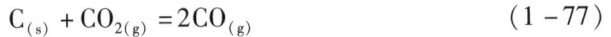

$$C_{(s)} + CO_{2(g)} = 2CO_{(g)} \tag{1-77}$$

$$\Delta G^0 = 170460 - 174.43T \tag{1-78}$$

$$K = p_{CO}^2/(p_{CO_2} \cdot a_C) \tag{1-79}$$

将式（1-74）和式（1-77）两式相加，便得到用碳还原 ZnO 的化学反应方程式：

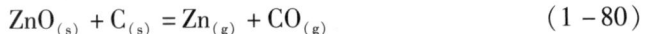

$$ZnO_{(s)} + C_{(s)} = Zn_{(g)} + CO_{(g)} \tag{1-80}$$

从上述反应可以看出，ZnO 的还原要吸收大量的热。补充所需热量的方式有两种，即间接加热和直接加热。蒸馏法采用间接加热，鼓风炉法采用直接加热。

在锌焙砂中除了 ZnO 之外，含量较多的还有铁的氧化物，它在还原过程中的行为对 ZnO 的还原尤其是鼓风炉法还原 ZnO 的影响很大。ZnO 还原过程的气体组成 - 温度曲线见图 1-14。

图中各曲线分别是反应式（1-80）在不同条件下平衡的 p_{CO_2}/p_{CO} - T 关系曲线。

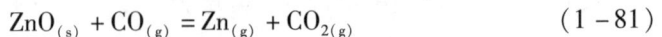

$$ZnO_{(s)} + CO_{(g)} = Zn_{(g)} + CO_{2(g)} \tag{1-81}$$

在图 1-14 中，反应式（1-80）有 5 条曲线（Ⅰ～Ⅴ），它们的设定条件见表 1-14。

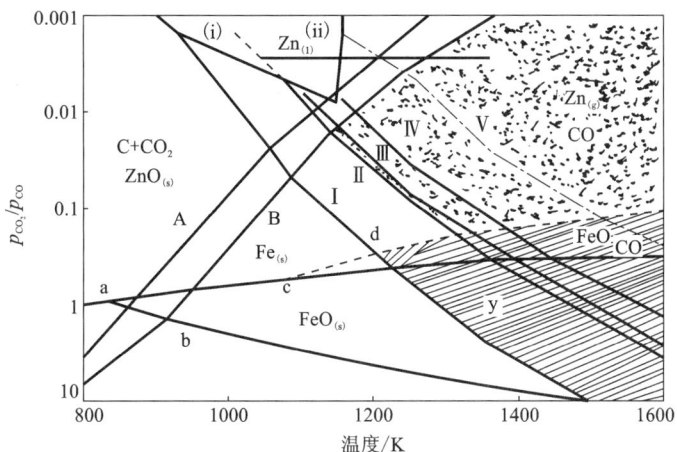

图 1-14 ZnO 碳还原平衡图

表 1-14 5 条曲线的设定条件

曲线	I	II	III	IV	V
a_{ZnO}	1.0	1.0	0.1	0.05	0.01
p_{Zn}/Pa	6079.5	455962.5	6079.5	6079.5	6079.5

图 1-14 还绘出了反应式(1-80)的 2 条平衡曲线(A、B),其中设定的条件为:A 线 $p_{CO} + p_{CO_2} = 20265$ Pa,B 线 $p_{CO} + p_{CO_2} = 60795$ Pa。

铁的氧化物的还原曲线有:

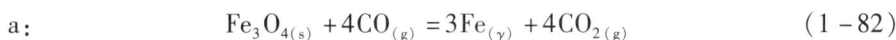

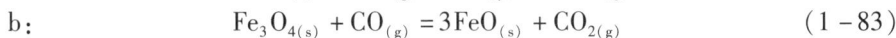

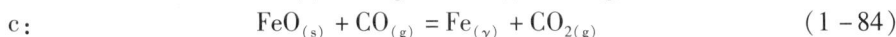

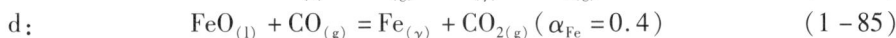

$$a: \qquad Fe_3O_{4(s)} + 4CO_{(g)} = 3Fe_{(\gamma)} + 4CO_{2(g)} \qquad (1-82)$$

$$b: \qquad Fe_3O_{4(s)} + CO_{(g)} = 3FeO_{(s)} + CO_{2(g)} \qquad (1-83)$$

$$c: \qquad FeO_{(s)} + CO_{(g)} = Fe_{(\gamma)} + CO_{2(g)} \qquad (1-84)$$

$$d: \qquad FeO_{(l)} + CO_{(g)} = Fe_{(\gamma)} + CO_{2(g)} \quad (\alpha_{Fe} = 0.4) \qquad (1-85)$$

$Zn_{(l)}$ 的稳定区范围曲线:

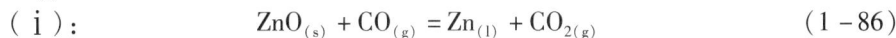

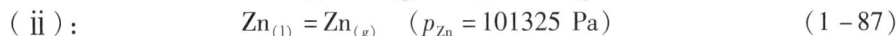

$$(i): \qquad ZnO_{(s)} + CO_{(g)} = Zn_{(l)} + CO_{2(g)} \qquad (1-86)$$

$$(ii): \qquad Zn_{(l)} = Zn_{(g)} \quad (p_{Zn} = 101325 \ Pa) \qquad (1-87)$$

2)间接加热过程中锌的还原挥发

间接加热时燃料燃烧产生的气体与 ZnO 还原产生的含锌气体被罐体隔离。炉料中配有过量的碳,与碳发生反应的氧主要是炉料中 ZnO 所含的结合氧。出罐气体主要由 $Zn_{(g)}$、CO 和 CO_2 所组成,其中锌蒸气的体积分数为 45% 左右,CO_2 体积分数少于 1%,其余为 CO。

受间接供热的限制,罐内温度一般为 1300 ~ 1400 K。在蒸馏法炼锌条件下,设 $a_{ZnO} = 1$,$p_{Zn} = 0.45 \times 101325$ Pa,$p_{CO} + p_{CO_2} = 0.55 \times 101325$ Pa,如图 1-16 中曲

线Ⅱ和曲线 B 的右侧打点区域所示的范围，ZnO 还原为吸热反应。在温度较高，p_{CO_2}/p_{CO} 较大，也就是还原性较弱时，ZnO 仍能被还原。从曲线Ⅱ和 B 的交点来看，要在大气压下还原 ZnO，温度至少需要 1170 K。罐内气体组成接近曲线 B 所示的碳气化反应平衡值，为 ZnO 还原创造了良好的条件。由于罐内气体组成 p_{CO_2}/p_{CO} 低于曲线 c 所示的 FeO 还原反应的平衡组成，FeO 被还原成金属铁，并分散在蒸馏残渣中。

3) 直接加热过程中锌的还原挥发

在鼓风炉炼锌过程中，大量燃烧气体和还原反应产生的气体混在一起，气体中 CO 和 $Zn_{(g)}$ 的体积分数很低。通常锌蒸气体积分数为 5% ~ 7%。平衡炉气成分应该在图 1 - 16 中曲线Ⅰ与曲线 A 所包围的区域内。

鼓风炉炼锌属于熔融冶炼，锌的还原挥发与残留在炉渣中的 ZnO 活度有关。从液态炉渣中还原 ZnO 比较困难，要求有较强的还原气氛和较高的温度，如图 1 - 16 中曲线Ⅲ、Ⅳ、Ⅴ所示。随着 a_{ZnO} 减小，ZnO 还原要求 p_{CO_2}/p_{CO} 越来越小，温度越来越高。

4) 锌蒸气的冷凝

式(1 - 86)是吸热反应，其平衡常数随温度升高而增大，见表 1 - 15。

表 1 - 15   不同温度下式(1 - 86)的平衡常数

温度/K	1180	1273	1373	1473
平衡常数	7.37×10^{-3}	2.98×10^{-2}	1.08×10^{-1}	3.31×10^{-1}

碳的气化反应式(1 - 77)的逆反应速度很小，因此离开料面后的反应气体中 p_{CO_2}/p_{CO} 比值无多大变化。当炉气温度降低时，其中的 CO_2 将使 $Zn_{(g)}$ 氧化成 ZnO，并包裹在锌液滴表面，影响传质过程，降低冷凝效率。锌蒸气冷凝过程形成的蓝粉实质上就是被 ZnO 包裹的锌液滴。锌蒸气被 CO_2 氧化是气 - 气反应，速度很快。为了防止该反应的发生，尽可能在高温下直接将锌蒸气导入冷凝器中，使之急冷。在快速冷凝时，温度被迅速降至液体锌稳定存在的温度，即图 1 - 14 中曲线(ⅰ)与曲线(ⅱ)相交点的温度以下。

2. 精炼原理

粗锌火法精炼包括精馏和熔析两个过程。

1) 精馏精炼

系基于锌及各种杂质元素沸点不同或它们之间蒸汽压的差别。蒸汽压较大的金属可在常压下很好地优先挥发分离。控制不同的温度，经多级蒸馏、多级分凝，达到锌和其他杂质分离获得高纯度锌的目的。锌及其他金属的沸点以及蒸汽压与温度关系见表 1 - 16 及图 1 - 15。

表 1 - 16　锌与其他金属的沸点及蒸汽压(1179 K)

元素	Zn	Cd	Pb	Fe	Cu	Sn	In
沸点/K	1179	1040	2017	3008	2633	2533	2343
蒸汽压/Pa	1.01×10^5	4.20×10^5	<133.3	—	—	—	—

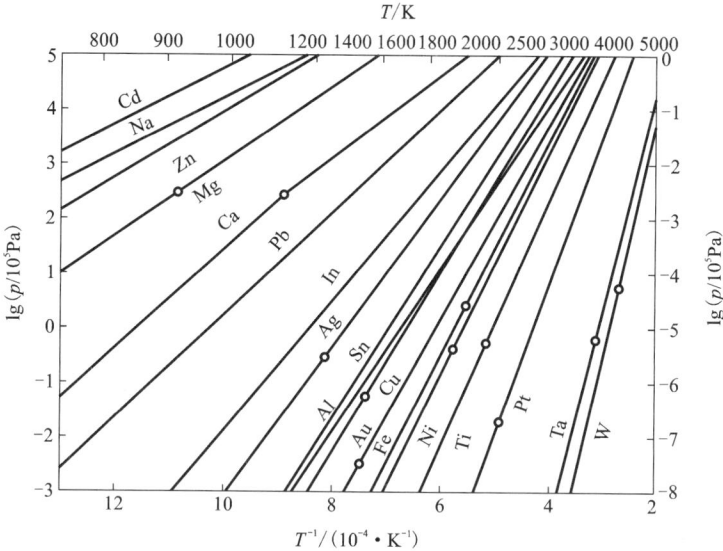

图 1 - 15　锌及有关金属的蒸汽压

图 1 - 15 中，带有"○"的曲线按图左侧座标，没有"○"的曲线按图右侧座标。

从表 1 - 16 及图 1 - 15 可以看出，粗锌中可能含有的杂质金属，按其蒸汽压或沸点分为两类：①蒸汽压高于(或沸点低于)锌的杂质如 Cd 等。②蒸汽压低于(或沸点高于)锌的杂质如 Pb、In、Fe、Cu 等。考虑到一般火法炼锌产出的粗锌中 Pb 和 Cd 较高，且沸点又与 Zn 接近，因而生产中常将脱除沸点高于锌的杂质金属的过程称为脱铅过程；脱除沸点低于锌的金属杂质的过程称为脱镉过程。

粗锌中的金属杂质都是与锌形成合金，因此它们的沸点不同于纯金属的沸点，还必须考虑合金的组分、活度与沸点及蒸汽压的关系。

图 1 - 16 为 Zn - Cd 二元系组成的沸点图。分析该图可以看出，当液态锌溶有低沸点镉时，锌的沸点便会降低，其变化规律如 I 线所示。若含有镉的锌成分为 A，将其加热到 a 的温度时，这种含镉的锌即沸腾，锌、镉同时挥发。但是低沸点的镉要比锌蒸发得多些，因此蒸气中该两元素的含量与液相中不同，蒸气冷却时，其组成则是沿着线 II 变化，从 I 线上的 a 点作横坐标的平行线，交于 II 线于 b

点，b 点所代表成分，即为 A 成分的合金加热至 a 点气液两相平衡时的气相成分；b 点组成的气相冷却至 c 点，从 c 点作横坐标的平行线，与 I、II 线分别交于 a′与 b′，a′与 b′即为 c 点温度下气液相平衡时的两相组成。因此，被冷凝下来的液相锌含量较 b 点多，含镉少。未被冷凝的气相则正好相反，即气相中富集了低沸点的金属镉。这样反复多次地蒸发与冷凝，液相中富集高沸点金属，气相中富集低沸点的金属，从而实现沸点有差别的两种金属的完全分离。

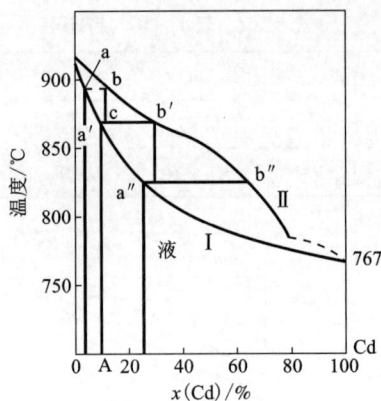

图 1 – 16 Zn – Cd 系沸点组成图

Zn – Pb – Cd 三元系的沸点组成见图 1 – 17。从图 1 – 17 可见，随着合金中铅含量增加，锌的沸点升高；相反，镉的含量增加时，锌的沸点降低。加入精馏塔中的粗锌，其中铅和镉的含量并不高，可以把粗锌的沸点近似认为是纯锌的沸点。但是，当粗锌中的部分锌和镉已蒸发后，铅塔下部的粗锌含铅量提高，因而沸点也就相应升高，不过铅塔下部流出的残余金属合金仍然以锌为主，高沸点的铅、铁、铜等的含量仍然在 5% 以下。所以只要保证铅塔内的温度在 1273 K 左右就能保证镉完全挥发，锌的蒸发量也很大。

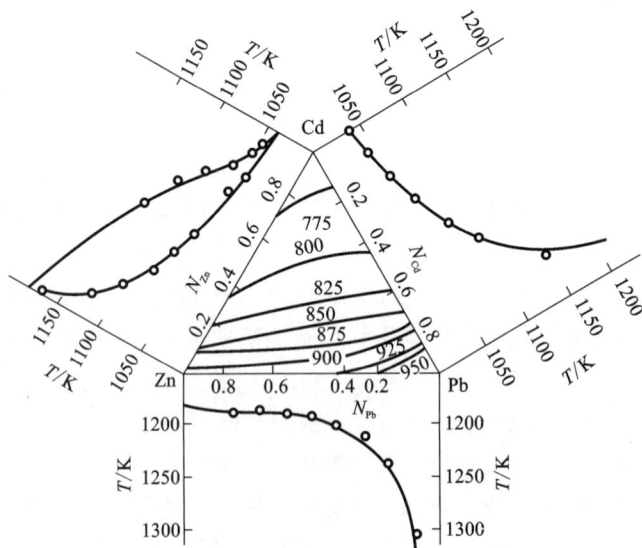

图 1 – 17 Zn – Pb – Cd 系沸点组成图

2）熔析精炼

系基于锌、铁、铅的熔点和密度的不同，以及铁、铅在锌中不同温度下的溶解度差别，控制一定的温度使之分层而分离。Pb - Zn 二元系相图见图 1 - 18。

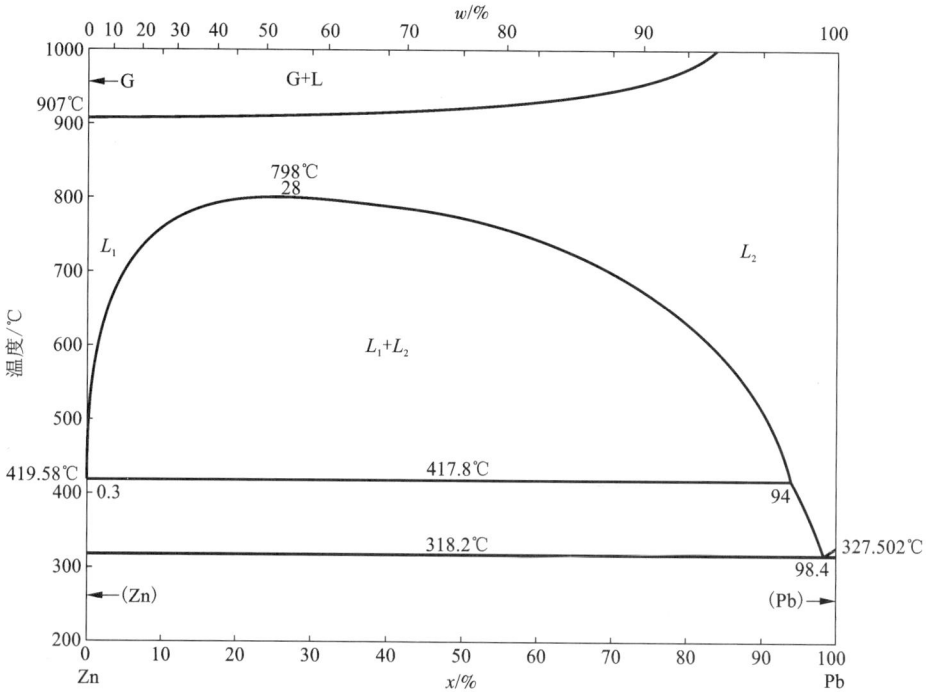

图 1 - 18　Pb - Zn 二元系相图

图 1 - 18 说明，在固体状态时的铅与锌完全不相溶，在液态时相溶；1063 K 以上时，锌和铅能以任何比例相溶为均匀合金。当温度降低时，进入分层区，开始有铅相出现；温度继续降低时，两相锌铅溶解度曲线改变，铅相内锌含量减少，锌相内铅含量减少。可见在熔体温度越接近锌的熔点（692.4 K）时得到的锌越纯，实际上熔析温度在 703 ~ 723 K（430 ~ 450℃）时进行。图 1 - 21 是锌铁二元系状态图。

由图 1 - 19 可以看出，随温度的降低，锌、铁分离效果变好。铁以化合物 $FeZn_{13}$、$FeZn_7$、Fe_5Zn_{21} 的形态溶于锌中，冷却时，以糊状结晶体——硬锌析出。

1.5　锌的应用

由于锌具有抗腐蚀性好、易于压铸成形、易于形成多种不同性能的合金等特殊性能而具有广泛应用，表 1 - 17 列出了针对锌不同性质的应用情况。

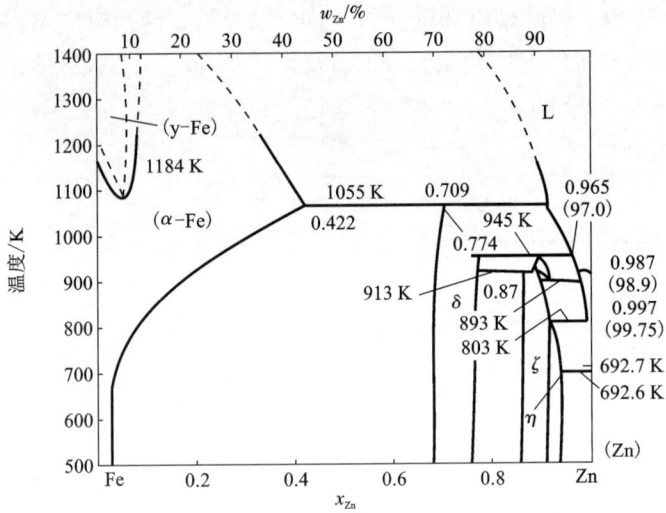

图 1-19   Fe-Zn 二元系相图

表 1-17   锌的应用

性能	最初应用	最终应用
负电性金属；抗腐蚀性能良好，保护钢材免受腐蚀	热镀锌、电镀锌、喷镀锌、锌粉涂层、粉镀锌	建筑物、电力/能源、家具、农用机械、汽车和交通工具
熔点较低，熔体流动性好，易于压铸成形	压铸和重力铸造	汽车、家用设备、各种机械装置的零件、电子元件等
系合金元素，易与其他金属形成不同性能的多种合金	黄铜（铜-锌合金）、铝合金、镁合金	建筑物、汽车、各种机械装置的零部件、电子元件等
成形性和抗腐蚀性能好	轧制锌	建筑物
电化学性能	电池：锌-二氧化锰电池、锌-空气电池、锌-银蓄电池	汽车/交通运输工具、计算机、医用设备、家用电器
形成多种化合物	氧化锌、硬脂肪酸锌	橡胶、轮胎、颜料、陶瓷釉料、静电复印纸
	硫化锌	颜料、荧光材料
	硫酸锌	食品工业、动物饲料、木材肥料、制革、医药、纸浆、电镀
	氧化锌	医药、染料、焊料、化妆品

从 20 世纪 90 年代开始，全球锌消费进入高速增长期，中国锌消费在全球锌消费中占比从 2000 年的 15.18% 上升至 2016 年的近 50%。根据预计，2017 年中国精锌消费量约为 670 万 t。2016 年全球主要锌消费国家占的比例见图 1 – 20。

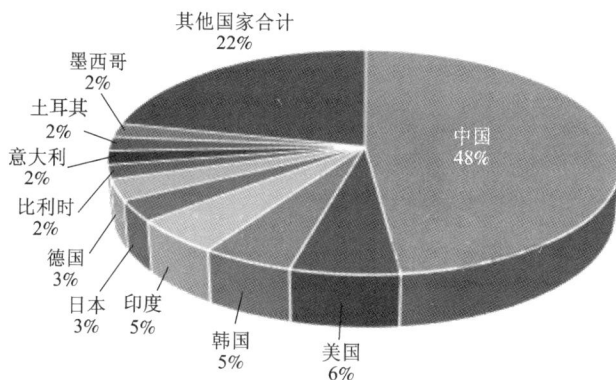

图 1 – 20　2016 年全球主要锌消费国家占比

图 1 – 20 说明，中国在全球锌消费中占据重要位置，在全球消费中占比高达 48%；其次是美国，占 6%。

锌的下游初级消费领域主要是镀锌、压铸合金、黄铜、氧化锌以及电池。镀锌用途广泛，需求量大，是驱动锌需求的重要动力。镀锌产品耐腐蚀性优越，环保无公害，产品性能稳定，易焊接，广泛应用于建筑行业（阳台面板、卷帘门、雨水管道等）、家用电器（冰箱、洗衣机、空调等）、家具行业（灯罩、衣柜、桌子等）、运输行业（汽车外壳、车厢板、集装箱、轮船隔仓板等）等。近年来受益于汽车、家电、高速公路等行业对镀锌板需求的上升，镀锌行业的投资建设迅猛发展。2017 年全球锌初级消费结构见图 1 – 21。

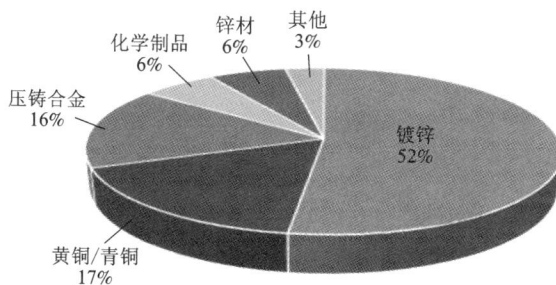

图 1 – 21　2017 年全球锌初级消费结构

图 1 – 21 说明，2017 年全球 52% 的锌用于钢铁镀锌，16% 用于压铸合金，17% 用于铜合金，15% 用于锌的化学制品等其他领域。2017 年全球锌终端消费结构见图 1 – 22。

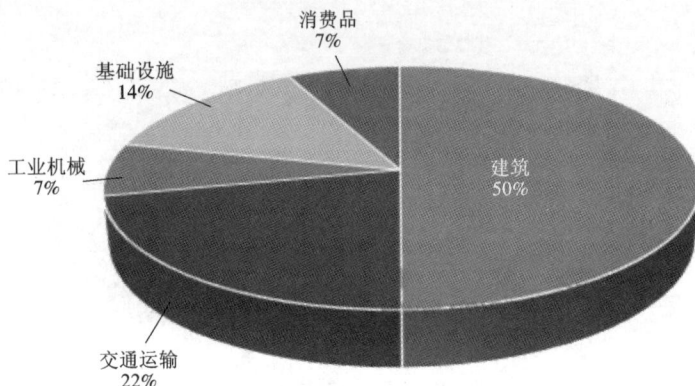

图 1 – 22　2017 年全球锌终端消费结构

由图 1 – 22 可知，全球终端消费中，建筑、交通和耐用消费品占 79%，基础设施占 14%，工业机械占 7%。2016 年中国的锌初级消费结构见图 1 – 23。

图 1 – 23 说明，中国的锌初级消费结构中，2016 年镀锌占国内锌消费的 60%，压铸锌合金占 15%，氧化锌占 12%，黄铜占 9%，电池占 3%，其他占 1%。

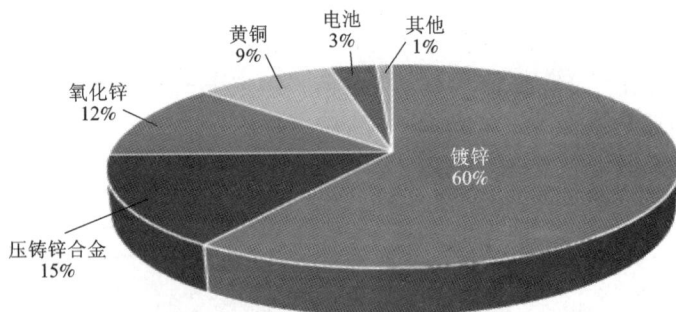

图 1 – 23　2016 年中国的锌初级消费结构

近年来，中国锌终端消费结构与全球基本一致，即建筑、交通和耐用消费品占 79%，基础设施占 14%，工业机械占 7%。锌消费领域除了汽车、房地产、基建等传统的主要应用领域外，其他领域对锌的需求正在增长，未来可能成为新的亮点：一是地下管廊，住建部、钢铁协会正在制订标准，镀锌量提高到原来的 5 倍，耐腐蚀性特好。二是 2017 年住建部出台了推广装配式住宅的规划，至 2020

年装配式建筑占新增建筑15%，推广力度会不断加大。钢结构领域对于镀锌板的
需求非常大。

1.6 炼锌工艺技术的发展

1.6.1 湿法冶炼新技术

1. MACA 法

MACA 法是 Zn（Ⅱ）- NH$_3$ - NH$_4$Cl - H$_2$O 体系中处理氧化锌矿及含锌物料
生产（高纯）电锌的工艺方法，其原则工艺流程见图 1 - 24。

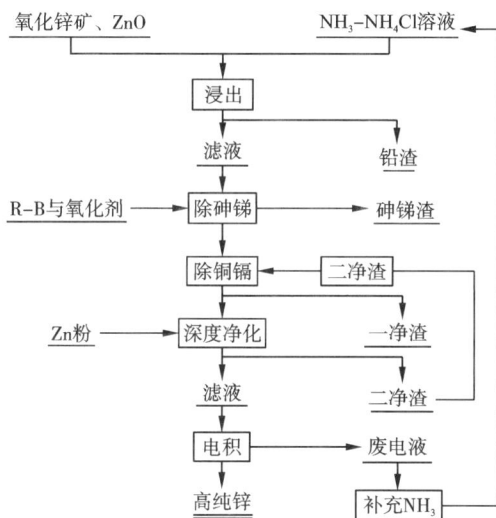

图 1 - 24 MACA 法制备（高纯）电锌的原则工艺流程

　　MACA 法是中南大学唐谟堂学术团队研究开发的氨法炼锌新技术。1996 年
以来该团队开展了一系列创新性研究。杨声海等首先确定电积过程阳极反应机
理，阳极反应先产生活性氯，再在氯的催化作用下，NH$_4^+$ 和 NH$_4$OH 分解氧化生
成氮气。阳极总反应为：

$$8NH_3 - 6e \Longrightarrow N_2 \uparrow + 6NH_4^+ \qquad (1-88)$$

　　杨声海等还攻克了电解添加剂技术难关，分别以复杂锌烟灰和锌焙砂为原料
制得 $w(Zn) > 99.999\%$ 的高纯锌，完成半工业试验，生产 700 kg 高纯锌。张保
平、王瑞祥等以含锌20%左右的氧化锌矿为原料，用 MACA 法制取了 $w(Zn) \geqslant$

99.99%的电锌。张家靓等用MACA法循环浸出含7% Zn的兰坪低品位氧化锌矿制取电锌,其显著特点是大部分浸出液返回浸出过程,从而实现浸出液中锌浓度的富集,满足锌电积的要求。973项目(2007CB6136)4课题组于2011年完成MACA法循环浸出兰坪低品位氧化锌矿制取电锌的扩大试验,试验规模150 kg矿/次,制取了65.50 kg合格电锌,直收率70.34%,电流效率97.02%。

MACA法具有如下突出优点:①MACA体系是弱碱性体系,Ca、Fe、Si、Al等杂质几乎不进入浸出液,浸出液纯度较高,可大大减轻净化负担;在室温条件下采用两段逆流净化,就可彻底除去Cu、Cd、Pb、Ni、Co等杂质。②原料适应性强:次氧化锌、高F^-和Cl^-氧化锌烟尘及高碱性脉石含量的复杂氧化锌矿均可用该方法制取(高纯)电锌。③废电解液锌浓度低(± 10 g/L),可处理低品位($\pm$ 7% Zn)氧化锌矿。④常温操作,能耗低,设备投资少。⑤废电解液闭路循环,流程短,环境友好。⑥与酸法比较,槽电压低,电流效率高,电能消耗降低15% ~ 25%。MACA法的不足之处是必须消耗氨,约0.243 t/t电锌,同时电解现场存在氨雾污染,须借鉴电解镍防治氯气污染的方法与技术手段来防治氨雾污染。

总之,MACA法具有的上述特点对解决我国锌资源紧缺、发展循环经济、走可持续发展道路具有重大意义。MACA法处理复杂氧化锌原料制取电锌已建厂多家,其中几家已生产多年。

2. MZP技术处理氧化锌矿

Technics Reunidas公司提出用MZP技术处理氧化锌矿。MZP含浸出、溶剂萃取和电积三个步骤。在常温及50℃下,加入稀硫酸并控制pH,经一定时间浸出后即获得较好的浸出效果;用溶于煤油的有机磷酸溶液作萃取剂,将反萃锌负载有机相获得的纯硫酸锌溶液送至电积回路中;锌电积在铝阴极板上,产出高纯(99.995%)锌锭。

1.6.2 火法冶炼新技术

1. 等离子炼锌技术

等离子冶炼技术是瑞典SKF公司开发的一种新的冶炼方法。其基本原理是:在炉中装满焦炭,由等离子发生器将热量从风口输送到炉子的反应带,在炉中焦炭柱的内部形成一个高温空间;粉状氧化锌焙烧矿与粉煤和造渣成分一起被等离子喷枪喷到高温带,在此发生氧化锌还原反应。由于焦炭能承受高温作用,所以能维持1700~2500℃的高温反应带,可使金属氧化物瞬间被还原,生成的锌蒸气随炉气进入冷凝器被冷凝为液体锌。由于炉气中CO_2和水蒸气含量很低,温度又很高,所以没有锌的二次氧化问题。此法可以处理锌的焙烧矿,也可处理氧化锌灰。由于产生等离子束的成本高,故该技术尚未推广应用。

2. 锌焙烧矿闪速还原挥发

锌焙烧矿闪速还原挥发工艺包括：①硫化锌精矿在沸腾炉内死焙烧。②在闪速炉中用焦炭和工业氧气进行锌焙砂还原挥发熔炼。还原熔炼产物中有含3.76% Zn 的炉渣及含 20%（体积分数）$Zn_{(g)}$ 的炉气。③锌蒸气在冷凝器内冷凝成液体锌。锌焙烧矿闪速还原挥发熔炼工艺流程如图 1 – 25 所示。该工艺值得继续研发。

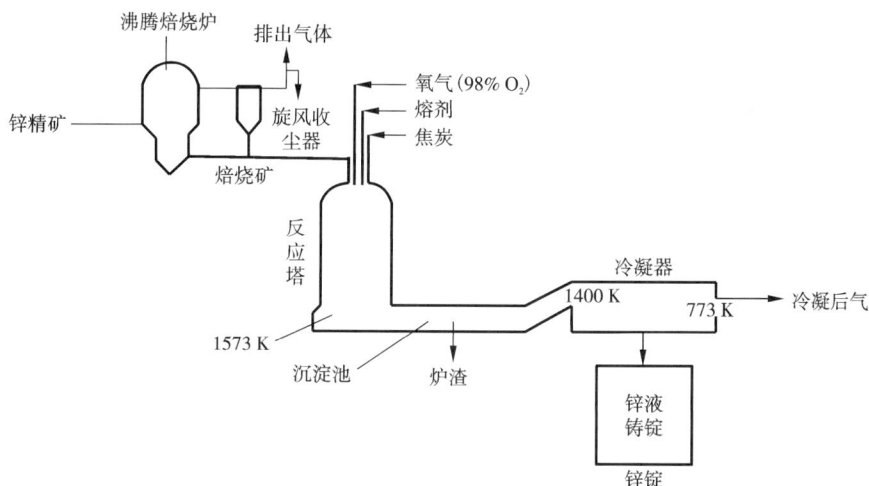

图 1 – 25　锌焙烧矿闪速还原挥发熔炼原则流程

3. 铅锌混合矿直接熔炼技术

东北大学张廷安教授和中国恩菲工程技术有限公司的蒋继穆设计大师发明了一种铅锌矿冶炼方法：将铅锌矿与熔剂混合，并将所得到的混合物进行氧化熔炼，获得含有氧化锌和氧化铅的熔体；利用还原剂，对含有氧化锌和氧化铅的熔体在工频电热还原炉中进行还原挥发和渣沉降处理，获得含锌烟气、液态铅和炉渣；将含锌烟气进行冷凝，获得液态锌和煤气。利用该方法，不需要对铅锌矿进行分选，可以直接将铅锌矿经氧化熔化后，在高温熔体状态下供给至工频电热还原炉进行还原挥发熔炼，直接获得粗铅和富锌烟气，烟气经冷凝后获得粗锌。该工艺流程短，节能环保，具有应用前景。

参考文献

[1] 邱竹贤. 冶金学下卷[M]. 沈阳：东北大学出版社，2001.

[2] 彭容秋. 锌冶金[M]. 长沙：中南大学出版社，2004.

[3] 彭容秋. 重金属冶金学[M]. 长沙：中南工业大学出版社，1991.

[4] 赵天从. 重金属冶金学[M]. 北京：冶金工业出版社，1981.

[5] 陈国发. 重金属冶金学[M]. 北京：冶金工业出版社，1992.

[6] 孙连超，田荣璋. 锌及锌合金物理冶金学[M]. 长沙：中南工业大学出版社，1994.

[7] 徐采栋，林蓉，汪大成. 锌冶金物理化学[M]. 上海：上海科学技术出版社，1978.

[8] 陈新民. 火法冶金过程物理化学[M]. 北京：冶金工业出版社，1993.

[9] 傅崇说. 有色冶金原理[M]. 北京：冶金工业出版社，1993.

[10] 《重有色金属冶炼设计手册》编辑部. 重有色金属冶炼设计手册(铜镍卷、铅锌铋卷)[M].
北京：冶金工业出版社，1993.

[11] 东北工学院重冶教研室. 锌冶金[M]. 北京：冶金工业出版社，1978.

[12] 钟竹前. 湿法冶金过程[M]. 长沙：中南工业大学出版社，1998.

[13] 钟竹前. 化学位图在湿法冶金和废水净化中的应用[M]. 长沙：中南工业大学出版
社，1998.

[14] David R Gaskell. Introduction to the Metallurgical Thermodynamics[M]. NewYork：CRC Press，
2008.

[15] Hong Yong Sohn, Milton E Wadsworth. Rate Processes of Extractive Metallurgy[M]. NewYork：
Springer，1979.

[16] 王吉昆，周廷熙. 硫化锌精矿加压酸浸技术及产业化[M]. 北京：冶金工业出版社，2008.

[17] Gu Yan, Zhang Ting'an, Mu Wangzhong, et al. Pressure acid leaching of zinc sulfide
concentrate[J]. Transactions of Nonferrous Metals Society of China, 2010, 20(S1)：136 – 140.

[18] Mu Wangzhong, Zhang Ting'an, Liu Yan, et al. E_h – pH diagram of ZnS – H$_2$O system during
high pressure leaching of zinc sulfide[J]. Transactions of Nonferrous Metals Society of China,
2010, 20(10)：2012 – 2019.

[19] 黄旌理. 湿法炼锌与三废治理[J]. 湖南有色金属，1985(5)：45 – 49.

[20] 牟望重，张廷安，古岩，等. 铅锌硫化矿富氧浸出热力学[J]. 过程工程学报，2010, 10
(S1)：171 – 176.

[21] 孙德堃. 国内外锌冶炼技术的新进展[J]. 中国有色冶金，2004(3)：1 – 4.

[22] 刘志宏. 国内外锌冶炼技术的现状及发展动向[J]. 有色金属，2000(1)：23 – 26.

[23] 唐谟堂，等. 配合物冶金理论与技术[M]. 长沙：中南大学出版社，2011.

[24] 唐谟堂，等. 精细冶金[M]. 长沙：中南大学出版社，2017.

第 2 章 精矿炼前处理

2.1 概述

　　焙烧是矿石或精矿在下一步冶金处理(熔炼或浸出)前的预备过程。焙烧过程的实质就是在一定的气氛中加热矿石或精矿使其发生化学变化，改变其成分以适应下一步冶金处理的要求，但矿石或精矿并不熔化。在很多情况下，焙烧是硫化矿提取金属的必要过程。焙烧更是从锌精矿中提炼金属锌的第一步冶金过程。

　　现在世界上 90% 以上的炼锌原料是浮选硫化锌精矿，密闭鼓风炉炼锌则处理浮选硫化铅锌混合精矿，硫化精矿中的铅与锌主要是以方铅矿(PbS)与闪锌矿(ZnS)的形态存在。因此，不能用现有的火法冶金将 PbS 与 ZnS 直接熔炼成金属。在湿法炼锌的常规浸出条件下，也难以找到合适的溶剂将 ZnS 直接溶解并进一步从溶液中提取金属锌。因此，世界上大多数铅锌冶炼厂所采用的冶炼方法是首先进行焙烧，改变金属的矿物形态，将精矿中的 PbS 与 ZnS 氧化成 PbO 与 ZnO，以便于下一步处理，这也是焙烧的主要目的。在焙烧过程中，精矿中的硫会氧化为 SO_2，随烟气排走并与氧化后的金属氧化物分离。这种含 SO_2 的烟气经冷却、净化后，送去生产硫酸。硫化锌精矿流态化焙烧过程的基本原理如图 2-1 所示。

　　利用具有一定速度的空气流自下而上通过炉内矿粉层，吹动固体颗粒，使之相互分离而呈悬浮状态，使锌精矿颗粒与空气氧化剂充分接触，加速化学反应进行：

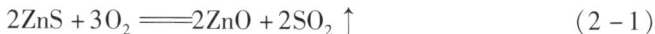

$$2ZnS + 3O_2 = 2ZnO + 2SO_2 \uparrow \qquad (2-1)$$
$$ZnS + 2O_2 = ZnSO_4 \qquad (2-2)$$
$$3ZnSO_4 + ZnS = 4ZnO + 4SO_2 \uparrow \qquad (2-3)$$
$$2SO_2 + O_2 = 2SO_3 \uparrow \qquad (2-4)$$
$$ZnO + SO_3 = ZnSO_4 \qquad (2-5)$$
$$xZnO + yFe_2O_3 = xZnO \cdot yFe_2O_3 \qquad (2-6)$$

　　锌精矿中的其他元素对焙烧过程有着重要影响。铁会与 ZnO 发生化学反应生成铁酸锌($ZnO \cdot Fe_2O_3$)，影响锌浸出率。铅、铜、砷和硅酸盐含量过高会使流态化床黏结。而汞、硒、氟、氯几乎全部进入烟气处理系统，增加烟气处理的难度。

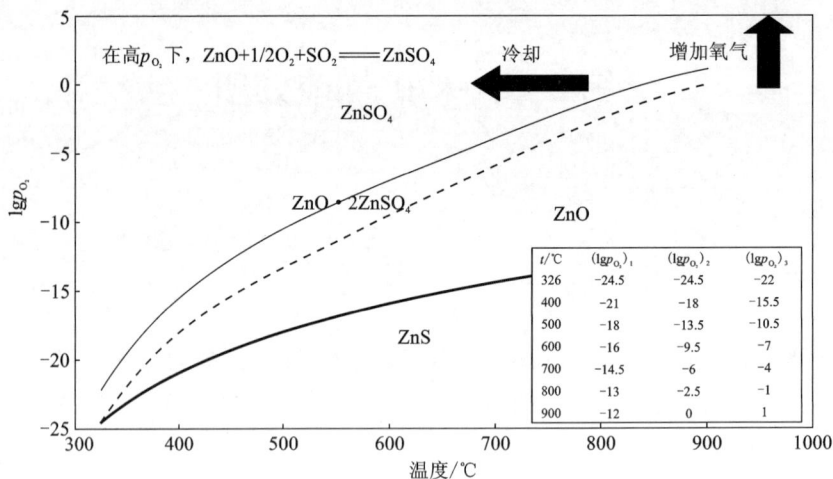

图 2-1　10% SO_2 流态化床中 $Zn-S-O_2$ 系的多相平衡

有两种焙烧硫化矿的现代方法。一种是浮选硫化锌精矿的氧化流态化焙烧,应用于电积法、电热法和蒸馏法炼锌;另一种是浮选硫化铅锌混合精矿的氧化烧结焙烧,应用于密闭鼓风炉法炼锌。

浮选硫化锌精矿的氧化流态化焙烧又分为完全氧化流态化焙烧和部分硫酸盐化氧化流态化焙烧。火法炼锌厂的焙烧采用的是完全氧化焙烧,俗称"死焙烧",焙烧产物锌焙砂主要由金属氧化物组成。焙烧时力求尽可能地除去全部硫,力求从精矿中以挥发物形式尽可能地除去铅和镉,一方面可得到镉和铅含量高的烟尘作为炼镉原料,另一方面可在下一步的冶炼过程中得到高质量的锌锭。在焙烧硫化锌精矿时,通常还得到浓度足够高的 SO_2 烟气生产硫酸。火法炼锌之所以要求"死焙烧",是因为如果在焙烧矿中有硫,则硫和锌生成的硫化锌在还原蒸馏过程中不挥发而造成损失。锌的原子质量为硫的 2 倍,如有"1 份"硫(不管是硫化物中的硫还是硫酸盐中的硫)存在于焙烧矿中,则有"2 份"锌与之结合成硫化锌而损失掉。在工厂中硫含量不超过 1% 的焙烧矿就是"死焙烧矿"。质量优良的"死焙烧矿"含硫低,为 0.1% ~ 0.3%。

火法炼锌主要有竖罐炼锌和直接法炼锌等,不同炼锌方法对焙砂质量有不同的要求,主要体现在焙烧温度有中温、高温,其中中温氧化焙烧所产焙砂主要用于竖罐炼锌,高温氧化焙烧所产焙砂主要用于直接炼锌。火法炼锌对焙烧要求如下:①尽可能完全地氧化金属硫化物,焙砂中只允许有较低的残硫;②最大限度脱除杂质,尤其是脱铅、脱镉和脱砷;③降低烟尘率,以得到较多量的锌焙砂;④得到 SO_2 浓度较高的炉气,以利于制取硫酸。

湿法炼锌厂的焙烧采用的是部分硫酸盐化氧化流态化焙烧，这样做是为了使焙烧矿中形成少量硫酸盐以补偿电积与浸出循环系统中硫酸的损失。经验证明，焙烧矿中只需 3% ~4% S_{SO_4}（可溶硫）就完全足以补偿硫酸的损失。

湿法炼锌对焙烧的要求如下：①尽可能完全地氧化金属硫化物，并在焙烧矿中得到氧化物及少量硫酸盐；②使砷和锑氧化，并以挥发物从精矿中除去；③在焙烧时尽可能减少铁酸锌的生成，因为铁酸锌不溶于稀硫酸溶液；④得到 SO_2 浓度高的焙烧烟气，以供制造硫酸；⑤得到细小粒子状的焙烧矿以利于浸出的进行。

密闭鼓风炉炼锌采用高级冶金焦炭作能源和还原剂，在高温下将锌和铅的氧化物同时冶炼成金属，其中锌以蒸气形态与炉气一起离开炉子，在铅雨喷溅冷凝器中通过飞溅起来的熔融铅雨快速冷却并溶解锌蒸气获得粗锌；原料中的铅、铜和贵金属一起在粗铅中被回收。其最大优点是可以直接处理铅锌混合矿，但在鼓风炉还原熔炼过程中只能处理块状物料，因此铅锌混合硫化精矿在进入鼓风炉还原熔炼之前，必须进行氧化烧结焙烧。细小的硫化精矿在焙烧时利用硫化物氧化放出的热量来升高温度，使粉状的氧化物料在高温下熔结成块，达到硫化物氧化与粉状物料熔结成块两个目的。

为了实现硫化精矿的焙烧或烧结焙烧的目的，可以在不同的技术条件（如温度、气氛等）下于各种冶金设备（如流态化焙烧炉、烧结机等）中进行；在同等条件下及同样的设备中进行时，可以采取不同的技术措施（如富氧鼓风、吸风与鼓风烧结等）来强化生产过程，提高产品质量，改善劳动条件与环境质量，从而获得更好的经济效益与社会效益。

2.2　锌精矿氧化焙烧

2.2.1　概述

湿法炼锌最主要的原料就是浮选硫化锌精矿，含锌量一般在 40% 至 60% 之间。硫化锌精矿的基本锌矿物是闪锌矿（ZnS），伴生有方铅矿（PbS）、黄铜矿（$CuFeS_2$）和黄铁矿（FeS_2）或磁黄铁矿（Fe_7S_8）等。锌精矿中有经济价值的元素还有银、铜、镉、硫，有时还有一些稀散元素。锌精矿的平均化学成分如表 2-1 所示。我国的锌精矿质量标准（YS/T 320—2007）如表 2-2 所示。

表 2 - 1　浮选锌精矿的平均化学组成　　　　　　%

Zn	S	Fe	Pb	Ti	SiO$_2$	Cu	CaO	Mn
53.0	32.2	7.3	1.6	1.2	2.0	0.6	0.56	0.4
Cd	MgO	As	Sb	Ag	Co	In	Hg	Ge
0.2	0.33	0.1	0.04	0.02	0.02	0.02	0.01	0.005

表 2 - 2　锌精矿质量标准(YS/T 320—2007)

品级	化学成分(质量分数)/%					
	Zn 不小于	杂质含量，不大于				
		Cu	Pb	Fe	As	SiO$_2$
一级品	55	0.8	1.0	6	0.2	4.0
二级品	50	1.0	1.5	8	0.4	5.0
三级品	45	1.0	2.0	12	0.5	5.5
四级品	40	1.5	2.5	14	0.5	6.0

注：锌精矿中镉、汞含量应符合 GB 20424—2006 的规定。四级品铁闪锌矿含铁量不大于18%。

硫化锌精矿流态化焙烧的目的就是尽可能将锌精矿中的硫化物氧化成氧化物并产生少量硫酸盐，同时尽量减少铁酸锌、硅酸锌的生成，以满足浸出对焙砂成分和粒度的要求及补充系统中一部分硫酸根离子的损失，同时得到较高浓度的二氧化硫烟气以便于生产硫酸。锌精矿流态化焙烧的生产工艺原则流程如图 2 - 2 所示。

工艺流程的选择应根据原料特性、生产要求与规模以及炉子大小等因素确定，主体工艺由加料与流态化焙烧、烟气冷却与收尘、产品的排出等三个部分组成。

早期的道尔型流态化焙烧炉为直筒型，后期炉型略有变化，上部断面稍有扩大，通常采用浆式进料，也有采用干式进料。在西北铅锌冶炼厂 1992 年投产之前，我国锌精矿流态化焙烧炉基本上都是采用道尔炉，其缺点是能耗高、床能力低、污染大、设备故障多、难以大型化。

为了节约劳动力，提高床能力，降低单位能耗，增加蒸气产量，减少维修量和投资成本，现代的电锌厂倾向于使用大型的鲁奇式流态化焙烧炉。1975 年由澳大利亚里斯登冶炼厂投产、鲁奇公司设计的 123 m^2 的炉子曾经长期是世界上最大的流态化焙烧炉，最大处理量相当于 150 ~ 160 kt/a 锌。这台流态化焙烧炉连续作业时间很长，一般连续生产 2 年停炉 28 d，主要是为了检查余热锅炉。还有两台同样尺寸的炉子，一台在巴伦(1986 年)，一台在埃斯特里亚纳(1991 年)。但最近这个记录已经被中国打破。我国第 1 台 109 m^2 鲁奇式流态化焙烧炉是 1992 年 5 月在甘肃省白银有色金属公司投产的。后来我国株冶集团、驰宏锌锗、豫光金铅等都采用了

混合锌精矿

皮带运输

空气　圆盘分料

沸腾焙烧

风箱料　　溢流焙砂　　　　　　　烟气

刮板运输　流态化冷却　　　　　　余热锅炉
　　　　　　　　　　烟尘　　　　　烟气
斗式提升　圆筒冷却　　　　　　　旋涡收尘
（用于铺炉）刮板运输　　烟尘　　　烟气
　　　　　　球磨　　刮板运输　　　电收尘
焙砂　　刮板运输　刮板运输　　烟尘　　烟气
（开路）　　　　　　　　　　刮板运输（送制酸）
　　　　　　料仓

单仓泵输送　　单仓泵输送

焙砂　　　　焙砂储仓
（送浸出）
　　　　　　单仓泵输送

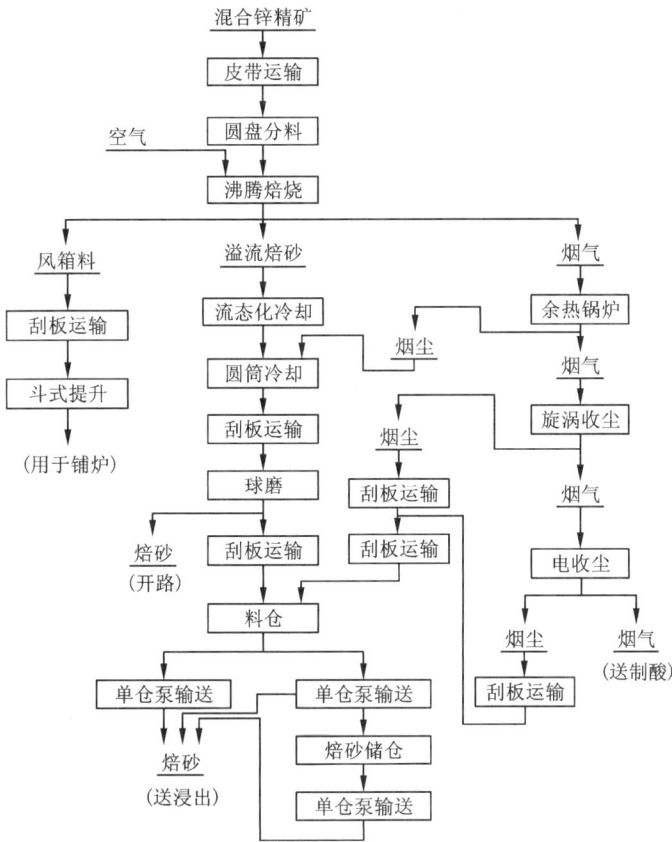

图 2 - 2　锌精矿流态化焙烧工艺流程

109 m² 的鲁奇炉。2016 年中国恩菲工程技术有限公司设计的 152 m² 流态化焙烧炉在白银公司铅锌冶炼厂投产。株冶集团搬迁衡阳常宁市水口山镇的电锌厂也采用了 2 台恩菲公司设计的这种 152 m² 流态化焙烧炉，已于 2019 年投产。

硫化精矿的流态化焙烧可强化过程，氧化反应的剧烈进行放出大量热，可维持炉内锌精矿焙烧的正常温度（900～1100℃）。由于精矿粒子被气流强烈搅动而在炉内不停地翻动，炉内各部分的物理化学反应是比较均匀的，从而炉内各部分的温度保持得很均匀，温差只有 10℃ 左右。而且可以设置活动的冷却水管，当温度上升时，随时将其插入流态化床以调节温度。所以采用流态化焙烧可以严格控制焙烧温度。

精矿加入流态化炉后立即进入高温焙烧室，迅即被气流连续翻动发生焙烧反应。一部分较粗的颗粒约在炉内停留几个小时，然后从相对于加料口处设置的溢流排放口排出，变为焙砂产品。另一部分较细的颗粒（湿法炼锌约占 50%，火法炼锌约占23%)随气流带至炉子上部空间发生氧化反应。由于炉内气流速度大(一般线速度为0.4~0.8 m/s),这些被气流挟带的粒子在炉内停留不到1 min就被带出炉外。气流速度愈大,停留的时间愈短,带出的细粒也愈多。但是由于温度高、气流速度大及粒子本身的表面积大,故在这么短的时间内仍可保证硫化物发生充分的氧化反应。在收尘设备中收集下来的这部分产品是烟尘。由于烟尘比例大,所以流态化焙烧的收尘设备十分完善,这些烟尘完全可以满足湿法炼锌厂的要求,可与细磨以后的焙砂混合使用。对于火法炼锌厂,由于烟尘中的硫(包括S_{SO_4}及S_S)及某些易挥发的杂质(铅与锡)较多,需要另行处理或返回二次焙烧后,才满足火法冶炼的要求。当作业温度稍低(900℃以下),得到的焙砂产品的成分变化不大,而烟尘中硫化物的硫含量(S_S)就会增加。所以现在湿法炼锌厂都维持高温(900℃以上)操作,以提高烟尘质量。

2.2.2 流态化焙烧炉系统运行及维护

1. 流态化焙烧炉

典型的鲁奇式流态化焙烧炉示意图见图2-3,焙烧炉结构见图2-4,109 m² 鲁奇式流态化焙烧炉的主要结构参数如表2-3所示。

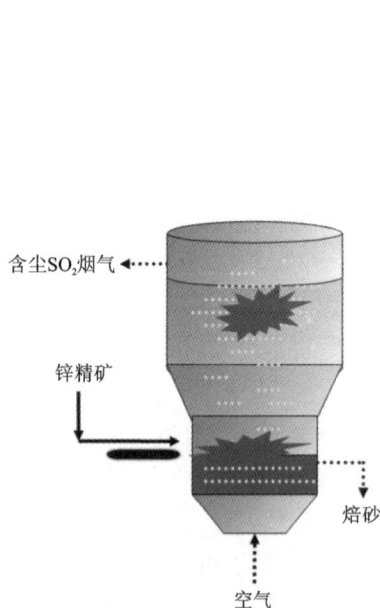

图2-4 鲁奇式流态化焙烧炉结构

1—排气道;2—烧油嘴;3—焙砂溢口;4—底卸料口;
5—空气分布板;6—风箱;7—风箱排放口;8—进风管;
9—冷却管;10—高速皮带;11—加料孔;12—安全罩

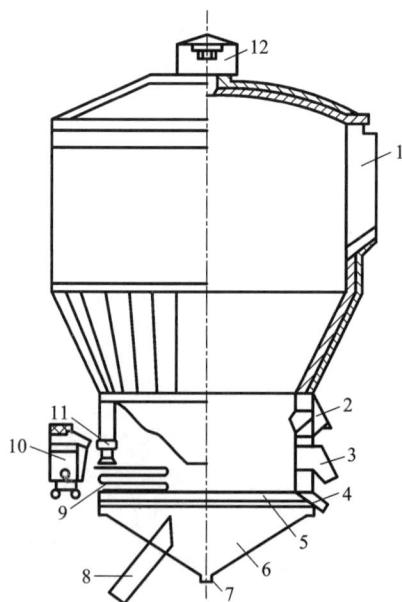

图2-3 鲁奇式流态化焙烧炉示意图

　　流态化焙烧炉炉体为钢壳,内衬保温砖再衬耐火砖,为防止冷凝酸腐蚀,有的钢壳外面还包裹有保温层。炉子的最下部是风室,设有空气进口管,其上是空气分布板。空气分布板上是耐火混凝土炉床,埋设有许多开小孔的风帽。炉膛中部为向上扩大的圆锥体(又称扩大段),上部焙烧空间的截面积比流态化层的截面积大,以延长烟气停留时间,减少固体粒子吹出。流态化层中装有冷却水套或余热锅炉的冷却管,炉体还设有加料口、焙砂溢流口、炉气出口、点火口、二次空气进口等接口。炉顶有的还设有防爆孔。

表 2 - 3　流态化焙烧炉主要结构参数

序号	设备名称	技术规格	数量/台	材质
1	流态化焙烧炉	床面积 109 m^2 炉床直径 11800 mm,炉膛直径 16300 mm 冷却盘管面积 40.2 m^2 风帽 10900 个,ϕ6 mm,炉床孔眼率 0.283% 流态化层高度 1000 mm ± 40 mm	1	炉墙采用高铝硅砖砌筑
2	开炉风机	9—26—NO8,p = 3220 Pa,Q = 15387 m^3/h	1	
3	高压鼓风机	YK800—2,800 kW,10 kV	2	
4	排风机	TFA—EK—13,Q = 2667 m^3/min,p = -3700 Pa		

　　这些大型焙烧炉都配备了现代化的计算机集散控制系统和电视监控系统,床能力达到 6.5 t/(m^2·d),劳动定员大幅减少,取得了很好的规模经济效益。为了进一步延长炉龄,减少漏风,改善环境,株冶集团在 2007 年率先对 109 m^2 流态化炉炉顶实施了整体捣制,取得了很好的效果,也为更大的流态化炉设计提供了基础。这些大型的流态化炉都配备了余热锅炉、焙砂流态化冷却器、高效冷却筒、二氧化硫风机等大型先进高效设备,提高了焙烧系统运行的稳定性。我国恩菲公司已经在工业上设计使用了 152 m^2 流态化焙烧炉,新设计的电锌厂今后将会更多采用 150 m^2 以上的炉子。

　　株冶集团一共有 6 台流态化焙烧炉,其中 42 m^2 鲁奇炉 1 台,42 m^2 道尔炉 4 台,109 m^2 鲁奇炉 1 台。2 种不同类型的焙烧炉本体参数如表 2 - 4 所示。

　　图 2 - 5 是锌精矿流态化焙烧系统设备连接图。主要设备包括:圆盘给料机、抛料机、流态化炉本体、余热锅炉、旋涡除尘器、电除尘器、冷却圆筒、球磨机及引/排风机等。

表2-4 株冶锌Ⅰ、Ⅱ系统流态化焙烧炉主要结构参数

项目	锌Ⅰ系统	锌Ⅱ系统
炉型	道尔	鲁奇
炉床面积/m²	42	109
本床直径/m	7.1	11.78
流态化层高度/m	1.05~1.15	0.85
炉膛总高/m	9.913	17.2
炉膛容积与床面积之比	9.2:1	19:1
气体分布板孔眼率/%	1.1	0.283
孔眼喷出速度/(m·s⁻¹)	11~12	54
风帽数/个	1637	10900
水套面积/m²	17.5	40.2
流态化层温度/K	1113~1133	1153~1193

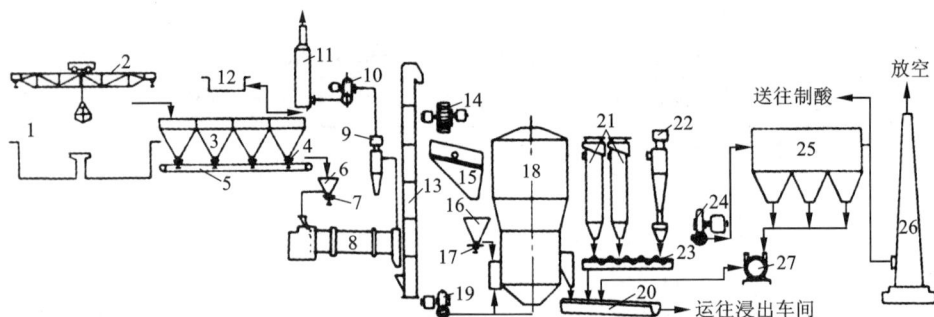

图2-5 锌精矿流态化焙烧系统设备连接图

1—精矿仓；2—抓斗起重机；3—配料仓；4—配料圆盘；5—带式输送机；6—料仓；7—加料圆盘；8—圆筒干燥机；9—旋风收尘器；10—风机；11—水膜除尘器；12—沉淀池；13—斗式提升机；14—鼠笼破碎机；15—振动筛；16—料仓；17—加料圆盘；18—流态化焙烧炉；19—风机；20—冲矿溜槽；21—废热锅炉；22—旋风收尘器；23—螺旋输送机；24—排风机；25—电收尘器；26—烟窗；27—真空泵

一个典型的22 m²焙烧炉车间配置如图2-6所示。

2. 锌精矿的干燥与流态化炉的加料系统

流态化炉的加料方式主要是指所加精矿的状态。现在采用的有按干精矿(水<8%)、矿浆(含水25%左右)及制粒(φ1~5 mm)三种不同的物料加料方法。株冶集团采取干法加料方式，锌精矿用皮带输送。5号流态化焙烧炉加料系统主要设备配置如表2-5所示。

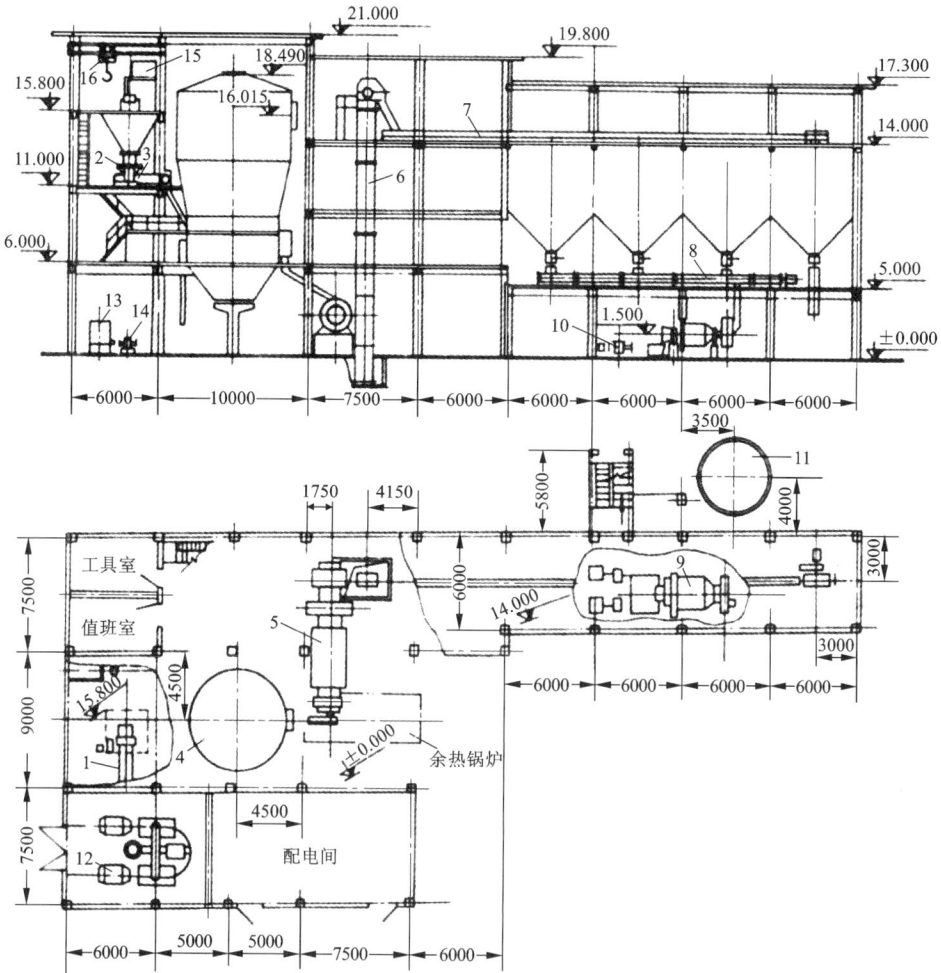

图 2-6　22 m² 焙烧炉车间配置图

1—胶带输送机；2—圆盘给料机；3—电子皮带秤；4—流态化焙烧炉；5—冷却圆筒；6—斗式提升机；
7—埋刮板运输机；8—螺旋运输机；9—湿式球磨机；10—矿浆输送泵；11—溶液贮槽；
12—罗茨鼓风机；13—低位油箱；14—油泵；15—高位油箱；16—电动葫芦

表 2-5　流态化炉加料系统主要设备配置

序号	设备名称	型号与技术规格	数量	备注
1	精矿仓	厂房 144 m × 24 m × 14.9 m，矿仓深度 3.5 m	1	
2	桥式抓斗吊车	$L_k = 22.5$ m，$H = 16$ m，$Q = 5$ t，$V = 1.5$ m³	2	
3	圆盘给料机	ZKϕ2000 mm	3	普通钢

续表 2－5

序号	设备名称	型号与技术规格	数量	备注
4	1、2、3 号皮带	$B = 650$ mm, $L = 6.5$ m	3	
5	4 号皮带	$L = 85.35$ m, $B = 650$ mm, $v = 1$ m/s	1	
6	5 号皮带	$L = 12.35$ m, $B = 650$ mm	1	
7	6 号皮带	$L = 15.66$ m, $B = 650$ mm	1	
8	精矿干燥窑	$\phi 2200$ mm $\times 18000$ mm, 容积 68.4 m^3 窑体斜度 5%, 转速 4 r/min 燃烧室尺寸 3260 mm $\times$ 6130 mm, 烧嘴 FT－1	1	
9	7 号皮带	$L = 88.75$ m, $B = 650$ mm	1	
10	一次振动筛	ZD1024, 双振幅 6～7 mm	1	
11	鼠笼破碎机	$Q = 25 \sim 40$ t/h	1	
12	斗式提升机	$H = 14.8$, $D350$	1	
13	8 号皮带	$L = 41.43$ m, $B = 650$ mm	1	
14	窑尾排风机	Y4－68, NO112D, $Q = 49613$ m^3/h, $p = 2961$ Pa	1	
15	旋风收尘器	一级旋风收尘器 X－24－4×950 二级旋风收尘器 X－15－6×800	1 1	
16	9 号皮带输送机	$L = 16500$ mm, $B = 800$ mm	1	
17	10 号皮带输送机	$L = 8200$ mm, $B = 800$ mm	1	
18	分料圆盘	1800 敞开式	1	
19	抛料机	$Q = 20$ t/h, $B = 500$ mm, $v = 18.45$ m/s	5	

1）输送皮带

皮带主要是用于锌精矿的输送，皮带设置数量和布置与干燥系统整体配置有关，其主要操作维护如下。

（1）开车前的准备　开车之前应仔细检查皮带上及周围有无妨碍皮带运转的异物；检查皮带接头是否完好，有无开裂现象；严格检查该设备带有的刹车装置；检查对轮销钉是否磨损严重及断裂；检查轴瓦是否磨损严重，给轴瓦加油；检查减速机润滑油是否在正常油位上。

（2）开车操作　①启动操作：通过信号与上下工序联系好方能启动；将所有安全开关合上；自动程序由控制室自动开启，手动程序则由操作工启动。②运行操作：掌握好料仓储料量及下道工序设备的供求量；运行中检查皮带是否跑偏、打滑；经常检查转动装置是否运行正常；检查各平托辊、槽型托辊是否运行正常；严禁将物料带入备用仓；必须均匀加料，以防皮带压死。

（3）停车操作　①正常停车：停车前先将皮带上料送完，且向上下工序联系正常后方能停车。②紧急停车：运行过程中遇到下列情况之一时，应紧急停车：

发现异物压住皮带;发现运输皮带损坏。

(4)检查与维护 ①检查:检查各连接螺栓是否松动,若松动应及时紧固;检查皮带运行情况,发现跑偏及时调整;检查皮带接头及防护罩是否完好;检查传动辊、托辊的磨损情况,及时更换磨损件;检查电机、减速机和各部位轴承的温度是否正常,减速机的油位是否在规定高度内,如低于规定应及时添加;检查刮刀松紧是否合适,如不合适应及时调整。②维护:漏料、有灰尘及时清扫,保持设备清洁;定期加注润滑油(脂),保持润滑良好。

2)抛料机

(1)开车前的准备 检查各连接螺钉有无松动;检查减速机、电动机是否正常;检查电机接地是否良好;检查各润滑点是否润滑良好;检查运输带情况,扫除运输带上的杂物;检查钢架连接情况;检查抛料定位是否正确牢靠;检查备用设备是否处于完好备用状态。

(2)开车操作 ①启动操作:打开加料口闸板,确认上工序分料圆盘、皮带具备开车条件后启动电动机,抛料机运行投入。②运行操作:定期清理抛料口与设备;皮带运行跑偏及时调整。

(3)停车操作 ①正常停车:流态化炉停炉时,接到指令并确认上工序料仓排空后按停止按钮;清扫漏料,保持周围环境卫生。②紧急停车:不能保证流态化炉正常供料时须紧急停车;紧急启动备用机,确保流态化炉的供料。

(4)检修与维护 检查各连接部位螺栓,发现松动及时调整;检查设备电气接地,发现问题及时通知电工处理;检查皮带,发现跑漏及时调整;定期对设备润滑部位润滑;每班对设备进行清扫。

3. 焙砂的排出与冷却

流态化焙烧炉所得的焙烧矿(焙砂)从流态化层溢流口自动排出,可采用湿法和干法两种输送方式。株冶集团5号流态化炉出炉热焙砂经冷却后采用干法输送方式送往贮矿仓;烟尘用气力输送装置或皮带送至贮矿仓。流态化焙烧因没有备用炉,贮矿仓容量应能保证贮存12~15 d的焙烧矿量或者更多。粒度较粗的焙砂不利于浸出,热焙砂冷却后须经干式球磨后才能送往贮仓。5号流态化炉烟尘和焙砂储运系统设备配置见表2-6。

表2-6 流态化炉烟尘和焙砂储运系统设备配置表

序号	设备名称	技术规格	数量/台
1	高效冷却圆筒	ϕ1920 mm × 9600 mm	1
2	球磨机	2248/574, $Q = 1200$ m^3/min, $p = 26500$ Pa	1
3	单仓泵	CP4.5, $Q = 6 \sim 10$ 次/h, 工作压力 490 kPa	3

续表 2 – 6

序号	设备名称	技术规格	数量/台
4	斗式提升机	TH315Zn – Y7Y140, $H = 21539$ mm	1
5	1 号刮板运输机	RMSM63, 500 mm × 300 mm, $L = 33950$ mm	1
6	2 号刮板运输机	$L = 24920$ mm, $\alpha = 15°$, $v = 0.08$ m/s	1
7	3 号刮板运输机	RMSM40, 400 mm × 380 mm, $L = 13894$ mm	1
8	4 号刮板运输机	RMSM32, 315 mm × 315 mm, $L = 12055$ mm	1
9	5 号刮板运输机	RMSM40, 400 mm × 380 mm, $L = 31640$ mm	1
10	6 号刮板运输机	RMSM32, 315 mm × 315 mm, $L = 9575$ mm	1
11	7 号刮板运输机	RMSM40, 400 mm × 380 mm, $L = 6275$ mm	1
12	8 号刮板运输机	RMSM63, $L = 33950$ mm	1
13	9 号刮板运输机	$B = 400$ mm, $L = 24$ mm, 能力 17 t/h	1
14	10 号刮板运输机	RMSM40, 400 mm × 380 mm, $L = 17925$ mm	1
15	11 号刮板运输机	RMSM40, 400 mm × 380 mm, $L = 19748$ mm	1
16	12 号刮板运输机	RMSM50, 500 mm × 500 mm, $L = 28000$ mm	

1）埋刮板运输机

（1）开车前的准备 检查头/尾部轴承、减速机、传动链条的润滑是否良好；检查减速机、电机上各部连接螺栓是否松动；检查传动链条的张紧情况；检查排料口是否畅通；打开冷却水阀门。

（2）开车操作 ①启动操作：按下启动按钮，空载运行刮板，检查刮板链是否完好。②运行操作：加料要均匀，不得突然大量加料，检查完毕后带料运行；如有数台运输机组合运转，启动时按工艺程序先开动最后一台，然后逐渐向前开动，停车顺序与启动顺序相反。

（3）停车操作 ①正常停车：先停止加料，将输送机内物料全部放完后方可停车；关闭热料型埋刮板的冷却水阀门。②紧急停车：运行过程中遇到下列情况之一时，应紧急停车：减速机、电机发生强烈振动；输送机内部突然冲击出噪声；发生其他危及人身、设备安全的危险情况。

（4）检查与维护 加料系统的检查与维护重点是电气设备与输送设备。

①检查：检查减速机、电机地脚螺栓有无松动；检查传动链条张紧情况；如因满载而发生紧急停车或链槽中有卡塞，必须人工清理后再点动几次以排空内物料；运行过程中应防铁件、大块硬物和杂物等混入输送机内；操作人员应经常观察输送机的运行情况，如发现刮板变形、磨损或脱落，应及时修复或更换。

②维护：输送机的内角应及时清理，以免影响运行或造成维护不便；经常调节尾部张紧装置，使刮板链条保持适当张紧度，调节时两边的螺杆要均匀移动，调节螺杆应经常保持清洁或润滑油润滑；定期清扫保持设备清洁；检查各润滑点的润滑情况及油位，并及时添加润滑剂。

2）冷却圆筒

（1）开车前的准备　检查各处连接螺栓是否拧紧；检查各润滑点润滑情况是否良好；用手盘车数转并检查各机件有无卡阻现象；检查领圈与托轮间隙是否一致；检查进料、排料端的门是否封好。

（2）开、停车操作及维护　①开车操作：开车前必须对整机进行全面检查；开车加料前首先应打开冷却水阀门，待冷却水充满，且有足够的溢出量方能进料；设备开车前后续设备必须全部开启。②停车操作：停车前应先停止加料，使物料从筒体内全部排出；待筒体冷却后，方可关闭冷却水进水阀。长期停车应将筒体内的水从排水孔全部排尽。③维护：经常检查各部连接螺栓，衬板连接螺栓应特别注意；定期、定点对各润滑部位加润滑油；检查大、小齿轮的啮合情况，滚圈与拖轮的相对位置，发现问题及时处理；检查筒体有无损坏、漏料等现象并处理；检查设备在运行中有无异常现象及声响；保持设备清洁，及时清扫。

（3）常见故障及处理　轴承发热故障及筒体振动故障的原因及处理方法如下。

①轴承发热故障　a.润滑不良，改善润滑；b.缺润滑油，及时加油；c.轴承损坏，修理或更换轴承；d.轴承安装不当，调整间隙。

②筒体振动故障　a.筒体下滑或上窜，调整筒体位置；b.大、小齿轮间隙过大，调整间隙；c.地脚螺栓松动，紧固地脚螺栓。

3）球磨机

（1）开车前的准备　检查进、出料装置是否正常；检查各润滑点，观察润滑油是否适量，油质、品种是否符合要求；检查内衬板是否松动、变形；检查机内铁球量及规格是否符合规定；检查机体本身连接螺栓及各传动装置、地脚螺栓有无松动；打开轴承冷却水阀门，并检查水路是否畅通；配合电工检查软启动是否正常。

（2）开车操作　启动主轴承供油系统，并确定中空轴颈和轴瓦间是否建立起油膜；待准备工作完毕，并确定无误后方可开车，开车前后续设备必须开启并运行正常。

（3）停车操作　检查是否停止供料，在正常情况下，应待球磨机内物料基本排空后，方可停车，防止因机内积存物料而影响下次开车或检修；按主电机停车按钮。

（4）检查与维护　检查紧固各部连接螺栓是否松动；检查大、小齿轮及主轴瓦的润滑情况，对各部位按规定进行润滑；检查筒体、端盖有无漏料、漏液现象；

检查人孔门是否松动；检查进料口老鸦嘴是否松动，停车时间过长是否有堆渣、结块现象，如发现有此现象及时处理。经常检查大轴瓦及小轴瓦温度是否过高；经常检查设备在运行中有无异常情况；经常检查减速机的响声、温度及润滑油质量是否正常，如有问题及时处理；经常保持设备清洁，及时清理积灰、油污等。

4. 烟气冷却与收尘

流态化焙烧过程产生大量烟气，并且温度高，含尘高。对于锌精矿流态化焙烧而言，每焙烧 1 t 锌精矿约产生 1800 m³ 的烟气。烟气温度高达 900 ~ 1050℃，含尘 200 ~ 300 g/m³，含 SO_2 为 10% 左右，所以烟气的处理非常重要。

流态化焙烧炉的烟气一般先经余热锅炉使烟气温度降到 400℃ 左右，利用烟气带出的热生产 3 ~ 6 MPa 的蒸汽，然后经旋涡收尘及电收尘收集烟尘，从电收尘排出的烟气温度降到 300℃ 左右，含尘量降到 100 ~ 300 mg/m³ 后，便可送硫酸厂生产硫酸。株冶集团烟气冷却与收尘设备包括余热锅炉、旋涡收尘和电收尘，具体情况如表 2 - 7 所示。

表 2 - 7　烟气冷却与收尘系统的主要设备

序号	设备名称	技术规格	数量
1	奥斯伦余热锅炉	处理烟气量 56100 m³/h 蒸发量 30 t/h 汽包设计压力 5.0 MPa，工作压力 4.4 MPa 过热器出口蒸汽压力 3.82 MPa，蒸汽温度 450℃	1
2	电动循环泵(KSB)	设计流量 650 m³/h，操作温度 58℃，扬程 45 m，1EL - 280 m	1
	附：电动机	110 kW	
3	蒸汽循环泵	联轴器输出功率 98.2 kW，直接蒸汽压力 3.82 MPa，直接蒸汽温度 440℃	
4	星形给料器	能力 12.1 m³/h	1
	附：电动机	2.2 kW	
5	弹簧振打锤	电动机功率 0.25 kW，冲击力 40 ~ 400 kN，冲击频率约 3 次/min	42
6	1、2 号给水泵	80DG - 50 × 12	2
	附：电动机	Y315M - 2	2
	3 号给水泵	80DG - 45 × 12	1
	附：电动机	Y315M - 2	1
7	冷却水泵	4N6A，$Q = 50$ m³/h，$H = 37$ m	2
	附：电动机	Y160M1 - 2，11 kW	

续表 2 - 7

序号	设备名称	技术规格	数量
8	热力喷雾式除氧器	$Q = 40 \ m^3/h$，$t = 104℃$，水箱 $V = 20 \ m^3$	1
9	高效过滤器	$\phi 2400 \ mm$	2
10	阴离子交换器	$\phi 2000 \ mm$	3
11	阴离子交换器	$\phi 1800 \ mm$	3
12	阴阳混合床离子交换器	$\phi 1500 \ mm$	2
13	除二氧化碳器	$\phi 1200 \ mm$	2
14	清水泵	XA65/16，$H = 39 \sim 32 \ m$，$Q = 60 \sim 120 \ m^3/h$	2
15	中间泵	IH100 - 65 - 200，$H = 56 \sim 44 \ m$，$Q = 60 \sim 120 \ m^3/h$	2
16	纯水泵	IH80 - 50 - 200，$H = 55.2 \sim 45.2 \ m$，$Q = 30 \sim 60 \ m^3/h$	2
17	再生泵	IH80 - 50 - 200，$H = 55.2 \sim 45.2 \ m$，$Q = 30 \sim 60 \ m^3/h$	1
18	电收尘器	CW1 - 55P - 4，流通面积 55 m^2，四电场，有效集尘面积约 3890 m^2 电场通道数：1、4 号电场 18 个，2、3 号电场 21 个 阴阳极同极间距：1、4 号电场 350 mm，2、4 电场 300 mm 阳极：管帷框架式 $\phi 25 \ mm \times 1.4 \ mm$ 阳极规格：1、4 号电场 2077 mm × 50 mm × 9070 mm，2、3 号电场 2678 mm × 50 mm × 9070 mm 阴极：鱼骨刺配辅助电极框架 $\phi 25 \ mm \times 1.4 \ mm$ 阴极规格：1、4 号电场 2077 mm × 50 mm × 8270 mm，1、3 号电场 2678 mm × 50 mm × 8270 mm	1

1）余热锅炉

（1）煮炉操作　根据株冶集团余热锅炉实际情况，可不烘炉。煮炉前必须具备以下条件：锅炉本体及附属设备的安装，炉墙及保温工作已结束，炉墙漏风试验合格；锅炉各部里、外干净无杂物；水压试验合格；除盐水系统能供给合格的水，锅炉附属设备试运行完好；各系统的热工仪表准确、完好；锅炉照明完好无缺；锅炉三大安全附件完整、灵活、准确。检查与准备工作结束后，启动给水泵给锅炉上水至低水位（只投入一只汽包水位计，其余备用），即可通知流态化炉点火，给锅炉升温。余热锅炉煮炉升压曲线如图 2 - 7 所示。

待炉水呈流态化状态，表压为零时，先将 40 kg NaOH 稀释为 20% 的溶液，充分搅拌后，由磷酸盐计量泵连续注入锅炉；1 h 后再将 40 kg Na_3PO_4 稀释成 20% 浓度的溶液，由磷酸盐计量泵连续注入锅炉，打完为止。将水位升至最高水位，煮炉开始。缓慢升压到 0.1 MPa，冲洗水位表一次。升压至 0.2 MPa 时，排污一

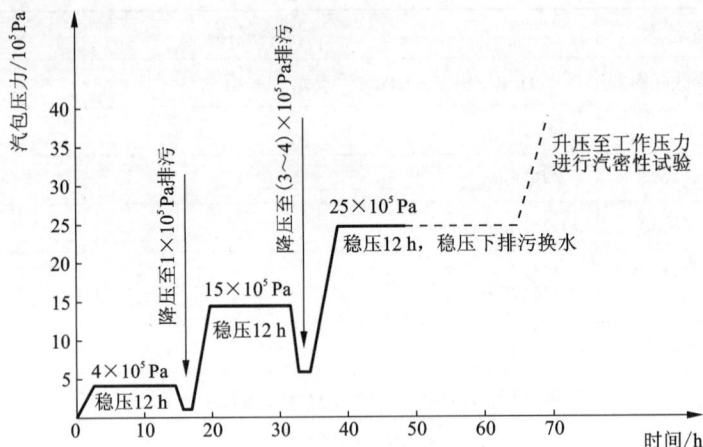

图 2-7 余热锅炉煮炉升压曲线

次，各排污阀开启约 30 s，总排污量应控制在 1~1.5 m³ 炉水，以利于炉水循环。汽压升至 0.3~0.4 MPa 规定用 3 h 完成，并在此压力下热紧螺栓，保持0.4 MPa 的汽包压力下煮炉 12 h，此为煮炉的第一阶段。第一阶段结束后，降压至 0.1 MPa 放水 10%~15%（1~1.5 m³），再上水，保持原有炉水浓度；升压至1.5 MPa 用 2 h 完成，并维持 1.5 MPa、蒸发量 0.4 t/h 煮炉 12 h，这是第二阶段。第二阶段完成后，降压至 0.3~0.4 MPa，再排污一次，排污量为 1~1.2 m³，再加药上水，维持炉水碱度；升压至 2.5 MPa 用 2 h 完成，在此压力下保持蒸发量 0.4 t/h，维持 16 h；在 2.5 MPa 下进行多次排污换水操作，直到炉水碱度保持 pH = 10~11，$[PO_4^{3-}] = 5~15$ mg/L 时，升至工作压力，此过程用 16 h 完成。第一和第二阶段煮炉期间保持炉水碱度不低于 46.4 mmol/L，pH = 13~14。否则应补充加药；煮炉全过程结束，待汽包压力降至零后，将炉水排掉，用合格清水冲洗锅炉内部。打开汽包人孔及部分联箱手孔，检查汽包及联箱内壁表面，如无油垢和锈斑，擦去附着物后金属表面亦无残存的锈斑时，即认为煮炉合格。

（2）锅炉开炉操作 开炉前须进行检查和准备，符合开炉要求后方可进行启动操作。

①开炉前的检查、准备：接到开炉的命令后，锅炉值班长必须立即组织岗位人员，按开炉命令卡各项要求，认真、详细检查，做好记录；与流态化炉司炉岗位人员联系具体点火时间（即锅炉开炉时间）；与水处理站、生产车间调度、供汽用户联系，保证顺利供水、供汽；确认条件后，启动锅炉给水泵，给锅炉上水至汽包低水线。上水温度一般不超过 90℃，冬季在 50~60℃为宜；上水速度应缓慢，夏季应不少于 1 h，冬季不少于 2 h。停止上水后，检查各汽、水阀门漏水情况，若

有泄漏,查明原因并处理。锅炉的水压试验应遵守《锅炉运行规程》规定,升压速度控制在 0.2 ~ 0.3 MPa/min,降压速度控制在 0.3 ~ 0.5 MPa/min,严禁用锅炉给水泵进行水压试验(无试压泵的情况下,可以用磷酸盐加药泵进行),无指示不得进行超水压试验。

②启动和远行 启动包括开炉、升压、定压供气和运行监视及调整。

A.开炉:a.流态化炉点火,即余热锅炉开炉,给余热锅炉升温升压;锅炉升压所需时间一般为 3 ~ 4 h,0 ~ 0.5 MPa 压力需 100 min,0.5 ~ 1.5 MPa 压力需 50 min,1.5 ~ 4.4 MPa 压力需 70 min;当炉温升至 300℃时,应再检查过热器的出口联箱对空排气阀是否开启,避免过热器烧坏;在升温过程中,如炉内水位逐渐上升,可用排污阀放水,以保持在低水位处;当汽包压力升到 0.1 MPa 时,应冲洗汽包水位计一次。b.水位计使用步骤:先关二次阀(能把钢球顶开又能通过介质,如蒸汽和水),然后慢慢打开一次阀(防止玻璃管冷热急剧变化而破裂),压力恒定后再将二次阀全开。c.水位计的冲洗步骤:冲洗及排污时,必须将水侧二次阀关到能把钢球顶开又能通过介质的位置;慢慢开启排污疏水阀(让汽、水冲洗);关汽侧二次阀,慢开水侧二次阀,冲洗水管、水位计;关水侧二次阀,开汽侧二次阀,冲洗汽管;慢开水侧二次阀,关排污疏水阀。

B.升压:a.升压至 0.2 MPa 时,通知仪表工冲洗压力、流量、水位仪表的导管,冲洗后注意汽包压力上升情况。b.升压至 0.3 MPa 时,稳压并通知检修人员将锅炉曾拆过的人孔、手孔、法兰接合面等处的螺栓拧紧(热紧螺栓),但拧紧时不准用管棒接长的扳手,并检查各受压元件的热膨胀情况,同时,各下联箱排污一次,并注意汽包水位维持正常。c.升压至 0.4 ~ 0.6 MPa 时,主汽管暖管(注意:先疏水后暖管);升压过程应加强对过热器的保护,采用"汽保护法",开启过热器出口联箱对空排气阀,使过热器在试压过程中管中的积水在锅炉升温中自然蒸发,以及锅炉产生的蒸汽流通过过热器排入大气,以达到冷却过热器的目的,严禁关小对空排气阀、赶火升压。d.汽压升至 0.8 ~ 1 MPa 时,开启连续排污阀,投入连续排污,其开度取样分析后确定,同时投入排污水 – 水加热器,调整给水,启动磷酸盐加药泵,向炉内加药,在该压力下进行下部联箱的第二次排污;视过热蒸汽温度情况,逐渐关小减温器的疏水阀。e.汽压升至 1.5 MPa 时,第二次冲洗水位计,并校对各水位计,以后每升高 1.0 MPa,须冲洗一次至正常。f.当汽包压力升至 2.5 MPa 时,稳压并全面检查锅炉机组,如发现故障,应停止升压,待正常再继续升压。g.当汽包压力升至 3.8 MPa 时,用手动安全阀放汽一次,再依次调整校验各安全阀的动作压力;校验时,应稳定压力,由高到低依次进行;校验完毕,由安全、保卫部门加铅封,并把调试结果记录在运行日志上。如发现故障,应立即排除,无法排除时,应立即停炉,排除后再启动。

C.定压供汽:a.安全阀定压规定,汽包安全阀 4.6 MPa,过热器出口联箱安全阀 4.0 MPa。b. 锅炉正常后，即允许向外供汽；供汽前，应通知生产车间调度，并与动力车间调度联系，随时注意调整减压阀和减温水量，使供汽压力和温度符合要求；并网前减温减压的蒸汽压力应稍低于蒸汽母管的压力 0.5 MPa；锅炉正常运行后，请仪表工将给水、汽温自动调节投入(负荷在 70% 以下时只能手动调节)，并把以上操作填入记录中。

D. 运行监视和调整　锅炉运行时必须均衡进水，并维持水位正常；维持正常的汽压和汽温；根据分析结果及时启动加药泵，确保炉水所要求的碱度和磷酸根浓度；使锅炉工况稳定，安全经济运行。

(3)锅炉停炉操作　锅炉停炉有短期热备用停炉、长期停炉两种情况。

①短期热备用停炉(停炉只有 8~24 h)：司炉工应做好热备用停炉的准备工作，并通知有关岗位。与流态化炉一样保持系统密封，防止冷空气进入，尽量使炉温不要降得太快。关闭主蒸汽阀、隔离阀、取样阀、排污阀保压。如压力上升超过 4.0 MPa，可开启对空排气阀放空，亦可视压力大小适当对外供汽。维持正常锅炉水位，改自动给水为手动调节。

②长期停炉(停炉时间超过 24 h 以上)：做好停炉的联系准备工作。流态化炉停炉后，锅炉立刻停炉，锅炉与流态化炉同时自然冷却，降温降压。降压速度规定如下：从工作压力降至 1.0 MPa，不得少于 5 h，降压速度 0.6~0.8 MPa/h；1.0 MPa 以下时，降压速度不超过 0.2~0.3 MPa/h。关闭所有取样阀、排污阀、停止加药泵和连续排污膨胀器的运行。关闭主汽阀、隔离阀，用过热器出口联箱对空排气阀控制降压，以保护过热器。将自动给水改为手动，锅炉压力在 1.0 MPa 以上时仍维持正常水位，当压力降至 1.0 MPa 以下时，即可停止给水。停炉 4~6 h，少量换水一次，停炉 8~10 h 可进行第二次少量换水。待水温降至 70℃ 以下，汽包压力为 0 时，方可打开排污阀，将炉水全部放掉。停炉前一定要冲洗水位计，并校正锅炉水位计，进行一次彻底吹灰。在锅炉汽压尚未降到 0 或电动机电源未切断时，不允许对锅炉及辅助设备不加监视。

(4)检查与维护　锅炉的检查维护是一项非常重要又很细致的工作，出不得半点差错。

①检查：锅炉安装或检修后，在水压试验和封闭人孔、手孔前，必须仔细检查汽包和联箱内部：有无遗留物或油垢、锈渣，缺陷是否修好并经由上级主管部门和安全部门复查确认合格；检查烟道、炉膛是否完整、清洁，受热面、过热器是否清洁；检查保温砖是否完好，绞笼内是否有杂物。确认后方可封实人孔门，检查各部观察孔、打焦孔、清灰孔。检查绞笼运转是否正常，各润滑点有油并油位正常，水冷装置通畅、不泄露；检查吹灰装置是否完好，运转正常，润滑良好，控制风阀灵活、严密；检查汽水管路系统及附件完好畅通，并确认开关位置正确，平台扶梯完好无杂物；检查水位计、压力表、安全阀及所有安全附件、照明是否

符合要求；检查辅助设备、各部阀门是否灵活、严密可靠。检查工作完成后，即可上水。上水时应打开放空阀，上水达锅炉最低水位线时停止上水，上水温度与筒壁温度一般不应超过50℃；上水速度应缓慢，夏季不少于1 h，冬季不少于2 h。停止上水后，应检查各汽水阀门、人孔、手孔、法兰及排污阀是否有漏水现象，若有泄露，应查明原因予以消除；新修或大修后的锅炉，在锅炉运行前必须进行烘、煮炉。锅炉的水压试验必须严格遵守《蒸汽锅炉安全技术监察规程》的规定。

②维护：锅炉三大安全附件保持清洁、完整、准确，安全阀动作正常；锅炉排灰必须连续进行。应经常检查绞笼的电机、减速带、皮带、链条的运行及润滑情况，检查出灰口是否堵塞并及时清理，确保畅通；经常检查、调节连续排污及排污扩容器的运行情况，做到既保证水质又减少热量的损失，提高热能利用；经常检查并调节各汽、水取样装置的水量、水温，加强对锅炉给水泵及各辅助设备的检查、维护，确保锅炉安全经济运行。停炉后如长期不用，应清除受热面灰垢，视停止使用时间长短进行保养。

2）电收尘

（1）开车前的准备　检查电场、分布板、阴阳极振打锤是否良好；检查灰斗振打器、进出口阀门、蘑菇阀及刮板等是否正常；检查整流变压器及油位、高低压供电柜；检查阴阳极振打瓷瓶、楼顶保温箱、阴极瓷瓶和整流瓷瓶；检查空调机。

（2）开车操作与检查维护　当整流室温度≥31℃时，应开启空调机制冷；确认各设备正常后，操作低压供电柜面板按键，开启主梁及阴极振打瓷瓶加热器，给瓷瓶加温。通烟气前必须与上下工序联系，然后打开出入口阀门，使流态化炉烟气进入电收尘；将整流室门边开机倒换开关合至电场运行状态。当主梁及阴极振打瓷瓶温度上升到100℃时，操作高压供电柜开关对电场送电；合上现场安全开关，操作低压供电柜上开关，开启阴阳极振打。按规定间断操作现场开关，开动螺旋运输机和蘑菇阀。下灰不畅时，启动灰斗壁上振打。加强操作，确保电收尘器不堵不漏，稳定温度、压力，实现在额定值附近运行，提高收尘效率。电收尘刮板、蘑菇阀间断运行、分工管理，如堵塞及积矿引起电场接地现象，应立即停车；电收尘整流操作室高低压供电柜外表、整流变压器及瓷瓶每班擦一次，保证无接地、放电现象发生；电收尘保温箱及瓷瓶、阴极振打瓷瓶每3 d擦一次，保证无接地、放电现象发生。

（3）停车操作　停车前必须与上、下工序联系；关闭电收尘出入口阀门；操作高压供电柜开关，停止对电场供电，并将整流室外门边倒换开关切换到接地位置，切断供电柜内电源，并挂上停电牌；操作低压柜按钮开关，停振打电源，并挂停电牌。待电场清理完毕，灰尘放完后，再停蘑菇阀、绞笼。

（4）电场故障处理　电场发生故障，应立即查出故障车号和对应电场，停车、挂地线和停电警告牌后方可进电场处理。故障处理完毕，所有人员、工具全部撤出场外，取下接地线，关上所有门子，方能撤除停电警告牌、开车供电。凡处理电收尘故障，必须与上、下工序联系，待有回复信号，方能由两人以上配合处理；擦拭高压整流室及电场、振打瓷瓶设备前，均要停电、挂地线、挂停电牌。

2.2.3 生产实践与操作

1. 工艺技术条件

焙烧各工序工艺操作技术条件如表2-8～表2-14所示。

表2-8 流态化焙烧工艺操作条件

鼓风量/(m³·h⁻¹)	标温/℃	流态化层高度/mm	炉顶压力/Pa
55000～62000，特殊情况下波动范围 25000～65000	860～940	850	-30～0

表2-9 流态化冷却器工艺操作条件

焙砂处理量/(t·h⁻¹)	焙砂入口温度/℃	焙砂出口温度/℃	冷却水温差/℃	压缩空气压力/kPa
10～15(单组)	860～940	≤550	20～30	110±30

表2-10 冷却圆筒工艺操作条件

焙砂进口温度 /℃	焙砂出口温度 /℃	冷却水进口温度 /℃	冷却水出口温度 /℃	圆筒转速 /(r·min⁻¹)
≤550	150±30	20～30	≤55	5.3

表2-11 球磨机工艺操作条件

筒体转速 /(r·min⁻¹)	进料粒度/mm	出料粒度/μm	生产能力 /(t·h⁻¹)
23.8	≤2	≤180(100%)，≤75(>80%)	20～30

表2-12 余热锅炉工艺操作条件

出口烟气 温度/℃	出口烟气 压力/Pa	汽包工作 压力/MPa	过热器出口 压力/MPa	给水温度 /℃	过热器出口 蒸汽温度/℃	蒸发量 /(t·h⁻¹)	循环量 /(t·h⁻¹)
300～400	-550～450	3.8～4.4	3.2～3.8	100～105	350～450	30～38	360～540

表2-13 旋风收尘器工艺操作条件

入口烟气温度/℃	出口烟气温度/℃	入口烟气压力/Pa	出口烟气压力/Pa
300～400	330±30	-180～-130	-2600～-2000

表 2 - 14 电收尘与排风机工艺操作条件

名称	出口烟气温度/℃	出口烟气压力/Pa	入口烟气含尘量/(g·m⁻³)	收尘效率/%
电收尘	250 ~ 330	-2700 ~ -2450	≤15	≥99.5
排风机	245 ~ 320	0 ~ -760	—	—

2. 焙烧产物及其质量要求

(1)焙砂 ①化学成分: $w(S_{不}) \leqslant 1\%$, $w(SiO_{2可}) \leqslant 2.5\%$; ②物理规格: 球磨后锌焙砂粒度 180 μm(-80 目)以下达 100%, 75 μm(-200 目)以下达 80%。

(2)烟尘化学成分: $w(S_{不}) \leqslant 1\%$; $w(SiO_{2可}) \leqslant 2.0\%$。

(3)电收尘出口烟气含 $w(SO_2) \geqslant 4.5\%$; 含尘 $\leqslant 500$ mg/m³。

3. 流态化焙烧岗位规程

流态化焙烧设有流态化焙烧司炉、加料、焙砂冷却和球磨、电收尘、单仓泵、排料口除尘器、烟尘输送、余热锅炉司炉、锅炉给水等岗位,其中电收尘、焙砂冷却和球磨及余热锅炉司炉等岗位的操作规程已在设备运行及维护中述及,不再重复。

1)流态化焙烧炉司炉岗位

(1)开炉操作。开炉包括开炉前检查及准备、铺炉、点火、加料等操作。

①开炉前检查及准备:应对所有设备进行一次全面细致检查,确认具备开炉条件。对烟气系统阀门、脱硫除尘设备、人孔门进行检查,确认状态合适;检查贮油罐油位,确保燃油足够;加强各岗位联系。点火前必须清扫炉膛、扎通风帽,然后封砌好人孔门,准备好点火火把,开启移动换热供水系统,流态化炉冷却盘管送软化水。

②铺炉:先用斗式提升机及下料溜管铺炉,并视炉内焙砂量进入炉内将焙砂扒平;确认炉床面上有一定量的焙砂后,开启脱硫除尘设备,对炉内鼓风,将焙砂鼓平。铺炉可以边升温,边铺炉。

③点火:启动排风机,确保炉顶有一定的负压;打开抛料口,启动三螺杆油泵、开炉风机,调节回油阀。待油压达 0.4 MPa 以上时方可正式点火。当油枪点燃后,检查油枪燃油燃烧情况,确保燃烧良好。当油枪熄灭时,可按以下程序处理:发现只有一根油枪熄灭时马上关闭该油枪进油阀,待炉内油蒸气达安全极限后再按正常步骤点燃油枪;发现两根以上的油枪熄灭时,应立即打开回油阀,再立即关上所有油枪进油阀,待炉内油蒸气达到安全极限后,再按正常步骤点燃各熄灭的油枪。及时检查三螺杆油泵的工作状态及油罐的油位和回油压力,坚决杜绝油泵空转或开炉过程中缺油现象的发生。

④加料：在开炉过程中，不允许温度回落。表面温度达到850℃时，向炉内连续鼓风，鼓风量以确保炉内焙砂处于微流态化状态为原则；按开炉计划所规定的投料时间及升温速度控制好温度，并及时与干燥窑工序及硫酸工序联系好投料、通烟气的相关事宜。在点火后投料前，烟气由60 m烟囱放空；按开炉计划中规定的时间投料时，及时开启加料系统各设备向炉内抛料，同时打开制酸烟气阀，关闭好旁通放空烟道各个阀门，确保烟气不放空。向炉内抛料后尽早熄油枪，并封好各燃烧口，与硫酸厂联系逐渐提高鼓风量至正常风量。在开炉过程中各相关刮板、冷却圆筒、球磨机及单仓泵应间断运行；当流态化冷却器温度达100℃时，开启压缩风及冷却水系统；锅炉岗位按锅炉操作规程升温升压，与流态化炉同步操作。

（2）正常操作。①司炉岗位必须加强与加料、锅炉、制酸、球磨、单仓泵等岗位的联系，确保风量、料量、温度及二氧化硫浓度稳定，确保生产的稳定及各岗位信息的快速传递与反馈，并按规定控制好技术条件。②每班检查流态化焙烧炉炉膛的流态化情况、流态化冷却器的工作状态，发现问题及时处理，必要时须向有关人员汇报。③每班对流态化冷却器贮气罐排水一次。密切注视所在岗位各设备、仪表的运行情况，发现问题及时分析原因，协同有关岗位处理，必要时须向有关部门及人员汇报。

（3）计划停炉操作　停炉前，打开观察门观察炉内流态化状况，与余热锅炉、制酸及干燥窑等有关岗位联系停止投料及送烟气有关事宜。计划性停炉时，务必将炉顶储料仓内物料放空，待二氧化硫浓度降至放空标准时，及时切换烟气阀门。停止鼓风后，检查炉膛，发现异常情况及时处理，并反馈给有关人员。当流态化层温度降至150℃时，通知锅炉停送软化水。

（4）紧急停炉操作　接到紧急停炉指令后，立即停止鼓风，同时停排风机及加料系统。关闭送硫酸厂的烟气阀门，打开60 m烟囱旁通阀，开启水沫脱硫除尘系统，启动排风机；启动鼓风机给流态化炉送风，待温度不再上升后按正常停风保炉操作。

（5）与硫酸SO_2风机大连锁跳闸后的操作　①为了杜绝因SO_2风机跳闸造成环保事故，必须对整个系统设备进行连锁，确保系统在硫酸SO_2风机出现故障时，设备连锁停止，避免SO_2气体泄漏。其过程为：SO_2风机跳闸后，流态化炉排风机跳闸，流态化炉鼓风机跳闸。②排风机、鼓风机连锁跳闸后，立即停加料系统，并与硫酸主控室联系，要求解除连锁。关闭送硫酸厂的烟气阀门，打开60 m烟囱旁通阀，开启水沫脱硫除尘系统，启动排风机，同时启动鼓风机给流态化炉送风，待温度不再上升后按正常停风保炉操作。

（6）异常操作　异常操作指系统停电、鼓风机停电及排风机停电等异常情况下的操作。

①系统停电：应立即通知硫酸系统以及相关岗位，及时向班长汇报，并服从班长的统一安排，力争不死炉、不烧坏炉内埋管及锅炉。加料岗位应立即关闭抛料口处的闸板；锅炉司炉应确保汽包水位，并确认蒸汽透平泵运行；鼓风机岗位应及时组织力量摇手动油泵。来电后先确认锅炉水位正常，按先启动排风机后启动鼓风机的顺序启动两台风机(不能带负荷启动)，视情况对炉内适量鼓风，视炉内流态化情况及温度决定是否抛料。如炉内流态化情况良好，中部温度高于650℃，则应及时加料，同时控制好风量、料量及炉顶负压，确保开炉成功，再逐步将风量增至正常值；若流态化情况良好，但温度低于650℃，则应按操作规程同时点起 4 支油枪，按开炉升温程序处理。如发现炉膛有烧结现象，班长应快速组织力量，对抛料口、排料口周围的炉膛用钎子戳、压缩风吹，并适量调整风量抢救炉子；若无办法改善流态化情况，则停炉。停电时，一定要及时向调度室及相关部门汇报。

②鼓风机停电。应立即停止加料；通知硫酸系统停止接收烟气；调节好炉顶负压，关注炉膛情况；组织力量摇鼓风机的手动油泵；及时与调度室联系，以便尽快恢复送电。

③排风机停电：应立即缩风至微流态化，同步控制加料系统。来电后先空负荷启动排风机，然后带负荷运行。最后将鼓风量恢复正常。排风机停电时，可以考虑停风保炉。排风机岗位则按有关设备维护规程操作，同时及时与相关岗位、部门联系。

(7)停风保炉操作：①适用情况：焙烧系统或上、下工序发生故障，流态化炉须做短暂停炉处理(9 h 以下)。②停炉前的工艺条件：流态化炉停风保炉前，必须使温度大于930℃、小于980℃，风量高于50000 m³/h，流态化情况良好。③具体操作：接到停风保炉指令后，立即与硫酸及干燥窑联系有关事宜，共同确定时间，并按规定时间停料，待有一定的温降后停风。处理好后，向炉内鼓风、投料。停风保炉期间，掌握好温度情况，并观察炉膛的状况。开炉时应注意控制好风、料量以及炉顶负压。

(8)事故停压缩风操作：当发现流态化冷却器压缩风停止时，流态化炉立即缩风，将风量缩至炉料处于微流态化状态；压缩风恢复后，及时处理流态化冷却器使之保持畅通，并逐步恢复流态化风量。

2)加料岗位

(1)开车操作　详细检查各设备是否具备开车条件；流态化炉加料时，首先打开加料口闸板，按抛料机、分料圆盘、带料皮带的顺序开启向炉内加料，及时调节料仓出料口闸板，保证在 20 ~ 30 Hz 工作；在流态化炉点火升温过程中，无须加料或加种子焙砂时须关闭加料口闸板。随时根据生产要求调节给料量。

(2)停车操作　流态化炉正常停炉时，必须按要求放空料仓后，方可停止加料，具体操作：按开车顺序反向停各设备，关闭加料闸板。

3）单仓泵岗位

（1）开车前的准备　检查各连接件螺栓是否紧固、各接口处是否密封良好；检查各控制机构阀门动作是否灵活、仪表是否正常、各压缩风管路是否畅通，如有堵塞，应立即处理；检查各管道阀门位置是否处于正常位置。

（2）开车操作　打开气源阀门，接通电脑电源，先手动操作，空送 $1 \sim 2\ \text{min}$，然后手动操作进料、输送，以此来确定合适的进料时间、输送时间及预输送时间。当所有参数确定后，改为自动操作，并根据实际情况及时调整有关参数。

（3）停车操作　首先停止向大仓（或中间仓）送料，把中间仓物料卸入泵内，随后卸空泵内物料，并转入下一循环即装料的情况下方能停车。最后切断电脑电源，关闭气源阀门。

4）烟尘输送岗位

（1）开车前的准备　开车前须检查油杯是否有油、传动部位是否有障碍物、机槽内是否有杂物。

（2）开车操作　绞笼及刮板运输机等设备开车时必须以自后向前的顺序开启；运输过程中，必须观察各设备的运行情况及烟尘输送情况；观察大仓料位，防止大仓堆满堵死输送设备。

（3）停车操作　停车时绞笼及刮板运输机的开启顺序与开车时相反，即先停前面的设备，然后依次停后面的设备。

5）除尘器岗位

（1）运行前的检查准备　需要检查设备各部分是否处于良好状态；检查除尘器管道及除尘器内部杂物是否清扫干净；检查各运转部位润滑油是否加好、各旋转部位是否运转正常；检查人孔门是否密封良好；检查滤袋、滤袋骨架、喷吹管是否安装正确；确认压缩空气压力为 $(4 \sim 6) \times 10^5\ \text{Pa}$。

（2）开停车步骤　①首先将转换开关置于手动位置，风机手动盘车正常后通电试运转，无不良噪声和异常振动时按下脉冲阀运行按钮。此时第一室显示灯亮（人处于除尘器附近可听到脉冲阀放气时的爆破声）；若灯不亮、无爆破声，则是脉冲停止按钮已锁，请将脉冲停止按钮右旋，直至第一室指示灯亮为止。开启卸灰给料机试运转，要求无不良噪声和异常振动。②上述各部分试车合格后，置于自动运行，检查各部分运行是否协调并调整，同时检查各运转部位的发热情况。如有异常，即刻停机解决问题；如无异常即可进入运行阶段。如需改变脉冲阀间的间隙时间，请按动脉冲间隙时间继电器调整时间（时间继电器必须在不工作的状态下调整，否则调整无效）。③停车时，依次按风机停止按钮、脉冲停止按钮，并拉下电控箱内空气开关；排除灰斗内积灰；停卸灰给料机。

表 2 – 15　流态化炉主要技术经济指标

床能力/(t·m⁻²·d⁻¹)	焙砂可溶锌率/%	烟尘可溶锌率/%	脱硫率/%	焙烧工序回收率/%
≥5.5	≥90	≥91	86 ~ 89	≥99.5

2. 能量平衡

流态化焙烧过程热量平衡计算如表 2 – 16 所示。

表 2 – 16　流态化焙烧过程热量平衡

热收入			热支出		
项目	热量/MJ	比例/%	项目	热量/MJ	比例/%
精矿反应热	26770	96.18	精矿中水分蒸发吸热	1289	4.63
精矿物理热	130	0.47	焙砂、烟尘带走热	4129	14.84
空气物理热	930	3.35	烟气带走热	15683	56.35
			炉体散热	878	3.15
			水套吸热	5835	20.97
			其他热损失	25	0.09
			计算误差	– 9	– 0.03
合计	27830	100	合计	27830	100

3. 物料平衡

按 100 kg 干精矿计算流态化焙烧物料平衡情况如表 2 – 17 所示。

表 2 – 17　流态化焙烧物料平衡

加入			产出		
项目	质量/kg	比例/%	项目	质量/kg	比例/%
干精矿	100	26.73	焙砂	40.87	10.91
水洗浮渣	1.0	0.27	烟尘	48.68	13.00
精矿中水分	8.696	2.32	烟气	284.93	76.09
干空气	261.71	69.95			
空气中水分	2.71	0.73			
计算误差	0.364	0.00			
合计	374.48	100	合计	374.48	100

4. 原料控制与管理

①入炉混合锌精矿化学成分(%): $w(Zn) \geqslant 47$, $w(S)28 \sim 32$, $w(Fe) \leqslant 12$, $w(SiO_2) \leqslant 5$, $w(Pb) \leqslant 1.8$, $w(Ge) \leqslant 0.006$, $w(As) \leqslant 0.45$, $w(Sb) \leqslant 0.1$, $w(Ni) \leqslant 0.004$, $w(Co) \leqslant 0.015$。②入炉锌精矿粒度 $\leqslant 100$ mm, 水分 $\leqslant 14\%$。③干燥后精矿水分为 $6\% \sim 8\%$。④破碎筛分后的精矿粒度 $\leqslant 14$ mm。

5. 辅助材料控制与管理

流态化炉系统辅助材料主要包括: 液碱、硫酸、布袋等。

(1)液碱 阴离子交换树脂使用一段时间后, 其中许多 OH^- 被酸根离子代替, 这时水的电导和 SiO_3^{2-} 浓度增大, 即阴离子树脂失效。用 $2\% \sim 3\%$ 的 NaOH 溶液再生, 其使用量与水质和反洗频次有关。

(2)硫酸 阳离子树脂使用一段时间后, 有许多 H^+ 被 Ca^{2+}、Mg^{2+} 代替, 通过阳离子床的水的硬度开始增大, 即阳离子交换剂失效。用 $1\% \sim 2\%$ 的硫酸溶液再生。

6. 能量消耗控制与管理

(1)交流电 焙烧交流电单耗是衡量硫化锌精矿干燥、焙烧以及氧化锌焙烧过程的一个主要指标, 通过强化工艺控制及内部操作提高产能, 可有效降低交流电单耗。控制焙烧交流电单耗 < 88 kW·h/t 析出锌。

(2)软化水 焙烧软化水单耗是衡量硫化锌精矿干燥、焙烧以及氧化锌焙烧过程运转设备冷却用水以及余热利用用水的一个主要指标, 通过强化内部操作, 提高余热利用率, 提高产能可以有效降低软化水单耗。控制焙烧软化水单耗小于 0.75 t/t 析出锌。

(3)柴油 焙烧柴油单耗是衡量硫化锌精矿焙烧炉升温过程的一个主要指标, 通过强化内部操作, 降低开停炉频次及提高产能可有效降低焙烧柴油单耗。控制焙烧柴油单耗 < 2.3 kg/t 析出锌。

(4)天然气 天然气单耗是衡量硫化锌精矿干燥过程的一个主要的指标, 通过强化工艺控制及内部操作, 提高产能可有效降低天然气单耗。控制天然气单耗 < 4.5 m³/t 精矿。

7. 金属回收率控制与管理

焙烧工序回收率 $\geqslant 99.5\%$, 具体措施: ①控制流态化炉风量、温度和料量, 提高焙砂的可溶锌率。②加强系统查漏堵漏, 杜绝烟气泄露导致金属损失。

8. 产品质量控制与管理

(1)焙砂质量 ①化学成分: $w(S_{不}) \leqslant 1\%$, $w(SiO_{2可}) \leqslant 2.5\%$。②物理规格: 球磨后锌焙砂粒度 < 180 μm(-80 目)的为 100%, < 75 μm(-200 目)的为 80%。

（2）烟尘的化学成分：$w(S_{\text{不}}) \leqslant 1\%$，$w(SiO_{2\text{可}}) \leqslant 2.0\%$。

（3）电收尘出口烟气 烟气含 $w(SO_2) \geqslant 4.5\%$，尘 $\leqslant 500 \ mg/m^3$。

9.生产成本控制与管理

焙烧过程生产成本如表 2-18 所示。

表 2-18 生产 1 t 锌焙砂的成本

项目	单耗	单价/元	单位金额/元	构成/%
交流电/(kW·h·t⁻¹)	88	0.58	51.04	30.70
软化水/(t·t⁻¹)	0.7	3.5	2.45	1.47
柴油/(kg·t⁻¹)	2.3	3.250	7.475	4.50
锌精矿干燥用天然气/(m³·t⁻¹)	4.5	2.6	11.7	7.04
氧化锌焙烧用天然气/(m³·t⁻¹)	36	2.6	93.6	56.29
合计			166.265	100

从上表可知，焙烧过程总的生产成本不是很大，能量消耗占总成本的90%以上，其中天然气占比最大，为63.33%。因此，降低能量消耗，可有效降低锌焙烧过程的生产成本。

2.3 铅锌精矿烧结

2.3.1 概述

烧结焙烧的目的是把细粉状的硫化铅锌精矿（或电热厂产出的氧化焙砂）烧成适于竖炉处理的烧结块。烧结焙烧过程中，硫化物中的硫氧化成 SO_2，为熔融提供了所需热量；精矿中的硫化铅与硫化锌氧化为氧化铅与氧化锌，SO_2 烟气送生产硫酸。烧结焙砂时，原料中添加焦粉补充热量，因此不像处理硫化矿，工艺不再受精矿中硫含量限制，单位烧结面积的生产率更高。

带式烧结机是烧结焙烧的主体设备，装备有可慢慢移动的没有端部的炉算子，空气可连续不断地通过炉算子中的料层。炉算子尺寸一般为宽2.5~3.0 m，长30~45 m，由1 m长的单个小车组成。

电热炉或竖罐炼锌的锌烧结机是吸风烧结机，这可以简化工艺。所有进料都加在烧结机前端，在表面点火，在到达末端之前烧结向下进行。

密闭鼓风炉冶炼厂铅锌精矿烧结机和铅烧结机一样，为鼓风烧结机，能够防止塌料和由于熔融铅及熔融铅氧化物堵塞炉箅子。这就使问题变得复杂化，也就是说，必须有点火层，且需吸风点火，主料层则需单独铺料。鼓风部分必须完全封闭，小车与主机结构之间的密封也得进行特殊设计。烧结块破碎成适合竖炉的尺寸，一般为 100 mm，自然碎屑以及不达标的碎烧结块则作为返粉返回烧结配料，作为系统新配料中硫的稀释剂。

铅锌精矿烧结主要包括烧结炉料的准备和烧结焙烧两个部分，工艺流程如图 2-8 所示。进厂的湿精矿、返回氧化物料（蓝粉、浮渣等）、熔剂（石灰石）通过吊车配料配成符合工艺要求的混合料，干燥、破碎后通过电子皮带秤配入大量返粉和收尘烟灰配成含硫 4.0% ~5.0% 的炉料，混合与制粒后，通过布料机将炉料布入点火料仓和主料仓；烧结台车通过点火料仓布上厚度为 40~50 mm 的点火料，点火料经过点火炉时着火燃烧，途经主料仓时会被布上主料，总料高约 400 mm，然后依次通过各风箱完成烧结焙烧过程。烧好的烧结块从机尾倒出后，破碎筛分得到合格的烧结块运到烧结块仓，供鼓风炉熔炼使用。筛下物经润湿冷却破碎成返粉返回烧结配料用。整个烧结工艺流程长，工序多，设备庞大，生产影响因素复杂，环保控制节点多，生产波动大。

2.3.2 烧结系统运行及维护

1. 带式烧结机

1) 结构

一般带式烧结机有两种形式，一种是鲁奇型，其特点是利用尾部摆架吸收台车的热膨胀以避免台车冲击和减少漏风，台车的密封采用弹性滑道密封或者刚性滑道密封。另一种为考泊斯型，其特点是尾部用一种固定弯道吸收台车的热膨胀，返回车道具有一定的斜度，台车密封大部分采用 T 形落棒式密封。我国基本上采用鲁奇型烧结机，其由许多紧密连接的小车组成，机架两端装有相同直径的星轮，首端星轮由电机通过减速装置带动，星轮齿间距离与小车前后辊轮间距离吻合，故当大星轮转动时，其齿扣住沿下轨道而来的小车并将它提升到上轨道，同时将前面的所有小车推动并使之紧紧连接在一起。从点火炉到机尾的小车炉箅下设有风箱，小车顺次经过每个风箱最后到达卸料端，借尾部星轮而依次往下翻落，然后沿下轨道重返头部大星轮处，如此反复循环运动。

带式烧结机的构造如图 2-9 所示，由传动装置、头部星轮装置、台车、尾部摆架、点火炉、点火料仓、主料仓、风箱、密封烟罩、骨架、轨道、灰箱、炉箅振打器、篦条压辊、润滑装置等组成。下面介绍几个重要部分。

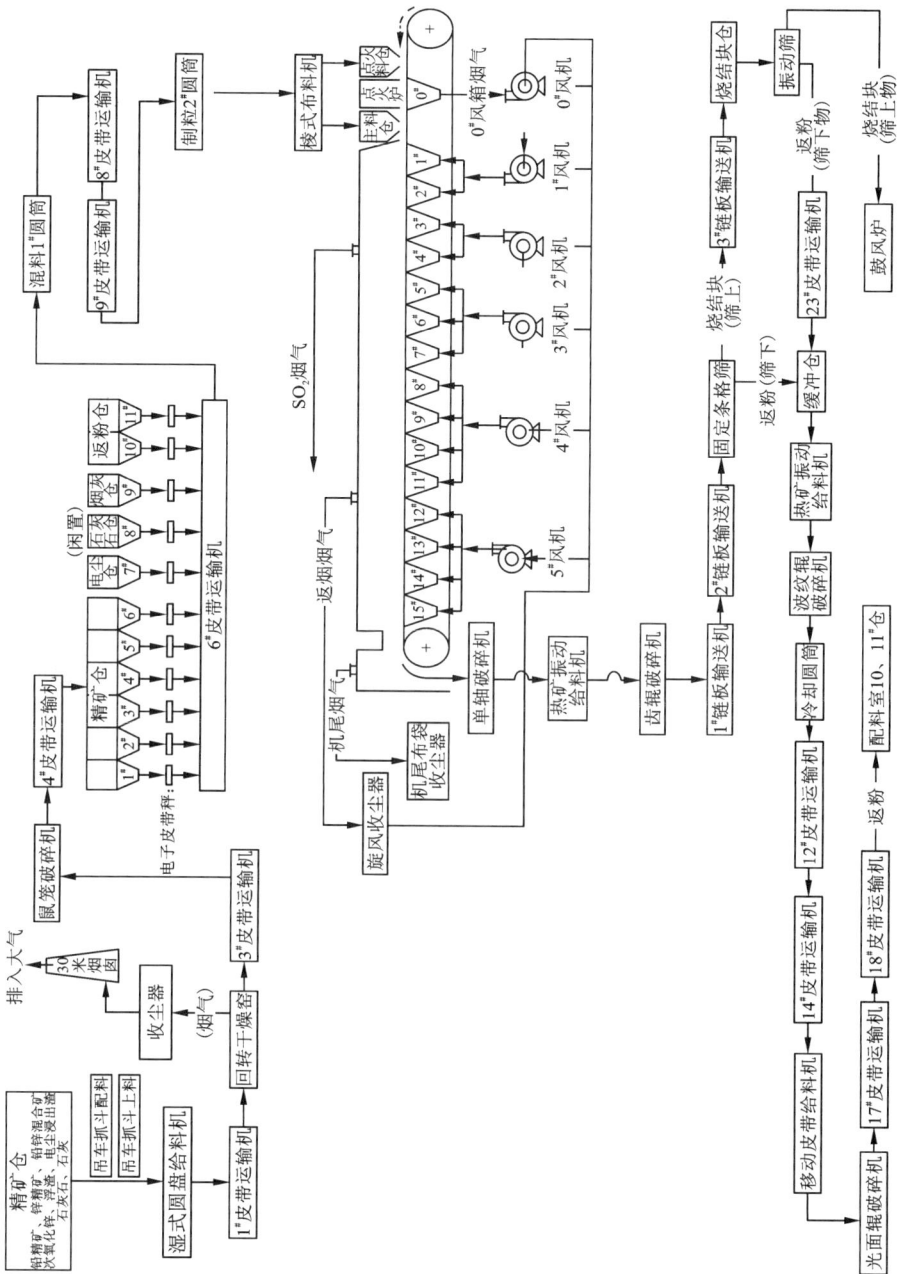

图 2-8 精矿烧结工艺流程图

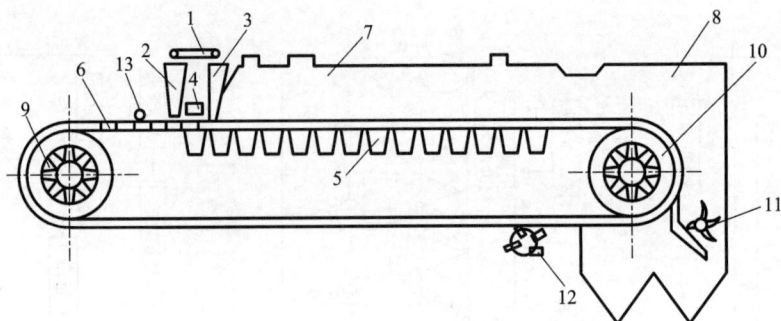

图 2 - 9 带式烧结机构造示意图

1—棱式布料机；2—点火料仓；3—主料仓；4—点火炉；5—风箱；6—台车；7—烟罩；
8—尾部烟罩；9—头部星轮；10—尾部星轮；11—单轴破碎机；12—炉箅振打器；13—箅条压辊

(1)台车 台车是烧结机的重要组成部分，炉箅条有规律地排列在台车上就构成了烧结炉床，烧结焙烧反应是在台车上进行的。烧结机的有效面积是台车的宽度与烧结机有效长度的乘积。烧结机台车在生产运行过程中要承受烧结炉料的重量、箅条重量及本身重量，还有长时间温度的剧烈变化，要求所用材料有较好的热稳定性、强度以及耐腐蚀性，通常采用铸铁或球墨铸铁。炉箅条材质要求能抗高温氧化和承受温度剧烈变化且有足够的机械强度，大多用铸铁、球墨铸铁或铸钢，质量好的炉箅条可以有效减少生产过程中炉箅的添加数量和工艺波动。若生产中发现台车炉箅条断裂、排列不整齐或过松现象，应及时处理。烧结台车的构造如图 2 - 10 所示。

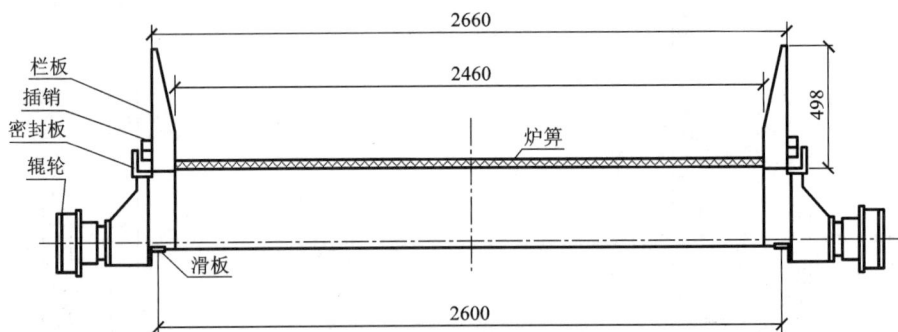

图 2 - 10 烧结台车示意图

(2)风箱 带式烧结机很长，为了使空气分布均匀，沿烧结机径向下方有若干彼此分开的风箱，风箱上部边缘固定在滑轨座上。烧结机共有风箱 16 个，点火炉下方的风箱是吸风箱,其余 15 个均是鼓风箱。每个风箱都有风管与风机相连接,使用新鲜空气的风箱风管上装有阀门调节风量和风压,阀门的调节由仪表电动单元控制。

风箱由钢板制成,点火吸风箱漏料比较严重,为了排出该风箱中的积料,其下部安装了螺旋排灰装置。其余风箱下部都接有排灰管道,以将台车落到风箱中的物料排出。烧结生产过程中产生的低浓度烟气须返回烧结机循环使用,其中含有较多的烟尘,容易使风机叶轮磨损损坏,因此在返烟风机与返烟风箱之间及返烟管道上设有集灰斗、旋风收尘器、布袋收尘器等收尘设备。生产中应定期排除风箱及管道中的积灰,保证供风管道系统畅通。

(3)密封装置　①烧结机密封对烧结机生产运行非常重要。通常漏风发生在风箱与台车之间以及导气管路上。烧结机采用刚性滑道密封,台车下部的滑块与风箱轨道上的滑道接触,靠台车自身的重量实现密封。这种密封的效果好,漏风率低,但运行时的传动扭矩大。平时生产运行时应保证滑轨的润滑,一是可以减少阻力和磨损,二是可以加强密封。大、中修时应及时检查更换台车和滑轨上磨损的钢制滑板。②烧结机上还设置有密封烟罩,把上部运行台车全部罩住,防止烧结烟气溢出。烧结机有两种用钢制成的烟罩,一种内衬有保温层,另一种呈中空的壳状,外衬保温层,内部直接同烟气接触,安装在烧结机中后部用于预热点火炉空气。烟罩中间还设有热膨胀补偿装置。烟罩与操作平台间砂封,即烟罩两侧下端与骨架的固定槽沟连接,槽内填满河砂,烟罩头部利用料斗闸板密封。小车在烧结机尾部倾倒烧结块,会产生大量烟尘,因此尾部设有密封罩,并采用强制排风方法,烟罩内的烟气经收尘处理后,返回烧结机。③上述机械密封仅能减少烟罩内烟气的溢出,要保证烟气不溢出烟罩,生产中应控制烟罩内为负压,确保烧结和制酸系统的风量平衡,并及时排除通风收尘系统的故障。

(4)布料装置　烧结机用的布料设备是棱式布料机,是与烧结机径向垂直安装的运输皮带,皮带支架由辊轮支在两条平行导轨上,往复运动距离相当于烧结机宽度。在皮带卸料端还有可以正反运转的短皮带,也称布料皮带,将炉料分配到点火仓和主料仓两个料斗内,正反运转时间由烧结仪表室设置。

(5)点火装置　炉料的点火靠点火炉进行。点火对烧结机的生产效率和烧结块质量有直接影响。烧结机点火采用煤气点火炉,点火炉内衬耐热混凝土,顶部有 12 个套筒式烧嘴排成均匀的两列,炉子两侧各有 2 个引火烧嘴(小烧嘴),炉子下部两端各设有 1 个端墙水套。此外还有同点火炉配套的供风机,空气在烧结机尾部的夹套式换热器加热后供点火炉使用。

(6)炉箅振打器　烧结台车在尾部卸完料后,炉箅间的缝隙会有物料堵塞,影响空气通过,因此要及时清理。炉箅振打器设在头部回程轨道的下方,等距离装有许多小轴,轴上套上一定数量的钢制振打片,利用传动机构带动主轴旋转,使振打片不断敲击炉箅，达到清理的目的。

(7)传动系统　烧结机主传动采用变频调速电机和多柔传动装置。多柔传动装置由齿轮副、蜗轮副高速斜齿减速机及扭力杆组成。烧结机传动安全保护式采用了摩擦离合型安全装置，当烧结机负荷突然增大时，安全联轴器打滑，根据电动机与多柔传动装置转速差，烧结机自动停机。在安全保护的同时采用过电流保护。

(8)润滑系统　烧结机的润滑系统包括单轴破碎机的润滑点。采用自动加油系统，能够定时定量向各润滑点供油，润滑油为 0 号或 1 号极压锂基脂。

2)运行和维护

烧结机在投入正式生产前应进行两次空负荷试车和负荷试车。大烟罩及附属漏斗、烟罩装好前把台车安装上去，此时进行第一次空负荷试车。试车前，先用手转动多柔传动高速联轴器，确认无卡住等现象才可开动电动机。试车时应检查台车是否跑偏、台车运转是否平稳、尾部移动架是否灵活，并记录电动机负荷。烧结机全部安装完毕后，同样按照上述步骤试车及检查，空载试车时间为 24 h。第二次空载试车必须检查各部分保护系统是否可靠。负荷试车必须在空载试车达到设计要求后才能进行，负荷试车时间为 24 h。

烧结机运行检查维护应注意：①检查烧结机各部位、收尘管道、集尘斗、排灰管排放门是否因腐蚀、磨损漏气，临时可采用黄泥混水玻璃堵漏。②经常清扫设备及周边环境，保持机体及环境清洁。③经常检查点火炉水套及其冷却水水温，如发现漏水、断水或汽化现象时，应采取措施及时处理。④经常检查台车炉箅条，如脱落、断裂应及时更换；经常检查台车栏板、密封滑板，如松动须停车紧固处理；检查干油润滑管网及接头、分配器，如漏油应及时处理。⑤启动螺旋输送机前应检查传动装置是否松动、螺旋内是否掉入炉箅条、杂物，以免产生异响和堵塞；启动炉箅条振打器后，应检查其振动情况，如发现减速机振动异常应立即处理。⑥从台车回程段检查滑板是否有油，应及时开动干油泵向滑道供油；检查传动装置各部位声响、轴承温度、润滑油量是否正常；检查传动装置各部位连接螺栓是否紧固。⑦利用停车检修时间，进入巷道检查密封板是否变形、脱焊、脱落，转动主料仓刮料板传动装置，使其灵活，清扫各工作部位、收尘管道的积灰。

2. 配料及输送系统

1)配加料过程

抓斗起重机将铅精矿、锌精矿、铅锌混合精矿、返回氧化物、石灰石或石灰等抓配成混合精矿，混合精矿经干燥窑干燥、鼠笼破碎机破碎后输送至配料室各料仓，再与烧结块筛分后的筛下物破碎制得的返粉以及真空输灰系统输送的烟灰用电子皮带秤进行第二次配料。配好的炉料，通过皮带运输机送入混合圆筒混合并加水润湿，再通过皮带输送机送入制粒圆筒制粒，制好粒的炉料通过棱式布料机连续加入烧结机。

2）配料原则

精矿烧结所用原料庞杂，要根据进厂精矿的种类、数量、成分、库存及供应情况综合考虑配料，原则如下：①一次配料应优先满足烧结块对铅、硫含量的要求。②根据物料中钙、硅的含量，添加适当的钙质熔剂满足鼓风炉对烧结块钙硅比的控制要求。

3）输送系统

精矿应按种类分仓存放，矿仓中的储存量应为 25 d 左右的用矿量。精矿烧结的物料输送系统按生产操作的实际控制单元分为干精矿制备系统（由干燥仪表室集中连锁控制）、烧结炉料制备系统（由烧结仪表室集中连锁控制）、烟灰真空输送系统。

（1）干精矿制备系统负责制备干精矿并输送至配料仓，吊车配料后的湿混合精矿须经干燥才能达到工艺要求。干精矿制备系统的主要设备有回转干燥窑、鼠笼破碎机和运输皮带。

（2）烧结炉料制备系统主要负责入机炉料的制备和输送，干精矿、返粉、烟灰等配料后经过 2 个圆筒的混合制粒制成炉料输送至烧结机，烧结块经过 2 次破碎之后筛分，筛下物再经 2 次破碎制成返粉输送至配料仓配料。烧结炉料制备系统的主要设备有混合圆筒、制粒圆筒、单轴破碎机、齿辊破碎机、固定条格筛、波纹辊破碎机、冷却圆筒、光面辊破碎机、链板运输机、皮带运输机等。

（3）烟灰真空输送系统负责将干式收尘烟灰输送至烧结配料仓，由水环式真空泵、旋风收尘器、低压喷吹脉冲袋式收尘器、螺旋输送机和各收尘器吸嘴、圆盘阀、管路等组成。

2.3.3　生产实践与操作

1. 工艺技术条件与指标

①混合料主要成分（%）：Pb 16 ~ 21，Zn 35 ~ 43，S 4.0 ~ 5.0，H_2O 4.0 ~ 5.5；②料层厚度（mm）：点火层 20 ~ 50，主料层 300 ~ 500；③台车速度（m/min）：1.0 ~ 1.7；④点火温度（℃）：1000 ~ 1200；⑤点火炉煤气压力（Pa）：2452 ~ 5884，空气压力（Pa）：800 ~ 5884；⑥0 号吸风箱烟气温度（℃）：< 150；⑦出口总管烟气温度（℃）：200 ~ 500；⑧风量（km³/h）：0 号风机 1 ~ 3，1 号风机 2 ~ 8，2 号风机 4 ~ 12，3 号风机 10 ~ 25，4 号风机 10 ~ 30，5 号风机变频器开度为 30% ~ 90%；⑨烧结块化学成分要求见表 2 - 19，块度 40 ~ 120 mm。

表 2 – 19　烧结块化学成分内控指标　　　　　　　　%

Pb	Zn	S	Cd	Sb	SiO$_2$	CaO/SiO$_2$	Pb + SiO$_2$
17 ~ 22	36 ~ 42	< 1	≤0.2	0.15 ~ 0.25	< 4.5	1.2 ~ 1.8	≤26

2. 岗位操作规程

1）设备连锁作业

（1）烧结主流程设备的连锁作业应在所有设备单机试机正常的情况下进行；

（2）联动前，应先启动环保收尘设施；

（3）投料前，至少进行 2 次联动试机，联动试机正常才能投料，投料前应先启动点火炉；

（4）连锁启动前和启动时发出信号铃声，确认各岗位准备完毕，接到调度员的"启动"指令则可开始连锁启动。

2）点火炉的操作规程

（1）点火前准备　①对煤气管、阀和送风管、阀等进行全面检查，确认完好；②点火炉冷却水套通水并调节好水量，检查水套管路，确认完好；③准备引火材料；④通知车间调度、动力车间（或煤气站）并得到同意许可。经大修（或新砌）、中修后的点火炉必须烘炉后投入使用，烘炉按升温曲线进行。

（2）点火操作　①使用前煤气必须化验合格；②点燃引火物，置于点火炉下；③开启煤气一道阀，在仪表室内将煤气仪表调节阀打开一定开度，打开小烧嘴煤气阀点燃小烧嘴；④开启煤气二道阀，点燃点火炉烧嘴，关闭放散阀；⑤开动点火炉送风机，慢慢调节空气流量；⑥逐步开大煤气调节阀，增加煤气流量，相应调节空气流量，开始升温，等待来料生产。

（3）熄火停炉操作。关闭煤气、空气仪表调节阀，然后关闭煤气一道、二道阀，打开煤气放散阀，并停点火炉送风机。

（4）操作注意事项　①煤气点火严禁先送煤气后点火；②煤气点火必须用明火；③使用煤气要经常注意煤气压力波动情况，合理调节空气量，保证煤气充分燃烧以降低能耗；④经常检查煤气排污阀水封情况，严禁断水；⑤使用或停用煤气均需与动力煤气站取得联系；⑥特殊操作：发生停电、停水、停煤气等情况时，立即关闭煤气调节阀、二道阀、一道阀，并打开放散阀。待故障排除经允许开机时，再重新点火投入生产。

3）烧结焙烧作业

（1）开机投料　开机投料包括炉料排空及没有排空时的操作与要求。

①炉料排空时开机操作与要求：检查调速开关是否调回零位；把连锁开关扳手扳向单机位置，按启动按钮并从零位缓慢旋转调速开关，单机试运转；打开点

火炉全部冷却水、煤气放散阀，向炉内引入明火，再缓慢打开煤气阀，正常着火后启动点火炉鼓风机并调节，关闭煤气放散阀；确认设备运转正常后，把旋转调速开关调回零位，准备联动试车。流程顺利联动后开动烧结机，振打清理炉算条及增补炉算条，选用优质返粉，使用按低限配硫的炉料；点火炉升温至800℃时开始铺料。通知各风机投料后随铺料台车所到之处依次启动，风量随之逐渐增加；投料20 min后，通知返烟风机启动；台车速度应采用低车速(1.0～1.2 m/min)。开机1 h后，总管烟气SO_2浓度稳定到3.5%；开机2 h后，总管烟气SO_2浓度达到4.0%。

②炉料没有排空时开机操作与要求：检查调速开关是否调回零位；连锁开关扳手扳向连锁位置；打开点火炉全部冷却水、煤气放散阀，向炉内引入明火，再缓慢打开煤气阀，正常着火后启动点火炉鼓风机并调节，关闭煤气放散阀。准备完毕，流程顺利联动；升温(或重新点火升温)至800℃，开动烧结机。停机15 min以内的再开机作业，按正常条件操作；停机15 min以上的再开机作业，应适当降低车速和减少鼓风量，待烟气SO_2浓度正常，再按正常条件操作。较长时间停机再开机30 min后，总管烟气SO_2浓度达到3.5%时，或15 min短暂停机再开机30 min后，总管烟气SO_2浓度要恢复到4.0%时，通知硫酸系统加大抽气量。

(2)停机作业 停机作业包括要求烧结机炉料排空及不排空时的操作。

①烧结机炉料排空时操作：停止配料，通知硫酸转化准备。点火料仓排完料后，熄灭点火炉或者大烧嘴，保持小烧嘴有火种。主料仓内的料排完后，随烧结机台车前移逐步关闭风箱支管风量调节阀和缩减鼓风量及停风机，并通知调度和硫酸厂。确认设备上物料排完，旋转开关调回零位；连锁开关扳向停止位置。按需要停各收尘点及点火风机。

②烧结机炉料不排空时操作：事故停车时，应立即通知硫酸转化岗位，查清停车原因后，报告确切停车时间。停车时尽量将点火料仓、主料仓料位降至最低限，烧结机停止运转，各台风机继续送风10～15 min，然后缩减流量并停风机。停车时，将炉温调低至600℃以下。若停车4 h以上，可将点火炉大烧嘴熄灭，保持点火小烧嘴有火种。

(3)正常作业：①按技术操作条件作业；②经常检查炉料水分、成分、炉料粒度等情况，及时联系相关岗位调整至最佳状态；③经常检查布料情况和点火效果，发现杂物及时清除，布料不均要联系清理点火料仓及主料仓，严禁出现跑空车情况；④观察煤气、空气燃烧火焰的变化，合理调节煤气、空气流量，确保点火温度在1000至1200℃之间；⑤经常检查炉算条，堵塞严重处或脱落时要及时清理和增补；⑥经常观察分析仪表指示(显示)信息，了解分析结果，加强工艺操作条件监控与工艺参数调整，加强信息反馈，确保产品质量合格；⑦经常观察结块情况，及时调整控制参数，实现均衡稳定生产；⑧系统平衡生产，严格控制鼓风量，避免环境污染事故的发生。

3. 常见事故及处理

烧结焙烧作业不正常时，往往影响烧结块的质量（如烧结块含硫高，强度低），造成烟气 SO_2 浓度低和烧结机生产效率低。作业不正常时应查明原因后再采取措施处理。

（1）结块好而焙烧不好　表现为烧结块块度大，含硫高。造成原因为炉料含铅、硅高，出现大量易熔相使烧结块强度大，但出现过早烧结而脱硫不好。

（2）焙烧好而结块差　表现为烧结块易碎、强度低，但含硫不高。原因是炉料中二氧化硅和铅的含量低，缺少黏结相，或者因点火炉温度太低，点火不好导致烧结焙烧过程缓慢而结块不好。

（3）烧结和焙烧都不好　主要表现为烧结块不仅强度低、块度小，而且含硫也高。其原因有：①配料不准确；②炉料粒度过细，床层阻力大；③风量控制不合理；④炉料水分控制不当，过湿或过干；⑤料层厚度与车速配合不当。

（4）烧结烟气 SO_2 浓度偏低　其原因有：①炉料配硫量偏低；②炉料过湿或过干；③细粒物料太多，床层阻力升高；④台车没铺到料；⑤烟罩控制负压过大；⑥鼓风量过大。

（5）恶性烧结　表现为烟气 SO_2 浓度很低，烧穿点温度很低，结块很差并夹有生料，烧结块、返粉含硫都高。造成原因：①配料事故，主要成分严重偏离控制值；②点火效果差；③炉料水分过干或过湿；④炉箅大面积堵塞或炉箅条掉落；⑤台车布料不均匀；⑥风箱、风管粘料堵塞；⑦风量控制失调。

2.3.4　计量、检测与自动控制

1. 计量

烧结物料首先由配料工段配制并计量。配料工段配备有 11 台全电子浮动式 ICS XE（CFC100）型电子皮带秤：1~6 号为铅锌精矿皮带秤，7 号为电尘皮带秤，8 号为石灰石皮带秤，9 号为通风尘皮带秤，10 号及 11 号为返粉皮带秤。这 11 台秤配置烧结机所需要的物料，由 DCS 系统自动分配皮带秤配料。

2. 检测

物料进入烧结机后，将对整个烧结机进行全方位的监测。对烧结机各处温度、压力、风机支管流量、物位等进行计量、检测及处理。所有测量设备均需定期检定或校准，对涉及安全、环保的测量设备重点关注，确保生产工艺正常进行。

温度参数有 251 个，主要采用热电偶测量。测出的数据经过补偿导线传递到各控制仪表室，部分使用数字显示仪现场显示，大部分由 DCS 系统显示、处理等。

压力测点有 75 个，主要使用压力变送器测量。所有参数经过传递最后进入

DCS 系统,由 DCS 系统进行显示、处理等。

流量测点有 18 个,重要的风机支管流量采用文丘里节流元件测量差压,其他多数采用圆缺孔板测量差压,最后均使用差压变送器进行差压变送,变送后的参数经过传递最后进入 DCS 系统,由 DCS 系统进行显示、处理等。

料位测点 10 个,主要采用较为简单的电阻式料位计测量。所有参数经过传递最后进入 DCS 系统,由 DCS 系统进行显示、处理等。

3. 自动控制

分散型控制系统 DCS 的核心是微处理机。该系统实现了控制功能的分散与操作管理的集中,是一种分布式计算机控制系统。它是在以往的工业控制计算机和模拟控制仪表的基础上发展起来的,是集两者优点于一体的理想的过程控制系统。铅锌精矿烧结焙烧使用 μXL 集散控制系统及 ABB AC800M PLC 控制系统。

1)烧结 μXL 集散控制系统

烧结 μXL 集散控制系统主要进行现场数据采集和集中显示、控制及报警,并生成各种报表及曲线。该主要控制功能有:a. 精矿总量恒定控制及 11 台电子皮带秤的自动给料配比控制;b. 混合料水分的模糊控制及串级调节;c. 烧结机料层烧结点实时显示;d. 烧结风量及烟量控制。

(1)红外水分自动调节系统的应用 烧结物料在混合过程中须加水润湿并制粒,以改善混合料透气性,增加通过料层的风量,达到提高烧结块产量、质量的目的。对混合料水分的准确检测和自动控制是烧结工艺中不可缺少的环节,烧结料水分的相对稳定对烧结过程的顺利进行以及实现烧结生产优质、低耗至关重要。

生产中利用三波长红外水分分析仪对烧结铅锌精矿与返粉混合料测量分析,测量结果转化为标准信号传递给 DCS 系统,系统根据分析测量结果与设定值之间的差异进行 PID 调节,输出标准信号给执行机构,通过调整阀门开度,调节给水流量,逐步减少测量结果与设定值之间的差异,形成一个闭合的系统控制回路。

(2)配料自动分配系统的应用 烧结配料有 11 台电子皮带秤,其中 6 台精矿秤,石灰石、通风尘、电尘各 1 台,2 台返粉秤,采用的是 ICS XE(CFC100)型电子皮带秤与 PLC 对物料进行检测、显示、控制。当被称量物料经过皮带秤有效称量段时,借助于秤架将物料重量加到称量传感器上以检测其重量,另外通过安装在返回皮带上的皮带速度检测器检测皮带运行线速度,然后将两个信号送入演算器处理,得到瞬时流量及累计信号并显示。CFC 演算器将信号传输到 DCS 系统显示与控制。生产过程中操作人员根据烧结块结块率等各项生产指标在计算机上设定好各类物料配比量,计算机经过内部计算后输出(4~20 mA)控制信号给各台秤的给料变频器以控制各给料速度,并对 CFC100 输入的物料重量进行跟踪,经过不断的计算整合后使物料达到并保持在设定值区间,从而完成对物料的 PID 调节。

2)烧结 PLC 控制系统

烧结系统设备多,分布较散,根据工艺要求需要对各设备进行可靠的连锁控制,以保证烧结流程上各设备按正常顺序启动与停车;某台设备出现故障时应立即报警并停止其给料方向的各设备,以免物料堆积;对于某些特殊的大型设备,如混合圆筒等连锁停车须有一定的延时以排空物料,避免再启动困难。根据工艺特点,将系统分为三个相对独立部分:主流程集中连锁部分、精矿干燥集中连锁部分和精矿仓振打连锁部分。

PLC 系统主要功能如下:①烧结生产流程 110 套设备的集中连锁控制,实现全流程逆流程启动、延时停车、分段启停及事故连锁停车等;②分配皮带正、反转时间随机设定;③配料仓自动顺序振打;④烧结机台车速度及风机变频调速系统调节;⑤烧结 PLC 与 DCS 互联,实现烧结所有设备运行状态向 DCS 传递。

2.3.5 技术经济指标控制与生产管理

1. 技术经济指标

(1)烧结块质量指标 密闭鼓风炉熔炼对烧结块的质量要求较高,其质量取决于烧结块的化学成分、强度、孔隙度。生产中主要控制烧结块的含铅、含硫以及钙硅比。烧结块物理规格主要通过设备控制,一般控制在 40 ~ 100 mm 范围,烧结块强度和孔隙度一般不检测。典型的烧结块成分如表 2 – 20 所示。

表 2 – 20 烧结块的化学成分 %

Pb	Zn	S	Cd	Sb	As	SiO_2	CaO/SiO_2
17 ~ 22	38 ~ 44	<1	<0.2	0.2 ~ 0.3	<0.40	<4.5	1.2 ~ 1.8

(2)脱硫能力 脱硫能力是指每平方米烧结机的有效面积每昼夜的脱硫量。其计算公式为:

$$脱硫能力[t/(m^2 \cdot d)] = \frac{脱硫量(t)}{有效烧结面积(m^2) \times 作业天数(d)} \quad (2-7)$$

生产实践中烧结机脱硫能力波动较大,一般为 $1.3 \sim 2.1 \ t/(m^2 \cdot d)$,其与烧结混合物料含硫量、化学成分、物料准备、通过料层的空气量和分布均匀程度、料层厚度、台车速度、点火温度、返烟方法、设备结构、密封性能和操作水平有关。

(3)有效块率 有效块率是反映烧结机结块好坏的指标,指合格烧结块占炉料总量的百分比,烧结块有效块率一般为 14% ~ 30%。其计算公式为:

$$有效块率(\%) = \frac{烧结块产量(t)}{烧结机总处理量(t)} \times 100\% \quad (2-8)$$

(4)脱硫率 脱硫率是装入炉料含硫量在烧结焙烧过程中的脱除程度,其计算公式如下:

$$脱硫率(\%) = \frac{脱硫量(t)}{装入炉料含硫量(t)} \times 100\% \qquad (2-9)$$

式中:脱硫量 = 装入炉料含硫量 – 烧结块含硫量 – 返粉含硫量。脱硫率一般为 80% ~ 92%。

(5)烧结机床能力 烧结机床能力指烧结机每平方米有效面积平均一天处理物料的量,烧结机床能力一般为 21 ~ 27 t/(m^2·d)。其计算公式如下:

$$烧结机床能力[t/(m^2 \cdot d)] = \frac{炉料总处理量(t)}{有效面积(m^2) \times 作业天数(d)} \qquad (2-10)$$

(6)烧结机作业率 烧结机作业率也称运转率,一般为 90% ~ 98%。其计算公式如下:

$$作业率(\%) = \frac{365 - K_1 - K_2 - K_3}{365 - K_1} \qquad (2-11)$$

式中:K_1 为每年大中修时间,d;K_2 为计划检修时间,d;K_3 为事故停车检修时间,d。

2. 能量平衡与节能

铅锌烧结焙烧过程的物料平衡列于表 2–21。

表 2–21 铅锌烧结的物料平衡

加入			产出		
物料	质量/kg	比例/%	物料	质量/kg	比例/%
硫化铅精矿	9.17	3.80	烧结块	33.33	13.80
硫化锌精矿	13.53	5.61	返粉	145.00	60.04
铅锌混合精矿	19.88	8.23	烧结烟灰	3.50	1.45
二次物料	2.42	1.00	电尘	2.08	0.86
烧结烟灰	3.50	1.45	烟气	49.63	20.55
返粉	145	60.04	损失	7.96	3.30
空气	48.00	19.88			
合计	241.50	约100	合计	241.50	100

铅锌烧结焙烧在上述物料处理量下的热平衡如表 2–22 所示。

表 2 – 22　铅锌烧结的热平衡

项目	收入		项目	支出	
	热量/kJ	比例/%		热量/kJ	比例/%
点火料的发热	37068	3.50	烟气带走热	624853	59.00
炉料的显热	21180	2.00	烧结块及返粉带走热	285950	27.00
水分的显热	5295	0.50	热损失	148270	14.00
空气和氧带入热	148270	14.00			
反应放热	847260	80.00			
合计	1059073	100	合计	1059073	100

3. 物质平衡与减排

做好物质平衡是减排的关键。铅锌烧结是在强制鼓风条件下进行生产的，因此加强设备的密封和完善通风收尘设施，保持制酸系统与烧结机的风量平衡，以杜绝或减少无组织排放是减排的重要环节。表 2 – 23 是烧结机物料平衡实例。

4. 原料控制与管理

铅锌烧结所用原料很广泛，不但可以处理铅精矿、锌精矿、铅锌混合精矿，还可处理氧化返回物料、钢厂含锌烟灰以及其他含铅锌物料。烧结焙烧的各种原料主要化学成分如表 2 – 24 所示。各种原料应按种类分仓存放，严禁混堆混放，有条件时配料前要预先混合。

表 2 – 23　铅锌烧结物料平衡实例

物料名称	物料干重/kg	Pb		Zn		S		SiO₂		CaO	
		含量/%	质量/kg	含量/%	质量/kg	含量/%	质量/kg	含量/%	质量/kg	含量/%	质量/kg
投入											
铅精矿	3000	59.48	1784.4	8.88	266.4	24.35	730.5	1.02	30.6	0.90	27.0
锌精矿	12000	1.31	157.2	50.37	6044.4	30.13	3615.6	3.2	384.0	1.35	162.0
混合精矿	18000	14.06	2530.8	32.91	5923.8	34.31	6175.8	2.58	464.4	1.35	243.0
杂料	3000	41.47	1244.1	34.50	1035.0		0.0	0.02	0.6	1.50	45.0
返粉	156000	21.08	32884.8	37.12	57907.2	1.36	2121.6	2.60	4056.0	3.50	5460.0
烟灰	6676	25.86	1726.4	45.20	3017.6	11.18	746.4	0.04	2.7	0.16	10.7
电尘	1587	55.02	873.2	15.01	238.2	10.31	163.6	1.36	21.6	5.45	86.5
石灰石	1400							2.00	28.0	51.00	714.0

续表 2 - 23

物料名称	物料干重 /kg	Pb		Zn		S		SiO₂		CaO	
		含量 /%	质量 /kg	含量 /%	质量 /kg	含量 /%	质量 /kg	含量 /%	质量 /kg	含量 /%	质量 /kg
空气	147580										
水	10540										
合计	359783		41200.9		74432.6		13553.5		4987.9		6748.2
产出											
烧结块	32235	17.73	5716.5	41.17	13269.6	0.6	193.4	2.82	907.6	3.69	1191.0
返粉	156000	21.08	32884.8	37.12	57907.2	1.36	2121.6	2.60	4056.0	3.50	5460.0
烟灰	6676	25.86	1726.4	45.20	3017.6	11.18	746.4	0.04	2.7	0.16	10.7
电尘	1587	55.02	873.2	15.01	238.2	10.31	163.6	1.36	21.6	5.45	86.5
烟气	163285					10328.5					
合计	359783		41200.9		74432.6		13553.5		4987.9		6748.2

注: 此表中烟气量包括了水蒸气。

表 2 - 24　烧结焙烧的各种原料主要化学成分 %

项目	Pb	Zn	S	SiO₂	CaO	Fe	Cd	As
铅精矿	48 ~ 60		16 ~ 32	< 5.0		< 13		< 0.6
锌精矿		48 ~ 55	23 ~ 34	< 6.0		< 14	< 0.6	< 0.5
铅锌混合精矿	15 ~ 20	26 ~ 36	23 ~ 33	< 6.0		< 14	< 0.7	< 0.6
返粉	20 ~ 22	38 ~ 42	< 1.0	< 4.0				
石灰石				< 2.0	50 ~ 55	1.0 ~ 2.0		
收尘烟灰	30 ~ 40	25 ~ 30						
蓝粉	25 ~ 40	30 ~ 45						
次氧化锌	5.0 ~ 15	50 ~ 65						
电尘	20 ~ 70	< 30						

5. 辅助材料控制与管理

铅锌烧结主要辅助材料有石灰和石灰石。石灰和石灰石用于配料以满足鼓风炉熔炼造渣需要,其配入量一般根据原料中硅含量做相应调整,最终控制烧结块中 $w(CaO)/w(SiO_2)$ 为 1.2 ~ 1.8。石灰石化学成分要求 $w(CaO) > 50\%$,$w(Fe) < 5\%$,$w(SiO_2) < 7\%$,物理规格要求粒度 < 6 mm 且不夹带杂物。石灰的化学成分要求 $w(CaO) > 64\%$,$w(SiO_2) < 4.0\%$,$w(H_2O) < 4.0\%$,物理规格要求粒度 < 6 mm 且不夹带杂物。

6. 能量消耗控制与管理

铅锌烧结是放热反应,正常情况下硫化物的氧化反应热足以维持烧结焙烧的持续进行。要外加热源的设备主要是烧结机点火炉，点火温度要求控制在1000～1200℃，操作中根据煤气的质量控制好煤气空气比保证煤气充分燃烧，可以减少煤气的消耗，但只要生产不停，炉子就会有固定的煤气消耗。

烧结焙烧流程长，设备数量多，其运转需要消耗大量的电力，因此另一个重要的能量消耗是电力消耗。降低铅锌烧结能耗，采用高效设备当然是重要手段，但工艺流程和设备一旦确定，在环保达标前提下提高烧结机的生产效率，稳定单产水平是降低铅锌烧结能耗的关键。因此，加强生产管理，使生产系统有序运行，特别注意开停机时的协调，停机时应停设备按规定及时停止运转，开机时主流程设备和辅助设施按序准点启动，尽量减少设备无效运转时间，提高单产水平，降低能耗。

7. 金属回收率控制与管理

烧结焙烧所有中间物料(包括污泥)都循环使用，因此金属回收率较高，其中铅、锌回收率都在99%以上，银回收率为95%以上。金属回收率的控制主要在于加强设备维护，减少跑冒滴漏，杜绝无组织排放，同时清扫物料回归流程。

8. 产品质量控制与管理

铅锌精矿烧结焙烧产品为烧结块和SO_2烟气。烧结块质量应符合密闭鼓风炉熔炼要求，烧结焙烧生产中主要控制好烧结块的化学成分，如含铅、含锌、含硫以及钙硅比；物理规格主要通过设备设定控制，其他物理性能只能通过良好的过程控制来实现。SO_2烟气要有合适的温度和浓度(要求温度为200～500℃，浓度为3.5%～7%)，以利于制酸。要控制好烧结块和SO_2烟气质量，掌握矿料的成分，在配料时统筹兼顾，各种矿料搭配使用。炉料准备过程中注意控制好炉料水分和粒度，确保炉料有良好的透气性，同时优化烧结焙烧工艺参数。如此环环相扣才能确保烧结焙烧顺利进行，也只有这样才能得到化学成分满足要求、物理性能优良的烧结块以及满足制酸需要的SO_2烟气。

9. 生产成本控制与管理

铅锌烧结过程的成本构成主要有辅料成本、燃料及动力成本、加工成本和制造费用。其中：辅料消耗主要为石灰粉；燃料及动力包括水、电、压缩空气、蒸汽和天然气；制造费包括维修费用、备品备件费用等。国内某厂的铅锌烧结过程单位生产成本(元/t)如下：辅料费用27，占4%；燃料及动力费用152，占25%；制造费用339，占56%；职工薪酬90，占15%。

铅锌精矿烧结焙烧的生产成本与作业率、日产水平、金属回收率等指标密切相关。

铅锌烧结每次停机和开机的时间都会比较长，因此故障停机多意味着设备无效运转时间也多，工艺生产的稳定性也会差，所以维护好设备，提高检修质量，减少故障发生是控制和降低生产成本很重要的方面。

在作业率不变的情况下,烧结机的生产效率、单产水平决定了铅锌烧结各种能耗指标,因此在环保的前提下,优化工艺控制,稳定烧结机生产效率,达到好的单产水平,也是控制生产成本很重要的一环。

加强生产管理,杜绝跑冒滴漏和无组织排放,确保高水平的金属回收率,也有利于控制生产成本。此外,还可根据市场行情,合理调整配料。

参考文献

[1] 彭容秋.铅锌冶金学[M].北京:科学出版社,2003.

[2] 蒋继穆,张驾,陈帮俊,等.重有色金属冶炼设计手册铅锌铋卷[M].北京:冶金工业出版社,1995.

[3] 梅光贵,王德润,周敬元,等.湿法炼锌学[M].长沙:中南大学出版社,2001.

[4] 彭容秋.有色金属提取冶金手册锌镉铅铋卷[M].北京:冶金工业出版社,1992.

[5] 赵天从.重金属冶金学(下)[M].北京:冶金工业出版社,1981.

[6] 陈国发.重金属冶金学[M].北京:冶金工业出版社,1992.

[7] 唐帛铭.有色金属提取冶金手册能源与节能[M].北京:冶金工业出版社,1992.

[8] 刘元扬,刘德溥.自动检测和过程控制[M].2版.北京:冶金工业出版社,1987.

[9] 曹玉剑,肖云贵.基于FF现场总线系统的锌精矿沸腾焙烧过程控制[J].工业控制计算机,2010,23(1):27-28.

[10] 周克德,周水孝,戈尔谷.韶冶二系统烧结精矿配料控制系统[J].中国有色金属学报,1998,8(53):7.

第3章　湿法炼锌

3.1　概述

锌的生产以湿法炼锌为主，其产量占世界锌总产量的80%以上。湿法炼锌的实质是以硫酸为溶剂溶解锌焙砂或锌精矿，使锌尽可能地溶入溶液，制成硫酸锌溶液，再对硫酸锌溶液进行净化，以除去溶液中的杂质，然后再从净化液中电积析出金属锌，电锌再熔铸成锌锭。湿法炼锌包括传统湿法炼锌和全湿法炼锌两类。传统湿法炼锌实际上是火法和湿法联合流程，包括焙烧、浸出、浸出渣处理、净化、电积和熔铸六个工艺过程。焙烧已在第二章中介绍，本章详细介绍其他工艺过程。

3.1.1　传统湿法炼锌

传统湿法炼锌又可分为常规浸出法和高温高酸浸出法两种，其原则工艺流程见图 3 - 1，化学过程见图 3 - 2。

1. 浸出及低酸浸出渣处理

1）常规浸出法

锌焙砂常规浸出法包括中性浸出、低酸浸出和低酸浸出渣回转窑还原挥发 3 个过程，其目的是尽可能地使锌溶入溶液：

$$ZnO + H_2SO_4 =\!=\!= ZnSO_4 + H_2O \qquad\qquad (3-1)$$

中性浸出过程中由于 Fe^{3+}、Sb^{3+} 等离子的水解，以及氢氧化铁胶体的强烈吸附作用，因而可除去铁、锑、砷、硅、锗等大量有害杂质，经浓密和过滤实现固液分离，获得符合净化要求的中性硫酸锌溶液。低酸浸出液返回中性浸出，低酸浸出渣是铁酸锌和 Pb/Ag 渣，含锌 20% 左右，用回转窑还原挥发处理低酸浸出渣，使锌、铅、镉、铟等富集于烟尘中，经脱除氟、氯后返回浸出，回收其中的锌及其他有价金属。

2）高温高酸浸出法

锌焙砂高温高酸浸出法包括中性浸出、低酸浸出、高酸浸出和低酸浸出液除铁 4 个过程，即通过高酸浸出和低酸浸出液除铁处理低酸浸出渣。除铁方法有黄钾铁矾法和针铁矿法两种。

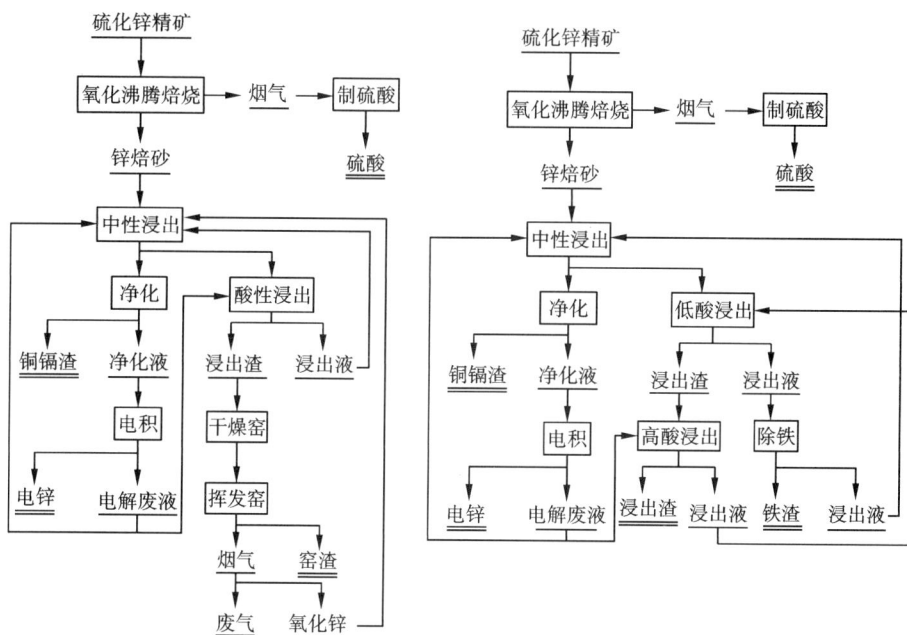

(a) 常规湿法炼锌流程

硫化锌精矿 → 氧化沸腾焙烧 → 烟气 → 制硫酸 → 硫酸

锌焙砂 → 中性浸出

中性浸出 → 净化 → 铜镉渣 / 净化液 → 电积 → 电锌 / 电解废液

中性浸出 → 酸性浸出 → 浸出渣 / 浸出液

浸出渣 → 干燥窑 → 挥发窑 → 烟气 / 窑渣 → 废气 / 氧化锌

(b) 高温高酸浸出湿法炼锌流程

硫化锌精矿 → 氧化沸腾焙烧 → 烟气 → 制硫酸 → 硫酸

锌焙砂 → 中性浸出

中性浸出 → 净化 → 铜镉渣 / 净化液 → 电积 → 电锌 / 电解废液

中性浸出 → 低酸浸出 → 浸出渣 / 浸出液

浸出渣 → 高酸浸出 → 浸出渣 / 浸出液

浸出液 → 除铁 → 铁渣 / 浸出液

图 3-1　湿法炼锌原则工艺流程

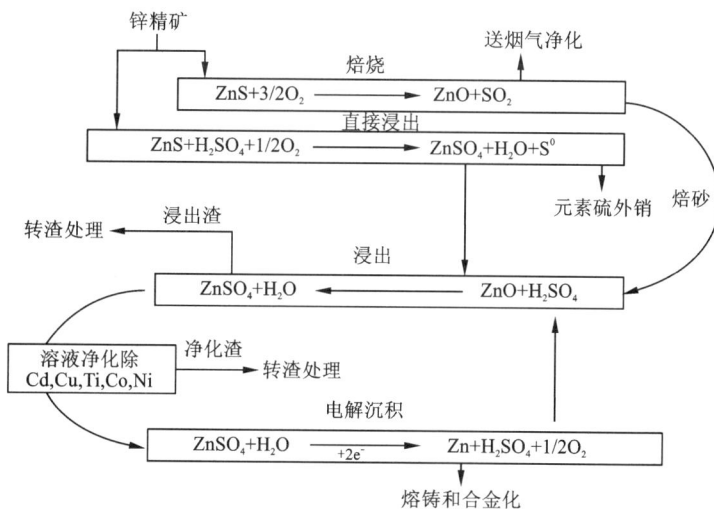

锌精矿

焙烧：$ZnS + 3/2O_2 \longrightarrow ZnO + SO_2$　送烟气净化

直接浸出：$ZnS + H_2SO_4 + 1/2O_2 \longrightarrow ZnSO_4 + H_2O + S^0$　元素硫外销

焙砂

浸出：$ZnSO_4 + H_2O \longleftarrow ZnO + H_2SO_4$

浸出渣 → 转渣处理

溶液净化除 Cd,Cu,Ti,Co,Ni → 净化渣 → 转渣处理

电解沉积：$ZnSO_4 + H_2O \xrightarrow{+2e^-} Zn + H_2SO_4 + 1/2O_2$

熔铸和合金化

图 3-2　湿法炼锌的化学过程

(1)黄钾铁矾法。1968 年该方法开始应用于工业生产。高温高酸浸出过程中发生铁酸锌的溶解反应和一般的浸出反应:

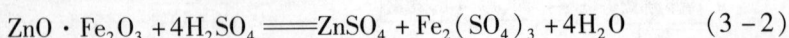

$$ZnO \cdot Fe_2O_3 + 4H_2SO_4 \xrightarrow{\hspace{1cm}} ZnSO_4 + Fe_2(SO_4)_3 + 4H_2O \qquad (3-2)$$

铁酸锌的浸出率为 90% 以上,总锌浸出率为 97% 以上。高酸浸出液返回低酸浸出,低酸浸出液调整 pH 为 1.5 左右,再将成矾离子 A^+(A^+ 为 Na^+、K^+ 和 NH_4^+)加入,在 363~373 K 下迅速生成分子式为 $AFe_3(SO_4)_2(OH)_6$ 的黄钾铁矾沉淀,除铁率为 90%~95%。

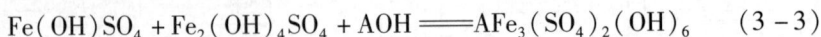

$$Fe(OH)SO_4 + Fe_2(OH)_4SO_4 + AOH \xrightarrow{\hspace{1cm}} AFe_3(SO_4)_2(OH)_6 \qquad (3-3)$$

黄钾铁矾法的优点是酸平衡易于解决,容易澄清过滤分离和洗涤;碱试剂及中和剂消耗少。但该法渣量大(渣率 40%),难以回收利用,堆存时污染环境。

(2)针铁矿法。1970 年该方法开始应用于工业生产。针铁矿沉铁有 V.M 法和 E.Z 法两种。V.M 法向高酸浸出液加入过量锌精矿,在 90℃ 的温度下三价铁离子被快速还原成 Fe^{2+}:

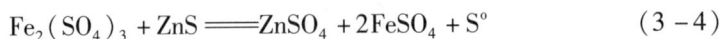

$$Fe_2(SO_4)_3 + ZnS \xrightarrow{\hspace{1cm}} ZnSO_4 + 2FeSO_4 + S^\circ \qquad (3-4)$$

还原液在 85~90℃ 和 pH 为 2.5~4.2 的条件下,Fe^{2+} 氧化水解成针铁矿沉淀:

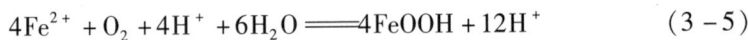

$$4Fe^{2+} + O_2 + 4H^+ + 6H_2O \xrightarrow{\hspace{1cm}} 4FeOOH + 12H^+ \qquad (3-5)$$

E.Z 法即改良针铁矿法,将热酸浸出液适量均匀加入大量热针铁矿浆中,维持 pH = 3.0~3.5,Fe^{3+} 含量 <2~3 g/L。与此同时,以相应的速度加入中和剂使铁离子水解和沉淀为 $Fe_2O_3 \cdot 0.64H_2O \cdot 0.2SO_3$ 铁渣。E.Z 法的最大优点是不需要铁离子的还原氧化过程。只要铁离子沉淀的速度比加入的速度快,就会只生成针铁矿,并且矿浆具有良好的过滤性能。由于方法简便和成本低,E.Z 法推广应用较快。

针铁矿法优点是铁沉淀完全,沉铁后液 Fe^{3+} 含量 <1 g/L;还可有效除去砷、锑、锗和氟等杂质元素。但 pH 控制比黄钾铁矾法严格。

2. 净化

中性浸出液中主要含有铜、镉、钴、铁、砷、锑、镍以及可溶性硅酸、氟、氯等杂质,电解前必须除去这些杂质。锌粉置换净化原理如 $Me - H_2O$ 系 $\varphi - pH$ 关系图,见图 3-3。

从图 3-3 中可以看出,锌粉能够完全置换所有的杂质元素,但是由于 Cd 的电位位于析氢电位以下,因此会发生 Cd 的反溶。而 Co 为惰性金属,反应速度慢,因此针对除钴出现了黄药净化法、逆锑净化法、砷盐净化法、β - 萘酚法、合金锌粉法等净化方法。

黄药净化法适于 Co 含量高但 As、Sb 含量不高的中性浸出液;逆锑净化法适于 As、Sb、Co 含量高的中性浸出液;亚硝酸 - β - 萘酚法适用于含 Co 较高而 As、

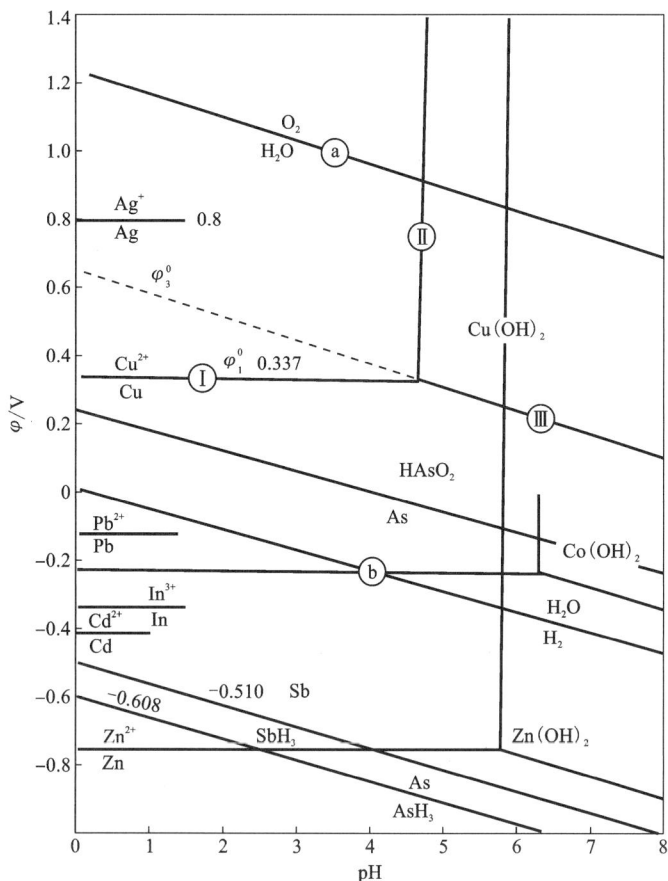

图 3 - 3 Me - H₂O 系 φ - pH 图 ($t = 25℃$, $a = 1$)

Sb 不高的中性浸出液;砷盐净化法适于 Co、Ni 含量高的中性浸出液;合金锌粉法适于 Co 含量较高的中性浸出液。

大多数湿法炼锌厂采用两段净化法。而超过 80% 的厂家采用锑盐或砷盐作锌粉净化的活性剂除钴。

3. 电积

电沉积锌的过程本质是将已净化好的硫酸锌溶液连续不断地送入电解槽,以 Pb - Ag 或 Pb - Ag - Ca 合金作阳极,纯铝板作阴极,直流电通过电解槽时发生电极反应,在阴极析出锌,阳极放出氧气和再生酸。

阳极反应:

$$H_2O ═══ 1/2O_2 + 2H^+ + 2e^- \qquad \varphi^0_{O_2/H_2O} = 1.23\ V \qquad (3-6)$$

阴极反应：

$$\text{Zn}^{2+} + 2e^- === \text{Zn} \qquad \varphi^0_{\text{Zn}^{2+}/\text{Zn}} = -0.76\text{V} \qquad (3-7)$$

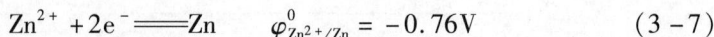

总的电极反应为：

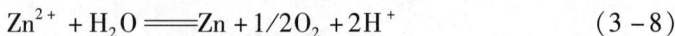

$$\text{Zn}^{2+} + \text{H}_2\text{O} === \text{Zn} + 1/2\text{O}_2 + 2\text{H}^+ \qquad (3-8)$$

不考虑其他杂质存在时，阴极还可能发生析 H_2 反应：

$$2\text{H}^+ + 2e^- === \text{H}_2 \qquad (3-9)$$

硫酸含量高的废电解液由电解槽的尾端溢流排出，送往浸出车间。目前各冶炼厂的电流效率波动在 85% ~ 93%，槽电压为 3.0 ~ 3.5 V，每吨阴极锌消耗直流电平均约为 3200 kW·h。

杂质的存在对电解过程产生各种不良影响，因此，净化液中杂质含量要符合如下要求：$\rho(\text{Cd}) < 0.3$ mg/L，$\rho(\text{Co}) < 0.3$ mg/L，$\rho(\text{Sb}) < 0.03$ mg/L，$\rho(\text{Ge}) < 0.03$ mg/L，$\rho(\text{Fe}) < 10$ mg/L，$\rho(\text{F}) < 10$ mg/L，$\rho(\text{Cl}) < 50 ~ 100$ mg/L，$\rho(\text{Mn}) < 1.8$ g/L。

3.1.2 全湿法炼锌

全湿法炼锌原则流程见图 3-4，其中净化、电积未列出，参照传统湿法炼锌流程。全湿法炼锌包括硫化锌精矿高压浸出和常压浸出两种方案。全湿法炼锌省去了传统湿法炼锌工艺中的焙烧和制酸工序，锌精矿中的硫以元素硫的形式富集在浸出渣中另行回收，是名副其实的湿法炼锌工艺。

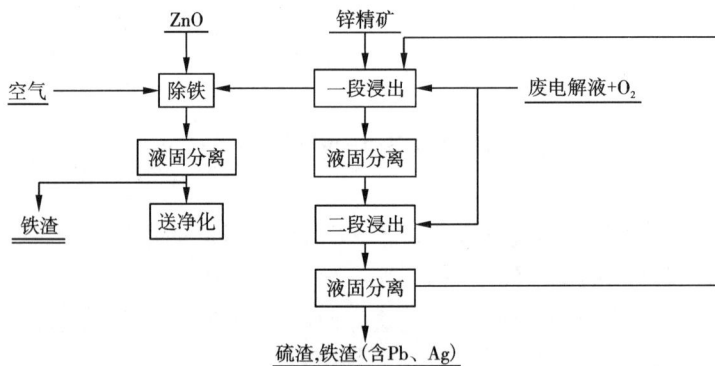

图 3-4 全湿法炼锌原则流程

1. 氧压浸出法

氧压浸出-针铁矿法炼锌工艺于 20 世纪 70 年代由加拿大舍利特-高登公司首先试验成功，1981 年成功用于工业生产。直接氧压浸出得到的硫酸锌溶液用传统方法经净化、电积得到纯锌。主要反应如下：

$$ZnS + H_2SO_4 + 1/2O_2 \Longrightarrow ZnSO_4 + H_2O + S^0 \qquad (3-10)$$

$$ZnS + Fe_2(SO_4)_3 \Longrightarrow ZnSO_4 + 2FeSO_4 + S^0 \qquad (3-11)$$

$$2FeSO_4 + H_2SO_4 + 1/2O_2 \Longrightarrow Fe_2(SO_4)_3 + H_2O \qquad (3-12)$$

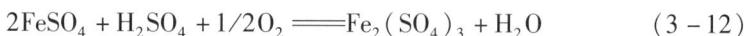

采用两个高压釜进行逆流浸出,锌精矿加入第一个高压釜,浸出剂为废电解液和来自第二个高压釜的浸出液,锌浸出率为 75%。浸出液中和后用赤铁矿法或针铁矿法除铁,然后净化和电积。第一个高压反应釜中的浸出渣加入第二个高压釜,在与第一个高压釜相同条件和 H^+/ZnS 比值较大的条件下,锌的提取率为 97%～99%。该浸出液返回到第一个高压釜,固体渣经浮选得单质硫精矿。

氧压浸出 – 赤铁矿法于 1972 年在日本饭岛电锌厂用于工业生产。中性浸出渣与电解废液在 152～202 kPa 压力、373～383 K 温度下浸出和还原 Fe^{3+} 成 Fe^{2+}。浸出液在用 H_2S 除铜后,用石灰石中和到 pH = 4.5,产出石膏沉淀。最后加热到 453～473 K,在 1317.225～2026.5 kPa 进行赤铁矿除铁,沉铁后液含铁 1～2 g/L,沉铁率达 90%。

$$2Fe^{2+} + 1/2O_2 + 2H_2O \Longrightarrow Fe_2O_3 + 4H^+ \qquad (3-13)$$

赤铁矿法具有综合利用好、铁渣量少等优点,但也存在设备昂贵及石膏渣量大的缺点。

2. 直接空气浸出法

直接空气浸出硫化锌精矿是在通风的搅拌槽内完成的,闪锌矿中的硫将 Fe^{3+} 还原成 Fe^{2+},本身被氧化成单质硫,并生成硫酸锌进入溶液:

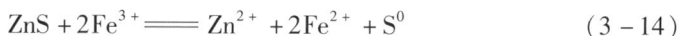

$$ZnS + 2Fe^{3+} \Longrightarrow Zn^{2+} + 2Fe^{2+} + S^0 \qquad (3-14)$$

采用针铁矿法除铁,将部分铁渣用废电解液溶解。浸出剂中铁的来源:

$$2FeOOH + 3H_2SO_4 \Longrightarrow Fe_2(SO_4)_3 + 4H_2O \qquad (3-15)$$

浸出渣送往浮选车间回收 Pb – Ag 渣并得到硫精矿,再进一步处理以回收铅、银、硫等。得到的硫酸锌溶液用传统的净化、电沉积工艺生产电锌。

3.1.3　湿法炼锌发展趋势

1. 炼锌原料范围不断扩大

目前,湿法炼锌原料依然是以硫化锌精矿为主,但供给量越来越难以满足需求。因此,氧化锌矿、粗氧化锌或氧化锌烟尘等逐渐成为湿法炼锌的重要原料。由于原料来源、成分、性质等有很大不同,故浸出方法也有较大差异,由此便产生多种浸出工艺,如氧化锌矿及粗氧化锌粉酸浸、氨浸工艺等。

对高品位的氧化锌精矿,可直接进行酸浸。如有人提出用 MZP 技术处理氧化锌矿,按浸出、溶剂萃取、电积 3 个步骤进行,即加入稀硫酸浸出,用有机磷酸溶液作萃取剂,锌反萃液电积产出超高纯锌(99.995% Zn)。但直接酸浸高硅氧化锌矿时往往产生硅酸胶体,使矿浆难以澄清分离和影响过滤速度。因此在生产中一般需采取多种措施解决上述问题。

也可以用氨法处理锌氧化矿。以氨与铵盐为浸出剂，在净化过程中，因体系呈弱碱性，铜、钴、镉、镍等金属杂质均易被锌粉置换除去。氨法处理含锌物料具有原料适应性广、工艺流程短、净化负担轻、环境污染小、产品品种多等特点。如 MACA 法处理兰坪低品位(7% Zn)氧化锌矿生产电锌的 150 kg/次的扩大试验取得的结果即证明了这些观点。

次氧化锌成分十分复杂，用作酸性湿法炼锌原料时必须采取专门措施脱除氟、氯、砷、锑等有害杂质。但用 MACA 法容易处理，而且可制取高纯锌，国内有两家工厂用 MACA 法处理复杂次氧化锌生产电锌，已投产多年。

2. 向大型化和联合工艺方向发展

湿法炼锌生产线规模不断扩大。同时向大型化和联合工艺方向发展。

联合工艺包括两个方面，一是不同的湿法炼锌方法联合。如直接空气浸出必须与传统的湿法炼锌工艺相配合。品位高的硫化锌精矿适于焙烧，不适合焙烧的细粒锌精矿则可经过直接空气浸出回路，使联合工艺更完善。二是氧化浸出湿法炼锌工艺与一步炼铅工艺相结合。

3.2 浸出

3.2.1 焙烧矿中性和低酸浸出

1. 概述

由于浸出过程对于湿法炼锌的经济技术指标以及浸出渣后续处理方法的选择具有决定性的意义，因此，选择合适的浸出方法十分重要。这里介绍的中性和低酸浸出过程即常规浸出法。

常规浸出法分为一段浸出、两段浸出以及三段浸出，由于一段浸出锌的浸出率低，而三段浸出容易造成设备过多、体积周转量大等问题，常规浸出法一般采用包括一段中性浸出以及一段低酸浸出的两段浸出方式。中性浸出是指在浸出过程结束时，浸出液的酸度接近中性，一般 pH 在 5.0 至 5.4 之间。而低酸浸出是指在浸出结束时，浸出液酸度低，一般含酸量为 5 g/L 左右。

下面介绍一种比较典型的采用中性和低酸浸出的常规浸出法。其工艺流程图和设备配置图分别如图 3 - 5、图 3 - 6 所示。

从上述工艺流程图可以看出，该法具有两个显著的特点：一是流态化焙烧炉产出的热焙砂没有经过冷却，而是采用氧化液冲矿的方式，将热焙砂进行浆化后，送浸出槽浸出。二是冲矿后的矿浆通过分级机处理后，底流进行球磨，再送酸性浸出。

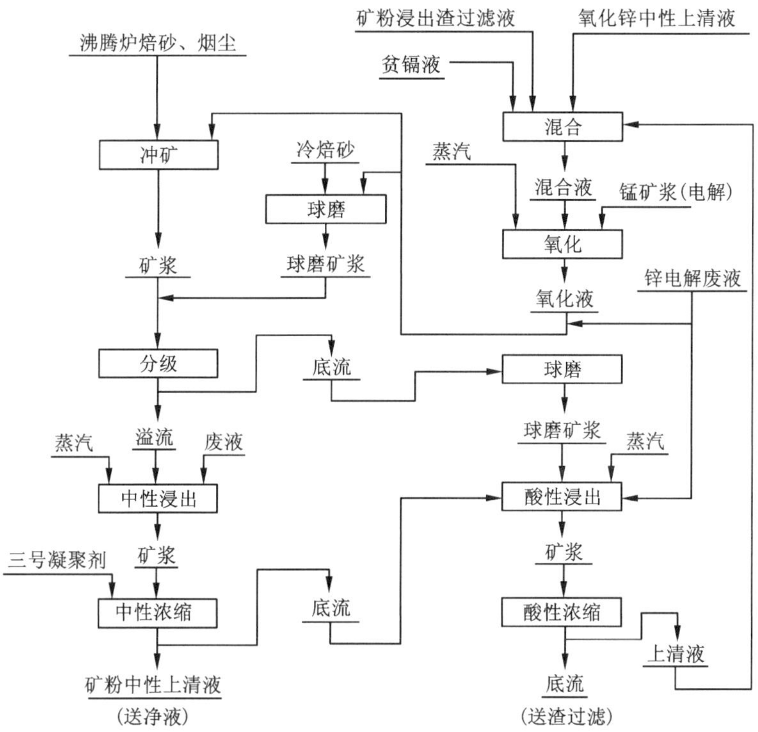

图 3-5　两段常规浸出法工艺流程图

这样的工艺设计具有以下两个优点：一是热焙砂未经冷却直接进入系统，有利于提高余热利用效率，减轻了系统（尤其在冬季）利用蒸汽加热提高浸出温度的压力，同时有利于系统的体积平衡控制。二是冲矿液进行分级处理，可以合理分配中性及酸性浸出负荷，有利于提高浸出率。

但是该工艺同时也有一个比较明显的缺点，那就是受到流态化焙烧炉处理量波动的影响，投入系统的热焙砂以及烟尘的量存在一定的波动，即浸出系统的原料投入有波动。这样不利于浸出过程酸度的稳定控制，对系统的自动化装置要求较高。

2. 设备运行及维护

浸出过程的设备主要包括：球磨机、浸出槽、浓密机、过滤机、矿浆泵以及输送管道等。在设备选型过程中，应该充分考虑设备运行能力、耐腐蚀能力以及维护周期与成本等因素，从而合理选型，达到既满足生产工艺的需要又具有较低运行成本的目的。

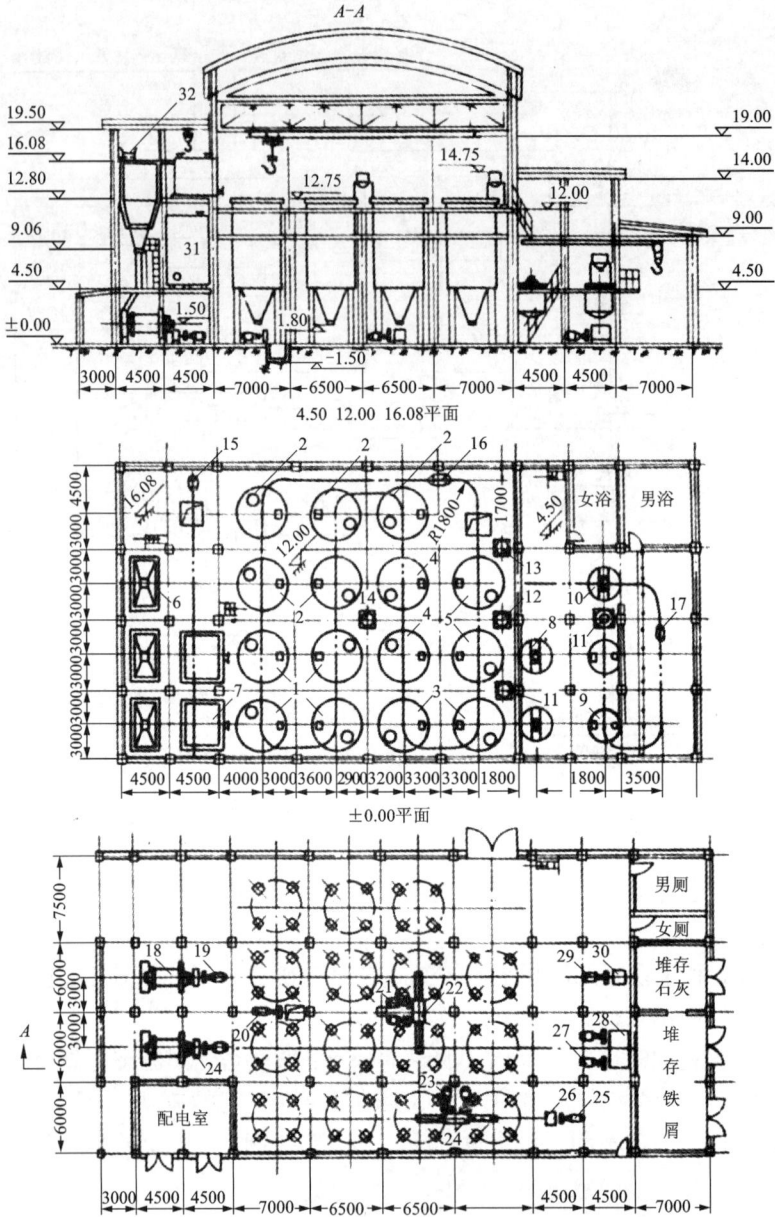

图 3-6　两段常规浸出车间设备配置图

1—焙烧矿中性浸出槽；2—焙烧矿酸性浸出槽；3—氧化锌一次浸出槽；4—氧化锌二次浸出槽；5—溶液氧化槽；6—氧化锌料仓；7—废电解液加温槽；8—锰矿浆贮槽；9—硫酸亚铁制备槽；10—石灰乳制备槽；11—硫酸计量槽；12—硫酸亚铁计量槽；13—锰矿浆计量槽；14—石灰乳计量槽；15、16—1 t 电动葫芦；17—0.5 t 电动葫芦；18—球磨机；19、25、27、29—5/2PWA 型铜泵；20、21、23—4 PWA 型铜泵；22、24、26、28、30—中间槽；31—滤液贮槽；32—胶带输送机

1）浸出槽及其辅助设备

浸出槽主要包括机械搅拌浸出槽以及空气搅拌浸出槽两种。机械搅拌浸出槽是目前最常用的浸出槽，主要包括槽体、加热系统以及搅拌系统等。

（1）槽体　槽体材质应该对所处理的溶液具有良好的耐腐性，在中性及低酸浸出过程中，一般采用钢筋混凝土内衬环氧玻璃布，再衬瓷砖的方式对槽体进行防腐。

（2）加热系统　该系统用于维持浸出过程的反应温度，中性及低酸浸出过程中的温度没有高温高酸浸出要求那么高，因此，一般采用蒸汽直接加热的方式加热。

（3）搅拌系统　搅拌系统包括搅拌桨、搅拌机、减速机以及电机等，一套好的搅拌系统应该与浸出槽的容积、处理溶液的性质相匹配，既要达到好的搅拌效果，又要具有长的使用周期。

（4）搅拌机的维护　①搅拌机是搅拌系统的重点设备，在实际生产过程中，出现以下问题时，应对搅拌机进行紧急停车处理：A.搅拌轴摆动厉害；B.减速机振动厉害，有撞击声；C.电机与电气设备突然冒烟，有烧焦味；D.噪声过大或电机、减速机及轴承温升超过40℃；E.搅拌机的负载电流超过规定值。

②维护操作规程：A.检查设备有无振动及不正常的响声，异常及时处理；B.检查上、下联轴器、销钉有无缺陷和掉落，异常及时处理；C.检查各部连接螺栓有无松动，及时紧固；D.注意各部轴承温度是否正常，润滑是否良好；E.检查导流筒立柱是否松动、摇摆，异常及时处理；F.检查辅助设备是否泄漏，异常及时处理；G.检查各部位衬胶层是否脱落，异常及时防腐；H.经常检查槽体、盖板是否腐蚀，异常及时处理；I.经常保持设备及周围环境卫生。

③润滑：搅拌机的润滑操作要求如表3-1所示。

表3-1　搅拌机润滑操作要求

润滑部位	润滑油（脂）牌号	加油（脂）周期	换油（脂）周期/d
减速机	50号机械油	视油标	180
干油杯	3号 MoS_2 锂基脂	8 h	180
密封轴承	3号 MoS_2 锂基脂	周	180
电机轴承	3号 MoS_2 锂基脂	周	180

④主要运行与调整参数：A.电动机温度不超过80℃；B.滚动轴承温度不超过70℃；C.导流筒与桨叶间隙四周均匀。

⑤常见故障及排除方法：搅拌机的常见故障及排除方法见表3-2。

表 3 - 2　搅拌机常见故障及排除方法

故障	故障原因	排除方法
异常振动	1. 基础螺栓松动 2. 轴承损坏 3. 搅拌轴弯曲 4. 叶片损坏严重 5. 导流筒立柱松动	1. 紧固或更换螺栓 2. 修理或更换 3. 调直或更换 4. 修复或更换叶片 5. 调整、紧固
轴承发热及噪声	1. 润滑不良 2. 混入杂物 3. 轴承损坏 4. 对轮不平	1. 加强改善润滑 2. 清理或清除杂物 3. 修理或更换 4. 重新校正
减速机异常噪声	1. 齿轮润滑不良 2. 齿轮严重磨损	1. 改善润滑 2. 修理或更换

2) 液固分离设备

(1) 浓缩槽与浓密机　液固分离设备以浓缩槽和浓密机为主，其主要规格参数及数量如表 3 - 3 所示。

表 3 - 3　浸出过程浓缩槽和浓密机参数

设备名称	技术规格	数量/台	材质
浓缩槽	$\phi 18$ m, $H 3.6$ m(底部圆锥高 0.9 m) $F = 255$ m^2, $V = 925$ m^3	7	钢筋混凝土，周围内衬玻璃布，底部衬瓷板
浓密机	$\phi 18$ m, $n = 12$ r/min	7	轴为 45 号钢外包不锈钢。 耙臂为不锈钢
附：减速机 电机(传动)	$i = 4332$ Y112M - 4, $N = 4$ kW	7 7	
附：减速机 电机(提升)	WSJ12 - 15.5 - Ⅱ JO51 - 6, $N = 2.8$ kW	7 7	

(2) 浓密机操作规程

①开车前的准备。A. 确保各部位连接螺钉及防护罩紧固；B. 检查传动皮带松紧程度，并保持 3 根以上的皮带运行；C. 确保油杯有油，检查油乳化情况，检查大蜗轮箱油位及提升机构润滑情况；D. 检查限位弹簧是否灵活、是否复位，并盖好盖板紧固；E. 槽内有渣液时应测定渣的深度、硬度；F. 启动提升装置来回两

次，检查主轴与大蜗轮滑动配合情况，以免锈死，将耙臂调整到适当位置；G. 槽体内无积液时，应下槽检查耙臂各部螺钉、平斜拉杆松紧情况，耙臂是否变形，槽内有无杂物，清洗锥底出口；H. 手动盘车数转，应无沉重感。

②开车操作。A. 按启动按钮开车；B. 长期运行中提升机构至少每星期开动一次，将耙臂升高 50～100 mm，然后复位，以保证主轴升降灵活；C. 当耙臂运行一至两圈后(15～30 min)，操作工方可离开现场。严禁不请示报告强行开车。

③停车操作。A. 正常停车：停止进液，当渣液全部排净后方可按停车按钮停车；B. 紧急停车：浓密机故障停车、自动跳闸停车，必须经钳、电工检查，操作工积极配合，测定溶液密度，矿渣稀、硬程度和深度，不能随便要求电工复位开车。如确认是机电故障，估计检修时间在 2～4 h 要通知当班调度和主管生产厂长，停止进液处理。故障排除后应首先将耙臂提升 100～200 mm 方能启车转动；转动自如后耙臂应分两至三次下移，直至原来位置，以防卡死。如确认是超负荷正动停车，应通知主管生产厂长，调度室确定处理方案。

(3)浓密机的日常维护　浓密机的日常维护操作规程如下。

①检查与维护。A. 启动前应用手盘车转动看是否灵活；B. 经常检查减速箱及轴承的润滑情况，定时、定量加注润滑油；C. 经常检查各部紧固件是否松动，发现问题及时紧固；D. 提升机构要求每周开动一次，以保持主轴升、降的灵活性，同时对主轴滑动和螺旋部位涂油脂以防锈蚀；E. 传动皮带松紧应保持一致，一般不应少于 3 根；F. 经常保持设备及环境清洁卫生。

②润滑。浓密机的日常润滑要求如表 3-4 所示。

表 3-4　浓密机日常润滑要求

润滑部位	润滑油(脂)牌号	加油(脂)周期	换油(脂)周期/d
大减速箱	0 号脂	每班	180
提升减速机	45 号机械油	每周	
轴承部位	3 号 MoS_2 锂基脂		180
油杯	3 号 MoS_2 锂基脂	每班	

③主要运行与调整参数。A. 4 根耙臂上下位置，应保持在同一水平面内；B. 使用提升机时，先将行程开关位置确定好，本机提升高度为 450 mm；C. 传动信号装置在启动前必须调整好，一般将弹簧调至 163 mm 处；D. 电机温度不超过 80℃；E. 轴承温度：滑动轴承不超过 60℃，滚动轴承不超过 70℃；F. 减速箱温度不超过 50℃。

④常见故障及排除方法。浓密机常见故障及排除方法如表 3-5 所示。

表3-5 浓密机常见故障及排除方法

故障	故障原因	排除方法
联轴器跳动	1. 对轮不正 2. 两端蜗杆不同心，安装偏移 3. 蜗杆轴承损坏或机架松动	1. 调整安装位置，校正对轮 2. 紧固螺栓 3. 更换轴或加热调节
减速箱振动发热	1. 减速箱内油量不足 2. 轴承(滚珠)磨损、铜轴套烧坏 3. 蜗轮蜗杆啮合不好或磨损严重 4. 各部紧固件松动	1. 按油位加足油量 2. 更换或修配轴承套 3. 检查啮合状况，更换或修复蜗轮蜗杆 4. 拧紧各部螺栓
自动跳闸	1. 槽内渣多，沉淀太厚 2. 槽内杂物卡住耙臂 3. 信号限位调整不对	1. 提高耙臂 2. 掏槽 3. 合理调整限位
提升(下降)机座振动，顶坏	1. 主轴下端弯曲 2. 主轴与大蜗轮配合紧 3. 锈蚀严重 4. 上轴丝杆螺丝配合损坏	1. 更换或调直下轴 2. 重新核准配合尺寸公差 3. 除锈刷漆或更换 4 检查或更换螺母套丝杆

3)输液系统

浸出过程输液系统的设备主要包括各种规格的输送泵，具体情况如表3-6所示。

表3-6 输液系统设备情况

设备名称	技术规格	数量/台	材质
上矿矿浆输送泵 附：电机	HTB - ZK15.0/25 $Q=220$ m³/h $H=25$ m Y200L - 4 $N=30$ kW	7	陶瓷泵
分级矿浆输送泵 附：电机	HTB - ZK15.0/25 $H=25$ m $Q=220$ m³/h Y200L - 4 $N=30$ kW	7 7	陶瓷泵
球磨矿浆输送泵 附：电机	HTB - ZK10.0/35 $H=35$ m $Q=60$ m³/h Y160M2 - 2 $N=15$ kW	3 3	陶瓷泵
硫酸泵 附：电机	65FSB - 32L $Q=29$ m³/h $H=32$ m Y132S1 - 2 $N=5.5$ kW	2 2	复塑合金泵
中上清液输送泵 附：电机	HTB - ZK15.0/25 $H=25$ m $Q=220$ m³/h Y200L - 4 $N=30$ kW	2 2	陶瓷泵
废液输送泵 附：电机	HTB - ZK $H=25$ m $Q=220$ m³/h Y200L - 4 $N=30$ kW	4 4	陶瓷泵

(1)输液系统设备操作规程 该规程包括准备、开车及停车操作。

①准备：A.检查各紧固件有无松动、联轴节销钉及胶圈是否完好、防护罩是

否牢固,清除滤网篮及设备周围杂物;B.检查铜泵填料密封及其他泵动、静密封情况;C.检查轴承箱油位及润滑情况;D.手盘车 2~3 转,盘车应灵活、无沉重感,叶轮无摩擦声、泵内无撞击声,电机风叶无跳壳现象;E.检查进出口阀门关闭情况,污水泵灌引水;F.通知受液岗位做好受液准备。

②开车。A.打开进出口阀门;B.按启动按钮启动电机,关引水。

③停车:A.正常停车:按停车按钮,切断电源。待出液管内余液全部进入中间槽后,方可关闭进、出口阀门,以避免泵内积渣。B.以下情况须紧急停车:泵体振动厉害;泵体内有摩擦、撞击声,电机风叶擦壳;手摸出液管无温升感,不上液;密封损坏、漏液严重;电机及泵轴承温升超过 65℃。

(2)输液系统设备的日常维护　浸出过程的输液设备主要为陶瓷泵,其日常维护要求如下。

①检查与维护:A.检查各部连接螺栓是否松动,如有松动应紧固;B.检查轴承箱润滑油油位,及时添加;C.检查泵体振动情况,并注意运行中有无异常响声;D.保持设备清洁,电机及泵体的外表应无灰尘、油污,做到物见本色;E.严禁用锤打击泵壳等陶瓷或塑料零件。

②润滑:陶瓷泵的日常润滑要求如表 3-7 所示。

表 3-7　陶瓷泵日常润滑要求

润滑部位	润滑油(脂)牌号	代用油(脂)牌号	加油(脂)周期/d	换油(脂)周期/d
泵轴承	N46 机械油	HJ-40	根据油镜指示随时添加	180
电机轴承	3 号 MoS_2 锂基脂	2 号 MoS_2 锂基脂		180

③主要运行与调整参数:A.滚动轴承温度不应超过 70℃;B.电机温度不应超过 80℃;C.流量、扬程应符合规定;D.轴承振动值不得大于 0.09 mm。

④常见故障及排除方法:陶瓷泵的常见故障及排除方法如表 3-8 所示。

表 3-8　陶瓷泵常见故障及排除方法

故障	故障原因	排除方法
异常振动	1.轴承损坏 2.地脚螺栓松动 3.叶轮磨损严重	1.更换轴承 2.紧固螺栓 3.更换叶轮

续表 3-8

故障	故障原因	排除方法
不上液	1. 叶轮严重损坏 2. 管道阻塞	1. 更换叶轮 2. 疏通管道
密封漏液	1. 副叶轮损坏 2. 轴封损坏 3. 轴套损坏	1. 更换副叶轮 2. 更换轴封 3. 更换轴套

3. 生产实践与操作

1) 工艺技术条件与指标

工艺技术条件与指标包括原辅材料及产物质量要求和工艺技术条件。

(1) 原辅材料要求 ①沸腾炉焙砂化学成分 (%): $w(S_{不}) \leqslant 1$, 可溶锌率 ≥ 90; ②沸腾炉烟尘化学成分 (%): $w(S_{不}) \leqslant 1.5$, 可溶锌率 ≥90; ③锌电解废液化学成分 (g/L): Zn 36~65, H_2SO_4 145~210; ④锰矿浆: 锰粉含 $w(MnO_2)$ > 50%, 粒度 <0.125 mm, 无结块和杂物, 液固比小于 50:1; ⑤外购锌焙砂化学成分 (%): $w(Zn_{全}) \geqslant 55$, $w(Zn_{可}) \geqslant 51$, $w(S_{不}) \leqslant 1.5$。

(2) 中性浸出技术条件: ①浸出温度 65~75℃; ②pH: 进口 2.5~3.5, 下接出口 4.8~5.2。

(3) 低酸浸出技术条件: ①浸出温度 70~85℃; ②酸度控制: 进口处酸浓度 30~40 g/L, 出口处酸浓度 5~8 g/L。

(4) 产物质量要求 ①中性上清液化学成分 (g/L): Zn 130~180, $\rho(As) \leqslant$ 0.0015, $\rho(Sb) \leqslant 0.001$, $\rho(Ge) \leqslant 0.001$, $\rho(Fe) \leqslant 0.03$, $\rho(Cu) \geqslant 0.2$; ②酸性上清液含固量 ≤100 g/L; ③酸性浓缩底流密度 1.65~1.90 g/cm³, pH 3.5~4.5; ④浸出渣率 43%~48%, 渣含 $w(Zn_{全}) \leqslant 20\%$。

2) 岗位操作规程

包括上矿、分级、球磨、浸出、浓缩及信号等岗位的操作规程。

(1) 上矿 ①绞笼下烟尘要均匀, 当班烟尘当班放完, 不得积压; ②开、停绞笼前, 必须先通知浸出岗位及时调整冲矿液酸度, 确保中性浸出终点 pH 的平稳控制; ③及时清理溜槽和条筛, 做到畅通无阻, 不得堵塞和冒液, 清出的结块当班送球磨岗位处理; ④交接班时要检查泵的运转情况, 坏泵及时通知维修人员检修, 确保连续正常生产。

(2) 分级 ①使用分级机时, 要勤检查各台进、出口矿浆流量, 尽量分配均匀; ②及时清理条筛, 不得堵塞和冒液; ③交接班和班中检查泵的运转情况, 出现故障及时处理或通知维修人员检修, 确保正常连续生产; ④交接班和班中至少对沸腾炉排料口处溜槽进行 4 次巡回检查, 每班清理 4 次以上, 确保冲矿溜槽畅通无阻。

（3）球磨　①每三天加球一次，视情况每次加铁球 20 ~ 40 个，并做好原始记录；②检查球磨效果，球磨后矿浆粒度大于 230 μm（65 目）的小于 10%；③注意球磨机和泵的运转情况，出现故障及时处理或通知维修人员检修，确保正常连续生产。

（4）浸出　①及时与锰矿浆岗位联系，注意检查锰矿浆的浓度，确保锰矿浆连续均匀加入；②氧化槽开槽个数不少于 1 个，控制槽内酸度在 10 g/L 以上，同时均匀加入锰矿浆，保证冲矿液含 $\rho(Fe^{2+})$ < 0.10 g/L，当冲矿液含 $\rho(Fe^{2+})$ > 0.1 g/L 或中上清液含铁定性呈红色时，向厂调度反映要求增加锰粉用量；③每班在冲矿溜槽加废液后面 10 m 处，取一次冲矿液样送分析测试中心，化验 H^+、Fe^{2+} 浓度；④及时与上矿岗位联系，根据烟尘加入量，控制好冲矿溜槽废液加入量，中性浸出槽串联不少于 3 个，保证中性进口 pH 为 2.5 ~ 3.0，同时做到至少每 30 min 检查一次各点 pH，及时调整废液加入量，确保最后一槽出口 pH 为 4.8 ~ 5.2；⑤加强与浓缩槽岗位联系，根据中性浓缩上清液质量变化情况，及时要求有关岗位调整工艺控制，确保中性上清液质量；⑥及时增、减中性及低酸浸出的加温管，使中性浸出温度保持在 65 至 75℃ 之间，酸性浸出温度保持在 70 至 85℃ 之间；⑦加强与信号室岗位联系，保证废液供应充足，做到冲矿液、中性底流均衡、稳定；⑧低酸浸出槽串联不少于 3 个，准确控制高酸槽酸度，班中滴酸三次，同时至少每 30 min 检查一次各点 pH，确保低酸浸出最后一槽出口酸度为 5 ~ 8 g/L；⑨交接班及班中检查各搅拌机是否正常，溜槽及蒸汽加温管是否畅通、完好，发现问题及时处理。

（5）浓缩　①中性浓缩开槽不少于 2 个，酸性浓缩开槽不少于 3 个；②矿浆进口引入中心导流筒中，避免短路，保证澄清效果，及时调整好浓缩槽进、出口流量，严禁溶液淹没工字钢或冒槽；③经常检查和维护浓密机，确保正常运转，升降耙臂时，应慢慢提落中心轴，使蜗轮、蜗杆正常啮合，开车时事先手顺盘车，避免限位开关顶坏；④每隔 1 h 测定中、酸性上清液的 pH，并取中性上清液定性铁；⑤勤检查中性浓缩槽上清液的清、浑情况，并及时调整各槽进口、出口流量和 3# 凝聚剂加入量，做到各槽流量均匀，3# 凝聚剂不断流，中上清液清亮，变浑及时处理；⑥接班时酸性浓缩槽要测渣深，报信号室岗位一并做好原始记录，同时通知信号室岗位及时调整各槽底流的排出量，防止浓缩槽堵死；⑦平衡浓缩槽体积，特别是系统体积大时要采取措施，严禁冒液；⑧如遇突然停电或者浓密机自动停转，开动时要先用手顺盘车一圈再启动。如当耙臂升到最高限度，手盘不动时，要停止启动并停止进矿浆，继续打底流，若仍启不动，则作返液清槽处理。

（6）信号　①加强与浸出楼岗位的联系，保证废液和冲矿液供应；②排放中性浓缩底流要均匀连续，交接班及班中测量底流密度为 1.45 ~ 1.55 g/cm³；

③接班后，向浓缩槽岗位了解渣深，根据渣深及时均衡排渣，交接班及班中测量酸性底流密度，酸性底流排放时间每次不得超过 15 min，连续停放底流时间不得超过 4 h，保证酸性浓缩底流密度为 1.65 ~ 1.90 g/cm³；④及时溶解各种凝聚剂，每槽先加水 4.0 ~ 4.5 m³，再加入凝聚剂 1 ~ 2 包(每包 2.5 kg)，搅拌 30 min，待完全溶解后，打入凝聚剂高位槽，保证供应生产；⑤勤检查、维护运转设备，确保正常连续生产。

3)常见事故及处理

常见事故为跑酸、中上清含固量高及浸出料浆体积膨胀。

(1)跑酸 跑酸是在浸出过程中由于控制不到位，造成浸出液含酸过高，超出了控制标准。跑酸包括中性浸出跑酸及低酸浸出跑酸，以下分别进行介绍。

①中性浸出跑酸：A. 中性浸出跑酸是指中性浸出的终点 pH 低于 4.0。其最大危害是造成铁离子在中性浸出过程水解沉淀不完全，导致中上清液含铁超标，同时，其他本应与铁共沉淀的有害杂质也容易超标。杂质含量高的中上清液将给净化过程增加压力，如高的铁含量将使净化过程压滤困难，给系统生产造成不利影响。B. 处理方法。首先，应该减少系统废液加入量，必要时停止锰矿浆输送，加入高锰酸钾进行铁的氧化；其次，应加大系统投料，比如加大烟尘放灰量或增加外购冷焙砂投入。在情况比较严重的情况下，应该停止输送不合格中上清液至净化工序，将其储存在备用浓缩槽中，待系统恢复正常后再逐步放出进行冲矿处理。

②低酸浸出跑酸：A. 低酸浸出跑酸是指低酸浸出终点酸度高于 15 g/L。低酸浸出跑酸容易造成低酸浸出过程过于强化，杂质元素(尤其是铁)被大量浸出，而在中性浸出终点杂质元素无法通过水解沉铁过程而除去，最终导致中上清液杂质含量超标。B. 处理方法。首先，应该减少低酸浸出过程废液加入量，降低反应首槽酸度至 30 ~ 40 g/L；其次，应该检查中性底流的密度，确定中性浓缩槽是否积渣，及时排放中性底流。此外，增加系统投料也是处理方法之一。

(2)中上清液含固量高 中上清液含固量高于 10 g/L 为不合格，将增加净化工序的负担，同时降低净化过程的压滤速度，降低净化生产能力。①中上清液含固高的主要原因：A. 中性絮凝剂断流；B. 中性底流堵塞，或是排放不畅，底流密度高；C. 中性浸出过程跑酸，中上清液铁超标；D. 酸性澄清效果差，或是酸性底流排放不畅，造成酸上清液含固量高。②处理方法：生产过程中，应对上述原因逐一排查，及时处理。

(3)浸出料浆体积膨胀 浸出料浆体积大是比较常见的问题，如果不及时处理，很容易发生跑冒事故。处理方法：首先，应确保中上清液质量合格，并要求净化工序加大中上清液处理量；其次，适当减少系统投料，同时降低系统废液加入量。紧急情况下，可以考虑适当提高低酸浸出终点酸度，弱化低酸浸出过程。

4.计量、检测与自动控制

1)计量

浸出过程计量主要包括流态化焙烧炉沙尘计量以及浸出渣计量。此外，生产过程中产生的水、电、风、气、汽的消耗计量将在能量平衡与节能中介绍。

(1)流态化焙烧炉沙尘计量　对于采用热焙砂冲矿的浸出工艺，热焙砂是无法计量的，只能通过流态化焙烧炉的处理量大致推算；烟尘一般采用下料绞笼对下料量计量，并通过调整绞笼频率来调整下料量。对于采用焙砂冷却后再浸出的工艺，计量就相对要准确一些，一般在浸出的料仓中，采用申克秤对下料量准确计量，并通过调整申克秤皮带的转速或是料层厚度调整下料量。

(2)浸出渣计量　浸出渣既是浸出过程的最终产物，又是下一步浸出渣处理过程的原料。浸出渣量的多少，或是浸出渣的渣率是评价浸出过程的重要指标，因此，必须对浸出渣进行准确计量。一般来说，考虑到流程的连续性，要在尽可能不影响生产的情况下对浸出渣量进行计量。通常采取两种方法，一种方法是先对浸出渣压滤机每周期产出的渣量摸底，确定一个相对稳定的值，然后通过计量压滤机的拆压周期来计量浸出渣总量。另一种方法是在下一步浸出渣处理过程中，设置浸出渣料仓，料仓配备计量装置对浸出渣量进行计量。实际生产过程中，为了得到比较准确的浸出渣量，一般结合采用上述两种方式。

2)检测

浸出过程的检测主要包括 pH、温度以及成分检测等。

(1)pH 检测　一般用 pH 试纸人工检测 pH。自动化程度高的厂家，也采取酸度计自动检测。但是考虑到酸度计的误差以及运行故障等情况，还是需要人工检测确认。一般要求每半小时对各 pH 控制点检测 1 次。

(2)温度检测　温度检测一般人工进行，即采用手持式温度检测仪测量，也可采用红外线温度自动检测仪实时检测，检测数据传输到浸出控制室，对温度进行在线监控。

(3)成分检测　检测的物料包括原料、中上清液和浸出渣。

①原料检测：浸出过程的原料主要包括流态化焙烧炉沙尘以及电解废液。对流态化焙烧炉沙尘，每班取样进行成分检测，主要化验锌、铅、铁、硅、银、铜、氟、氯、全硫、可溶硫等元素含量，并进行沙尘可溶锌率测算。对电解废液，同样每班取样进行成分检测，主要化验酸、锌等元素含量。

②中上清液检测：中上清液检测主要包括两个方面，一是由浸出岗位人员进行的中上清液含铁定性分析检测，要求每半小时进行一次。二是每班取样对中上清液的成分进行检测，主要化验锌、铜、镉、砷、锑、锗、钴、镍、铁、硅等元素的含量。

③浸出渣检测：每班取样进行成分检测，主要化验全锌、可溶锌、水溶锌、

铅、银等元素含量。

3）自动控制

由于在浸出过程中，pH 波动性较大，因此，应尽可能实现浸出过程 pH 的自动控制，从而稳定浸出过程中的 pH，提高锌浸出率。某厂通过选型比较，根据实际情况及工艺条件，选用了德国 Endress + Hauser 公司生产的浸入式玻璃复合电极及 CMPI51 - P 变送器来测量 pH，通过 FoxBoRo 公司生产的增强型单回路 MICR0761 控制器控制沙尘下料量或调整废液加入量，从而达到自动控制 pH 的目的。

5. 技术经济指标控制与生产管理

1）具体要求

浸出过程技术经济指标重点包括中上清液质量控制、辅材消耗控制以及锌浸出率的控制 3 个方面，具体要求如下。

(1) 中上清液质量　A. 中上清液质量要求：化学成分 (g/L)：Zn 130 ~ 180，$\rho(As) \leqslant 0.0015$，$\rho(Sb) \leqslant 0.001$，$\rho(Ge) \leqslant 0.001$，$\rho(Fe) \leqslant 0.03$，$\rho(Cu) \geqslant 0.2$，溶液清亮；B. 控制标准：中上清液质量合格率大于 90%。

(2) 辅材消耗　辅材主要包括絮凝剂以及锰粉消耗。控制标准：絮凝剂（干粉）单耗 < 0.4 kg/t 析出锌，锰粉单耗 < 25 kg/t 析出锌。

(3) 锌浸出率　控制标准：焙砂锌浸出率为 82% ~ 87%，浸出渣含锌 ≤ 18.5%，浸出渣率 45% ~ 50%。

2）能量平衡与节能

浸出过程的能量收入主要来自热的流态化焙烧炉沙尘、浸出反应放出的热量以及蒸汽供热。能量支出主要包括中上清液以及浸出渣带走的热量。在常规的浸出过程中，浸出反应放出的热量基本上能维持溶液体系的热量平衡，特别是在夏季。每吨析出锌通常只需要 1.2 ~ 1.4 t 产自焙烧炉的余热蒸汽来加热溶液。浸出过程的节能措施主要包括强化浸出过程增加反应热，加强系统保温，降低系统循环流量，减少"跑冒滴漏"量等。

3）物质平衡与减排

中性浸出及低酸浸出过程的物质平衡主要包括金属平衡、渣料平衡以及溶液平衡，而减少生产废水的排放则是浸出过程减排的重要工作。

(1) 金属平衡　金属平衡系指加入的原料中金属量与返回物中金属量的总和与产物中金属量总和的对比，反映计量分析误差及操作损失。中性浸出及低酸浸出过程的锌金属平衡就是加入的焙砂、烟尘、氧化锌中性上清液以及返回的废电解液和贫镉液中锌总量与产出物中性上清液及低酸浸出渣中锌总量的对比。处理 100 kg 焙烧矿（焙砂及烟尘）的锌金属平衡情况见表 3 - 9。

表 3-9 中性浸出及低酸浸出过程的锌金属平衡

项目	名称	锌量/kg	占比/%
加入	焙烧矿	50.853	61.25
	氧化锌中性上清液	12.288	14.80
	废电解液	18.997	22.88
	贫镉液	0.892	1.07
	小计	83.030	100
产出	中性上清液	73.554	89.07
	低酸浸出渣	9.022	10.93
	小计	82.576	100
入出偏差	绝对偏差/%	-0.454	—
	相对偏差/%	-0.55	—

(2)渣料平衡 浸出过程产生的浸出渣必须及时排出系统，送入下一工序，否则将造成浸出系统积渣；最直接的影响是酸性浓缩槽的澄清效果变差，酸性上清液含固量增加，进而引起一系列的恶性循环，因此需要维持渣料平衡。当这种酸性上清液返回中性浸出时，中性浸出矿浆的悬浮物和固体量增加，从而降低液固比，使中性浸出过程澄清困难，进而导致中性上清液中悬浮物大量增加，净液工序压滤负担加重，甚至无法完成净液作业。

(3)溶液平衡 浸出系统中一方面中性上清液连续排出系统、水分蒸发、低酸浸出渣吸水以及"跑冒滴漏"等原因使溶液体积不断减小，另一方面由于电解废液、氧化锌中性上清液、洗渣水等新水进入系统，雨水、生产生活用水及电解废水也会部分带入系统。因此，进入和排出系统时二者必须保持平衡，即保持系统溶液的总体积基本稳定，否则系统的溶液周转将出现问题，影响正常生产条件的控制。这就是溶液平衡。

(4)减排 中性浸出及低酸浸出过程减排的重点是减少废水的排放，一是控制新水用量，二是将电解废水、生产生活废水回收，用于洗渣等生产过程，最终达到废水的零排放。

4)原料控制与管理

浸出过程的原料主要是指流态化焙烧炉的沙尘。沙尘的可溶锌率以及不溶硫是重要控制指标。

(1)原料控制 一般要求沙尘的可溶锌率大于90%，焙砂不溶硫低于1%。烟尘不溶硫低于1.5%。

（2）原料管理　可溶锌率低将增加浸出过程的渣率。浸出渣增加，容易打破系统的渣料平衡。因此，当沙尘可溶锌率降低时，应加大系统浸出渣的排放量来维持渣料平衡。不溶硫上升则会增强浸出过程的还原气氛，尤其是阻碍溶液中二价铁的氧化，进而对系统中性上清液铁的质量控制造成影响。因此，当沙尘不溶硫上升时，应加大浸出系统锰粉的投入量，必要时加入高锰酸钾来强化氧化过程，确保中性上清液质量。

5）辅助材料控制与管理

浸出过程的主要辅助材料包括锰粉及絮凝剂，控制标准如下。

（1）锰粉　质量要求：$MnO_2 > 50\%$，粒度 < 0.125 mm，无结块和杂物；锰矿浆液固比 $\leqslant 50 : 1$。

（2）絮凝剂　质量要求：特性黏数 $300 \sim 1540$ mL/g，按标称值分档，小于300或大于1540，标称值允许偏差 $\pm 10\%$ 以内；固含量 $\geqslant 90\%$。

6）能量消耗控制与管理

（1）控制标准　中性浸出及低酸浸出过程的能量消耗主要包括水、电、风、汽消耗，具体控制指标如表 3 – 10 所示。

表 3 – 10　浸出过程每吨析出锌的能量消耗控制指标

消耗名称	新水/(t·t^{-1})	交流电/(kW·h·t^{-1})	蒸汽/(t·t^{-1})	压缩风/(m^3·t^{-1})
控制指标	$\leqslant 2$	$\leqslant 260$	$\leqslant 1.5$	$\leqslant 240$

（2）能量管理　能量管理包括水、电、风、汽消耗管理。

①新水消耗管理：尽可能回收生产废水或雨水用于生产，减少废水排放，甚至达到废水零排放，从而减少新水消耗量。

②电耗管理：浸出过程交流电主要消耗在设备运行上。因此，首先，应该优化设备选型，避免设备功率过大致使电耗增加；其次，应该加强设备日常维护，确保设备的良好运行状态，以达到降低电耗的效果。

③蒸汽消耗管理：降低浸出过程蒸汽消耗主要有两种方法，一是增加蒸汽压力，有利于提高蒸汽加热效率，从而降低消耗；二是增加高效换热设备，利用蒸汽或是电对电解废液进行高效加热。从生产实践来看，第二种办法效果更加明显。

7）金属回收率控制与管理

（1）控制标准　中性及低酸浸出过程中，一般要求控制锌浸出率为 $82\% \sim 87\%$，而回收率为 $80\% \sim 85\%$。

（2）回收率管理　实际生产过程中，提高浸出过程锌的回收率，应该加强中性、低酸浸出过程的监控，控制浸出温度、酸度、时间等均达到控制要求。此外，应减少甚至是杜绝系统的"跑冒滴漏"，并且多回收生产、生活废水，减少锌的损失，从而提高锌回收率。

8）产品质量控制与管理

产品主要包括中性上清液以及低酸浸出渣两种。产品的质量控制要求如下。

（1）中上清液质量要求　化学成分（g/L）：Zn 130～180，$\rho(As) \leqslant 0.0015$，$\rho(Sb) \leqslant 0.001$，$\rho(Ge) \leqslant 0.001$，$\rho(Fe) \leqslant 0.03$，$\rho(Cu) \leqslant 0.2$；溶液清亮；每班取样一次进行化验，要求合格率为90%以上。

（2）低酸浸出渣质量要求　含锌 $\leqslant 18.5\%$，水分 $\leqslant 25\%$。

9）生产成本控制与管理

浸出过程的生产成本统计如表 3-11 所示。

表 3-11　浸出过程每吨析出锌的生产成本

序号	成本项目	单耗	单价/元	单位成本/(元·t^{-1})
一	辅材			50.3
	絮凝剂/(kg·t^{-1})	0.4	20	8
	锰粉/(kg·t^{-1})	23.5	1.8	42.3
二	动力			263.98
	自来水/(t·t^{-1})	1.69	3.5	5.92
	交流电/(kW·h·t^{-1})	220.83	0.62	136.91
	蒸汽/(t·t^{-1})	1.38	80	110.40
	压缩风/(m^3·t^{-1})	215.08	0.05	10.75
三	生产工人工资及附加费			88.00
四	制造费用			320.00
五	成本合计			722.28

3.2.2　焙烧矿高温高酸浸出

锌焙烧矿高温高酸浸出俗称热酸浸出，是 20 世纪 60 年代后期随着各种除铁方法的研制成功而发展起来的。热酸浸出的实质是锌焙烧矿的低酸浸出渣经高温高酸浸出，在低酸中难以溶解的铁酸锌以及少量其他尚未溶解的锌化合物得到溶解，进一步提高锌的浸出率。即在常规浸出的基础上增加高温高酸浸出，使浸出过程成为不同酸度、多段逆流的浸出过程。由于铁酸锌及其他化合物溶解，最终浸出渣量显著减少,锌的浸出率为95%以上,浸出渣中的铅、银等有价金属得到较大的富集,从而有利于有价金属的回收。

1. 设备运行及维护

一般大型锌湿法炼锌企业在高温高酸浸出系统,单槽浸出槽容积设计为 $80 \sim 108~m^3$,近几年单槽容积已趋于大型化。浸出槽一般呈阶梯形配置,实现多槽串接。高温高酸浸出系统所需设备一般包括浸出槽、液固分离设备、矿浆和上清液输送设备等。设备大小的配置主要根据原料成分及产能确定。浸出作业为高温和高酸环境,在设备选型及设备加工过程中,标准设备必须具备耐高温、耐高酸腐蚀及耐磨等性能,同时对非标设备必须进行耐高温、耐高酸及耐磨处理。

高温高酸浸出设备的维护主要包括浸出槽、浓密机等槽体维护和传动系统的维护,以及矿浆和上清液的输送管线等辅助设备的维护。在高温高酸介质中,由于槽体本身易被腐蚀出现渗漏现象,因此,必须对渗漏部位进行堵漏等槽体维护。传动系统的维护主要指对浸出槽搅拌装置、浓密机主传动装置、提升装置、耙子等的常规清理、紧固、润滑以及隐患、故障的排除等。辅助设备主要是指对泵的常规清理、紧固、润滑、隐患、故障的排除,以及各类管线的清理等维护工作。

1) 浸出槽及其辅助设备

浸出槽容积一般为 $80 \sim 108~m^3$。槽体一般采用钢筋混凝土或钢板制成,内衬耐酸材料如铅皮、耐酸瓷砖、环氧玻璃钢等。浸出槽一般分为空气搅拌槽和机械搅拌槽。

(1) 空气搅拌槽 空气搅拌槽又名帕丘卡槽,主要借助压缩空气搅拌矿浆,具体结构如图 3-7 所示。槽体为钢筋混凝土捣制,内衬玻璃钢,并加衬耐酸瓷砖。空气搅拌浸出槽处理能力比较大,由于大量空气的进入,在一定程度上可减少氧化剂的用量。但搅拌强度受到限制,导致渣含锌较高,同时矿浆温度受空气影响较大,蒸汽消耗量大。

(2) 机械搅拌槽 目前大部分厂家采用机械搅拌槽,其结构如图 3-8 所示。机械搅拌槽槽型一般选用立式圆筒形槽体,平底平盖,下部设置清渣人孔及放液口。槽体多采用钢筋混凝土捣制或碳钢作外壳,以环氧树脂作隔离层,内衬耐酸瓷砖,进出口留有配位差,出口设导流板。机械搅拌槽主要借助动力驱动螺旋桨搅拌矿浆,由搅拌装置、槽体、槽盖和通风设施等组成。搅拌器的作用是使搅拌槽内固体颗粒在溶液中均匀悬浮,以加速固液间的传质过程。传统的搅拌机采用开启式折叶涡轮,介质在槽内既产生轴向流又产生径向流,从而使矿浆颗粒不断出现新的界面,利于传质和混合过程。改进后的搅拌器设双层桨叶,既保留了折叶涡轮的优点,又节约能耗,同时取消了容易腐蚀的导流筒,在槽内增设挡板,以实现最佳搅拌效果。

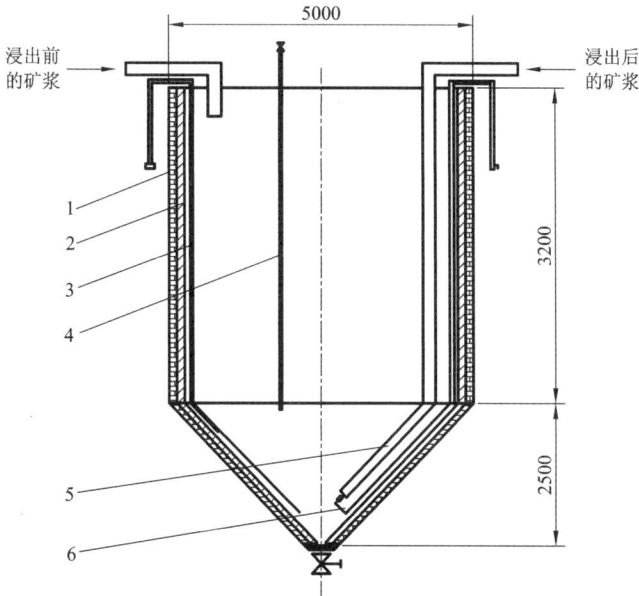

图 3 – 7　空气搅拌浸出槽

1—混凝土槽体；2—防护衬里；3—搅拌用风管；4—蒸汽管；5—扬液器；6—扬液器用风管

浸出槽主要辅助设备为搅拌装置，搅拌多采用卧式搅拌，通常由电机、减速机、轴承座、搅拌轴及搅拌桨叶组成。搅拌轴及桨叶可选用耐酸性较好的 316L 或 904L 不锈钢。搅拌桨叶分上下两层，每层 4 片桨叶对称均匀分布，搅拌转速一般为 50 ~ 90 r/min。

浸出槽的维护主要包括槽体维护和搅拌装置维护，槽体维护一般是指对耐酸瓷砖脱落或槽体渗漏腐蚀而进行的修补和堵漏，以及钢壳体的防腐工作。搅拌装置的维护一般是指对减速机的润滑、清理及保养，以及更换破损脱落的搅拌桨叶等。

2）液固分离设备

高温高酸浸出固液分离的设备主要有浓密机和各类过滤机。

（1）浓密机　浓密机又称沉降器、增浓器或浓缩槽，具体结构如图 3 – 9 所示。

浓密机常用型号为 $\phi15$ m 和 $\phi21$ m，由槽体、导流即稳流筒、耙子、传动装置、提升装置和槽盖等组成。槽体为钢筋混凝土结构内衬玻璃钢，在锥形槽底砌耐酸瓷砖，耙子采用 316L 不锈钢。

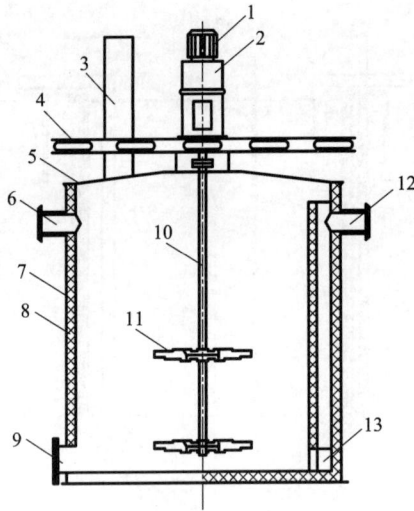

图 3 - 8 机械搅拌浸出槽

1—传动装置；2—变速箱；3—通风孔；4—桥架；5—槽盖；6—进液口；7—槽体；
8—耐酸瓷砖；9—放空口；10—搅拌轴；11—搅拌桨叶；12—出液口；13—出液孔

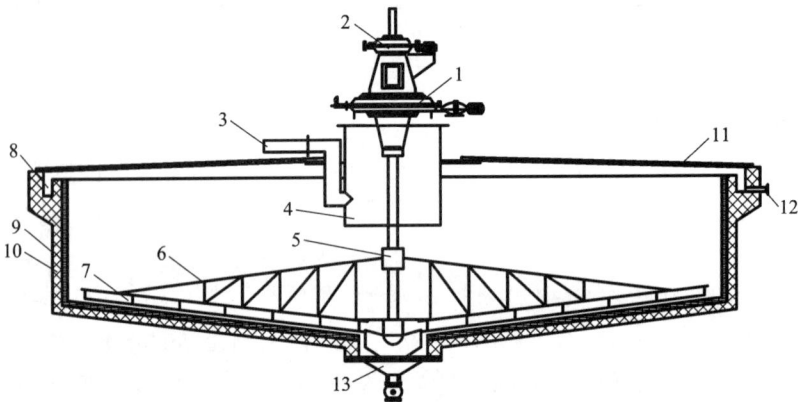

图 3 - 9 浓密机

1—主传动装置；2—提升装置；3—进液管；4—稳流筒；5—搅拌轴；6—刮泥爬架；7—刮板；
8—溢流沟；9—混凝土槽体；10—耐酸瓷砖；11—盖板；12—上清液溢流管；13—底流排渣孔

浓密机系基于重力沉降作用的固液分离设备，可将含固量 10% ~ 20% 的矿浆通过重力沉降浓缩至含固量为 45% ~ 55% 的底流矿浆，借助安装于浓密机内缓慢运转(1/3 ~ 1/5 r/min)的耙子的作用，使增稠的底流矿浆由浓密机底流口卸出。

浓密机内分为上清区、澄清区、浓泥区。当酸浸矿浆进入槽内下落至 1 m 后才向四周流动, 固体粒子在重力作用下开始大量沉降, 大颗粒在锥底部形成沉淀层, 其上为液固混合悬浮层, 再上是含固较少的上清层。上清区趋于静态, 从而保证了上清液质量。通常情况下, 槽内上清区所占体积愈大愈好, 而浓泥区尽可能保持较小的高度。浓密机的维护主要包括: 传动、提升装置的润滑、清理; 耙子的修复、更换; 槽体的防腐、堵漏; 等等。在正常生产过程中, 检查浓密机是否过载也是浓密机维护重要部分。如果过载, 须及时分析原因。若渣量大, 调整排渣系统, 加大排渣量。若出现主传动自动提升, 在重新启动前, 应先将耙子提起, 确保耙子在运行中落下, 以免损伤设备。

(2) 过滤机　浓密机只能用于液固初步分离, 浓密机底流必须通过过滤机实现液固的完全分离。过滤主要分为压滤和真空过滤两类。

过滤机利用介质两边压力差, 使溶液从介质细小的毛细孔道通过, 悬浮固体物截留在介质上。随着过滤的进行, 过滤介质表面滤渣层逐渐增厚, 液体通过滤渣层的阻力随之增大, 过滤速度减慢。连续过滤过程中不断清除滤渣, 以保持一定的过滤速度; 但在间断过滤中, 当滤室充满滤渣时, 须停止过滤, 清除滤渣, 使过滤介质再生。过滤介质的选择取决于矿浆的性质, 一般采用帆布和涤纶布。

高温高酸浸出矿浆的压滤一般选用厢式压滤机、隔膜式全自动压滤机等。其特点是滤渣含水量低(30% ~40%), 对物料适应性强, 滤液清澈, 厢式压滤机具体结构如图 3 - 10 所示。真空过滤机主要有圆筒真空过滤机、圆盘真空过滤机、折带式真空过滤机、水平带式真空过滤机等。圆筒真空过滤机结构如图 3 - 11 所示。

由于真空过滤机存在运行成本高、对物料的适应性差、渣含锌较高等缺点, 目前大部分锌湿法冶炼厂选择隔膜式全自动压滤机或板框压滤机。

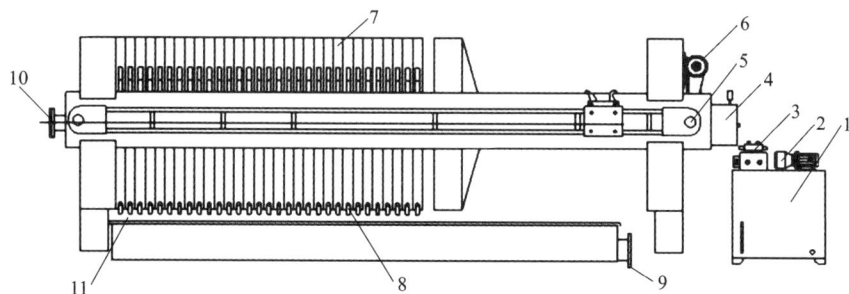

图 3 - 10　厢式压滤机
1—液压油箱; 2—油泵电机组; 3—液压元件; 4—液压油缸; 5—传动链条;
6—开板装置; 7—滤板; 8—滤液嘴; 9—滤液出口; 10—进液口; 11—卸渣

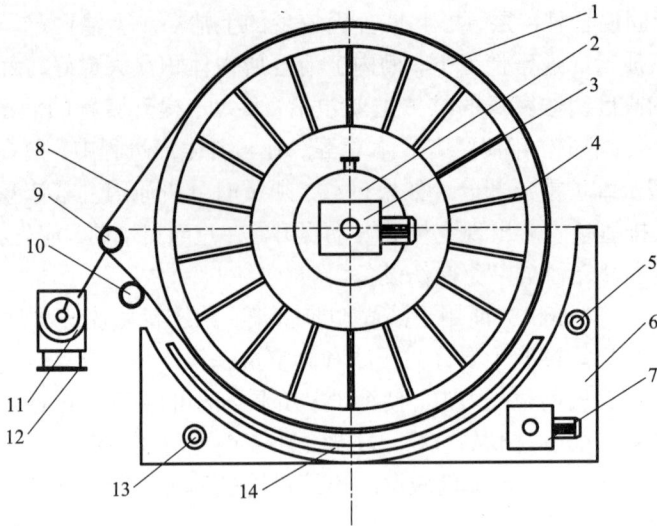

图 3-11　圆筒真空过滤机

1—筒体；2—真空分配器；3—圆筒主传动；4—真空管路；5—出液管；6—壳体；7—搅拌传动；
8—滤布；9—卸料辊；10—滤布张紧辊；11—螺旋输送机；12—滤渣出口；13—进液管；14—搅拌器

由于压滤机在高温高酸环境下作业，必须对压滤机横梁、支架、压紧螺栓等易腐蚀部件定期进行防腐维护。在操作过程中，要求排板规整有序，以免滤板变形破损。如果压滤机出现滤板间跑液或滤液跑浑，应停机检查滤板间是否夹渣、滤板是否变形和滤布是否破损等。液压系统是压滤机的主要组成部分，由于操作频率较高，在实际生产中易出现故障。因此，应对压滤机液压系统定期检查油缸是否漏油及油质状况，适时补充更换液压油，定期更换液压缸密封胶圈，同时注重压力调节，避免超压使用。

3）输液系统

高温高酸浸出输液系统一般由泵、管线及溜槽组成。各浸出槽之间采用玻璃钢和316L不锈钢溜槽连接，依靠各槽的高度差实现矿浆自流。电解废液、硫酸、浓密机上清液及浓密机底流的输送均依赖泵和管线完成。

（1）泵　泵主要分离心式、轴流式和旋涡式三种。高温高酸浸出多采用离心泵，材质分工程塑料和合金。目前大多厂家选用工程塑料泵，合金泵虽然使用周期较长，但价格较高，使用数量较少。离心泵是利用叶轮高速旋转产生的离心力作用将流体吸入或压出。离心泵由叶轮、泵壳、泵轴组成，如图3-12所示。

叶轮及泵轴为易损部件。在正常生产中，泵的维护包括泵的润滑、泵内杂物的清理、磨损叶轮的更换、联轴器水平检测、泵地脚螺栓的紧固，以及检查驱动

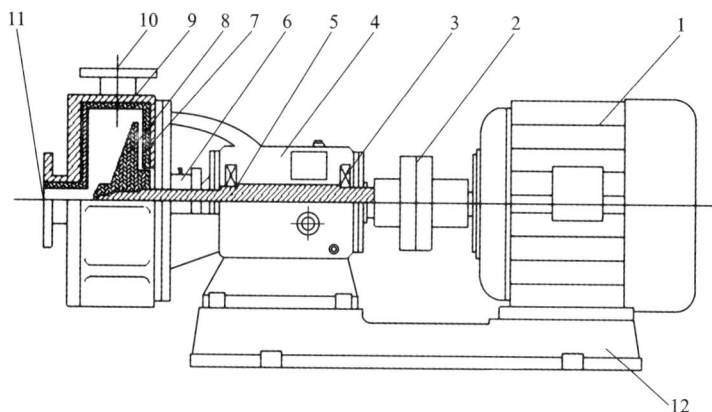

图 3 - 12 离心泵

1—电动机；2—联轴器；3—轴承；4—支承座；5—主轴；6—密封部件；7—耐腐衬塑体；
8—叶轮；9—泵壳体；10—出液口；11—进液口；12—泵底座

电机的温度检测和防水设施等。操作中应按操作标准开停泵，避免泵空负荷运转。

（2）管线及阀门 高温高酸浸出矿浆、浓密机上清液及滤液管线大多配装不锈钢球阀，生产及生活水管线一般配装普通钢截止阀或球阀，蒸汽及高压风管线一般安装普通钢截止阀。高温高酸浸出系统管线一般选用玻璃钢管、钢衬 PO 管、不锈钢管等。系统液体及矿浆输送一般选用钢衬 PO 管。近几年，随着超高分子生产技术的逐渐成熟及推广，超高分子管在高温高酸浸出生产中局部得到应用，如浸出槽排气筒、电解废液的输送等多采用超高分子材质的管线。浓硫酸或高压风管线一般选用无缝钢管。生产过程中由于系统结晶问题，大部分厂家近几年已将电解新液及电解废液由以前的管线输送改为溜槽输送，这一改进取得了显著效果。

管线的维护在高温高酸浸出生产中至关重要。由于在高温高酸环境下，管线的腐蚀、渗漏、破损率较高，同时也经常出现管线结晶问题，因此，日常的管线维护任务较为繁重，包括定期对管线结晶清理，及时检查、紧固、破损和渗漏管线及阀门的更换等。

2. 生产实践与操作

1）工艺技术条件与指标

国内锌湿法冶炼高温高酸浸出系统大多采用两段浸出模式，工艺技术条件如表 3 - 12 所示。高温高酸浸出主要技术经济指标如表 3 - 13 所示。

表 3 – 12　高温高酸浸出工艺技术条件

工段	温度/℃	始酸/($g \cdot L^{-1}$)	终酸/($g \cdot L^{-1}$)	反应时间/h	液固比
I 段	85～95	100～120	30～50	2～3	(6～8):1
II 段	85～95	150～190	100～120	2～3	(8～10):1

表 3 – 13　高温高酸浸出主要指标　　　　　　　　　　　　　　%

工段	渣含锌	渣率	锌浸出率
I 段	10～15	20～30	80～85
II 段	2～5	15～17	97～98

2）岗位操作规程

高温高酸浸出工序只是湿法炼锌浸出系统的一部分。在正常生产过程中，高温高酸浸出操作一般是在控制浸出系统体积、酸及金属三大平衡的基础上进行。在开车流量一定的条件下，中浸底流的排放量、浓硫酸及电解废液的加入量是恒定的，因此，要维持三大平衡，高温高酸浸出的操作具有一定难度。操作规程如下。

①操作人员穿戴劳动保护用品上岗，对高温高酸浸出设备、管线及辅助设备进行巡检，排除各种故障及隐患，确保系统运行正常。②根据中浸浓密机渣量及浸出系统开车流量确定中浸浓密机底流排放量。③根据浸出系统体积平衡，调节电解废液加入量。④取样分析高温高酸浸出各槽酸度，根据分析数据调节浓硫酸加入量，确保各槽酸度在控制范围。⑤通过高温高酸各浸出槽温度指示仪表观察反应温度，及时调整蒸汽阀门，确保各槽反应温度达到控制范围。⑥根据高温高酸浸出浓密机渣量确定压滤机处理铅银渣量，确保铅银渣及时外排，避免系统积渣。

3）常见事故与处理

常见事故包括渣不溶锌及水溶锌含量较高、浓密机跑浑、应急处理操作等。

（1）不溶锌含量较高　开车流量大，导致反应时间短，应适当降低开车流量，延长反应时间。温度、酸度较低，导致锌浸出率低，应及时提高温度及酸度。

（2）水溶锌含量较高　过滤机滤液污染铅银渣，应加强岗位操作管理，减少过滤机"跑冒滴漏"现象。渣洗涤不充分，铅银渣洗涤用水量不足或洗水温度较低，应适当增加洗水用量，提高洗水温度，强化洗涤操作。

（3）高温高酸浸出浓密机跑浑　浓密机跑浑是指上清液出现浑浊、不清亮的现象。絮凝剂加入量不足，应调整絮凝剂流量或增大絮凝剂浓度。开车流量过大，浓密机沉降时间较短，影响液固分离，应降低开车流量。若跑浑严重，应停车沉降,待浓密机出现上清区时,再小流量开车,直至生产正常。浓密机积渣,应加大浓密机底流排放量。

(4)浓密机应急处理操作　在生产过程中,如果浓密机显示过载或报警,一般是由于浓密机积渣较严重,操作人员应及时排放底流。如突然停电,应手动提升耙臂,以免耙臂被浓泥"压死"。

(5)过滤机应急处理操作　在生产运行中,若滤液浑浊,大多是滤布破损,应及时缝补或更换。若出现喷料等现象,可能原因是滤布、滤板破损、滤板变形或主油缸压力低,应检查滤布、滤板及油缸情况,并及时更换滤布、滤板或调整油压。

3. 计量、检测与自动控制

1)计量

大型锌湿法冶炼厂高温高酸浸出一般采用连续作业模式,为了维持系统的稳定及各技术经济指标的提高,引入大量的计量设施。高温高酸浸出系统计量设施主要为流量计,目前选用电磁流量计较多,涉及对进入高温高酸浸出系统的电解废液、浓硫酸,以及进出矿浆、浓密机上清液、滤液的准确计量和控制,确保浸出系统三大平衡。

2)检测

高温高酸浸出系统的检测主要包括各上清液罐、电解废液罐及浓硫酸罐液位的检测;各浸出槽反应温度的检测;系统各工序锌浓度、铁浓度、硫酸酸度等控制指标检测;铅银渣成分的检测分析;高压风及蒸汽压力的检测;等等。

(1)液位检测　高温高酸浸出系统通过高温高酸浸出浓密机溢流上清液罐、絮凝剂浆化槽、浓硫酸及电解废液贮罐液位等的检测有效控制系统体积平衡,同时避免跑、冒等事故的发生,以减少金属的损失。在高温高酸环境下,常用的液位计有静压、超声波、雷达等类型,各厂家实际使用类型有差异。

(2)温度检测　温度是高温高酸浸出工序的主要控制条件之一。在生产过程中,温度需要连续监测,一般采用热电偶测温集中显示。浸出槽热电偶需要对耐高温、耐腐蚀及耐磨的套管进行保护,确保热电偶不被腐蚀和数据传递的准确性。

(3)指标检测　高温高酸指标检测包括各工序锌浓度、铁浓度、硫酸酸度等过程控制指标的检测和终端铅银渣成分的检测。主要检测手段为化学法和仪器分析法。各工序锌浓度、铁浓度、硫酸酸度等过程控制指标的检测主要依赖化学法。铅银渣主要依赖 X 射线荧光光谱仪或原子吸收光谱仪等仪器分析。

3)自动控制

高温高酸浸出系统自动控制主要涉及流量调整。流量自动调整主要通过自动控制阀门或泵的变频调速实现。也有厂家采用 γ 比重计实现了浓密机底流排放的自动控制。近几年,一些大型锌湿法冶炼企业已在关键控制点实现了 DCS 系统集中自动控制，我国湿法炼锌厂家整体自动控制水平有了较大提高。

4. 技术经济指标控制与生产管理

1) 主要技术经济指标

高温高酸浸出的主要技术经济指标如下：锌浸出率 ≥ 97%；锌回收率 ≥ 95%；铅银渣含锌 ≤5.0%；中上清液的辅助材料单耗（kg/m³）：硫酸 ≤25；絮凝剂 <0.1；工业硫酸应符合 GB534/T—2014 标准要求；絮凝剂（聚丙烯酰胺干粉）应符合 GB17514—2008 标准要求。

2) 能量平衡与节能

高温高酸浸出过程主要使用电能和热能。电能主要用于矿浆和液体的输送、反应槽矿浆的搅拌以及仪器仪表、照明及维修用电等。高温高酸浸出过程释放反应热相对较少，大部分热能依靠蒸汽供应。高温高酸浸出系统节能主要包括节电和节约蒸汽两方面。节电方面，在项目建设初期，要注重系统的装机容量与生产能力的匹配，以装机容量满足产能为宜，避免装机容量过大。在生产操作过程中，加强点巡检力度，减少设备漏电现象。引进变频技术，也可起到节能效果。节约蒸汽方面，锌湿法冶炼过程高温高酸浸出系统蒸汽一般来源于锌精矿焙烧过程产生的余热蒸汽。在焙烧余热蒸汽满足生产需要的同时，过剩蒸汽可以考虑再利用，如预热发电等。在生产中应规范蒸汽的使用，避免蒸汽浪费，对相应设备、管线采取必要的保温措施，以减少热量的损失。

3) 物质平衡与减排

高温高酸浸出原料主要是中性浸出渣，即中性浸出底流、电解废液及浓硫酸，产品为酸浸上浸液与铅银渣。表 3-14 ~ 表 3-16 是某厂中性浸出渣、中性浸出液、电解废液和铅银渣及酸浸液成分和主要金属平衡表。

表 3-14 中性浸出渣、中性浸出液及电解废液成分　　　　　　mg/L

元素	Zn/(g·L⁻¹)	Cd	Pb	Cu	Fe
中性浸出液	165	450	80	750	<20
电解废液	52.5	0.5	3	0.01	5
中性浸出渣/%	21	0.15	3.05	0.7	26

表 3-15 铅银渣及酸浸液成分　　　　　　mg/L

元素	Zn/(g·L⁻¹)	Cd	Pb	Cu	Fe
酸性浸出液	105	141	120	455	9.4
铅银渣/%	3.7	0.07	8.37	0.17	22.2

表 3 – 16　高温高酸浸出主要金属平衡　　　　　　　　　　　　　kg

	项目	体积/质量	Zn	Cd	Pb	Cu	Fe
投入	中性浸出液/m³	0.167	27.555	0.0750	0.0134	0.1253	0.003
	电解废液/m³	0.800	65.589	0.0004	0.0024	—	0.004
	中性浸出渣/kg	50	10.500	0.0750	1.5250	0.3500	13.000
	合计		103.644	0.1504	1.5408	0.4753	13.007
产出	酸性浸出液/m³	0.981	103.005	0.1383	0.1177	0.4459	9.220
	铅银渣/kg	17	0.629	0.0119	1.4230	0.0289	3.774
	损失		0.010	0.0002	0.0001	0.0005	0.013
	合计		103.644	0.1504	1.5408	0.4753	13.007

注：中性渣底流含固量 300 g/L。高温高酸浸出过程中反应生成水及蒸汽带入水为 0.014 m³。

生产中，应在加强系统平衡操作及管理以减少液体"跑冒滴漏"的基础上，降低浸出渣率，减少渣外排量。此外，应注重铅银渣综合利用技术的研究开发，回收其中银、铅及锌等有价金属，这一技术对减排至关重要。

4）原料控制与管理

高温高酸浸出主要原料为中性浸出渣和电解废液。一般中性浸出渣率为 50% 左右，渣含锌在 20% 至 25% 之间。电解废液锌一般在 45 至 60 g/L 之间，硫酸在 170 至 210 g/L 之间。生产中，需要准确控制中性浸出渣排放量和电解废液加入量，确保系统的连续性，以稳定高温高酸浸出液固比、流量、酸度、温度等参数。一方面，防止中性浸出浓密机积渣；另一方面，防止底流排放量过大或电解废液加入量过多，造成酸浸液固比失调以及渣含锌升高及局部体积膨胀等问题。

5）辅助材料控制与管理

高温高酸浸出所需的辅助材料主要是硫酸及 3 号絮凝剂（聚丙烯酰胺）等。硫酸主要用于控制高温高酸浸出系统反应酸度及维持系统酸平衡，3 号絮凝剂的作用是提高高温高酸浸出矿浆的液固分离效率。为了提高锌等金属的浸出率及各技术经济指标，高温高酸浸出酸度要求控制在一定范围。在正常生产中，应严格控制硫酸的加入量，确保系统酸度的稳定。过量的硫酸将导致中上清液及系统锌浓度过高，对后续工序产生影响。但如果硫酸加入量不足，将会造成锌等金属的浸出率和回收率低。3 号絮凝剂的加入量主要根据高温高酸浸出浓密机沉降效果及铅银渣的过滤效果确定，原则上要求 3 号絮凝剂加入量越少越好。如果 3 号絮凝剂加入量过量，虽然浓密机矿浆具有显著沉降效果，但是对铅银渣过滤将产生负面影响。如铅银渣过滤困难，将直接影响铅银渣处理量和渣含锌，引起高温高酸系统甚至整个浸出系统积渣和系统紊乱。因此硫酸及 3 号絮凝剂加入量应严格按照操作标准和生产实际控制。

6）能量消耗控制与管理

高温高酸浸出能量消耗主要涉及电能消耗和热能消耗。首先必须提高企业对生产各个环节的节能意识，从节约每一点电力和热能做起。其次是在设计生产流程时，从节能降耗的角度进行，多采用重力输送。电力线路设计应尽量短，减少材料成本和能耗，并定期测试用电效果。杜绝使用大功率电动机，合理选用高效节能型电动机。在额定负荷下，高效节能型电动机的效率比普通电动机提高 2% ~ 10%。另外，采用先进的科学管理方法，如能源对标管理、单元成本分析等，运用现代科技手段在每一个环节采用节能降耗技术，如使用变频器进行蒸汽压力和电机速率的控制，可大幅削减电耗。

7）金属回收率控制与管理

锌金属回收率一般按照如下公式计算：

$$金属回收率 = \frac{总投入金属量 - 损失金属量}{总投入金属量} \qquad (3-46)$$

高温高酸浸出中，影响金属回收率的因素主要有铅银渣含锌与液体"跑冒滴漏"两方面。铅银渣含锌越低，液体"跑冒滴漏"情况越少，金属回收率越高。

（1）铅银渣含锌　铅银渣含锌是影响锌金属回收率最关键的因素，其中铅银渣含锌损失约占浸出系统总损失量的 30% ~ 40%。因此，生产操作中通过加强高温高酸浸出过程的反应温度、酸度、时间、液固比及铅银渣洗涤方式等技术指标的控制手段，能有效降低铅银渣含锌，提高锌金属回收率。

（2）液体"跑冒滴漏"现象　高温高酸浸出是湿法工艺，含锌液体的"跑冒滴漏"现象不可避免。生产组织中，一是要加强系统体积平衡控制，避免体积膨胀造成跑、冒现象。二是在浸出槽、贮液罐等设备周围设围堰、地沟、事故池等液体回收设施，确保"跑冒滴漏"液体及时返回系统。三是建立健全设备点检定修制度，及时修复更换破损设备、工艺管线、阀门等，减少液体损失，以提高金属回收率。

8）产品质量控制与管理

高温高酸浸出产品主要是酸浸上清液与铅银渣。酸浸上清液与铅银渣必须符合质量管理标准。在锌湿法冶炼行业运用较多的为 ISO9001 质量管理体系，目的是通过对高温高酸浸出生产全过程控制，变事后检验为事前预防，从而保证和提高酸浸上清液和铅银渣质量。

9）生产成本控制与管理

高温高酸浸出生产成本分为固定成本和可控成本。固定成本包含设备折旧、工资等，可控成本包括水、电、风、汽、材料、备件及管理费用等。高温高酸浸出生产成本控制主要从可控成本入手。可控成本折合到每吨阴极锌为 110～130 元，其中备件费 20～25 元，材料费 40 元左右，水费 15 元左右，电费 30 元左右，风费 2 元左右，运费 7 元左右。高温高酸浸出生产水主要用于铅银渣洗涤，铅银渣的洗涤选择二次滤液逆流洗涤方式，在提高新水的利用率及渣洗涤效率的同时，达到减少生产水用量的目的。滤布消耗也是组成高温高酸浸出生产成本的一部分。滤布的再次利用是减少滤布消耗量的主要手段，一般锌湿法冶炼厂均配滤布洗涤设施，以实现滤布的再利用。通过开展修旧利废、建立健全设备维护和保养制度等措施，减少减速机、电机、阀门及管线等的消耗。

3.2.3　硫化锌精矿高压浸出

1. 概述

在锌冶炼工艺开发中，最显著的技术进步应该是硫化锌精矿的直接氧压浸出，这实现了真正意义上的全湿法炼锌。20 世纪 70 年代加拿大舍利特 – 高尔顿公司开发了硫化锌精矿直接氧压浸出法：用一个高压釜在 1.3 MPa 氧气压和 150℃下操作，直接浸出硫化锌精矿，产出硫酸锌溶液和元素硫；硫酸锌溶液用传统方法经净化、电积得到纯锌。其主要优点在于不采用焙烧工序，得到的产物为单质硫而不是二氧化硫。硫化锌精矿氧压直接浸出法的特点是采用特殊设计的压力反应器（高压釜），让浸出在高温高压和富氧的环境中进行。在有溶解的三价铁离子存在的条件下，氧压浸出能使在一般浸出条件下不会溶解的硫化锌溶解。锌精矿的氧压浸出工艺取决于一个简单的反应：

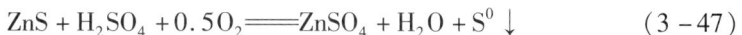

$$ZnS + H_2SO_4 + 0.5O_2 =\!=\!= ZnSO_4 + H_2O + S^0 \downarrow \tag{3-47}$$

如果不存在氧的载体，这个反应就会进行得很慢。溶解的铁是一种有效的氧载体，如图 3 – 13 所示。因此，更准确地说，整个过程应分解成两个反应：

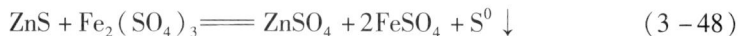

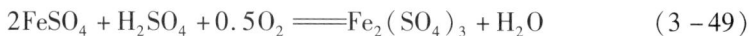

$$ZnS + Fe_2(SO_4)_3 =\!=\!= ZnSO_4 + 2FeSO_4 + S^0 \downarrow \tag{3-48}$$

$$2FeSO_4 + H_2SO_4 + 0.5O_2 =\!=\!= Fe_2(SO_4)_3 + H_2O \tag{3-49}$$

锌精矿中通常含有酸溶铁，足够满足浸出需要。磁黄铁矿（Fe_7S_8）及铁闪锌矿[（Zn，Fe）S]中的铁也会发生氧化反应，其反应历程与闪锌矿相似。

1981 年，世界上第一个商业化的锌精矿氧压浸出车间位于加拿大哥伦比亚省的科明科公司特雷尔锌厂。1983 年，加拿大安大略省提明斯市的基德克里克冶炼厂投产了第二个锌精矿氧压浸出车间。1991 年，第三个氧压浸出车间在德国鲁尔锌公司达特伦冶炼厂建成投产。1997 年，科明科公司为增加产量，在特雷尔新建了一个较大的高压釜。第四个采用 Dynatec 技术的氧压浸出车间于 1993 年在加拿大曼尼托巴省的弗林弗朗投产，该厂采用两段逆流浸出，取消了焙烧炉。两段氧压浸出工艺流程如图 3 – 14 所示。

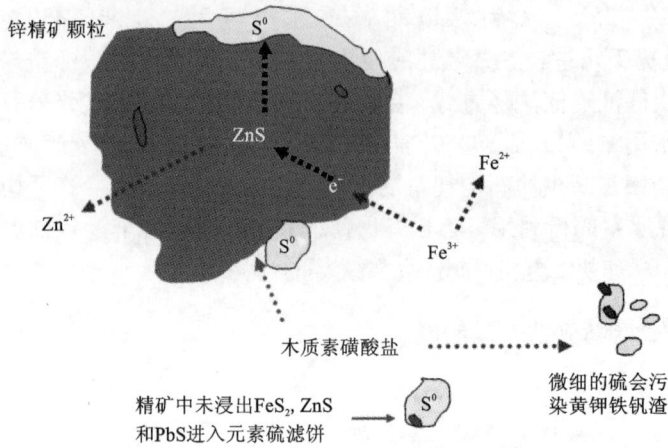

图 3 – 13 直接浸出过程中锌精矿颗粒溶解机理图

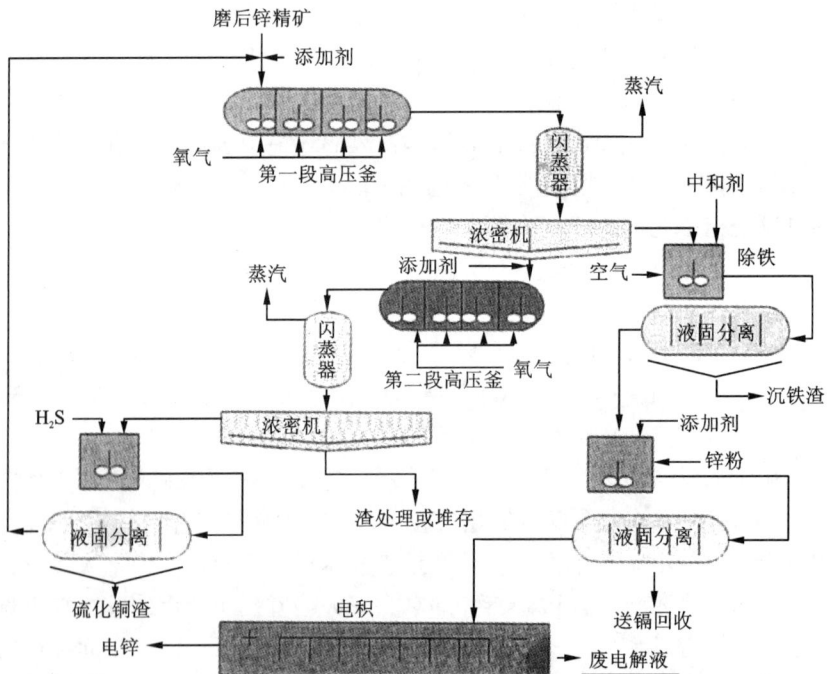

图 3 – 14 两段氧压浸出工艺流程图

我国丹霞冶炼厂年产电锌 100 kt/a 的氧压浸出系统于 2009 年投产。我国西部矿业公司在青海也建成投产了一座 100 kt/a 的氧压浸出炼锌厂。它们采用的都是两段氧压浸出工艺。

云南冶金集团和昆明理工大学联合开发了高铁锌精矿铁自动催化氧压浸出新工艺，处理含锌 42.2%、铁 14.4%、硫 29.3% 的精矿，锌浸出率 98.05%，硫转化率 92.2%，而铁浸出率仅 29.22%。云南永昌铅锌股份有限公司采用该技术在国内率先建成年产 10 kt/a 电锌示范厂，云南建水合兴矿冶有限公司 10 kt/a 电锌和云南澜沧铅矿 20 kt/a 电锌的高铁硫化锌精矿氧压浸出项目也已建成投产。

2. 设备运行及维护

硫化锌精矿高压浸出工艺，在工厂通常称为氧压浸出工艺。采用两段逆流浸出，配备 3 台高压釜，2 用 1 备。一段矿浆由给料泵泵入一段高压釜，经过一段高压釜内气、液、固三相氧化还原反应后，浸出矿浆经过闪蒸槽、调节槽，进入一段浓密池。一段浓密上清液送往下道工序，一段浓密底流经砂磨后进入二段给料槽。二段矿浆由给料泵泵入二段高压釜，经过二段三相氧化还原反应后，矿浆经过二段闪蒸槽、调节槽，进入二段浓密池。二段浓密上清液逆流进入一段高压釜继续浸出，二段浓密底流送往下道工序。

为确保高压釜多相反应稳定进行，氧气、蒸汽须经过平衡罐缓冲稳定压力后进入高压釜。

1）浸出槽及其辅助设备

浸出槽及其辅助设备含高压釜、闪蒸槽、调节槽、氧气平衡罐和蒸汽平衡罐。

(1)高压釜 ①主要技术参数：直径 4200 mm，长度 27760 mm，操作容积 239 m³，材质为钢体内衬防腐砖。②基本结构：高压釜的基本结构如图 3 - 15 和图 3 - 16 所示。

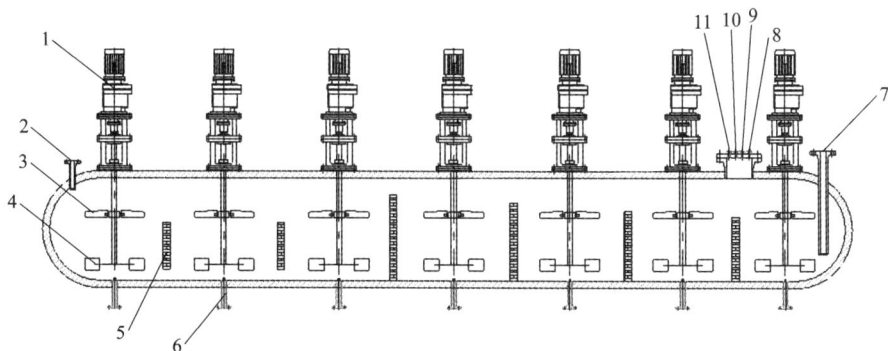

图 3 - 15 高压釜剖视图

1—电机及减速机；2—进液管；3—搅拌轴及上桨叶；4—搅拌下桨叶；5—挡墙；6—氧气喷嘴；
7—排料管；8—液位计管口；9—紧急排气管口；10—正常排气管口；11—安全排气管口

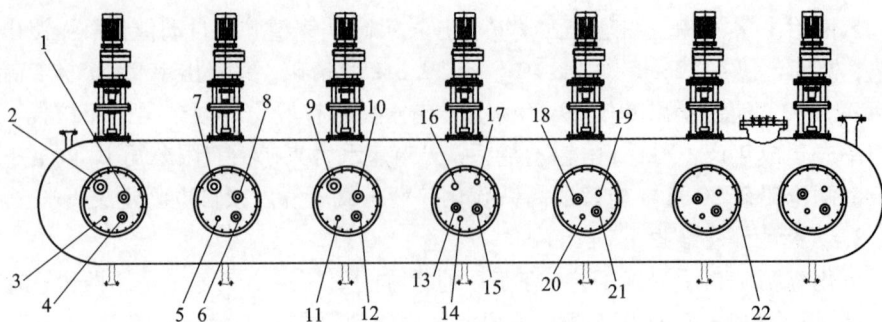

图 3 – 16   高压釜正视图

1—备用管口；2—热酸管口；3—温度计管口；4—蒸汽管口；5—温度计管口；6—蒸汽管口；
7—二浸液管口；8—备用管口；9—备用管口；10—备用管口；11—温度计管口；12—蒸汽管口；
13—二浸液管口；14—温度计管口；15—蒸汽管口；16—冷酸管口；17—添加剂管口；18—骤冷液管口；
19—添加剂管口；20—温度计管口；21—蒸汽管口；22—人孔

高压釜分有 7 个隔间 5 个室，其中第一、二、三隔间底部相通，为第一室，第四隔间为第二室，第五隔间为第三室，第六隔间为第四室，第七隔间为第五室。每个隔间配备 1 台搅拌机，功率 160 kW，电机转速 1500 r/min，搅拌轴转速 82.4 r/min，桨叶直径 1410 mm，材质为钛材。高压釜每个隔间侧面设有 DN600 的进液大法兰，废酸、二浸液、骤冷液、高压蒸汽、添加剂等均可通过侧面大法兰口进入，测温点和取样口也安装在侧面法兰口上。矿浆进液管有两根，均安装在高压釜第一隔间上侧，排料管也有两根，安装在高压釜第七隔间上侧，高压釜排气大法兰位于第七隔间顶部，高压釜设置三根排气管，一根用于正常排气，另外两根用于非正常情况下排气。

（2）闪蒸槽   ①主要技术参数：直径 3100 mm，高度 4650 mm，容积 43.7 m³，材质为 904L 不锈钢。②工作原理：闪蒸槽结构如图 3 – 17 所示。高压釜排出的矿浆进入闪蒸罐及闪蒸槽后，所受压力急剧下降，矿浆中的液体会急剧蒸发形成闪蒸。闪蒸槽的压力由闪蒸槽排气管上的压力调节阀自动调节：在控制室远程设置闪蒸槽的压力值，当压力高于设置压力，压力调节阀的开度会自动开大，增加排气量以降低压力；当压力低于设置压力，压力调节阀的开度会自动关小，减少排气量以提高压力。闪蒸槽的温度随压力的升高而升高，随压力的降低而降低。

（3）调节槽   直径 5300 mm，高度 10500 mm，总容积 232 m³，有效容积 167 m³。从闪蒸槽排出的矿浆进入调节槽，矿浆中的溶液在调节槽中进一步蒸发，矿浆也进一步降温。

（4）氧气平衡罐   直径 1200 mm，高度 2400 mm，容积 3.17 m³，材质为 316L 不锈钢。氧气平衡罐配置有安全阀、放泄管。安全阀起跳压力为 1.98 MPa，平衡

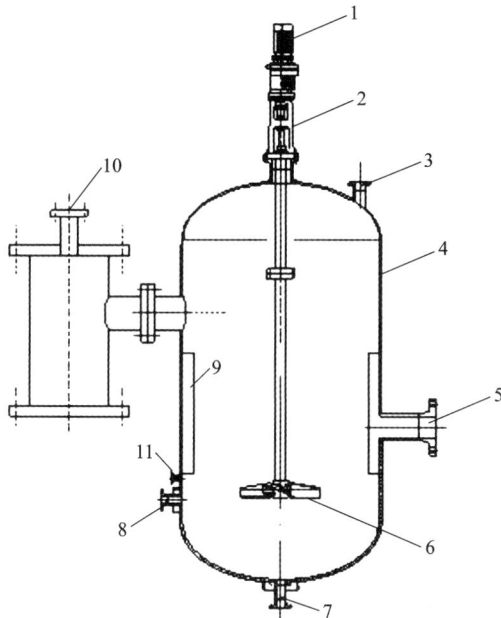

图 3 – 17　闪蒸槽

1—电机及减速机；2—机架；3—排气管口；4—槽体；5—排液管口；6—搅拌桨叶；
7—底排阀；8—蒸汽管口；9—挡流板；10—闪蒸罐矿浆入口；11—温度计管口

罐压力持续上升并接近起跳压力时，可打开放泄管上的自动旋塞阀泄压，防止安全阀起跳。氧气平衡罐的作用一是稳定氧气供应的压力，二是氧气突然失压时，防止高压釜内矿浆倒流进入氧气总管。

（5）蒸汽平衡罐　直径 1200 mm，高度 2400 mm，容积 3.17 m³，材质为 316L 不锈钢。蒸汽平衡罐配置有安全阀、放泄管。安全阀起跳压力为 1.98 MPa，平衡罐压力持续上升并接近起跳压力时，可打开放泄管上的自动旋塞阀泄压，防止安全阀起跳。蒸汽平衡罐的作用与氧气平衡罐的作用相同。

2）液固分离设备

一段氧压浸出使用 φ18 m 浓缩槽（图 3 – 18）对反应后矿浆进行固液分离。二段浸出矿浆使用 φ12 m 浓缩槽进行固液分离。

浓缩槽池体由圆柱形池壁和锥形池底组成，内衬防腐材料和耐酸瓷砖。浓密机由控制系统、驱动装置、提升装置、紊流筒、传动轴、耙架及耙子等部分组成。浸出系统主要的输送设备有离心泵、软管泵及隔膜计量泵。

3. 生产实践与操作

1）工艺技术条件与指标

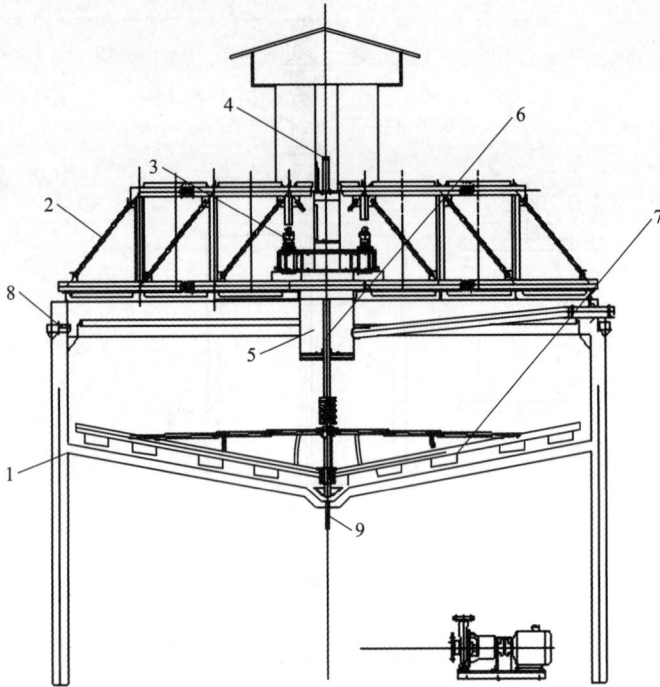

图 3 – 18 浓缩槽的结构

1—槽体；2—工作桥架；3—刮泥机构传动装置；4—立轴提升装置；5—加料筒；
6—传动立轴；7—刮泥装置；8—澄清液溢出口；9—底流排液口

(1)高压浸出 ①温度：一段 105 ~ 125℃，二段 145 ~ 155℃。②压力：一段 250 ~ 550 kPa，二段 1250 ~ 1500 kPa。③电解废液(废酸)酸度：180 ~ 190 g/L。④浸出最终酸度：一段 15 ~ 25 g/L，二段 75 ~ 95 g/L。⑤酸锌摩尔比：一段 0.67 ~ 0.74，二段 1.8 ~ 2.0。⑥添加剂单耗：4 ~ 5 kg/t 锌精矿。

(2)闪蒸 ①一段闪蒸：压力 20 ~ 60 kPa；温度 105 ~ 115℃。②二段闪蒸：压力 80 ~ 120 kPa；温度 115 ~ 125℃。

(3)压力调节 ①温度低于105℃；②调节槽矿浆粒度：$D_{97} < 250$ μm。

(4)浓密 ①底流密度(g/cm^3)：一段 1.65 ~ 1.85，二段 1.55 ~ 1.75。②ZPL 溶液(除铁液)：三价铁低于 300 mg/L。③絮凝剂浓度：1 ~ 2 g/L。絮凝剂流量(L/h)：一段 750(550 ~ 850)，二段 550(450 ~ 650)。

2)操作步骤及规程

主要介绍高压釜运行操作，浓密机操作前已述及。

(1)高压釜启动前的检查 ①确认所有管路上的盲板已经打开。②所有槽或容器保持密封并无杂物或填充合适的溶液或物料。③检查转动设备(如泵、搅拌机、浓密机等),确认其油位及转向。④确认从矿浆槽到高压釜的矿浆管是否畅通。⑤确认闪蒸槽、调节槽排气管是否已打开,溢流管是否切换到相应的浓密池。⑥确认水电气是否能正常供应,需要正常供应的水电气包括:电、氧气、压缩空气、仪表气、高压蒸汽、低压蒸汽、工业水、软化水等。公共设施供应主管上的截止阀应打开,进入各设备的管路上的阀门应关闭。供应管上的放泄阀也应关闭,检测孔应打开。⑦确认下列物料正常供应:一段矿浆、废电解液、一段骤冷液、二段骤冷液、添加剂溶液、絮凝剂。磨矿工序应提前将一段矿浆磨后输送到一段矿浆槽至一定液位。在开机前应将添加剂贮槽装满。

(2)高压釜的冷启动操作 A. 检查所有阀门状态:关闭所有最靠近高压釜的阀门,所有向高压釜供料和供气设备的出口阀也要关闭。B. 确认废气洗涤塔已经准备好,可接收高压釜排出的废气。C. 启动高压釜搅拌机机封、密封水系统和减速箱冷却水系统。D. 向高压釜内注入液体,溶液温度不应高于90℃。第五室的液位已经达50%时,停止向高压釜加入液体,并启动高压釜搅拌机,根据第五室搅拌机电流控制其液位。E. 用压缩空气将高压釜(一、二段)升压至 0.35 MPa(相对压力),用肥皂水对高压釜进行检漏。F. 对高压釜蒸汽供应管输水预热并升压。G. 二段温度升至120 ℃时,对靠近高压釜端法兰螺栓进行热紧固。H. 将一段高压釜温度升至 110 ℃,二段升至 150 ℃。适当控制进入高压釜的蒸汽流量以保证高压釜的升温速度不超过 8 ℃/h。I. 对高压釜氧气供应管道升压,在生产之前,必须将氧气分配管和氧气平衡罐清理干净,并对整个系统相关管道和容器升压,升压要严格按照程序进行。J. 当一段高压釜各隔间温度达到 110℃时,将压缩空气切换成氧气,并将一段釜压力升至 350 kPa。二段高压釜升压要严格按照 200 kPa/h 进行,升至 1250 kPa。K. 在升温过程中,由于水蒸气的加入,高压釜第五室的液位会上升,因此要将部分溶液排出以保持适当的液位。L. 做好高压釜的排料准备:a. 确认后续设备(闪蒸罐、闪蒸槽、调节槽、浓密池)管道已经准备好接收高压釜的排料。b. 注意控制第五室搅拌机电流在规定的范围内,以保持适当的液位,防止冒釜。M. 确认废酸槽液位,开启废酸换热器,观察废酸槽流量是否正常。N. 向高压釜加废酸。一旦废酸进入高压釜,高压釜内的温度可能降低,因此要求增加进入高压釜的蒸汽流量以维持高压釜内的温度,将第一隔间的温度维持在 105℃(二段 145℃)以上。O. 高压釜排料:为了减少在开始排料时排料管的振动以及对排料管上阀门的磨损,在打开高压釜排料气动开关阀之前须填充排料管。P. 加大氧气喷嘴的流量。在向高压釜加矿浆之前,必须保证高压釜氧气喷嘴有一定的氧气流量,预防氧气喷嘴堵塞。调节进入各隔间氧气支管上的手动流量控制阀,各隔间的氧气流量基本按 28∶28∶28∶23∶7∶7∶7 的比例分配。Q. 向高压釜泵入矿浆,并向矿浆泵前管道输送添加剂溶液。R. 向一段高压釜加二浸液。

S. 对高压釜各室内物料取样检测其酸度。第五室一段终酸的浓度应控制在 15 ~ 25 g/L(二段终酸 75 ~ 95 g/L),以保证浸出率和维持整个车间的硫酸平衡。T. 当高压釜运行稳定后,慢慢增加矿浆给料量至合适流量,同时调节二浸液(或废酸)流量,调整各隔间的氧气流量。

(3)正常生产时的操作 在正常生产时要监控各设备的运行状况,做好现场设备的点巡检工作,发现问题及时处理。注意各物料的流量及各储槽的液位变化,及时调整。注意控制高压釜运行参数,使其在合适的控制范围内。

3)常见事故及处理

常见事故包括一般紧急停机、机械故障紧急停机、公用设施故障的紧急停机、密封水系统故障的紧急停机和生产工艺故障的紧急停机。

(1)一般紧急停机 一旦发生例如高压釜内起火、外壳故障、垫圈泄漏等紧急情况,或存在危害人身健康和设备安全的危险时,应立即停止高压釜运行:①停止向高压釜供应氧气,关闭进入高压釜氧气供应管上的气动开关阀,关闭每个氧气喷管上的气动开关阀;②关闭矿浆加料泵,停止向高压釜供应矿浆;③对高压釜洗釜降温降压;④关停高压釜;⑤对高压釜的情况进行评估,根据存在的风险或其他安全紧急情况,快速降温降压。

(2)机械故障紧急停机 机械故障有以下几种:①泵的故障;②矿浆储槽搅拌机的故障;③热交换器的故障;④高压釜搅拌机的故障;⑤闪蒸槽或调节槽搅拌机的故障。当发生以上机械故障中的一种时应立即按(1)停止高压釜运行。

(3)公用设施故障的紧急停机 公用设施故障有停电、仪表供气中断、氧气供应中断三种。

①停电:一旦停电,除了密封水泵外,所有运转的设备都会停止,进出高压釜的溶液和矿浆也会停止,如果可能,进入高压釜的氧气应该维持,以防止高压釜压力下降太快损害衬砖。

②仪表气源供应中断:A. 仪表气源供应中断时,高压釜将自动停机,并缓慢减压。B. 所有出入高压釜的管道上的远程控制阀都会自动关闭,除了排气管上的仍然是打开的之外,高压釜完全处于隔离状态。C. 确认矿浆加料泵已经停止。D. 如果预计气源会中断较长时间,则停止废酸及二段浸出液加料泵、骤冷液循环泵。E. 确认电解废酸泵已经停止送液。

③氧气供应中断:当高压釜的氧气供应中断时,其给料会自动停止,需要对情况进行评估,如果氧气不能很快恢复,应对高压釜洗釜降温。

(4)密封水系统故障的紧急停机 密封水系统故障包括机械故障和公用设施故障。

①机械故障。A. 密封水泵故障:如果高压釜搅拌机密封水泵发生故障,备用泵会自动启动。如果在用泵已经停止,要确认备用泵已经启动。如果密封水循环

未重新建立，立即对高压釜进行降压并停止搅拌机，否则会损害搅拌机机封。调查备用泵未启动的原因。B. 仪表电源或气源故障：如果发生仪表电源或气源故障，关闭最靠近密封水罐的手动阀门以及打开压力控制阀的旁通阀，通过机封的水流可重新建立。

②公用设施故障。A. 机封冷却水供应中断：评估供应中断的时间，如果必要，关停高压釜搅拌机。B. 停电：高压釜搅拌机的密封水泵备有应急电源，可保证密封水泵在停电期间正常运行。

（5）生产工艺故障的紧急停机　生产工艺故障包括调节槽物料粒度变粗及浓密机下料口堵塞。

①调节槽物料粒度变粗对生产的影响较严重，并存在生产安全风险。过粗的粒度可能会压死调节槽搅拌机，造成生产事故。一般的处理措施是加大添加剂的用量，必要时直接将添加剂加入高压釜第二、第三室，同时启动调节槽抽浆泵，将粗颗粒矿浆抽走。

②浓密机下料口堵塞，主要原因是系统中的结晶物堵塞或矿浆粒度太粗，絮凝剂量较大，导致底流黏稠堵塞。一般处理措施是拆开底排管人工用钢钎疏通，将堵塞物排至地面，待正常后可恢复；如有其他异物堵塞无法疏通时，就必须停釜，将浓密池内液体排出清理。

4. 计量检测与自动控制

1）计量

氧压浸出系统主要的计量检测参数有温度、压力、液位、电流及流量等。根据各设备运行环境的不同，选用不同参数的检测计量仪器。所有检测计量参数通过变送器输送到 DCS 系统，并在主控室操作屏幕显示，便于操作人员在线或现场控制。压力、温度、液位等超低或超高会发生连锁反应，气动阀会自动关闭，泵自动停止运行。高压釜、闪蒸槽等重点设备的运行参数实行高、低黄色报警及高高、低低红色报警，并在操作屏上显示报警。

2）检测

对入釜矿浆及釜内物料的有关指标进行测定

在正常生产过程中，分别对一段高压釜的第一隔间和二段高压釜的第七隔间取样分析，取样频率为 1 次/4 h，分析项目和要求见表 3 - 17。

表 3 - 17　高压釜内浸出物料的成分要求　　　　　　　　　　g/L

检测项目		H_2SO_4	Zn^{2+}	Fe_T	Fe^{2+}	Fe^{3+}	锌浸出率/%
目标值	一段一隔间	15~25	155	11.5	11.2	<0.3	50
	二段七隔间	75~95	125~135	10~12	—	9~11	>98

检测入釜的矿浆(一、二段)成分(Zn、Pb、Fe、S)、粒度、流量、密度、浓度,每4 h检测一次。由检测数据确定处理金属量和调整生产工艺参数,如调整氧气流量、釜压、温度和给酸量等。

检测高压釜内第七隔间浸出渣和一、二段浓密底流渣,检测浸出渣中 Zn、Pb、Fe、Ga、Ge、S 等的含量确定其相应浸出率。

3)自动控制

主要的自动控制有高压釜压力与高压釜排气阀开度之间的连锁控制,高压釜液位与排料阀开度连锁控制,闪蒸槽压力与排气阀开度之间的连锁控制,液体输送流量与泵运行频率的连锁控制,物料入釜前管道上压力和高压釜压差与泵运行停止、气动阀开关连锁控制,换热器温度与蒸汽阀门开度的连锁控制;等等。

(1)高压釜的压力控制　高压釜的压力从两方面来控制:一是控制进高压釜的氧气量,二是控制出高压釜的排气量。在控制室远程设置高压釜的氧气流量,如果氧气流量高于设置流量,流量控制器就会关小氧气流量控制阀。如果氧气流量低于设置流量,流量控制器就会开大氧气流量控制阀。进入各隔间的氧气流量是通过氧气支管上的流量调节阀手动控制,各隔间的氧气流量基本按照一定的比例分配。在控制室可远程设置高压釜内的压力值,当釜压超过设置值时,排气管上压力控制阀会自动开大排气。当釜压低于设置值时,压力控制阀就会减小排气。

(2)高压釜的温度控制　一段高压釜的温度一般控制在 10 ~ 125℃,二段高压釜的温度一般控制在 14 ~ 155℃。第一室的温度相对其他隔间的温度较低,因此,第一室只需要升温或保温。升温有两种方式:提高废酸温度及向釜内通入蒸汽。如果要升温,应优先提高废酸出换热器的温度,当废酸出换热器的温度达到75℃时釜内温度还未达到要求,再通入蒸汽升温。第二室既可通入蒸汽升温,也可加入骤冷液降温。如果需要升温,先可适当减少进入的冷酸量,如果温度还未达到要求,再通入蒸汽升温。如果需要降温,先可适当增加进入的冷酸量,如果温度还未达到要求,再加入骤冷液降温。第三、第四、第五室的温度相对其他室的温度要高,一般只需要降温或保温。加入适量的骤冷液即可降温或保温。

(3)监控一段矿浆　监控一段矿浆包括矿浆液位、密度及流量监控。

①监控一段矿浆贮槽的液位:一段矿浆贮槽的液位必须保持在35%至90%之间,由液位计监测。该槽的液位没有直接的控制手段,如果液位较高或较低,必须通知一段磨矿工序调整送料量。

②监控精矿矿浆的密度:精矿矿浆密度必须保持在2.05 g/cm³ 以上,由质量流量计监测。矿浆密度太低,会过度稀释高压釜内的物料,使第一隔间温度降低,并降低浸出率,增加蒸汽的消耗,同时还会打破整个车间的水平衡。如果显示的矿浆密度太低,必须通知一段磨矿工序提高矿浆密度。

③监控一段矿浆的流量：流量根据生产需要设定，由质量流量计监测。矿浆流量通过变频器控制泵的转速，从而控制流量：在控制室远程设置一定的矿浆流量值，当矿浆流量低于设定值时，变频器会自动加快泵的转速从而增加矿浆流量；当矿浆流量高于设定值时，变频器会自动减慢泵的转速从而降低矿浆流量。

（4）监控二段矿浆　监控二段矿浆包括矿浆液位、密度及流量监控。

①监控二段矿浆贮槽的液位：二段矿浆贮槽的液位须保持在 40% 至 60% 范围内运行，由液位计监测。二段矿浆液位控制是一个复杂过程，要结合一段高压釜的处理量、一段底流浓度、二段高压釜的处理量、二段终酸、一段废酸加入量等因素综合考虑。

②监控二段矿浆的密度：精矿矿浆密度必须保持在 $1.65\ g/cm^3$ 以上，由质量流量计监测。矿浆密度太低，会过度稀释高压釜内的物料，使第一隔间温度降低，并降低浸出率，增加蒸汽的消耗，同时还会打破整个车间的水平衡。如果显示的矿浆密度太低，必须提高一段浓密底流密度。

③监控二段矿浆的流量：流量根据生产需要设定，由质量流量计监测。二段矿浆用离心泵输送，矿浆流量通过主控室自动调整变频器控制泵的转速，从而控制流量。

（5）监控添加剂　监控添加剂包括液位及流量监控。

①监控添加剂溶液贮槽的液位：添加剂贮槽的液位必须保持在 35% 至 90% 之间，由液位计监测。当显示液位较低时，要及时从添加剂制备槽输送预配的添加剂溶液。

②监控添加剂的流量：添加剂分别进一段矿浆泵和二段矿浆泵的进料管，流量由电磁流量计监测。流量通过控制泵的行程而控制：在控制室远程设置一定的流量值，当流量低于设定值时，泵的行程会自动加大从而增加流量；当流量高于设定值时，泵的行程会自动减小从而降低流量。

（6）监控废酸　监控废酸包括液位及流量、温度监控。

①监控废酸贮槽的液位：废酸贮槽的液位由液位计监测。在控制室远程设置废酸贮槽的液位，当液位高于设置值时，进废酸贮槽的废酸流量控制器会关小液位控制阀的开度，减少废酸流量；当液位低于设置值时，进废酸贮槽的废酸流量控制器会开大液位控制阀的开度，增加废酸流量。

②废酸流量和温度：A. 废酸分热酸和冷酸分别进高压釜第一、第二室。在控制室分别远程设置热酸和冷酸流量，通过控制器自动调节废酸控制阀开度达到所需流量。B. 热酸出换热器的温度不超过 75℃。在控制室远程设置热酸温度，通过控制器自动调节蒸汽控制阀开度，从而达到所需温度。

（7）监控二浸液　监控二浸液包括液位及流量监控。

①监控二浸液槽液位：二浸液槽液位由液位计监测，在 50% 至 70% 范围内运

行。二浸液槽或二浸液备用槽的液位控制是一个复杂过程，要结合一段高压釜的处理量、二段底流浓度、二段高压釜的处理量、二段终酸、一段废酸加入量等因素综合考虑。

②监控二浸液流量：二浸液流量由电磁流量计监测，由一段处理量，一段矿浆含锌、铅、铁，一段废酸流量及酸度，一段酸锌摩尔比等计算出理论流量，再通过输送泵频率来调节流量。

5. 技术经济指标控制与生产管理

1) 技术经济指标

以丹霞冶炼厂近几年氧压浸出生产的主要技术经济指标为例。

(1) 生产能力　丹霞冶炼厂设计生产锌锭能力为 100 kt/a，产出硫磺 40 kt/a，氧压浸出釜处理能力为 450 ~ 500 t/d，同时相应的中和置换、硫浮选、除铁、净化、电解、制氧站、锅炉等都能与之匹配，稳定生产。生产能力与高压釜作业率、操作水平、管理水平及全厂的设备故障率等多种因素有关。

(2) 生产效率　锌精矿中锌的浸出率为 98% 以上，镓、锗的浸出率均为 90% 以上，浸出渣含硫 55% ~ 60%。

2) 能量平衡与节能

能量平衡主要是热平衡，节省电能是节能重点。

(1) 热平衡　对于一定成分的锌精矿，其反应热可认为是固定值。要减少外来补热，一要利用好锌精矿的氧化反应热；二是控制其他物料如废酸的温度，减少热量的支出。

(2) 节能　控制氧压浸出反应釜温度，避免反应过热；控制饱和蒸汽的温度、压力，同时可以利用高压釜、闪蒸槽、调节槽废气热量预热废酸。重点节省电能，减少及控制大功率电机用电，使用节能电机代替普通电机；根据生产工艺要求，增加变频器，控制相应的转速，防止设备空转运行，达到降低用电量的目的。

3) 物质平衡与减排

一段浸出率控制在 50% ~ 55%，一段终酸酸度控制在 15 ~ 25 g/L，二段终酸酸度控制在 75 ~ 95 g/L，确保一、二段生产热平衡、渣平衡和酸平衡。控制氧压浸出废气的排放，通过废气洗涤塔收集高压釜、闪蒸槽和调节槽废气进行洗涤，减少有害气体排入大气，同时利用洗涤塔内循环水预加热废酸，减少低压蒸汽用量。

控制用水（包含生产设备中的机封水），统一收集，梯级利用，杜绝未处理的废水外排，控制系统体积膨胀。

4) 原料控制与管理

氧压浸出技术对锌精矿有较大选择性，锌精矿中氟氯含量不能太高，否则不仅会加快设备、管道及电解阴阳极板的腐蚀，而且会使电解剥锌变得困难；铁含量也应适当控制，否则会影响镓、锗综合回收。氧压浸出技术对矿浆粒度有严格的控制要求，需在 40 μm 以下，否则会较大地影响锌、镓、锗的浸出率。

5）辅助材料控制与管理

辅助材料主要包括添加剂、絮凝剂、砂磨机氧化锆珠等。

(1)添加剂　添加剂一般选用木质素磺酸盐。添加剂以 4 ~ 5 kg/t 锌精矿的量加入。加入量太少，不能充分分离精矿颗粒和硫；加入量太多，不利于二段底流的浮选。

(2)絮凝剂　絮凝剂选用聚丙烯酰胺。絮凝剂的流量是根据浓密上清液的澄清度确定的，絮凝剂浓度为 1 ~ 2 g/L。在保证浓密上清液基本澄清的情况下尽量减少絮凝剂加入量。一般一段浓密池絮凝剂的加入量为 750 L/h 左右，二段浓密池絮凝剂的加入量为 550 L/h 左右。

(3)砂磨氧化锆珠　选择合适尺寸的砂磨氧化锆珠既可以加强砂磨效果，又可以减少砂磨机跑珠量，根据砂磨机尺寸和矿浆浓度选用直径为 1.8 ~ 2.0 mm 的磨珠。

6）能量消耗控制与管理

除了电能以外，还有蒸汽和氧气的能量消耗。

(1)蒸汽消耗　充分利用废气余热加热废酸，减少低压蒸汽消耗量。一段浸出率控制在 50% ~ 55%，其反应热可以维持一段所需温度。二段废酸温度控制在 75℃ 左右，二段终酸酸度控制在 75 ~ 95 g/L，二段只需少量高压蒸汽维持反应温度。

(2)氧气消耗　氧压浸出需要足够的氧气作为反应物料参与反应，二段浸出反应的压力控制在 1250 ~ 1500 kPa 比较合适。压力过低会降低浸出率，压力过高会增加设备成本及硫的酸化率，造成工厂酸不平衡。氧气单耗一般控制在 180 ~ 200 m³/t 锌精矿。

7）金属回收率控制与管理

提高金属的回收率，首先需氧压浸出工序提高有价金属锌、镓、锗的浸出率，其次需防止一、二段浸出过程中沉铁，减少锌、镓和锗被二段浸出渣带走，减少生产过程中"跑冒滴漏"，加强二段浸出渣的洗涤，减少可溶锌的损失。

8）产品质量控制与管理

随着冶炼厂处理各种物料的不断变化，需要掌控矿料杂质含量，通过调整原料配比和工艺控制参数，确保高压釜内浸出液的成分要求和锌、镓和锗的浸出率。

9）生产成本控制与管理

(1)生产成本　包括直接材料、燃料动力、直接人工和制造费用等几大部分。直接材料分为原料和辅料，辅料主要为钢材、五金、电器、油料、杂品、备件以及锆珠、絮凝剂、木质素等化工材料；燃料动力则主要为电能、蒸汽、纯氧等；直接人工和制造费用的单耗主要与生产能力和指标有关。其中氧浸电单耗为 250 ~ 260 kW·h/t 锌锭,蒸汽单耗为 0.26 ~ 0.31 t/t 锌锭,氧气单耗为 170 ~ 185 m³/t 锌锭。不算原料成本,氧压浸出的加工费用大约是 715 元/t 锌锭,其中备件费用占 2.5% ~ 3%。

(2)成本管理的基本要点是要做到可控成本真正可控 通过生产成本进班组,将每一块生产成本直接与班组每个员工、每天生产情况挂钩,使责任单位和责任人紧密结合生产实际,从本岗位出发,以提高经济效益为目标,积极探索质量稳定情况下降低材料单耗、合理使用人工、节约能源消耗的办法,形成人人关心成本,人人参加成本控制的良好氛围,使可控成本得到有效控制和管理。同时开展大区域、大工种作业,逐步实现一专多能、一人多岗,从而减少用工人数,提高单位作业效率,降低人工成本。

(3)在生产工艺上尽可能提高锌镓锗的浸出率 要求锌浸出率大于 98.5%,锗浸出率大于 92%;一、二段生产过程中保证镓、锗不沉,生产出合格 ZPL 液,要求溶液中 Fe^{3+} 浓度 <300 mg/L,ZPL 液合格率大于 99%;在确保生产指标情况下,尽量提高高压釜处理能力,确保全年生产按质完成;在设备管理上优化设备选型,加强设备日常维护维修,提高高压釜作业率。

(4)提高高压釜处理能力。在确保生产指标的前提下,尽量提高生产过程处理量,实现大流量条件下的成本可控。氧压浸出设计日处理能力为 450 t/d,通过不断地生产改进及工艺调整,氧压浸出釜的处理能力可达到 550 t/d。

(5)尽量提高高压釜的作业率。对材料、备品备件实现有效管理,切实降低生产备件费用;提高设备维修率、设备维修质量和班组设备维护水平,降低生产设备故障率。经过对高压釜排料系统、进料系统、废酸系统的设备及工艺管道材质不断探索及改进,加强设备维护保养,做好设备计划性检修,保证全年高压釜作业率为 90% ~ 95%。

3.2.4 硫化锌精矿常压浸出

1. 概述

传统湿法炼锌焙烧过程容易产生二氧化硫和粉尘污染,特别是产生污酸以及大量至今尚无经济有效方法处置的污酸渣,这是传统湿法炼锌工艺的主要污染源,带来了环保隐患。

20 世纪 90 年代,环保高效型的湿法炼锌技术不断进步,典型的代表工艺是硫化锌精矿的氧压直接浸出和常压直接浸出两种工艺。硫化锌精矿常压富氧直接浸出技术由芬兰奥图泰公司开发,随着该项技术的不断完善,已经在芬兰科科拉和挪威奥达电锌厂实现工业化大生产,标志着湿法炼锌技术发展到了一个新高度。

常压富氧直接浸出的基本工艺原理是在常压氧浸出中,需要很高浓度的铁,在高温高酸和一定压力条件下，通过氧气对铁离子的氧化作用，使矿浆中的高价铁离子氧化浸出硫化锌精矿，闪锌矿（ZnS）与硫酸铁按式（3-48）反应生成硫酸锌和元素硫。

浸出后矿浆通过浮选分离出单质硫，浓密处理后产出的高铁溶液采用针铁矿法除铁。沉铁过程主要是先对酸浸后液中的亚铁离子进行氧化，其矿浆浓密后的溢流送到沉铁反应器，通过控制溶液的酸度（pH）、晶种返回，同时鼓入氧气，控制铁离子的氧化速度，从而产出针铁矿。

常压浸出化学反应原理如下：

$$Fe_2(SO_4)_3 + MeS =\!=\!= 2FeSO_4 + MeSO_4 + S^0 \qquad (3-50)$$

$$ZnO + H_2SO_4 =\!=\!= ZnSO_4 + H_2O \qquad (3-51)$$

$$Fe_2(SO_4)_3 + 4H_2O =\!=\!= 2FeOOH\downarrow + 3H_2SO_4 \qquad (3-52)$$

2007 年株冶集团从奥图泰引进了常压浸出技术。项目由中国恩菲工程技术有限公司总承包建设，于 2009 年 4 月投入工业化生产，项目设计产能 100 kt/a，工艺流程如图 3-19 所示。这是全球第四个、中国第一个常压浸出项目。多年的生产实践表明：常压富氧浸出工艺作业环境优良、运行稳定、安全可靠、原料适应性广。同时，株冶集团成功搭配处理了锌二系统的中性浸出渣，锌浸出率大于98.5%。看到这项进步，奥达厂也把他们的浸出渣搭配进直浸罐处理。常压浸出技术对传统焙烧工艺难处理的高铜、高铅、高硅、高锰或高钴锌精矿以及铅锌多金属混合矿，也体现出了很强的原料适应性，能保证很高的浸出率，对铜、镉、铟等有价金属的回收具有显著的工艺优势；不足之处是硫精矿的综合回收技术尚未取得有效突破。

首先对锌精矿进行浆化，使锌精矿与高酸浸出液充分混合产出便于输送的矿浆。在浆化过程精矿中的碳酸盐会被浸出，产生二氧化碳气体。

$$CaCO_3 + 2H_2SO_4 =\!=\!= CaSO_4 + CO_2\uparrow + H_2O \qquad (3-53)$$

$$MgCO_3 + 2H_2SO_4 =\!=\!= MgSO_4 + CO_2\uparrow + H_2O \qquad (3-54)$$

矿浆进入直浸反应器后，在高温高酸和一定压力（反应器底部料柱自然压力0.3 MPa，顶部与大气相通）条件下，通过氧气对铁离子的氧化作用，使矿浆中的高价铁离子氧化浸出硫化锌精矿、铁酸锌，如此反复持续地溶解固体物料中多种金属组分。与氧压浸出比，由于反应温度低、搅拌强烈和固体悬浮反应动力学条件好，不会出现氧压浸出那样的熔融硫磺包裹未反应锌精矿颗粒的情形，因此，无须添加反应表面活化剂。反应完成后的矿浆进入浮选系统，利用硫单质的疏水性，通过向浮选槽鼓入空气，硫、硫化物附着在鼓入空气形成的气泡上，气泡上浮至浮选槽液顶形成泡沫层，最后泡沫通过浮选槽周边的溜槽溢流汇集到中间槽。产出的精矿经压滤后，得到含硫 75% ~85% 的硫精矿。浮选尾矿经浓密后，底流压滤得到铅渣送基夫赛特炉处理，溢流送针铁矿沉铁工序处理。

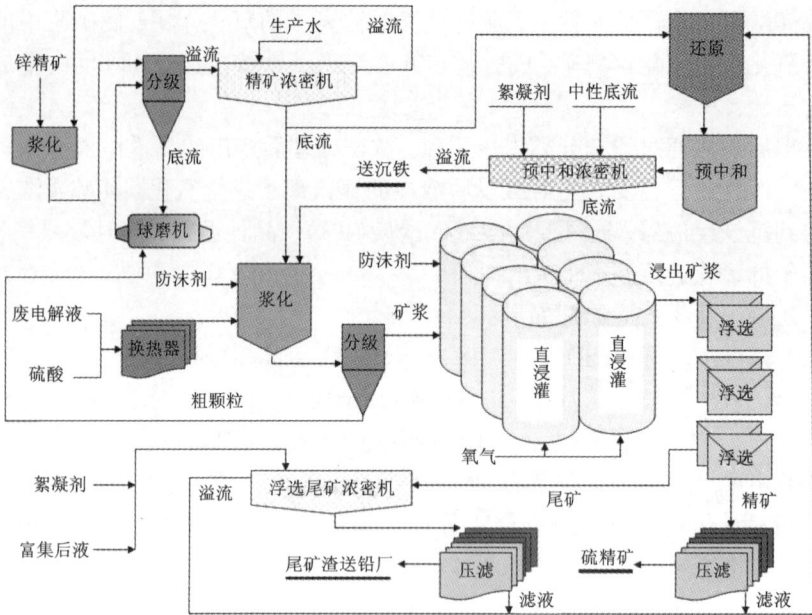

图 3 – 19　硫化锌精矿常压富氧直接浸出工艺流程

直接浸出车间设备配置如图 3 – 20 所示。主要设备有球磨机、浆化槽、换热器、分级机、DL 反应器、浓密机、浮选机、压滤机等。

图 3 – 20　常压富氧直接浸出车间设备配置图

2.设备运行及维护

1)浸出槽及其辅助设备

常压浸出过程的核心设备是直接浸出反应器(DL 反应器)。株冶集团共有 8 台 DL 反应器,每台 1000 m^3。它是带有底部搅拌机的玻璃钢槽,搅拌机功率 250 kW,氧气从底部供给。

DL 反应器主要部件尺寸及型号。①反应器主体即槽体 FRP:ϕ7500 mm × 24000 mm;②搅拌机:JAMIX GSM22 - R235/6 - RP256/6 - 250 K - 46P;③减速机:SEW 减速机 ML3PVSF100E,i = 32.335;④润滑系统:MHP/FF25V/IP;⑤主电机型号:250 kW/1500 RPM M3BP - 355 - SMA4 - B5 - 400/690V - 50Hz - IP55。

DL 反应器均为加盖容器。每个直接浸出反应器中的气液固三相混合通过内部循环实现,如图 3 - 21 所示。流体通过内部管道往下流,通过该管道与内衬之间的通道往上流。每一个反应器均在其底部安装了氧气喷射器,每一个反应器的排气均送入洗涤器。

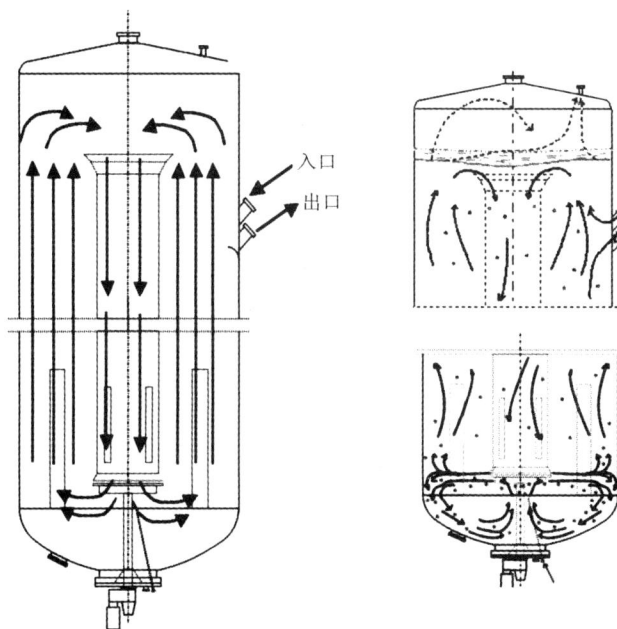

图 3 - 21　直接浸出反应器中的流向示意图

矿浆流用实线箭头表示;气流用点及虚线箭头表示

浸出过程分两段,每段配置 4 个 DL 反应器,可以根据设备状况灵活组合。第一段是低酸浸出,主要是在高温和较高酸度条件下利用氧气将低价铁离子氧化为高价铁离子,高价铁离子氧化精矿生成金属离子与单质硫元素,在低酸浸出结束前，利用未反应完的精矿将溶液中的高价铁离子还原。

第二段是高酸浸出，主要是在高温和高酸度条件下，利用氧气将低价铁离子氧化为高价铁离子，高价铁离子进一步氧化残精矿生成金属离子与单质硫元素，在高酸浸出结束前，利用残精矿将溶液中的高价铁离子还原。同时，加入的中性浸出渣中铁酸锌等也被溶解进入溶液，达到尽可能多地溶出原料中的有价金属的目的。

矿浆从原料槽流经溜槽进入反应器中，8个浸出反应器串联布置。矿浆靠自重流入溜槽，溜槽可以将串联反应器中任何一个隔离，以方便检修与备用。

2）液固分离和输送设备

低酸浸出矿浆用一台直径25 m的高效浓缩槽进行液固分离。低酸浓缩槽的主要技术参数为 $\phi = 25000$ mm，$H = 2600$ mm，$F = 490$ m^2，$V = 1600$ m^3，槽体材质为砼 – FRP – 瓷砖。低酸浸出工序的主要输送设备为2台矿浆输送泵、2台低酸浸出浓密溢流泵、2台低酸浸出浓密底流泵、一台低酸矿浆原料槽、一个低酸浸出溜槽和一台低酸浸出浓密溢流槽。

高酸浸出矿浆送硫浮选，先硫粗选，再扫选，扫选后底流进入一台直径25 m的高效浓密机进行初步液固分离；浓密机底流进行压滤，滤渣送铅系统；浓密机溢流和硫浮选压滤液返回原料浆化槽。硫精矿常压富氧直接浸出、液固分离、输送设备及硫浮选主要设备如表3 – 18所示。

表3 – 18　常压富氧直接浸出及硫浮选主要设备

序号	设备名称	技术规格	数量/台	材质
1	日常料仓	ϕ5000 mm，$H = 7450$ mm，$V = 100$ m^3	1	低碳钢
2	计量皮带给料机	B800，$L_h = 8.75$	1	
3	球磨前浆化槽	ϕ4500 mm × 5000 mm，$V = 65$ m^3	1	FRP
4	水力旋流器	WDS150A/16	2	衬胶
5	溢流型球磨机	MQY2700 × 6000 mm，20 r/min	2	
6	渣浆泵	$Q = 215$ m^3/h，$H = 34$ m	2	
7	溶液换热器	2.52 MW	1	904L
8	矿浆浓缩槽	$\phi = 25000$ mm，$H = 2600$ mm	1	砼 – FRP – 瓷砖
9	矿浆浓密机底流泵	65YTZ – 300，$Q = 45$ m^3/h，$H = 28$ m	2	
10	矿浆浓密机溢流泵	UHB – ZK – B，$Q = 118$ m^3/h，$H = 35$ m	2	

续表 3 – 18

序号	设备名称	技术规格	数量/台	材质
11	矿浆反应器搅拌器及电机	4500 mm × 6510 mm, $V = 65$ m^3, ϕ1910 mm, N55 kW	2	玻璃钢（带搅拌）
12	矿浆螺旋分级机	$Q = 350$ m^3/h, $L = 6500$ mm	1	EN1.4462
13	矿浆输送泵	JFZ200 – 410, $Q = 400$ m^3/h, $H = 55$ m	2	合金
14	低酸矿浆原料槽	ϕ2300 mm × 2800 mm, $V = 10$ m^3	1	玻璃钢
15	低酸浸出反应器附电机	ϕ7500 mm × 24000 mm, $V = 1000$ m^3, $N = 250$ kW	4	玻璃钢
16	低酸浸出溜槽	$L = 18.3$ m	1	玻璃钢
17	低酸浸出浓缩槽	ϕ25000 mm, $H = 2600$ mm, $F = 490$ m^2, $V = 1600$ m^3	1	砼 – FRP – 瓷砖
18	低酸浸出浓密溢流槽	ϕ5200 mm × 5500 mm, $V = 100$ m^3	1	砼衬玻璃钢
19	低酸浸出浓密溢流泵附电机	JFZ200 – 410D1, $Q = 350$ m^3/h, $H = 34$ m, $N = 160$ kW	2	合金
20	低酸浸出浓密底流泵	JFZ65 – 350FP, $Q = 80$ m^3/h, $H = 34$ m	2	合金
21	原料混合槽	ϕ4500 mm × 5000 mm, $V = 65$ m^3	1	玻璃钢
22	高酸浸出矿浆输送泵	JFZ200 – 410FP, $Q = 340$ m^3/h, $H = 55$ m	2	合金
23	矿浆换热器	ϕ670 mm × 5000 mm, $F = 84.5$ m^2	1	石墨
24	高酸矿浆原料槽	ϕ1200 mm × 2100 mm, $V = 2$ m^3	1	玻璃钢
25	高酸浸出溜槽	$L = 18.3$ m	1	玻璃钢
26	高酸浸出反应器附搅拌器及电机	ϕ7500 mm × 24000 mm, $V = 900$ m^3 ϕ2960 mm × 5827 mm, $N = 250$ kW	4	玻璃钢
27	浮选鼓风机	$N = 55$ kW	2	
28	硫粗选槽，附电机	ϕ2600 mm × 4300 mm, $V = 10$ m^3, $N = 18.5$ kW	4	玻璃钢
29	扫选槽，附电机	ϕ2600 mm × 4300 mm, $V = 10$ m^3, $N = 18.5$ kW	4	玻璃钢
30	一级精选槽，附电机	ϕ2600 mm × 4300 mm, $V = 10$ m^3, $N = 18.5$ kW	4	玻璃钢
31	二级精选槽，附电机	ϕ2100 mm × 3900 mm, $V = 5$ m^3, $N = 11$ kW	2	玻璃钢
32	硫浮选底流循环槽	ϕ3000 mm × 3500 mm, $V = 20$ m^3	1	钢衬胶衬砖
33	硫浮选底流循环泵	JFZ50 – 350, $Q = 50$ m^3/h, $H = 40$ m	2	合金

续表 3 – 18

序号	设备名称	技术规格	数量/台	材质
34	硫浮选溢流槽	$\phi 5000$ mm $\times 6500$ mm, $V = 100$ m³	1	玻璃钢
35	硫浮选溢流泵	JFZ65 – 430FP, $Q = 50$ m³/h, $H = 50$ m	2	合金
36	高酸浸出浓缩槽	$\phi 25000$ mm, $H = 2600$ mm, $F = 490$ m², $V = 1600$ m³	1	玻璃钢
37	高酸浓密溢流槽	$\phi 5200$ mm $\times 6000$ mm, $V = 100$ m³	1	玻璃钢
38	高酸浓密溢流泵	JAN150 – 500, $Q = 300$ m³/h, $H = 70$ m	2	合金
39	高酸浓密底流泵	JAN40 – 315, $Q = 40$ m³/h, $H = 100$ m	2	合金
40	冷凝水储槽	$\phi 3000$ mm $\times 3400$ mm, $V = 20$ m³	1	碳钢
41	冷凝水泵	$Q = 30$ m³/h, $H = 60$ m	1	EN1.4432

3. 生产实践与操作

1) 工艺技术条件与指标

工艺技术条件与指标含矿浆制备、氧化浸出、氧浸浓密、预中和还原、预中和浓密、硫浮选、硫精矿压滤等过程的技术条件与指标。

(1) 矿浆制备 ①浆化不积渣;②液固比 = (2 ~ 3):1;③旋流分级要求旋流器不堵塞,不冒液;④球磨:磨球所占容积为磨筒容积的 20% ~ 30%;⑤旋流分级机溢流出口物料要求 $D90 < 50$ μm;⑥精矿浓密底流密度 $1.60 \sim 1.80$ g/cm³;⑦底流连续排放。

(2) 氧化浸出 ①温度 95 ~ 105℃;②液固比 = (8 ~ 12):1;③氧化浸出开槽数不少于 6 个;④氧气单耗 100 ~ 150 m³/t 精矿;⑤终酸酸度 20 ~ 25 g/L;⑥Fe^{3+}:$Fe^{2+} = (1 \sim 5):1$。

(3) 氧浸浓密 ①上清液:溶液清亮,含固量 < 1.5 g/L;②底流密度 $1.6 \sim 1.8$ g/cm³;③底流连续排放。

(4) 预中和还原 ①锌精矿加入量为总投料量的 1/2 ~ 1/4;②反应器开启数不少于 1 个;③预中和终点 pH 为 1.5 ~ 3.0。

(5) 预中和浓密 ①上清液规格:溶液清亮,含固量 < 1.5 g/L;②底流密度 $1.50 \sim 1.75$ g/cm³;③底流连续排放;④浓密溢流:pH = 1.5 ~ 3.0,$\rho(Fe^{3+}) \leqslant 1.0$ g/L,$\rho(Cu^{2+}) > 0.3$ g/L。

(6) 硫浮选 ①原矿浆密度 $1.30 \sim 1.50$ g/cm³;②尾矿浆密度 $1.30 \sim 1.50$ g/cm³;③浮选硫精矿品位 $\geqslant 75\%$,$w(Zn) \leqslant 5.5\%$;④酸性浸出渣含硫 $\leqslant 25\%$,$w(Zn) \leqslant 6\%$。

(7) 硫精矿压滤 ①矿浆密度 $1.1 \sim 1.5$ g/cm³;②压滤后液含固 $\leqslant 20$ g/L。

2)岗位操作规程

岗位操作规程包括球磨分级和浓密、氧化浸出、主控室等岗位的操作规程。

(1)球磨分级和浓密 ①开车前检查：先检查日常料仓料位、料仓振打器、螺旋给料机、浆化槽搅拌、球磨筒体以及润滑油站、泵，确认正常后方可开车，若有异常，及时联系处理；②开车步骤：向精矿浓密机加生产水→浓密机溢流后启动溢流泵将溢流输送到浆化槽中→液位超过搅拌机时启动搅拌→通过计量皮带送料→启动球磨机浆化槽输送泵，同时启动旋流分级机→分级机产生分级底流后先开启球磨机密封水，再开启球磨机；③停车操作步骤：停止送料皮带下料→保持精矿浆化、球磨、水力旋流器、浓密机间的矿浆循环→连续开启精矿浓缩槽底流排出精矿→精矿浓缩槽底流密度降到 1.2 g/L 以下时停止排渣、停精矿浓密机→逐步停止浆化槽矿浆输送泵、球磨机矿浆输送泵、水力旋流器、球磨机。

(2)氧化浸出 ①开车步骤：开启浸出槽洗涤系统→氧浸浓密槽出现溢流后向浆化槽送液→待有矿浆通过时开启换热器加热矿浆→开启浆化槽搅拌，待浆化槽液位超过 70% 时开启矿浆输送泵向浸出槽输送矿浆→顺次开启浸出槽搅拌、向槽内鼓入氧气→开启浮选风机、浮选搅拌，调整浮选槽液位，开启浮选系统→开启氧浸浓密机。②经常检查设备、搅拌密封水、润滑状况，定期加油，保证设备用油不乳化，泵密封水不断流。发现油位低及时加油，发现油乳化及时更换用油。③定期检测溜槽内浮渣层情况，根据浮渣厚度调整抑泡剂加入量。④定期清理溜槽内矿渣，防止积渣抬升液位导致溜槽冒液或反应器高液位报警。⑤根据生产情况调整废液加入量和氧气鼓入量，保持系统稳定运行。⑥调整浮选槽液位和风量，保证粗选槽大部分浮渣排出，浮选最后两个尾矿槽矿浆有极少浮渣。⑦班中根据下料量、参照分析结果，调整废酸加入量、氧气加入量。确保工艺条件控制。

(3)主控室岗位 ①岗位操作人员应集中精神，准确操作，防止误操作造成安全环保事故。②与现场各岗位保持密切联系与配合，现场数据与主控室显示的数据不相符时，应及时联系处理。③经常关注各种仪表的显示是否正常，出现异常及时联系计控人员，确保所有仪器正常显示。④所有现场设备在开动后或者连锁后，如果无反馈信号或者显示面板上无显示，则在其报警后立即停止，并请维修人员处理。⑤在调节蒸汽、氧气、压缩风等阀门时，要缓慢稳定调整，不能调得过快过猛，以免造成安全事故。⑥监控好各槽罐液位及流量，及时与相关岗位联系，做到不冒液。⑦经常检查通风设施，保证室内通风良好，温度适宜，使仪器仪表处于良好的环境运行。⑧岗位人员应爱护自动仪表及装置，保持设备卫生，手动操作时应轻开轻关。⑨生产趋势变化及时调整，防止生产工艺控制参数的大幅波动。

3)常见事故及处理

常见事故及处理含氧化浸出及浓密过程中常见故障、原因及排除方法。

(1)氧化浸出 该过程中常见设备故障及排除方法如表 3-19 所示。

表 3 – 19　氧化浸出过程中常见设备故障、原因及排除方法

故障	故障原因	排除方法
异常振动	螺栓松动	紧固或更换螺栓
	轴承损坏	修理或更换
	搅拌轴弯曲	调直或更换
	叶片损坏严重	修复或更换叶片
	阻尼板变形、松动	调整、焊牢
	支承结构刚度不够	加强刚度
	轴承固定套磨损	更换
	叶轮不平衡或安装不正确	校正和调整
	共振	调整转速
减速机异常噪声	齿轮润滑不良或润滑油质量差	改善润滑
	齿轮磨损或损坏	修理或更换
	轴承损坏	更换轴承
	键磨损	修复
搅拌不足	叶轮旋转方向错误	调整叶轮方向
	叶轮磨损	更换叶轮
	FRP 内部构件损坏	修补
密封处泄漏	O 形环损坏	更换 O 形环
	机封损坏	更换机封
	机封泄漏	检查冷却水
轴承发热	润滑不良	加强润滑
	轴承损坏	更换轴承
	轴承跑圈	更换轴承座
油压不足	O 形环或机封损坏泄漏	更换 O 形环或机封
	油箱少油	油箱添加油

（2）浓密　浓密过程常见设备故障、原因及排除方法如表 3 – 20 所示。

表 3 – 20　浓密过程中常见设备故障、原因及排除方法

故障		故障原因	排除方法
行星齿轮减速机	温度过高	齿轮磨损及损坏	更换或修复
		轴承损坏	更换
		润滑油变质或缺少	加油或更换
	振动过大	接螺栓松动	重新校正紧固
		齿轮损坏	更换
		轴承损坏	更换轴承

续表 3 - 20

	故障	故障原因	排除方法
液压系统	油温过高	油泵损坏	更换
		冷却风扇损坏	检查更换
		油路气泡过多	检查更换
	耙臂扭矩过低	油泵损坏	更换
		管路或过滤器堵塞	清理或更换
		压力阀设置过低	调整
		液压油不足	添加
	耙子上升下降不可靠	油箱内油量不足	按油位加足油量
		上下限位设置不好	调整
		油缸泄漏或损坏	检查、更换
		导轨、导杆卡住	检查、修正、添加润滑油
耙臂系统	耙臂变形	槽体内泥层太厚	清理或升高耙臂
		耙臂腐蚀磨损	更换
		紧固件松动	紧固
	耙臂转动不平稳，摆动较大	联轴节松动	紧固
		液压系统故障	检查处理
		齿轮箱损坏	检查处理

4. 计量、检测与自动控制

常压富氧直接浸出过程的主要检测内容及调节回路如下：①料仓的料位测量、报警；②磨机给矿量的计量、调节；③泵池液位测量及调节；④旋流器给矿浓度测量、控制，流量、压力测量；⑤浮选机充气量的测量、调节；⑥浓密机浓泥界面高度、压力测量；⑦浓密机扭矩检测；⑧压滤机进口压力测量；⑨中性直接浸出槽、高酸直接浸出槽、中浸槽、上清液储槽等槽温度测量；⑩其他各室内外储槽及浓密机溢流槽等液位测量；⑪低酸直接浸出槽出口酸度测量及调节；⑫高酸直接浸出槽出口酸度测量及调节；⑬进车间蒸汽总管、压缩机空气总管、氧气总管、各压滤机进料口压力指示，真空泵进口的真空度测量；⑭进车间蒸汽量、压缩空气量、氧气量、硫酸总管流量以及高酸浸出槽、废电解液高位槽、硫酸高位槽、低酸浸出溢流泵出口、底流泵出口等流量，新液泵出口至电解车间新液量、高位槽出口、浸出液泵出口、废电解液泵出口、废电解液循环泵出口流量及硫精矿压滤后液流量；⑮循环水系统水池液位、出水流量、温度、压力测量。

2) 计量与检测

一次仪表是检测和自动控制回路中非常关键的部分。一次仪表能否正常运行直接影响了生产操作和产品的质量，一些关键的一次仪表可采用国外生产的先进设备或引进国外先进技术国内生产的仪表。

(1)流量测量 气体和蒸汽流量以节流孔板流量计为主测定,同时采用较先进、可靠的均速管流量计或涡街流量计测定。烟气流量采用热式气体质量流量计测定。导电液体流量检测采用电磁流量计。

(2)温度测量 采用热电阻、热电偶检测温度,测量腐蚀性介质温度时采用防腐热电阻。

(3)压力测量 采用智能式压力变送器,带 PROFIBUS – PA 协议/Hart 通信协议测量压力。

(4)液位测量 采用雷达、超声波液位计、差压式液位计测量液位。

(5)料位测量 采用雷达、超声波料位计等测量料位。

(6)称重测量 采用电子皮带秤称重。

(7)在线分析仪 采用 pH 计、酸浓度计、电导率分析仪及氧分析器等在线分析仪在线分析。采用 Courier 在线分析仪等进行过程在线分析。

(8)执行机构 选用气动薄膜调节座式阀、调节蝶阀、气动切断阀等。有防腐需要的可根据不同的介质条,采用防腐材料衬里或耐蚀金属材质的调节阀。

3)自动控制

根据工艺专业配置和生产操作要求,全厂采用集中控制和现场控制两种方式。其主要控制室为浆化及直接浸出工段集中控制室,控制范围包括备料、浆化、低酸浸出、高酸浸出、浮选、浓密、过滤等。仪表装备主要根据被控对象的工艺特性和企业生产管理要求,分别采用分散控制系统 DCS 和现场智能仪表,即 Hart 协议 + (4 ~ 20)mA DC 仪表。

直接浸出现场仪表和控制系统由芬兰奥图泰公司提供,现场仪表为 PROFIBUS – PA 协议仪表,分散控制系统 DCS 采用西门子 SIMATIC PCS7。PCS7 是采用微机基于操作员站的数字分布式控制系统。直接浸出工艺过程主要由控制室控制,操作员从过程控制系统(PCS)的操作员站或闭路电视监控(CCTV)获取工艺过程信息,且操作员可以通过远程遥控自动阀或电机控制工艺及其他设备。

其余仪表控制室采用常规仪表控制和检测。这些被控对象均为辅助工艺流程,检测和控制回路比较少,比较分散,故设计采用单回路调节器和智能式数字显示仪表、闪光信号报警器等。

5.技术经济指标控制与生产管理

1)主要技术经济指标

常压富氧直接浸出工艺的主要技术经济指标有:①锌浸出率大于97%;②蒸汽单耗 0.9 ~ 1.2 t/t 析出锌;③氧气单耗 100 ~ 150 m^3/t 锌精矿;④滤布消耗 0.3 ~ 0.5 m^2/t 析出锌;⑤絮凝剂用量小于 0.8 kg/t 析出锌;⑥防沫剂单耗小于 0.05 kg/t 锌。

2)能量平衡与节能

硫化锌精矿的常压富氧直接浸出反应是一个放热反应，在直接浸出反应器中，基本能维持自热平衡，无须外加热。但对一些进入浸出系统的冷溶液，如高酸浓缩槽溢流、硫精矿压滤液、铟萃余液、富集后液等还是需要加热的。

（1）节能措施：①减少蒸汽消耗，一个重要的节能措施是使用高酸浸出液热交换器，即采用了 2 台 2.52 MW 的 904L 不锈钢溶液换热器来加热冷液，采用 1 台规格为 $\phi670\ mm \times 5000\ mm = 84.5\ m^2$ 的石墨换热器来加热冷矿浆，以充分利用系统的热量来达到工艺目标。②降低氧气消耗：A. 针对不同品质的锌精矿原料，通过试验确定了理论耗氧量，并据此来控制氧气过量系数。这样避免了多了就会排空，少了就反应不完全的现象发生。B. 要加强设备保养，提高开车率，确保满负荷生产。氧气是外供，供氧协议规定，用得越多，氧气越便宜。③降低动力电消耗：A. 采用高压变频电机，是一个重要的节电措施。B. 全流程实施全自动控制和智能化工厂管理。C. 确保系统满负荷生产，提高作业率和锌浸出率。

3）物质平衡与减排

常压富氧浸出系统与锌一系统、锌二系统、稀贵冶炼系统、铅系统、废水处理系统在溶液、矿浆、渣料等物料方面，有着千丝万缕的关系，因此，必须从全公司的高度来管理好物质平衡工作。其重点是要做好九个方面的平衡，即金属平衡、体积平衡、酸根平衡、渣料平衡、热平衡、氟氯平衡、钙镁平衡、有机物平衡、锰离子平衡。

氧气直接浸出投产后，出现过一些破坏平衡的现象：①锰离子平衡。系统溶液中锰离子浓度升高，最高达到了 15 g/L，导致锌电积出现异常。后来查明是锌精矿中含有 0.3% 左右的锰，在直浸过程中，98% 以上都被浸出。采取减少系统锰粉加入、采用氧气来氧化亚铁离子沉铁和锌电解阳极泥开路的措施后，电解液中锰离子浓度恢复到正常水平。②氯平衡。电解液中氯离子含量升高过快，电解厂房环境变差，阴极板腐蚀加快。究其原因是锌精矿取消焙烧后，原料中的氯进入溶液的量增多。采用加大深度净化中氯开路量，减少高氟氯废水回用的措施，使问题得以解决。本来氟也有着同样的问题，但由于采用了针铁矿沉铁，大部分氟跑到铁渣中开路了。③电解液中有机物含量升高。究其原因竟然与氟氯类似，原来锌精矿中的浮选剂被烧掉了，但采用直浸工艺就会进行入溶液系统。其负面影响是浓密机冒泡和锌电积轻度烧板。采用消泡剂和淋水解决了浓密机冒泡的问题。采用超声波脱除有机物和严管设备机油和润滑油解决了锌电积轻度烧板问题。

4）原料控制与管理

原料及质量要求：①锌精矿：应符合 Q/ZYJ 06.05.01.01—2005《混合锌精矿》的规定，其化学成分（%）：$w(Zn) \geq 47$、$w(S)28 \sim 32$、$w(Fe) \leq 12$、$w(Ge) \leq 0.006$、$w(As) \leq 0.45$、$w(Sb) \leq 0.1$、$w(Ni) \leq 0.004$、$w(Co) \leq 0.015$；其物理规格：黏结粒度 $\leq 14\ mm$，无铁钉、砖头、破布等杂物。②中性浸出底流密度 1.5 ~

1.7 g/cm^3。③富集后液化学成分(g/L):Zn 130~160、Fe:5~15。④铟萃余液化学成分(g/L):Zn 30~50、Fe 2~5、Cu 2~5、H$_2$SO$_4$ 50~80。

矿粉粒度是影响浸出率的主要因素,要求90%的磨粉物料的粒度小于50 μm。如果精矿中存在黄铜矿(CuFeS$_2$)和黄铁矿(FeS$_2$),按上述粒度要求,它们的浸出率很难达到较高的水平。因此,对锌精矿原料需要预先进行物相检测和粒度分析,根据检验结果选择合适的原料。另外,在进入浸出槽之前,为了减少带料和筛分系统的压力,应选择含水量较低和杂物较少的原料投入系统。

5)辅助材料控制与管理

辅助材料主要包括氧气、硫酸、废酸和中和剂。氧气浓度要求不小于98%。硫酸应符合GB/T 534—2014的规定,浓度92.5%~98%。废酸:Zn 36~65 g/L,H$_2$SO$_4$ 145~210 g/L。中和剂包括氧化锌和锌焙砂,其中挥发窑氧化锌:w(Zn)≥50%、w(Pb)≤12%;锌焙砂:w(S)≤1%、可溶锌率≥91%。

6)金属回收率控制与管理

直接浸出系统回收率的损失主要体现在浮选尾矿、浮选硫精矿、铁渣进挥发窑处理后窑渣锌损失。如浮选尾矿不进行处理,直接浸出锌回收率为95.7%;如浮选尾矿进铅系统处理,锌损失大约为36.6%,直接浸出锌回收率可达96.6%。

7)产品质量控制与管理

直接浸出系统的最终产品是预中和浓密溢流,其质量要求:pH = 1.5~3.0,ρ(Fe^{3+})≤1.0 g/L,ρ(Cu^{2+})>0.3 g/L。预中和浓密溢流送除铁工段,除铁后液送至常规浸出系统的中性浸出工序,中性上清液再经净化、电解等工序最终产出电锌产品。

8)生产成本控制与管理

生产成本包括原料、辅助材料、燃料及动力、人工工资和制造费用等5个部分。辅助材料有絮凝剂、硫酸、防沫剂。燃料及动力有氧气、蒸汽、水、电。制造费用包括修理费、折旧费及其他。不包括原料费用在内,每吨析出锌的直接浸出工序的生产成本为895.46元,具体情况如表3-21所示。

表3-21 常压富氧直接浸出工序析出锌的制造成本　　　　　　　　　　元/t

序号	成本项目		单耗	单价	金额/元
1	辅助材料	絮凝剂/kg	0.8	16.67	13.33
		硫酸(98%)/t	0.26	341	88.66
		其他			9.92
		合计			111.91

续表 3 - 21

序号	成本项目		单耗	单价	金额/元
2	燃料及动力	氧气/t	179	0.32	57.28
		蒸汽/t	1.0	80.00	80.00
		水/t	1.0	2.20	2.20
		电/kW·h	330	0.53	174.9
		合计			314.38
3	工人工资及福利				67.93
4	制造费用	修理费			137.82
		折旧费			179.55
		其他			83.87
		合计			401.24
制造成本		共计			895.46

要做好直浸生产成本管理,第一,必须使锌浸出率大于 98% ,重要的是要强化浸出渣洗涤,降低高酸渣和硫渣含水溶锌。第二,必须确保直浸反应釜作业率大于 95% ,确保系统处理量达到或超过设计处理量 27.5 t/h。第三,选择合适的工艺处理硫渣和尾矿渣,提高锌的回收水平、实现银、铅等有价金属的综合回收,这是降低生产成本的有效途径。第四,充分发挥直浸系统的优势,多选用不适合焙烧炉处理的原料,如高铅、高硅、高铜、高钴的锌精矿或铅锌混合精矿,降低原料成本,提高资源综合回收水平。

3.2.5 氧化锌矿浸出

1. 概述

氧化锌矿是硫化锌矿的风化产物,矿体埋藏浅,多为露天开采,采集条件较好。其主要组分为菱锌矿($ZnCO_3$)、红锌矿(ZnO)、硅铅锌矿($ZnPbSiO_4$)、水锌矿[$Zn_5(CO_3)_2(OH)_6$]及异极矿[$Zn_4Si_2O_7(OH)_2 \cdot H_2O$]等 5 种类型。目前开采的大多属于菱锌矿、硅铅锌矿和异极矿。

氧化锌矿可选性差,选矿成本较高,选矿回收率一般只能达到 70% ~75% 。氧化锌矿的直接浸出生产需要解决两个问题:一是氧化锌矿一般含有 15% ~30% 的 SiO_2 ,浸出过程中生成的硅酸胶体直接影响矿浆的澄清分离和过滤速度。过去采用的"斯特文斯法""反向浸出法"和"老山法(又称结晶法)"等高硅矿处理工艺都有一定的弊端,有的浸出率低、耗酸量大,有的操作复杂、生产周期长且需在高温条件下进行,能耗高生产成本较高。二是低品位氧化锌矿直接浸出所得一次浸出液含锌较低,不宜用于净化 - 电积生产锌。而流程内多次循环富集锌的方法则使能耗增加、其他杂质升高，导致生产成本剧增。传统的处理方法是采用火法富集，即用回转窑、烟化炉、旋涡炉等设备进行还原烟化富集产出氧化锌烟尘，但得到的氧化锌粉含有一定量的氟和氯，用于湿法冶炼浸出前须经过预处理脱除氟氯，生产成本较高。

在原生氧化矿向低品位、高杂质趋势快速转化，含锌二次资源高效、环保再生利用迫在眉睫的大环境下，企业和科研单位都在进行着不懈的探索。

云南祥云飞龙再生科技股份有限公司(下称祥云飞龙)，结合独有的锌萃取技术研发的"浸出－萃取－电积"工艺，经过多年生产实践探索，结果表明：该冶炼工艺原料适应性广泛(适用于各种品位氧化矿和含锌二次物料)、生产工艺操作简单、生产成本较低，具有良好的经济效益，部分工艺流程如图3－22所示。

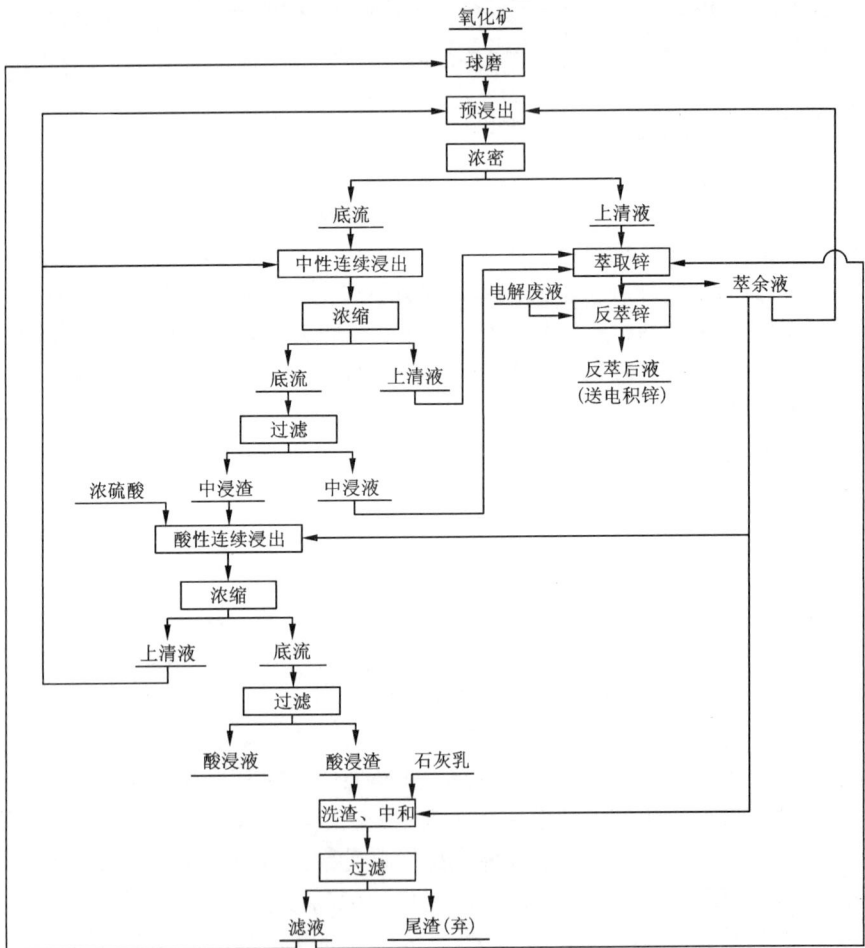

图3－22　祥云飞龙氧化锌矿直接浸出——萃取工艺流程

2. 生产实践与操作

1) 工艺技术条件与指标

工艺技术条件与指标包括预浸出、中性连续浸出、酸性连续浸出、洗渣及中和、萃取及反萃等过程的技术条件与指标。祥云飞龙所用氧化锌矿的成分如表 3 - 22 所示。

表 3 - 22　祥云飞龙氧化锌矿成分 　　　　　　　　　　　　　　%

Zn	SiO₂	Fe	Cu	Cd	Co	Ni	As	Sb	F	Cl	Pb	In	Ag
17.36	25.79	8.41	0.05	0.1	<0.01	<0.01	0.06	0.12	0.05	0.06	0.75	—	—

(1) 预浸出

①酸度控制: 起始 pH 3.0, 终点 pH 4.5 ~ 5.2。②浸出时间 1.0 ~ 1.5 h。③浸出温度 40℃(溶液带入热量, 不加热)。④液固比(8 ~ 10):1。⑤溶液含锌 18 ~ 20 g/L。

(2) 中性连续浸出

①酸度控制: 起始 pH 2.5, 终点 pH 4.5 ~ 5.2。②浸出时间 1.0 ~ 1.5 h。③浸出温度 40℃(溶液带入热量, 不加热)。④液固比 8:1。⑤溶液含锌 25 ~ 30 g/L。

(3) 酸性连续浸出

①酸度控制: 起始 pH 1.0 ~ 1.5, 终酸 25 ~ 30 g/L。②浸出时间 4.0 ~ 5.0 h。③浸出温度 60℃(0.3 MPa 蒸汽连续加热)。④液固比(4 ~ 5):1。⑤溶液含锌 30 ~ 35 g/L。

(4) 洗渣、中和

①酸度控制: 起始 pH 2.5, 终点 pH 5.2 ~ 5.4。②反应时间 1.0 ~ 1.5 h。③浸出温度 35 ~ 40℃(溶液带入热量, 不加热)。④液固比 4:1。⑤溶液含锌 10 ~ 15 g/L。

(5) 萃取、反萃

①原液含锌 25 ~ 35 g/L。②萃余液指标: 含锌 10 ~ 15 g/L, 含酸 22.5 ~ 30 g/L。③反萃后液成分指标如表 3 - 23 所示。

表 3 - 23　祥云飞龙反萃后液成分要求 　　　　　　　　　　　mg/L

ρ(Zn)/(g·L⁻¹)	H₂SO₄	Fe	Cu	Cd	Co	Ni	As	Sb	F	Cl
130 ~ 140	<50	<20	<0.1	<0.2	<0.1	<0.1	<0.1	<0.1	<300	<500

2) 岗位操作规程

岗位操作规程包括球磨、浸出、浓密、压滤、3#凝絮剂配制、锰粉浆化、石灰乳配制及出渣等。

(1)各岗位相同的操作及交接班制度 ①团结和率领本工段员工,做好班长安排的一切事务,对班长负责。②严格执行本岗位安全操作规程,做好日常生产设备的维护工作,设备大修和抢修时在岗人员要积极配合。③接班前,检查本岗位员工劳保用品是否穿戴齐全,若没有,责令离岗,交由班长处理,对当班生产过程中出现的安全事故负主要责任。④了解上一班生产情况,认真查看交接班记录,掌握设备的运行状况,对工具设备和卫生做到交班清,接班严。⑤生产过程中,应随时与前后岗位组长沟通配合,严格控制工艺技术参数,对当班的投入与产出负责,开停机应通知前后岗位,以便于他们提前准备。⑥认真填写好岗位交接班记录,随时查看原辅材料的供液情况,并根据其供给量与相关供应岗位密切联系,对当班的事故负主要责任。⑦岗位员工应服从组长的安排调动,认真干好自己的本职工作,组长有权对本岗位员工的违章操作进行处罚,态度恶劣的交由班长处理。

(2)球磨岗位 ①开机前,首先用装载机将原料备好,在备料过程中,要有专人指挥装载机卸装原料,并注意周围是否有障碍物。②开、停设备时,必须有专人从旁协助和监护,查看各危险点上是否有人,传动设备上是否有异物,确认无危险隐患后,方可进行开机操作。③球磨机、分级机启动时必须点动试机,球磨机连续启动不得超过两次,第一次与第二次应间隔5 min以上,若两次启动不成功,第三次启动必须经电工、钳工配合检查后方可启动。④球磨机大齿轮防尘罩必须严密,以防灰尘或石灰浆侵入。如发现大齿轮与主轴承可能或已经侵入灰尘和石灰浆时,应立即停车清除,绝对不允许延迟。⑤球磨机大瓦发热,发生烧瓦事故或接近烧瓦时,应立即采取强制冷却措施,不得立即停车,以防造成"爆轴"的恶性事故。⑥要严格执行给料、给水、添加钢球的规定。禁止超负荷运转,注意防止发生"涨肚"现象;给料量不得过少,更不允许空负荷运行,以免打坏衬板。⑦固定球磨衬板螺丝应加麻圈密封,以防漏水、漏浆。衬板之间间隙为10~20 mm以便更换,太紧时可用氧焊切割。⑧在作业过程中,按要求穿戴劳保用品,下矿要穿雨靴,操作人员不要离运行设备太近,避免石灰喷浆伤人和石灰粉尘对人体的伤害。⑨下矿要均匀,注意选出原料中的包装袋、砖头、木块等夹杂物。⑩发现球磨机漏矿浆时,在附近的操作人员应该从球磨机旁撤离,同时按停机程序将设备关停,待确认设备停稳后,在设备的供电柜挂上"有人检修,严禁合闸"的警示牌,方可处理球磨机漏浆事故。⑪经常检查管道,一旦发现管道渗漏及堵塞现象,按停机程序将设备关停后,方可对管道进行维护或更换。⑫车间内的杂物要及时清理干净,经常打扫环境卫生,防止杂物等在过道堆积造成滑跌损伤。

(3)浸出岗位 ①输送矿浆前,桶内有无杂物、浆叶及大轴上有异物缠绕及卡位时必须立即清除。②开车前必须对搅拌机的主要安全装置、安全部位进行仔细检查，必须确认设备防护措施齐全可靠、无安全隐患、车间各危险点上无人后才能进行操作。③确保齿轮箱的油位、油质达标。④经常用测温仪测量搅拌器电机温度是否正常（<95℃），搅拌机有无异常声音，若有，必须联系相关人员停机检修。⑤禁止用湿手或其他导电物体接触启动按钮。⑥禁止用手触摸运行中的搅拌机的转动部件。⑦确保浸出矿浆到达桶子容积的三分之二以上后，才能启动设备。设备启动时，要求设备无异常响动，无过度摆动。⑧当需要停止搅拌设备达24 h 以上时，要将搅拌桶清空，注意防止搅拌桶被堵死或者搅拌浆被压死的状况发生。当只需搅拌机在较短的时间内关停时，运行部清空搅拌桶内的矿浆，但必须间歇性开机搅拌，以防止搅拌浆被沉积的固体物料压死的情况发生。⑨运行中随时检查矿浆管道是否有破裂、滴漏现象发生，一经发现必须及时处理，做好管道的维护保养工作，以免管道破裂喷浆伤人或矿浆滴落过道造成滑跌伤害。⑩清理浸出桶出口溜槽，保证过程无堵塞，不冒槽。⑪向浸出桶内加酸调节终点 pH 的过程中，一定要站在上风口，以预防有毒有害气体对身体的伤害。⑫随时检测车间内砷化物是否超标，若车间内砷化物超标，需暂时离开车间去上风口；待通风良好，空气中砷化物含量降低后再回车间。⑬禁止在浸出桶旁玩耍、嬉闹，除取样、加料外，浸出桶盖或溜槽盖上禁止任何人站立或坐靠。⑭浓硫酸和蒸汽管属于危险性较高的管道，禁止空手触摸，检修时必须确保管道已经清空，除巡视检查管道外，平时尽量不要靠近此类管道。⑮二氧化锰粉尘对人体有伤害作用，操作中必须戴好防尘口罩，同时尽量避免粉尘扬起，以减少吸入。⑯若过道上有溢流矿浆，必须及时清理，同时用石灰粉吸干溢流溶液，避免行人滑跌受伤。⑰保持车间环境卫生，过道上严禁随意堆放杂物、工具等。

（4）浓密池岗位　①随时监测上清线、溶液温度、pH、浓密机负荷、油温、3#剂储量，对所监测的数据负责。对上清桶，3#剂高位桶岗位负责，若出现漫桶须负主要责任。②浓密池上不准私自搭建各类板块作通行之用，遇检修或其他特殊情况需要搭建板块通行时，必须报车间领导批准后，才能进行。③保证浓密池内无异物掉落，如不小心有物品掉进浓密池内，必须及时报班长处理，禁止擅自用铁钩或其他工具进行打捞。④不得擅自开启、关停浓密机，特殊情况，需要启停浓密机时，须报告班长，由机修车间专门派人负责该项工作。⑤浓密机不允许拆除或避开设备自我保护和报警部分强行开车，否则会产生损坏耙机等严重后果。⑥浓密机在试机运转过程中，不得有不正常的噪声，应平稳，无晃动、无冲击、无异常振动及减速器漏油等不良现象，如发现故障，应及时排除。⑦减速器最高油温不得超过 80℃。浓密机电机、减速机等的轴承温度不应超过 75℃。⑧取样测量温度和观察上清液清、浑情况时，一定要在取样口用专用取样器进行操作，禁止从浓密池边缘直接手持容器舀取溶液。⑨需要更换矿浆管道时，在接口处准备好容器，以便将管道内残留的矿浆引入容器中，防止矿浆到处溢流污染环境，同时做好防护措施，防止喷浆伤人。⑩正常生产时，保持底流浆化池液位在池子容积的三分之二以上，五分之四以下，严禁冒槽或空池。⑪设备及管道维修前，必须通知酸浸岗位和压滤岗位相关工作人员予以配合，再关闭相关设备，挂上"有人检修，严禁合闸"的警示牌。⑫避免闲杂人等进入浓密池楼上，以免造成不必要的伤害。⑬无特殊情况尽量远离容易喷浆等危险源点，严禁在矿浆管道和浓密池盖上坐、靠、踩踏。⑭及时打扫浓密池上下楼梯及过道清洁卫生，防止杂物堆存绊倒行人，若楼梯、过道上有积液需及时用石灰吸附干净，以免过往行人免滑跌受伤。⑮禁止用湿手或其他导电物体接触启动按钮。

（5）压滤岗位　①正常维护好压滤机、泵等设备，专人专管，严格控制设备维修率，并对当班生产中发生的设备故障负责。②若因压滤岗位原因导致浓密机停机或球磨机停机，须承担相应责任。③压滤操作时与排底流员工密切配合，禁止空泵运行；发现泵和管道故障应及时通知组长停泵处理，处理过程中上下须设检修标志。④开机前检查板框的数量是否符合规定，禁止在板框少于规定数量的情况下开机工作。⑤保证板框的排列次序符合要求，安装平整，密封面接触良好。⑥滤布孔要比板框孔小且与板框孔相对同心，保证滤布无破损、平整、没有折叠。检查滤布有无通洞，积渣过多，若有则及时更换或送洗涤处。确认无误后，方可开机送液，以免压滤机因滤布的问题发生喷浆伤人。⑦过滤压力必须小于 0.45 MPa，过滤物料温度应小于 80℃，以防引起渗漏和板框变形、撕裂。⑧操纵装置的溢流阀，须调节到能使活塞退回时所用的最小工作压力。⑨板框在主梁上移动时，不得碰撞、摔打，施力应均衡，防止碰坏手把和损坏密封面。⑩开关物料、洗液或热水各阀门及压缩阀必须按操作程序启用，不得同时启用。⑪液压系统停止操纵时，操作装置的长杆手轮应常开，短杆手轮应常闭，以保证安全，并避免来油浪费。⑫注意各部连接零件有无松动，应随时紧固。⑬压紧轴或压紧螺杆应保持良好的润滑，禁止有异物。⑭压力表应定期校验，保证灵敏好用。⑮拆下的板框，存放时应码放平整，防止挠曲变形。⑯每班检查液压系统工作压力和油箱内油量是否在规定范围内。⑰油箱内应按规定加入合格的 46# 液压油，每隔 4~6 个月更换新油一次。过滤器及新机首次使用一个月后更换，以后每半年更换一次。⑱活动部位每班至少加润滑油一次，轴承部位每半年或一年换油一次。横梁导轨面每班加润滑油一次。⑲拆卸压滤机时，必须要有两个人操作，且看准以防配合不到位，导致板框伤手。⑳在处理压滤泵时，首先要断开电源，安排现场专人监控，未取得维修人员的允许，不能擅自开关电器控制按钮，以防引起触电或机械事故。㉑存放尾渣出渣的渣斗，不宜存放过多量的压滤渣，以免放渣困难或渣量过大冲击运输车伤及人员。㉒随时打扫设备卫生，保持压滤机干净整洁，使设备本体及周围无滤饼、杂物等。机器停车后，腔室内应用水冲洗，整机应保持清洁。电气部分应保持清洁，定期检查，保持灵敏、安全、可靠。㉓过滤结束，切断外接电源，卸除滤渣并将滤布、滤板、滤框冲洗干净，依次放在压滤机里用压紧板顶紧以防变形，冲洗场地及擦洗机架，保持机架和场地整洁。㉔要求做好出渣记录，保证出渣的水分，本段员工对渣路负责，若出现泼洒污染等现象追究责任。

（6）3#絮凝剂配制岗位　①接班时做好交接班记录，全面了解上一班生产、设备运行和维护，原材料及3#凝聚剂的使用和库存等详细情况，要求交接班时至少有一桶3#凝聚剂备用。②对当班所用3#凝聚剂负责，要求计量准确，搅拌均匀，确保所产出的3#凝聚剂符合要求，无颗粒，无结块团，温度50℃左右。③与浓密池岗位密切配合，保证三个高位桶的3#凝聚剂储量，同时在泵3#凝聚剂时要相互呼应，对漫桶负有直接责任。④搅拌机启动前的准备：A.检查桶内有无异物、蒸汽管有无断裂、桨叶及大轴上有无异物缠绕及卡位，有则必须立即清除，以免妨碍设备安全运行。B.检查搅拌机接地是否可靠。C.检查所有可拆件是否与搅拌机安装妥当。D.检查各紧固螺丝有无松动现象。E.检查齿轮箱的油位是否达到要求、油质是否达标，否则加油或更换新油。⑤启动及运行时注意事项：A.启动前必须确保桶内有三分之二以上体积的溶液，并确认设备周围无事故隐患，方可启动设备，否则不准启动。B.启动设备时设备运行要平稳，无异常响动，无过度摆动，否则必须停机处理。C.运行中要经常用测温仪测量电动机温度是否正常（小于95℃），并注意有无异常声音，若有，必须停机处理。D.严禁搅拌机空负荷运行，严禁搅拌机反向转动。E.停机时关闭电机停止搅拌机的运行，停机后要将搅拌桶清空。⑥将事先准备好的聚丙烯酰胺固体用自来水溶解，然后缓慢加入搅拌桶中。严禁直接将包装袋内的产品一次性投入搅拌桶，避免桶内产生结块。⑦向搅拌桶中加入中上清溶液，将搅拌桶装满后开启搅拌机，搅拌器运行平稳后，打开蒸汽加温，当溶液温度到达50℃以后，继续搅拌2~3 h，然后关停搅拌器，开启输送泵将含有3#凝聚剂溶液打入3#凝聚剂备用桶。⑧接到浓密池岗位要求输送3#凝聚剂的通知后，开启相应的3#絮凝剂备用桶阀门，将已经调配好的3#絮凝剂的溶液连续均匀地加入中性矿浆溜槽，保证不成团，不断流，并根据浓密池的具体情况，减少或增加其加入量。⑨启动泵时，检查泵的运转方向是否正确。当检查电动机转向时，切勿连接联轴器，否则要损坏叶轮。须确认转向正确无误后再连接联轴器。⑩给泵的轴承座内注入润滑油，至油标的水平中性位置。经常检查轴承座内油位的变化，定期更换润滑油，以保持油的清洁和良好的润滑。⑪接通轴封冷却水，启动电动机使泵运转，再打开出口阀。⑫要经常检查泵和电动机的温升情况。轴承温度不应大于40℃，其极限温度要小于70℃。⑬停泵时，先关闭出口阀，再停止电动机的运转，然后关闭进口阀，停止供应轴封处的冷却水。⑭泵的流量大小可通过出口阀调节。不能以进口阀调节泵流量，以免引起汽蚀。⑮记录本班聚丙烯酰胺耗用量和库存，各设备运行和维护情况，以及各储备桶中溶液液位情况,打扫环境卫生,做好交接班工作。⑯取样时用专用取样器,严禁直接手持量杯弯腰向桶内舀取。除取样、加料外,其他时间尽量不要站在搅拌桶旁玩耍,禁止任何人坐、靠在搅拌桶沿上。⑰禁止用湿手或其他导电物体接触启动按钮。禁止用手触摸运行中的搅拌机的转动部件。

(7)锰粉浆化岗位 ①穿戴好劳保用品后方可进入岗位接班,做好交接班记录,交班桶存,要求耗用准确无误的同时要求交接班至少有一桶备用。②了解上一班的生产情况,设备运行情况和遗留问题后,才能安排本班生产。如有设备及生产工艺问题及时通知相关人员来处理。③正确使用和维护本岗位所属设备,尤其是电动葫芦等起重设备,认真执行相关操作规程,严禁超负荷运行。④与中浸岗位密切配合,保证中浸岗位随时有足够的锰粉矿浆备用。⑤对当班所用锰粉负责,要求计量准确,搅拌均匀,确保所产出的锰粉矿浆无编织袋残渣,以防堵塞预埋管和缠断搅拌轴。⑥开车前必须对搅拌机的主要安全装置、安全部位进行仔细检查,必须确认设备防护措施齐全可靠,无安全隐患,车间各危险点上无人后才能进行操作。⑦确保齿轮箱的油位、油质达标。⑧经常用测温仪测量搅拌器电机温度是否正常($<95℃$),搅拌机有无异常声音,若有,必须联系相关人员停机检修。⑨禁止用湿手或其他导电物体接触启动按钮。⑩禁止用手触摸运行中的搅拌机的转动部件。⑪二氧化锰粉尘对人体有伤害,操作中必须戴好防尘口罩,同时尽量避免粉尘扬起,以减少吸入。保持车间环境卫生,过道上严禁随意堆放杂物、工具等。⑫打扫好本岗位的卫生,包括设备和场地卫生,做好辅料耗用记录。

(8)石灰乳配制岗位 ①穿戴好劳保用品再进入工作岗位,对进库石灰负责,并负责石灰进库验收工作及库存状况。②与中和和沉锌岗位密切配合,根据需求合理配制石灰乳,随时关注各段石灰乳高位桶的储量,对石灰桶漫桶负一定责任。③按设备维护规程认真检查吊车各部位零件,确认设备一切正常,方可带负荷运行。④石灰粉尘对人体有伤害作用,操作中必须戴好防尘口罩,同时尽量避免粉尘扬起,以减少吸入。⑤严禁搅拌机空负荷运行,严禁搅拌机反向转动。⑥搅拌机的维护和检修情况必须备案,以备查考。⑦打扫好本岗位的卫生,记录本班生产运行情况,做好交接班工作。

(9)出渣岗位 ①穿戴好劳动防护用品后方可进入岗位接班,严格做好交接班卫生工作,了解上一班的生产情况、设备运行情况和遗留问题后,才能安排本班生产,如有设备及生产工艺问题及时通知相关人员来处理。②紧密配合压滤岗位,掌握各桶,前后池情况,防止跑、冒、滴、漏情况,放桶准确无误,对所属范围的桶子、池子负责,认真清理干净各槽池和渣车外泄的渣子,确保出渣地点和道路的卫生整洁。③做好各种设备的检修维护工作,对所属范围内的设备负责,经常进行检查加油,定期检修。④对所属范围内的场地卫生和设备卫生负责,保持工作环境干净整洁,随时打扫设备卫生,使设备本体及周围无渣土、杂物等。

3）常见事故及处理

氧化矿浸出常见事故及处理措施如表 3 - 24 所示。

表 3 - 24　氧化矿浸出常见事故及处理措施

工序	常见事故	原因分析	处理措施
预浸出	冒槽	单槽补入酸量过多,致使大量气泡集中产生	降低酸浸液或萃余液补入量
	浸出液含铁超标	锰粉补入量不足,二价铁氧化不彻底	分析溶液 Fe^{2+} 含量,如超标则增加预浸出过程中锰粉投入量
		终点含酸过高,三价铁水解不完全	加强工艺条件控制,保障预浸出终点 pH
	浓密上清液混浊	絮凝剂加入量不足,矿浆凝聚效果差	增大絮凝剂加入量
		浸出过程跑酸,浓密池机内有大量反应进行	加强工艺条件控制,避免跑酸
中性连续浸出	冒槽	预浸出工序碳酸盐消耗量不足	加强预浸出工艺条件控制
	浸出液含铁超标	锰粉补入量不足,二价铁氧化不彻底	分析溶液 Fe^{2+} 含量,如超标则增加预浸出过程中锰粉投入量
		终点含酸过高,三价铁水解不完全	加强本段工艺条件控制,保障预浸出终点 pH
	过滤困难	中性连续浸出过程中 pH 长时处于 2.0 ~ 2.5,产生大量硅胶	加强本段工艺条件控制,保证各浸出槽 pH 符合要求
		酸性连续浸出液带入大量硅酸	加强强酸性连续浸出工艺条件控制,确保二氧化硅沉淀完全
	浓密上清液混浊	絮凝剂加入量不足,矿浆凝聚效果差	增大絮凝剂加入量
		浸出过程跑酸,浓密池机内有大量反应进行	加强工艺条件控制,避免跑酸
酸性连续浸出	过滤困难	浸出过程温度或酸浓度过低,产生大量硅胶	浸出过程温度不低于 55℃;加大浓硫酸补入量,确保起始 pH <1.5,后续浸出槽酸浓度逐步升高,终点 pH <0.5
洗渣、中和	尾渣含锌超标	石灰乳加入量过多,锌水解沉入尾渣中	加强洗渣过程 pH 监控,控制石灰乳加入量
		渣液含锌高	加强本段工艺条件控制,适时调整液固比

3. 计量、检测与自动控制

1) 计量

氧化矿和固体辅料投入使用电子皮带秤称量，溶液和矿浆使用电磁流量计计量，蒸汽使用蒸汽流量计计量。

2) 检测

为便于生产操作及管理，使用 pH 在线检测仪、温度检测仪、压力表、雷达物位计、液位计等对生产过程中的主要工艺参数进行检测，同时使用有毒有害智能气体检测仪、气体控制报警器等对生产环境进行监测，确保生产安全。

3) 自动控制

为提高劳动生产率，降低劳动强度，满足生产需要，采用 DCS 控制系统对生产工艺全过程进行检测与控制。仪表及控制系统安全可靠、技术先进，满足工艺过程的技术要求，仪表及自动化控制水平达到同行业一流水平，实施情况如下。

①除成套设备附属 PLC 系统外，单体电气设备及仪表检测控制信号均直接引入相应的 DCS 控制系统集中控制，实现仪表、电气设备控制一体化。其中对于相对集中的仪表均引入 DCS 控制系统，原则上取消现场仪表盘就地显示控制。需要现场监控的地方，设置现场操作员站。对控制信号相对集中的车间根据需要设置控制系统远程 I/O 柜，以减少电缆的敷设。

②对于测点较少的工段，采用仪表盘集中监测，监测信号亦传至相应的 DCS 控制系统。

③设备成套自带的控制装置系统通过 Profibus D P 或 Modbus RTU 协议与相应的 DCS 控制系统通信。

④重要生产工艺现场安装高清摄像头，图像接入中央控制。

4. 技术经济指标与生产管理

1) 概述

祥云飞龙采用"浸出－萃取－电积"工艺处理氧化锌矿生产电锌产能达 150 kt/a，主要技术经济指标如下：①锌浸出率 94%；②浸出过程锌回收率 88.48%；③硫酸单耗 550 kg/t 锌；④浸出渣含锌 2% ~3%；⑤蒸汽单耗 (0.3 MPa)302 kg/t 锌；⑥石灰单耗 57.2 kg/t 锌；⑦絮凝剂单耗 2 kg/t 锌；⑧过滤速度 0.42 ~0.58 $m^3/(m^2 \cdot h)$；⑨渣率约 55%。

2) 热平衡与节能

祥云飞龙氧化矿浸出生产 1 t 锌的热平衡如表 3 -25 所示。

表 3 - 25　祥云飞龙氧化矿浸出热平衡　　　　　　　　　GJ

热收入	热量	热支出	热量
浸出反应放热	1.92	浸出的热损失	0.65
蒸汽加热	1.14	溶液带走显热	2.41
共计	3.06	共计	3.06

主要节能措施如下：①为便于萃取过程中的有机相和水相分离，对浸出液温度有一定要求(36℃左右)，可使用新型萃取稀释剂，降低浸出液温度要求，减少浸出过程蒸汽用量，降低能耗。②提高锌的萃取率，减少生产 1 t 锌的浸出液消耗，从而减少浸出过程中蒸汽加热的溶液量，降低能耗。③使生产工艺布置合理，降低溶液存储及输送过程中的能量损失。④使用高效率的换热材质，充分利用蒸汽加热连续浸出的溶液，降低蒸汽消耗。

3) 物质平衡与减排

祥云飞龙氧化浸出物质平衡如表 3 - 26 所示。

表 3 - 26　祥云飞龙氧化矿浸出一年的主要元素平衡　　　　　　t

投入							
物料名称	质量(体积)	Zn		Fe		Cu	
	$t(m^3)$	质量	含量	质量	含量	质量	含量
氧化锌矿/%	927213.72	160964.3	17.36	77978.67	8.41	463.61	0.05
萃余液/$(g \cdot L^{-1})$	10714285.71	139714.29	13.04	21.43	0.002	—	—
合计	—	300678.59	—	78000.1	—	463.61	—
产出							
物料名称	质量(体积)	Zn		Fe		Cu	
	$t(m^3)$	质量	含量	质量	含量	质量	含量
混合上清液/$(g \cdot L^{-1})$	10714285.71	289714.29	27.04	32.14	0.003	267.86	0.025
尾渣/%	509967.44	10964.3	2.15	77967.96	15.28	195.75	0.04
合计	—	300678.59	—	78000.1	—	463.61	—

续表 3 –26

投入											
Cd		As		Sb		F		Cl		Pb	
质量	含量	质量	含量	质量	含量	质量	含量	质量	含量	质量	含量
927.21	0.10	556.33	0.06	1112.66	0.12	463.61	0.05	556.33	0.06	6954.1	0.75
107.14	0.01	—				557.14	0.052	1178.57	0.11		
1034.35	—	556.33	—	1112.66	—	1020.75	—	1734.9	—	6954.1	—

产出											
Cd		As		Sb		F		Cl		Pb	
质量	含量	质量	含量	质量	含量	质量	含量	质量	含量	质量	含量
535.71	0.05	—	—	—	—	557.14	0.052	1178.57	0.11	—	—
498.64	0.1	556.33	0.11	1112.66	0.22	463.61	0.09	556.33	0.1	6954.1	1.36
1034.35		556.33		1112.66		1020.75		1734.9		6954.1	

减排已经成为全社会普遍关注的焦点问题,其实质是减少污染物的排放,进而提高资源利用率和污染治理能力,促使企业可持续发展。祥云飞龙扩建水处理系统,使其处理能力达到 $1.8 \times 10^6 \ m^3/a$,整合改造废水汇集工程,分类汇集浸出、萃取、电集等工序的生产废水和生活废水,便于废水处理回用,实现了工业废水零排放。在此基础上,狠抓源头降低污水处理成本,措施如下:①分质供水,循环利用,根据水质情况和不同用水点的水质要求,给水系统划分为生产新水、生活水、循环水、回用水等系统,做到各类水质物尽其用。②设备冷却水循环使用,仅就损失部分加以补给,降低了新水用量。③选用节水型洁具、优质阀门管件,最大限度地减少了"跑、冒、滴、漏"。④生产废水、酸性污水全部回用于生产,既避免了环境污染,又提高了水的利用效率。⑤水池液位连续显示,并设高液位报警,防止不必要的溢流。

4)原料控制与管理

原料控制与管理是冶金生产管理的重要环节,必须做好以下工作:①根据进货批量和数量做好仓位安排,保障原料全部入库,分类清楚。②做好原料采样、化验工作,确保入库原料质量的可靠性,不因此而造成亏损,影响质量。③做好配料工作和投入矿量的准确计量,确保生产流程稳定,增强各项指标可控性。④加强操作人员培训和设备维护工作,杜绝原料使用过程中的"抛、撒、漏"现象。⑤原料投入量要以存定耗,加强盘点,合理安排生产投入,杜绝人为因素导致原料投入成本升高。⑥依据生产指标、金属回收率、产品质量以及操作人员信息反馈，认真分析原料使用中的得失，为后续采购工作提供指导。

5）辅助材料控制与管理

辅助材料包括工业硫酸、石灰、絮凝剂、萃取剂（P204 和煤油）及滤布等。辅助材料的使用状况是生产成本和产品质量的决定性因素，控制与管理工作必须达到以下要求。①依据自身工艺特点和原料情况，制定合理的辅助材料采购和使用标准，以适用为原则控制辅助材料使用成本。②合理安排辅助材料存储，杜绝交叉污染保证质量，结合原料使用情况和生产工艺特性，严格把控辅助材料购、耗、存工作，降低辅助材料积压成本。③加强操作人员管理，使用过程中必须做到计量准确、投入及时，杜绝"抛、撒、漏"现象，确保辅助材料的高效利用。④深入分析合理规划生产流程和各生产环节技术经济指标，避免使用不当和过分合格的中间产物产生，确保辅助材料合理利用。

6）能量消耗控制与管理

控制和节约能耗的措施如下：①生产设施尽量集中布置，减少流程运行过程中的能量损失。②针对不同的物料选择合理的运输工具，提高运输效率，降低物料运输的能耗。③浸出设备大型化，同时主要生产工序和设备均设有 PLC 和 DCS 系统进行监测、调控，自动化程度较高，改善环境和劳动条件，使生产过程易于趋近和稳定在最佳技术条件下运行，达到稳产高产、降低原材料和能源消耗的目的。④泵类、搅拌装置采用节能电机，电机选型与负荷相匹配以降低电耗。⑤过滤设备采用压滤机，与真空过滤机相比，大大降低能耗。⑥大部分工序采用常温、常压浸出，尽量减少蒸汽的使用。

7）金属回收率控制与管理

控制和降低金属回收率的措施如下：①做好磨矿工作，保证球磨后 80% 以上物料粒度小于 200 目，使可溶锌浸出彻底。②加强操作人员培训和设备维护，杜绝生产过程中的"跑、冒、滴、漏"现象，避免金属流失。③在工艺条件允许范围内，尽量降低洗渣段溶液含锌，强化压滤降低尾渣水分，从而降低弃渣含锌。④均匀投矿确保各项指标稳定可控。

8）产品质量控制与管理

反萃后液是氧化锌矿浸出萃取的终端产品，其指标要求如表 3 – 23 所示。对中间及终端产品的质量控制措施如下：①积极策划质量工作的开展，从质量策划、质量保证、质量控制以及质量改进等方面开展质量管理工作，制定中长期质量方针、质量目标，不断开展质量意识教育，开展各种质量培训，更新质量知识。②积极开发工艺技术保障工作，不断研发新工艺、新方法，促进产品质量的提升。③通过 6S 管理、QC 小组、工艺攻关等方式实施现场改进，完善工艺，提高产品质量。④加强流程监控，确保各项生产指标检验、检测及时，使生产流程稳定可控，提高产品质量。⑤分析化验部门工作人员必须具备相关资质，持证上岗，加强培训，保障分析结果可靠，使生产调整准确无误，促进产品质量稳定提高。

9）生产成本控制与管理

1 t 析出锌的反萃后液非固定成本及构成见表 3 - 27。

表 3 - 27　祥云飞龙生产 1 t 析出锌反萃后液的非固定成本及构成

项目	耗用量	单价/元	成本/元	成本构成/%	备注
锌金属量/t	1.13	11177.01	12630.02	94.92	氧化锌矿含 Zn 17.36%
硫酸/t	0.55	410	225.50	1.70	工业用98%浓硫酸
蒸汽/t	0.302	165	49.83	0.37	0.3 MPa 饱和蒸汽
石灰/kg	57.2	0.41	23.45	0.18	
絮凝剂/kg	2	15.49	30.98	0.23	
萃取剂/kg	2	13.25	26.50	0.20	
溶剂油/kg	7	6.27	43.89	0.33	
锰粉/t	0.042	1264.03	53.09	0.40	
动力电/kW·h	380	0.53	201.40	1.51	
低值易耗品	—	—	21.68	0.16	压滤机滤布、润滑油等
合计	—	—	13306.34	100	—

表 3 - 27 说明，生产 1 t 析出锌反萃后液的非固定成本中原料费占 94.92%，此外，硫酸和动力费用占的比例较其他项高。生产成本应控制在一个合理的区间范围内，过分的压低各职能部门的生产成本不利于稳定生产，甚至会导致产品质量下降。生产成本控制措施如下：①增强全员成本管理意识，实行全员成本管理，全过程加强生产成本控制和成本考核，人人关心成本，发挥每位员工的主观能动性。②结合公司经营利润目标，制订科学合理的成本控制目标和中长期成本计划，层层分解、落实到个人；做好经济责任制考核工作，将成本预算与经济责任制紧密结合，鼓励各岗位努力降低成本，完成成本计划的进行奖励，完不成本计划的给予相应处罚，同时根据市场环境和生产经营情况变化及时调整成本计划，确保成本预算科学、合理、适用。③提高金属冶炼回收率和资源综合利用率，把冶炼过程中的铅、铟、铜、镉、银等有价金属"吃干榨尽"，将资源优势转化为效益优势，降低生产成本。④加强能源消耗的管理，做好各生产辅助材料、蒸汽和电力等日常消耗的监控工作，单耗发生异常时及时查找原因，分清是正常变化还是非正常变化，并提出相应对策。⑤根据市场变化、锌价走势等制订合理的生产计划，保持合理的原辅料存货库存，降低价格波动带来的风险。⑥加强新技

术、新工艺的研发，改善工艺操作条件和拓宽原料适应性降低原料采购价格，使生产效益最大化。

3.3　浸出液除铁

3.3.1　概述

早在 20 世纪 30 年代，锌焙砂高温高酸浸出工艺试验就已成功，锌的浸出率大于 96%，同时铁也大量进入溶液。由于没有锌铁分离的有效技术，故高温高酸浸出工艺一直未能用于生产。到了 20 世纪 60 年代，从高铁硫酸锌溶液中除铁的技术取得突破。从热酸浸出液中除铁有三种主要方法，即黄钾铁矾法、针铁矿法和赤铁矿法，它们均以产物中的主要矿物种类而得名。最先被用来沉淀硫酸锌溶液中高含量铁的方法是 1968 年在挪威锌公司电锌厂投产的黄钾铁矾法。20 世纪 60 年代挪威锌公司、埃斯突里亚那和大洋洲电锌公司同时发明黄钾铁矾法。随后这些公司继续共同开发，并一起获得专利许可证。此外，还研发出几种与黄钾铁矾法类似的铁矾沉铁法。在我国，热酸浸出－黄钾铁矾法沉铁工艺的工业试验于 1985 年在柳州获得成功，随即应用于工业生产。20 世纪 90 年代初，白银有色金属公司西北铅锌冶炼厂采用了热酸浸出－黄钾铁矾法沉铁工艺生产电锌。

老山公司于 20 世纪 70 年代开发出针铁矿法。1971 年，针铁矿法在比利时老山公司巴伦厂投产。针铁矿渣比黄铁矾渣更为致密，但是，产物中几乎没有硫酸盐，必须排出一部分硫酸盐来平衡焙砂浸出时溶解的硫。铁矾渣含有硫酸盐，所以黄钾铁矾法要消耗硫酸盐。2008 年，我国丹霞冶炼厂和株冶集团相继采用了针铁矿法除铁工艺。

1972 年，赤铁矿法在日本饭岛冶炼厂投产。1992 年中，奥比也安装了相关设备，但后来又改用针铁矿法。此工艺需有一个高压过程，产出的渣更加致密，品位相当高，足以作为炼铁的二次物料。2017 年，我国云南省马关县华联锌铟有限公司采用了赤铁矿法除铁工艺，2019 年 7 月实现达产。

这些方法共同的特点是对中性浸出渣进行高温高酸浸出，使渣中的铁酸锌溶解，并使铁进入溶液。区别在于从溶液中除铁时采取了不同的工艺和技术条件，使铁分别形成黄铁矾、针铁矿和赤铁矿等形态的沉淀物而除去。目前电锌厂黄钾铁矾法应用最多，其次是针铁矿法，赤铁矿法只有 3 家应用。这些方法的应用使湿法炼锌工艺日趋完善和成熟，电锌占锌总产量的比例由 1976 年的 71% 升高到 20 世纪 80 年代的 80% 以上。到 20 世纪 90 年代，世界上新建的炼锌厂几乎都采用全湿法炼锌工艺。鉴于赤铁矿法在我国应用时间尚短，本手册浸出液除铁不包括赤铁矿法。

3.3.2 黄钾铁矾法除铁

热酸浸出－黄钾铁矾法除铁是 1968 年在挪威锌公司电锌厂投产的。在我国，热酸浸出－黄钾铁矾法沉铁工艺的工业试验于 1985 年在柳州获得成功，随即应用于工业生产。20 世纪 90 年代初在西北铅锌冶炼厂建成 100 kt/a 规模的电锌生产线。该工艺的特点是既能利用高温高酸浸出溶解中性浸出渣中的铁酸锌，又能使溶出的铁从溶液中沉淀分离出来。生产实践表明，由于除铁过程通常需要加入中和剂焙砂，而在反应过程中仅有氧化锌及部分氧化铁溶解，铁酸锌不溶解，虽然铁矾渣经过酸洗，但是受酸度、反应时间等因素影响，铁矾渣含锌指标仍然不能令人满意。

为解决以上问题，20 世纪 90 年代澳大利亚电锌公司在传统黄钾铁矾法基础上发展了低污染黄钾铁矾法，即沉矾过程不加中和剂，以减少铁矾渣带走的不溶锌和其他有价金属，从而提高锌回收率。由于该方法是通过在预中和过程降低酸度来满足沉矾除铁反应条件，所以将难以避免铁矾渣在预中和过程中"早熟"，容易造成酸浸渣与铁矾渣互混，影响到渣中有价金属的回收，因此低污染黄钾铁矾法不适用于有回收银等有价金属需要的浸出工艺。

本节以白银有色金属公司西北铅锌冶炼厂热酸浸出－黄钾铁矾法沉铁工艺多年生产实践的主要指标和设备运行情况为依据。

1. 设备运行及维护

1）概述

黄钾铁矾法除铁工艺的主要设备由除铁槽、焙砂和添加剂加入设备、浓密机和压滤机组成。在连续作业的热酸浸出黄钾铁矾法浸出生产中，通常根据产能、反应时间、铁矾渣产出量等因素确定除铁槽、浓密机和压滤机的具体配置参数和配置方式。由于除铁反应设备间流转的均为高温高酸、含固量较高的矿浆，所以一般要求所配置的除铁槽均要有较好的耐腐耐温耐磨性，并辅助配置排气管道、溜槽覆盖等设施，改善现场操作环境。

除铁设备的维护主要是对搅拌装置、焙砂和添加剂加入装置、矿浆输送泵及管路、压滤机等主体设备的日常巡检和大修。运行周期长的槽罐也可能会发生腐蚀泄漏问题，通常应按照设备运转周期，对主要设备进行停运检修，在进行常规的清理、紧固、润滑等维护基础上，及时排除各种设备隐患和故障，能有效避免运转中出现突发重大设备问题，为连续生产奠定基础。定期对除铁设备进行巡检和维护是非常必要的。

2）除铁槽及其辅助设备

目前国内较大规模以上湿法炼锌厂除铁槽均采用机械搅拌槽。除铁机械搅拌槽通常由槽体、搅拌装置、槽盖、排气管路等组成。槽体可由钢筋混凝土捣制或用碳钢制作,以环氧树脂作隔离层,内衬耐酸瓷砖,槽内设阻尼板,进出口留有配位差,出口设导流板,内设压缩空气喷嘴,用来加速矿浆外排。产能较大的除铁槽容积一般为 80 m^3 或 108 m^3。随着技术的发展与进步,单槽容积有大型化趋势。

除铁槽的辅助设备包括搅拌装置和加料设备。除铁槽搅拌现多采用卧式搅拌,通常由电机、减速机、轴承座、搅拌轴及搅拌桨叶组成。搅拌轴及桨叶可选用耐酸腐蚀性较好的 316L 或 904L 不锈钢制作。除铁槽搅拌桨叶为上下两层配置,每层四片桨叶对称分布,一般搅拌转速为 50 ~ 90 r/min。加料设备通常由焙砂仓和可控制的皮带秤组成,料仓配置在皮带秤上部,焙砂由皮带送入除铁槽。在连续作业的除铁系统,一般有配置独立的除铁添加剂制备系统。

在日常生产中,应定期检查槽体及搅拌的腐蚀渗漏情况。对于出现渗漏的槽体应及时进行防腐堵漏和更换破损脱落的搅拌桨叶。对辅助设备要进行定期润滑、清扫,以保证设备正常运转。生产时要保持焙砂仓料位正常,皮带秤启动后要及时进行调整,防止皮带跑偏。焙砂加入量由岗位人员根据除铁需要调节。

3)液固分离设备

由于除铁产生的矿浆液固比较大,通常在产能较大、连续作业的除铁系统中,首先采用浓密机进行重力沉降浓缩,然后采用压滤机进行加压过滤,从而实现液固分离。

(1)浓密机　用浓密机进行矿浆浓密,实现液固初步分离,浓密机结构如图 3 – 23 所示。

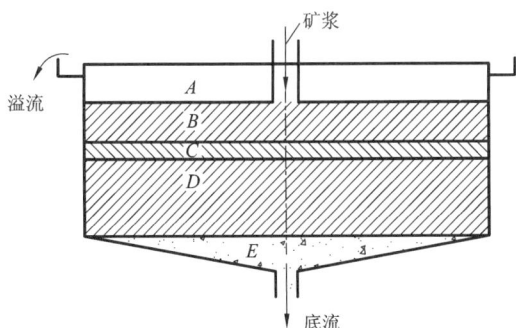

图 3 – 23　浓密机的浓缩过程

浓密机的内部空间从上到下可分为澄清区(A 区)、自由沉降区(B 区)、过渡区(C 区)、压缩区(D 区)和浓缩物区(E 区)。矿浆从浓密机的自由沉降区进入,固体颗粒依靠重力沉降后进入过渡区,之后进入浓缩物区,在此区靠浓密机刮板运动挤压，料浆含固量进一步提高，最后由浓密机底口排出；上清液由溢流堰排出。影响除铁浓缩过程的因素有：矿浆 pH、矿浆温度、溶液中二氧化硅（可溶）和铁含量、矿浆中固体颗粒的粒度、絮凝剂加入量等。随着技术的进步，基于絮凝技术，用于分离含细微颗粒矿浆的高效浓密机已逐步用于工业生产。但受投资、设备配置等原因影响，目前在湿法炼锌企业尚未得到很好应用。

浓密机通常由槽体、刮板传动装置、输液系统组成。浓密机体一般由钢筋混凝土捣制，内衬耐酸瓷砖，常用型号为 $\phi 15 \ m$ 和 $\phi 21 \ m$。刮板传动装置通常由电机、减速机、轴承座、轴及耙子、刮板、提升机构等组成，其中轴、耙臂和刮板通常选用耐温耐腐的不锈钢制作。输液系统由泵和工艺管路组成，用于实现液体的输送。

在日常生产中，浓密槽应加盖盖板，防止杂物进浓密机堵塞进出液口，并定期对浓密机传动和提升机构进行检查和润滑。耙子运转时，应时常检查过载指示器，如出现过载，及时分析造成过载原因，并采取相应调整措施消除过载，避免造成设备损坏。

（2）过滤设备 目前除铁过滤多采用厢式压滤机。厢式压滤机分为普通压滤机和隔膜压滤机。对于滤渣水分要求严格的除铁工序，通常选配隔膜压滤机。隔膜厢式压滤机一般由压紧装置、滤板、滤布、拉板装置和支架等组成，结构如图 3 - 24 所示。厢式压滤机具有结构简单、过滤面积选择范围广、物料适应性强等优点。

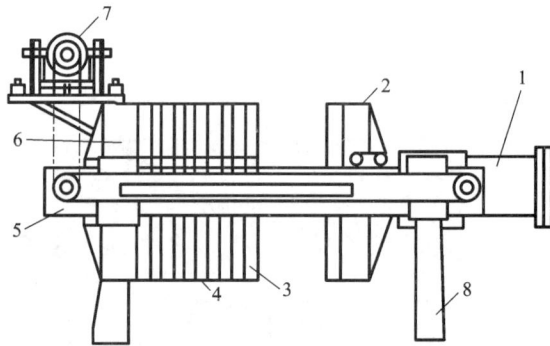

图 3 - 24 厢式压滤机

1—压紧装置；2—头板；3—滤板；4—滤布；5—横梁；6—尾板；7—拉板装置；8—支架

由于除铁过滤液体具有较高温度和酸度，因此，在操作中应定期对设备腐蚀情况进行检查，及时维修更换易腐蚀损坏部件。对于液压系统应定期检查油箱内杂物和油质变化情况，适时补充更换液压油，同时根据使用频率定期更换液压缸密封胶圈,注意压力调节,避免超压使用。如果压滤机出现滤板间跑液或滤液跑混,应停机检查滤板间是否夹渣、滤板是否变形和滤布是否破损等情况,及时清除夹渣和更换滤布是保持压滤机正常运行的关键。

4)输液系统

黄钾铁矾法除铁过程中液体的输送及转移尤为重要。通常在除铁工序内是利用反应槽配置时的高度差,通过玻璃钢溜槽实现液体的自流转移。除铁工序需要的各种液体(含添加剂)以及与其配套的过滤等工序间的液体或矿浆的输送,均依靠泵及管线来实现。

湿法炼锌系统使用的输送泵多为耐腐耐磨离心泵,材质分工程塑料和合金两种,合金泵多用于耐腐耐磨要求更高的介质。由于价格等原因,目前除铁工序工程塑料泵实际运用较多,一般根据输送物料的性质确定泵的扬程和流量。输液管线一般有钢衬 PO 管、玻璃钢管、不锈钢管等类型,实际使用中普钢衬 PO 管较多。随着技术进步,具有单管较长、质量较轻、易于架设、成本低等优点的超高分子管(如 UPE 管)逐步取代其他管型在湿法炼锌系统得到应用,但是由于其耐温的局限性,在一定程度上制约着实际使用范围。

在实际生产中,泵的维护主要有加油润滑、叶轮更换、密封更换等内容,按照正确的规程开停泵,避免空负荷运转是影响泵使用周期的关键。管线维护主要是及时检查、紧固、更换出现破损和泄漏的管道或阀门,保持输液畅通。

2. 生产实践与操作

黄钾铁矾法除铁过程对温度、酸度、添加剂、反应时间等条件都有明确要求。在具体操作过程中,需要对除铁反应各条件严格控制,方能达到满意的除铁效果。

1)工艺技术条件与指标

黄钾铁矾法除铁过程的主要工艺技术条件如表 3 – 28 所示。

表 3 – 28　黄钾铁矾法主要工艺技术条件

技术条件	参数	备注
pH	1.5 ~ 2.0	
温度/℃	90 ~ 98	温度越高越有利于除铁
时间/h	4 ~ 6	
添加剂用量/理论倍数	1.5	
除铁后溶液含铁/$(g \cdot L^{-1})$	1 ~ 2.5	视焙砂中 As、Sb、Ge 等含量调整

黄钾铁矾法除铁过程的主要技术经济指标有铁矾渣率和铁矾渣含锌量。

(1)铁矾渣渣率　铁矾渣渣率是指沉矾除铁后产出的铁矾渣干量与进入浸出系统总焙砂量的比值，一般铁矾渣渣率控制在20%～25%。

(2)铁矾渣含锌　一般常规黄钾铁矾法的铁矾渣含锌5%～10%，需要经过洗涤(酸洗、水洗)工序进一步降低渣含锌，提高金属回收率。经洗涤后的铁矾渣含锌2%～5%。

2)岗位操作规程

在连续作业的黄钾铁矾法除铁工序，岗位操作与浸出其他工序紧密相连，一般由主控室统一协调全部岗位操作，岗位操作力求到位、标准。

(1)除铁岗位基本操作　①上岗前按规定穿戴好劳动保护用品。②对除铁反应各设备、管路进行检查，及时处理故障隐患。③在接到开车指令，待预中和上清泵入除铁槽后，根据已分析含铁和流量情况，进行升温，同时按照计算结果加入焙砂和添加剂。④按时取样分析反应槽内铁浓度变化，视变化情况及时增减焙砂和添加剂量，物料加入做到均匀连续，保证进入浓密机前除铁矿浆铁指标合格。⑤除铁矿浆经浓密沉降后，上清进入浸出等工序，底流输送至过滤系统进行铁矾渣过滤，滤液返回除铁系统。铁矾渣应及时排出系统，避免浓密机过度积渣造成内部转动耙臂损坏。⑥生产过程中，应保持生产设备清洁，及时回收泄漏出的焙砂、含锌液体等；做好设备维护，认真填写岗位操作记录。

(2)开、停车的操作　①若是长时间停车后的开车，先进行工序内循环升温，待系统液体温度升到位后组织开车；若是短时间停车，可直接开车。除铁工序开车时先开启预中和上清泵和晶种泵，然后开除铁剂浆化液泵，并根据系统溶液的pH决定是否开启焙砂加料的设备，待浓密出上清后开启除铁后液的上清泵。②除铁工序停车操作：先停预中和上清泵，然后停除铁剂浆化液泵和晶种泵，停焙砂加料系统，最后停上清泵。

3)常见事故与处理

常见事故包括跑铁、跑浑及底流堵塞等事故。

(1)跑铁　沉矾系统跑铁是指除铁后液铁含量超过规定指标。如果出现跑铁事故，将导致铁在系统循环，渣量增大，浸出矿浆沉降效果下降，进而影响中上清质量。沉矾出现跑铁现象，应及时分析造成铁超标原因。

视超标程度采取如下处理措施：①降低除铁系统流量。②增加添加剂加入量。③稳定除铁过程pH。④保持沉矾温度。⑤检查返晶种系统运行是否正常。

(2)跑浑　除铁系统跑浑是指除铁矿浆经浓密沉降后上清浑浊，达不到工艺要求。由于除铁后液跑浑，将导致铁矾渣在浸出系统循环，不但造成浸出渣互混，而且加重系统除铁压力，应及时分析原因进行处理。

采取如下处理措施：①降低除铁系统流量。②检查絮凝剂加入情况。③及时排放浓密机内积渣。

（3）浓密机底流堵塞　底流堵塞一般有两个原因：一是底流出口堵有结块或异物。二是底流排放间隔时间过长，浓密机底部积渣严重，造成出口处结死堵塞。出现堵塞时，应及时采取措施进行疏通，并加大底流排放量。

3. 计量、检测与自动控制

1）计量

在连续运行的黄钾铁矾法除铁系统，为了确保技术指标，需要精确控制流量和物料加入量，以实现经济高效运转。

（1）焙砂及添加剂加入量计量　由于除铁过程中使用的焙砂及添加剂均为固体粉状物料，加入量较大，常用的计量设备为预给料电子皮带秤，结构如图 3－25 所示。

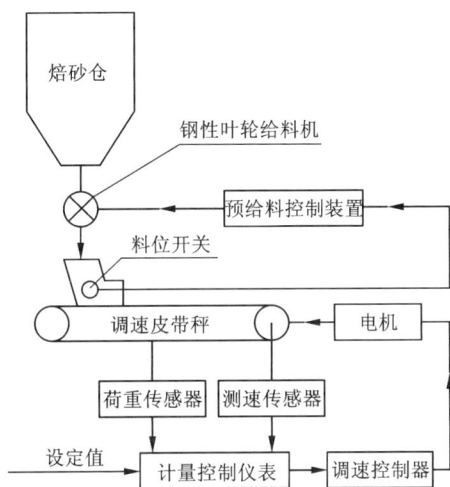

图 3－25　预给料电子皮带秤自动控制简图

工作原理如下：称重给料机将经过皮带上的物料，通过称重秤架下的称重传感器检测重量，以确定皮带上的物料重量。装在电机轴承处测速传感器连续测量给料速度，该速度传感器的脉冲输出正比于皮带速度。速度信号与重量信号一起送入皮带给料机控制器，产生并显示累计量/瞬时流量。给料控制器将该流量与设定流量进行比较，由控制器输出信号控制变频器调速，实现定量给料的要求。

为了使电子皮带秤稳定运转，减少故障的发生率，必须定期对电子皮带秤进行清理、调整、校准等维护工作。

（2）液体（矿浆）流量计量　通过对除铁系统进出液体进行精确计量和控制，能够准确把控体积分布情况，有利于保持除铁反应条件和整个浸出系统体积平衡。目前主要使用电磁流量计进行流量计量和显示，如果通过控制系统与自动阀门相配合,可实现流量的自动控制和精确计量。流量计日常维护主要包括:对仪表作周期性直观检查、检查仪表周围环境、扫除尘垢、确保不进水和其他物质、检查接线是否良好、检查仪表附近是否有新装强电磁场设备或新装电线横跨仪表等内容。若是测量介质容易沾污电极或在测量管壁内沉淀、结垢,应定期作清垢、清洗。

2)检测

黄钾铁矾法除铁系统检测分物理检测和化学检测,其中物理检测主要有液位料位检测、温度检测,化学检测主要是对除铁液体成分的分析检测。

(1)液位料位检测　按照黄钾铁矾法除铁工艺设备配置,除铁工序主要是对除铁浓密机溢流上清罐和添加剂、絮凝剂浆化槽进行液位检测。由于除铁过程温度高,蒸汽大,因此对液位计要求较高。目前常用的液位计有静压、超声波、雷达等类型。我国西北铅锌冶炼厂黄钾铁矾法除铁系统采用带吹气装置的液位计,具有价格低效果好的特点。此液位计是静压液位计的一种,工作原理是将一根吹气管插入至被测液体的最低面(零液位),通入一定量的气体使吹气管中压力与管口处液体静压力相等,用压力计测量吹气管压力,信号转换为液位显示,可用来检测高黏度、高腐蚀、放射性、结晶性和含有固体杂质的液体液位;缺点是安装较为复杂,需要风压支持。

料位检测一般是通过超声波料位计实现,由于会出现超声波探头被粉尘覆盖,影响测量结果的情况,因此需要对料位计探头进行定期清理维护。随着技术进步,已研发出称重式电子料位计,由于其具有精确度较高,调试、安装及维护方便,使用寿命长的特点,已逐步在除铁系统得到应用。

(2)温度检测　温度是沉矾除铁工序的主要控制条件之一,在连续生产过程中,温度需要持续监测,一般采用热电偶测温方式,便于连接仪表集中显示。由于除铁过程液体具有高温、强腐蚀性,反应槽内存在剧烈的机械搅拌,因此温度计保护套管要求有较强的耐腐蚀性和机械强度,以防止保护套管变形损坏。应定期检查热电阻温度计各处的接线情况,确保接线牢固,数据传递准确。

(3)成分分析检测　除铁过程所涉及的焙砂、反应液体及产出的铁矾渣均需进行成分分析,用于判定除铁效果和金属平衡核定;主要检测手段为人工化学法化验和仪器分析。焙砂检测内容主要是锌品位、粒度及含杂情况检测,焙砂、铁矾渣等物质成分分析主要采用 X 射线－荧光光谱法;反应液体主要检测酸度及锌、铁含量,采用人工化学分析法。

3)自动控制

除铁系统自动控制主要集中在物料加入、流量调整、酸度测定等方面。除铁物料自动控制加入一般通过电子皮带秤实现;流量自动调整是通过自动控制阀门或泵的变频调速来实现,也有厂家采用比重计实现了浓密机底流排放的自动控制；酸度自动测定通常与焙砂加入连锁，通过自动 pH 分析仪来动态调整焙砂加入量，过程控制更加稳定。近年来新建的湿法炼锌企业，已在关键控制点实现了 DCS 系统集中自动控制，受到投资和人员素质、设备维护等因素影响，目前我国湿法炼锌厂家整体自动控制水平较国外同等类型企业相差较大。

4. 技术经济指标控制与生产管理

1）主要技术经济指标

黄钾铁矾法除铁过程的主要技术经济指标如下：①锌回收率≥95%。②生产中上清液的辅材单耗（kg/m³）：锰矿粉单耗小于4，碳酸铵单耗小于4.5，絮凝剂单耗小于0.1。③锰矿粉应符合 GB 3713—1983 标准要求。④碳酸氢铵应符合 GB 3559—2001 标准要求。⑤絮凝剂（聚丙烯酰胺干粉）应符合 GB 17514—2008 标准要求。

2）能量平衡与节能

能量平衡是企业生产活动中所用能量在数量上的收支平衡，除铁实际生产过程中能量使用主要是电能和热能。电能主要用来实现液体（矿浆）转移及反应槽搅拌，具体电能消耗因设备装机容量差异而有所不同。热能主要由蒸汽带入，用于除铁过程中液体升温。由于蒸汽分为过热蒸汽和饱和蒸汽，各炼锌厂具体使用情况不尽相同。电锌产能为 100 kt/a，采用过热蒸汽加热的黄钾铁矾法除铁系统，一般蒸汽用量为 10 ~ 15 t/h。

节能关系到炼锌过程成本控制，由于生产蒸汽一般由焙烧余热锅炉和燃煤、燃气锅炉提供，因此应视具体情况分别采取节能措施。对于余热过剩的应考虑余热利用问题，比如余热发电和蒸汽冷凝水回用；对于必须采用锅炉供汽的除铁系统，应根据适宜的除铁温度需要调整蒸汽用量，避免过量消耗蒸汽。同时，要重视设备设施的保温工作，设备保温主要针对蒸汽管道以及高温反应槽和矿浆浓密机、溜槽等加装盖板，减少热量损失。在冬季较为寒冷的地区，应考虑厂房等主体设施的保温问题，降低采暖用蒸汽量。电能也是节能的关键，首先要认真核定系统生产能力，避免设备装机容量过大，根据产能变化调整设备开动台数，避免"大马拉小车"的问题。目前变频技术已逐步在泵输送方面得到应用，能够根据负荷变化调节电能消耗，对于节电和延长设备运转周期有着明显作用。

3）物质平衡与减排

黄钾铁矾法除铁工序基本上属于液体闭路循环系统，反应所需物料和渣的排放均需在液体运转过程中实现，因此保持除铁系统体积平衡、金属平衡、渣平衡对于整个浸出系统运转是非常重要的。体积平衡是上述平衡的基础，保持体积平衡主要是根据进出系统体积和蒸发量变化，适时补入或减少液体量，避免出现体积膨胀或过度体积收缩，以保持体积平衡。在开通铁矾渣水洗工艺和系统蒸发量小的时期，容易出现体积膨胀。金属平衡一般是指锌金属平衡，在生产过程中为了保持系统运转效率和电解系统酸锌含量，需要对液体中的锌浓度进行控制。实现锌金属平衡就是要根据产出锌金属量来确定投入浸出系统的焙砂量，来保持系统锌浓度平衡，除铁系统锌平衡与除铁前液、焙砂加入量有关，一般无须独立控制。在一定程度上，可以认为除铁工序也属于排渣工序，与浸出系统渣平衡密切相关，若排渣不利，容易造成浓密机积渣，不仅影响上清液质量，也会影响到下一工序生产的正常进行，因此根据产渣量合理及时地排放铁矾渣是保持除铁系统渣平衡的关键。

由于尚未研发出经济有效的处理铁矾渣的新工艺，通常铁矾渣只进行堆存。近年来，由于环保要求日趋严格，铁矾渣作为重金属渣，对环境有污染，因此降低渣中易溶重金属含量和减少铁矾渣的产出量关系到湿法炼锌企业减排大局。在生产中，通过岗位精细化操作，增加铁矾渣洗涤系统，目前铁矾渣含锌能够控制到5%以内(其中水溶锌1.5%以内)，有效降低了渣中易溶金属量。同时通过生产工艺改造，实现低污染黄钾铁矾法除铁，铁矾渣率能够下降10%，排出渣量得到明显降低。

4) 原料控制与管理

黄钾铁矾法除铁的主要原料为除铁前液(即预中和上清液)和锌焙砂。由于在设计之初对于除铁能力已然确定，因此对于除铁原料的控制主要集中在含铁量的控制上。在保证产能的前提下调整铁指标在除铁系统能力之内，对于减少添加剂消耗，确保除铁效果是非常重要的。浸出系统的铁来源于锌精矿或锌焙砂，在工艺不变的情况下，可以认为控制浸出系统铁浓度就是要通过合理配矿来实现控制入炉锌精矿的铁含量。为实现配矿目标，应做好以下工作：首先是控制入厂锌精矿的主品位及含杂状况，使其质量满足生产要求；其次是按含杂状况分类分仓堆存；最后是按入炉精矿的要求实施精准配矿，力求使入炉精矿的质量稳定。同时，除铁前液应尽可能清亮含固量低，以减少夹带进入除铁系统的渣量，避免影响除铁效果和造成渣互混。

5) 辅助材料控制与管理

沉矾除铁工序所用的辅助材料主要是指添加剂(碳酸氢铵或硫酸钠)和锰粉、3#絮凝剂(聚丙烯酰胺)等3种。辅助材料的使用量与除铁系统铁含量和产能有关，超出系统能力的除铁过程辅助材料使用量将会大幅上升。对辅助材料的管理要做到科学规范，一般首先要按照标准进行材料验收，确保质量符合生产要求；其次要控制合理仓储量并做好防护，减少材料价格波动带来的损失，确保材料不受潮、不结块、不失效；最后要在现场使用过程中，严格按生产要求调整加入量，做好现场的清洁文明生产工作，杜绝辅助材料的无效浪费，从而做到高效利用。

6) 能量消耗控制与管理

除铁工序的能量消耗与系统产能密切相关，通常随着系统设备配置确定，电能与蒸汽消耗也基本恒定,控制能量消耗的过程就是调整产能的过程。在实际生产中,要根据产能变化及时调整反应槽、泵等用电设备开动台数,关闭不需要的蒸汽加热阀门,减少蒸汽用量,避免系统超负荷运转。能量管理就是要以最小的能量投入获得最大的产出,避免浪费。确定合理的能耗指标,制定有效的能源管理办法和具体降低能耗的措施是企业节约能量消耗的有效手段。在坚持传统节能措施的基础上,应考虑使用高效节能设备来升级更新传统设备。比如高效电机的使用,电效可提高 2% ~ 8%,选用设计更加合理的搅拌设备,单台可降低搅拌电机功率 5 kW 以上等。对传统蒸汽直喷式的加热方式进行创新改造,已有厂家对于除铁前液使用螺旋板式换热器进行加热,用于降低黄钾铁矾法除铁过程蒸汽消耗。

7)锌金属回收率控制与管理

该工序影响锌金属回收率的因素主要有三个方面:铁矾渣含锌、锌焙砂飞扬损失和含锌液体"跑、冒、滴、漏"损失。

(1)渣含锌 渣含锌是影响锌金属回收率最为关键的因素,一般经过洗涤的铁矾渣含锌能够控制到 5% 以内,损失的锌占浸出系统总损失量的 40% ~ 50%。影响铁矾渣含锌的因素有沉矾除铁过程的反应温度、酸度、反应时间、焙砂粒度及洗涤水量等,配置铁矾渣酸洗工艺的除铁系统,酸洗温度及酸度控制对最终铁矾渣指标作用明显。

(2)焙砂飞扬损失 一般控制 60% ~ 80% 锌焙砂粒度为 -74 μm(-200 目),由于焙砂输送通常采用气动输送,如果控制不当将会造成焙砂的飞扬损失。减少飞扬损失,关键是确保焙砂料仓的收尘系统及输送管线无泄漏,在焙砂输送时及时开启收尘设备。在日常生产中,要对收尘设备定期巡检维护,保持收尘设备的开动率。同时,在工艺设计时,应合理确定除铁反应槽上焙砂加入位置,远离排气管道,减少随排气管道损失的焙砂量;在加料系统配置适当的收尘设施,可有效减少焙砂飞扬损失和对操作环境的污染,提高锌金属回收率。

(3)含锌液体"跑、冒、滴、漏"损失 由于除铁系统运转液体量大,工艺管线长,难以避免含锌液体"跑、冒、滴、漏"问题。为降低损失,一般在系统设计时,即要考虑泄漏液体回收问题,通常以围堰、地沟、集液坑为主,并配置地坑泵、管线实现含锌液体回收;此外,加强管线的巡护检查,及时更换破损的工艺管线、阀门等也是有效降低"跑、冒"损失的重要手段。

8)产品质量控制与管理

黄钾铁矾法除铁产出的除铁后液质量对于其他浸出工序生产有着重要影响,为了产出符合要求的除铁后液和达到令人满意的渣含锌指标,必须加强过程质量控制。一般湿法炼锌企业对于质量控制都制定了相应的标准和控制程序,目前运用较多的为 ISO9001 质量管理体系,该体系通过在企业内实施全面质量管理,实现全员参与,运用现代化科学和管理技术,将生产过程中影响产品质量的各种因素进行控制,变事后检验为事前预防,从而保证和提高产品质量,使用户得到最满意的产品。除铁实际生产过程控制中,要求从原辅材料的把关、除铁过程工艺指标控制、生产操作的到位率等方面入手,从源头抓起,重视过程控制,真正做到每个生产环节及细节均有把控,能够追根溯源。

9)生产成本控制与管理

黄钾铁矾法除铁工序所涉及的生产成本分为固定成本和可控成本,固定成本包含折旧、工资等,可控成本包括水、电、风、气、材料及备件等。由于电、风、气在该工序的消耗量较为固定,因此该工序可控成本主要是水、材料及备件费用。该工序的加工成本折合到吨阴极锌为 18 ~ 20 元/t,其中材料(含除铁剂)费约 5 元/t,备件费用约 4 元/t,电费约 5 元/t,水、风等其他消费用耗约 5 元/t。

除铁工序水的使用主要集中在添加剂浆化和铁矾渣洗涤方面,考虑到体积平衡及蒸汽的消耗,可将蒸汽冷凝水用于二次浆化,既能减少新水消耗,又能降低蒸汽用量。对各工序水量进行计量分析,采取必要的节水措施,降低"跑、冒、滴、漏"损失,使用水量趋于合理。

材料消耗主要集中在除铁剂、管线及紧固件。除铁剂的消耗量与焙砂的铁含量有关,消耗量一般在 30 ~ 50 kg/t 锌;管线及紧固件主要用于实现矿浆的输送及检测仪器的维护。备件主要包含除铁过程使用的电机、减速机、泵及阀门等,节约备件成本的主要途径是延长备件的使用寿命,采取的措施是加强日常的点检及维护,定期检修。

3.3.3 针铁矿法除铁

1. 概述

针铁矿型的沉铁渣结晶体大,铁品位较高,夹带有价金属少,容易过滤,因此,多个电锌厂采用针铁矿法除铁,沉铁总反应为:

$$0.5O_2 + 2Fe^{2+} + 3H_2O \longrightarrow 2FeOOH + 4H^+ \qquad (3-55)$$

这个反应是液、固、气三相反应,反应原理复杂,条件控制较严,针铁矿沉铁时溶液中 Fe^{3+} 的浓度必须小于 1 g/L。然后在高温下鼓入空气,同时中和溶液,控制 pH 为 2.5 ~ 3.5,就可以连续生成针铁矿。针铁矿的生成速度足以保证 Fe^{3+} 的浓度一直小于 1 g/L。

除铁过程中,反应物料连续不断地加入,反应产物也连续不断地排出,维持反应体系的物料总量或总体积恒定。整个过程是循环的,所得到的针铁矿产物再部分返回反应槽,作为晶种使用,增加反应速率。

中和置换后液进入除铁搅拌槽进行除铁操作,合格后料浆流入浓密池,生产过程中产生的粗渣料由搅拌槽底部的排渣口排出。澄清的浓密池溶液,溢流进入储槽供下一道工艺使用。而浓密机底部沉积的针铁矿渣，通过离心泵输送至铁渣过滤工序，浆化后用真空带式过滤机进行固液分离。本节以近几年丹霞冶炼厂氧压浸锌液针铁矿法除铁生产实践的主要指标数据和设备运行情况为依据。

2. 设备运行及维护

针铁矿除铁工艺设备由 8 个搅拌槽及相应的给料设备、浓密机、真空带式过滤机组成。

1）除铁槽及其辅助设备

（1）针铁矿除铁搅拌槽　①主要技术参数。搅拌槽为圆柱形，内径 5 m，几何容积为 200 m³，内设蒸汽加热管、气体分布器。②基本结构。针铁矿除铁搅拌槽的基本结构如图 3-26 所示。搅拌系统由电动机、减速机、机架、搅拌轴、搅拌器组成，搅拌器分为两层。挡板作用是将径向流转为轴向流，消除旋涡。③日常

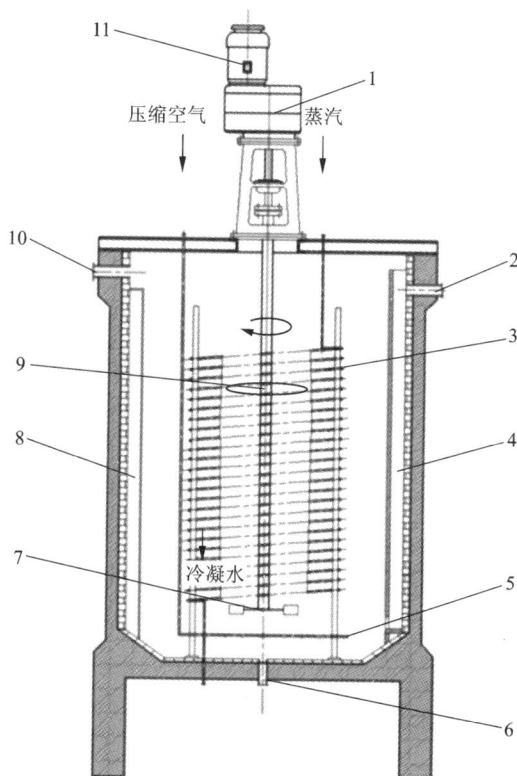

图 3-26　针铁矿除铁搅拌槽

1—传动装置；2—搅拌槽出液口；3—蛇形管加热器；4—导液口；5—气体分布器；6—底流排渣口；
7—下层搅拌器；8—挡板；9—上层搅拌器；10—搅拌槽进液口；11—电动机

维护和保养。A.减速机在运转中要注意观察油位、声响是否正常，电流是否稳定；如发现异常，应立即采取措施停机检查，排除故障，不得带病运转。B.经常检查紧固件是否松动，密封件是否渗漏，发现问题后要及时处理。C.每年定时解体检查各易损件的磨损情况，轴承间隙及润滑情况，排除隐患，做好检修记录。D.搅拌器每年检查一次，检查桨叶磨损情况，叶端允许磨损量≤10 mm，叶片中磨损沟槽深≤3 mm，过损者及时更换。E.建立设备维修档案，及时详尽地记录每次检修情况、更换零部件情况及突发事故处理情况和时间。掌握设备的运转规律和易损件的磨损规律，对保证设备长期处于良好状态下正常运转，将起到不可替代的作用。

（2）辅助设备　辅助设备包括4个石灰仓、收尘器、石灰给料和计量设备（成套）、石灰浆化槽、浆化输送泵。其功能主要是为针铁矿除铁工艺生产提供辅料。

2）固液分离设备

（1）浓密机　①结构尺寸：浓密池直径21 m，池体由圆柱形池壁和锥形池底组成，内衬防腐材料和耐酸瓷砖，浓密机由控制系统、传动装置、导流筒、提升机构、耙架及耙子等部分组成，如图3－27所示。②工作原理：工作过程中针铁矿

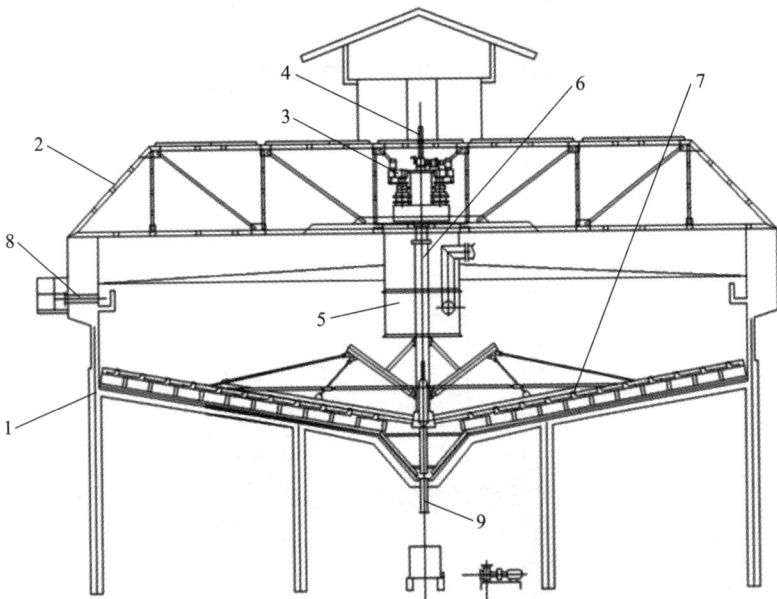

图3－27　针铁矿除铁矿浆浓密池的结构

1—槽体；2—工作桥架；3—刮泥机构传动装置；4—立轴提升装置；5—加料筒；
6—传动立轴；7—刮泥装置；8—澄清液出口；9—底流排液口

矿浆通过进料管道进入导流桶内,悬浮液中的悬浮颗粒在重力作用下被分离而沉降下来。③维护和保养:A.使用环境应经常保持干燥,电机应定期检查和清扫。风罩进风口不应受尘土等的阻碍,不得用水龙头喷射清扫电机。B.当电机供电系统的热保护及短路保护连续发生动作时,应查明故障原因,排除后方可再启动电机。C.做好设备日常维护工作,确保设备润滑良好,一般电机运转 2500 h(约半年)后至少检查一次,其他部位视油位和油质情况而定。D.轴承寿命终了时,电机运行时的振动噪声明显增大,应更换轴承。E.定期和不定期检查内衬防腐材料,发现损坏及时修复。F.整个设备在运转过程中如有异常(异常冲击声、振动和噪声等)应立即停车检查。在故障未排除前不得继续运转或重新开车。

(2)真空带式过滤机 ①主要结构:带式过滤机系统包括加料装置、洗涤装置、滤布、摩擦带、清洗装置、橡胶带、纠偏装置、滤液总管、切换阀、排液分离器、洗涤泵、真空泵等。②工作原理:真空带式过滤机是利用物料的重量与真空的吸力实现固液分离的高效设备。滤液穿过滤布经胶带上的横沟汇总,并由小孔进入真空室,固体颗粒被截留而形成滤饼。进入真空的液体经气水分离器排出。随着橡胶带的移动,已形成的滤饼依次进入滤饼区、吸干区,最后滤布与胶带分离,在卸滤饼辊处将滤饼卸出,滤布经清洗后再经过一组支承辊和纠偏装置后重新进入过滤区。其结构和工作原理如图 3-28 所示。③使用与维护保养:使用过程中的保养非常重要,需要对配合部位和传动部位进行润滑和保养,尤其是自动控制系统的反馈信号位置(电接点压力表及行程开关等)的准确性和可靠性必须得到保证。维护保养措施如下:A.随时仔细检查各连接处是否牢固,各零部件使用是否良好,发现异常情况要及时通知维修人员进行检修。B.对齿轮、转轴、调杆等零件要定期进行检查,使各配合部件保持清洁,润滑性能良好,以保证动作灵活;对滤布和橡胶带的同步性要及时调整。C.对电控系统要定期进行绝缘性和可靠性试验,发现由电器元件引起的动作准确度差、不灵活等情况,要及时修理或更换。D.对密封系统的保养,主要是对液封元件及各接口处密封性的检查和维护。④真空泵的日常维护和保养:在生产运行中,对真空泵的日常维护和保养,应时经常观察如下情况:A.供电电压和轴功率(电流)是否正常。B.机组的轴承温升是否正常,轴承温升不超过 35℃,实测温度最高应不超过 75℃。C.真空泵的供水量是否正常。D.观察胶带的运转是否正常。E.运行中如发现有异常,应立即停车检查,故障排除后,再重新启动。F.每运行 2500 h,检查更换一次轴承润滑脂。油脂量应占轴承室净空间的 2/3 左右。G.适当压紧填料,松紧度可通过填料压盖和螺栓调节。

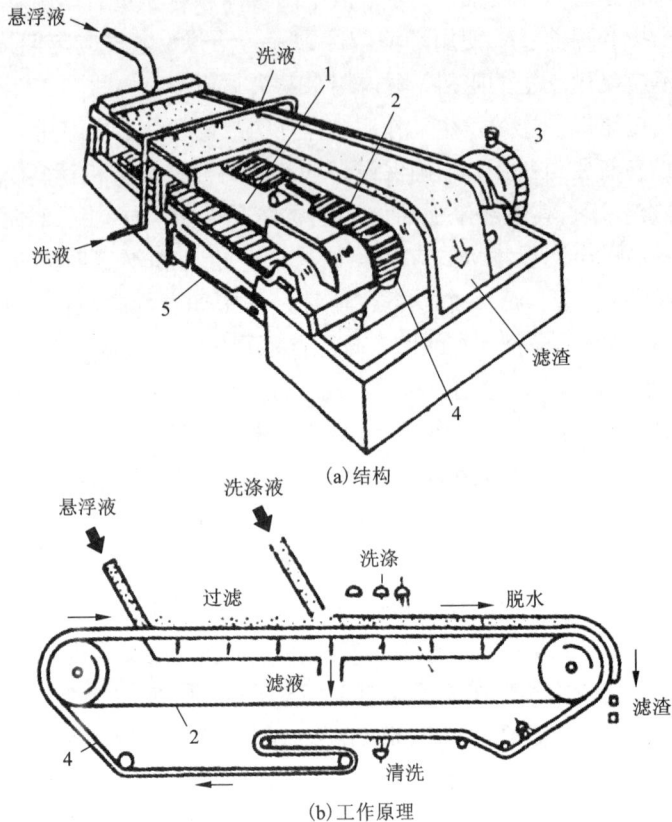

(a)结构

(b)工作原理

图 3-28　真空带式过滤机结构和工作原理

1—真空箱；2—排水带；3—驱动装置；4—滤布；5—滴水盘

2. 生产实践与操作

1)工艺技术条件与指标

(1)除铁过程　该工艺过程的主要技术条件与指标如下：①置换后液澄清度高。②压缩空气量≤40 m³/(h·m³)。③反应温度 75~90℃。④反应时间 5~7 h。⑤用锌焙砂作中和剂。⑥絮凝剂消耗量 0.02~0.06 kg/t 锌。⑦除铁桶出口及浓密上清液 pH 为 3.5，Fe^{2+} 2.0 g/L。⑧浓密上清液清亮，无悬浮物，无夹渣。⑨浓密底流浓度 20%~30%。

(2)铁渣过滤过程　①铁渣含锌≤12%。②铁渣含水≤35%。

2)岗位操作规程

岗位操作规程包括冷态开机、停机及正常操作规程。

(1)开机操作　①检查岗位所属所有设备阀门是否灵活，以及蒸汽、压缩空气及氧气压力情况。②检修后开机前先盘车后试转向，确认无误后方可准备开机。③检查有无"跑、冒、滴、漏"点，有则及时处理。④浆化岗位须按照操作规程制作好焙砂浆化液以备使用。⑤当除铁置换液储槽的体积超过 200 m³ 时，通知 DCS 控制岗位，启动置换后液输送泵进液，保持流量稳定在 80 ~ 90 m³/h，将存储在置换后液贮槽内液体送入高铁反应槽的第一个反应槽。⑥当高铁反应槽进液高度淹没第一层搅拌桨叶时，开启压缩空气，并经常查看压缩空气压力情况；当进液液体高度淹没第二层搅拌桨叶时开启搅拌器、蒸汽，并经常查看蒸汽压力情况。⑦当置换后液进至第二个反应槽开始溢液时每过半个小时检测一次 pH 及 Fe^{2+} 含量，严格控制过程 pH 在 3.0 ~ 4.0，温度在 90℃ 左右，$\rho(Fe^{2+}) < 2.0$ g/L。⑧当最后两个反应槽开始溢液时控制终点 pH 值在 3.0 至 3.5 之间，$\rho(Fe^{2+}) < 2.0$ g/L。⑨生产稳定 1 h 后方可调大生产流量。⑩当浓密池进液达到离溢流口还有 1 m 左右时开始加入絮凝剂。⑪每过半个小时巡查一次浓密澄清情况，在保证浓密上清液清亮的情况下可适当加减絮凝剂溶液加入量。⑫当浓密池的液体溢流到高铁上清液贮槽（大槽）存液在 3 m 左右时，通知 DCS 控制岗位，开启高铁上清液泵，向低铁反应槽第一个槽内输送高铁上清液，保持流量稳定在 80 ~ 90 m³/h。⑬当低铁反应槽进液高度淹没第一层搅拌桨叶时，开启氧气，并经常查看氧气压力情况；当进液高度淹没第二层搅拌桨叶时开启搅拌器、蒸汽，并经常查看蒸汽压力情况。⑭在每一个低铁反应槽溢液时保证 pH 在 4.5 ~ 5.0，最后一个反应槽出口 $\rho(Fe^{2+}) < 5$ mg/L。⑮整个开机过程中保持反应温度为 80 ~ 90℃。

（2）停机操作　①按要求逐渐减少流量，逐步退出反应槽，并且保证贮槽内液体合格。置换后液贮槽内存储 400 m³ 左右置换后液。②要求每个使用中的反应槽内溶液合格后，才能关闭压缩空气、氧气、蒸汽，排液至第二层搅拌液露出时就可以停搅拌器。③等到系统腾空后，所有泵、搅拌、浓密机都打至"0"位，并将控制柜锁好。

（3）高铁槽生产操作　①根据生产的需要通知中和置换按照相应流量的要求送液；②开启置换后液输送泵，将置换后液泵入高铁搅拌桶里。按照工艺要求开启压缩空气或者氧气，并对液体进行升温处理；③控制进液流量 130 ~ 180 m³/h，温度控制在大于 75℃，根据溜槽液位稳定压缩空气量，平均每槽压缩空气流量为 150 ~ 200 m³/h。④中和剂要多次少量地加入（或开启浆化系统，给料量设定为 1 t/h），控制 pH 2.5 ~ 3.5。最后一个反应槽出口控制 pH 为 3.5，$\rho(Fe_总) \leqslant 2.0$ g/L；中和剂的加入根据 pH 控制。⑤检查高铁溜槽是否冒槽，高铁浓密的澄清情况，若浓密上清液出现浑浊，联系絮凝剂制配人员提高絮凝剂浓度和加大流量；⑥检查高铁溜槽是否冒槽，高铁浓密的澄清情况，若浓密上清液出现浑浊，联系絮凝剂制配人员提高絮凝剂浓度和加大流量；根据实际生产情况进行控制将底流送至铁渣工序，对于出现的底流浓度过高造成浓密机提耙或故障，及时处理。⑦检查硫酸铜浆化液是否连续稳定下料，并且要求低浓低流、二净渣通过新增底流槽连续稳定返高铁；⑧根据浓密情况及时向铁渣输送高铁浓密底流，保证浓密机的扭矩在20%以内；⑨根据高铁槽出口料液中的铁含量及时调整气体以及辅料的用量，保证高铁槽出口的铁含量在控制范围之内。⑩取样要求：接班取置换后液，分析 Fe、Zn 和 pH；其反应槽出口每小时取滤液分析 Fe、Zn 和 pH。

(4) 低铁槽生产操作　①根据高铁储槽液位，开启低铁槽生产；②高铁溶液通过高铁储槽或者铁皮中间槽进入到低铁搅拌槽；③按照要求开启氧气，并加热处理液体，控制温度为 75 ~ 90℃；④通过圆盘给料器向搅拌桶里加中和剂，保证低铁出口的 pH≥5.0；⑤及时对溶液的酸度及下料情况进行检查，并且每小时对低铁出口料液中的铁含量进行分析，要求出口 $\rho(Fe) \leqslant 5$ mg/L；⑥检查低铁溜槽是否冒槽，低铁浓密的澄清情况，浓密上清液出现浑浊时联系絮凝剂制配人员提高絮凝剂浓度和加大流量；⑦检查低铁浓密底流是否连续稳定返液；⑧检查活性炭浆化液是否连续稳定下料；⑨根据低铁出口料液中的铁含量及时调整气体以及辅料的用量，保证低铁料液中的铁含量在控制范围之内。

3. 计量、检测与自动控制

1) 计量

(1) 中和剂配料系统的计量　该配料系统生产过程的计量全部由可编程序控制器完成，即将配料质量经 DCS 系统输出 AO 信号到双螺旋电子秤，由双螺旋电子秤动态检测电子秤称重传感器的信号，并将控制信号传送给可编程序控制器，经与配料重量的设定值比较后再由可编程序控制器内设定的 PID 调节控制输出给变频器进行调速。将称重传感器的信号也接入远程控制端的 DCS 系统，通过称重传感器的信号检测实现实时监视、称重与计量。

(2) 溶液处理量计量　溶液的流量计量由电磁流量计来完成。这种流量计是根据法拉第电磁感应定律进行流量测量的流量计。其原理是当导电流体在磁场中作垂直方向流动而切割磁感应线时，会在管道两边的电极上产生感应电势，感应电势的大小与导体在磁场中的有效长度及导体在磁场中作垂直于磁场方向运动的速度成正比。然后电磁流量计的中央处理器经过计算，把该电压信号转换成 4 ~ 20 mA 的电流信号并输入远程控制端的 DCS 系统中，通过将单位时间的流量的累加算出溶液的处理量。

(3) 压缩空气的计量　对气体量的测定由热式质量流量计来完成。它是一种利用传热原理检测流量的仪表，即利用流动中的流体与热源（流体中加热的物体或测量管外加热体）之间热量交换关系来测量流量的仪表。热传递正比于气体质量流量，即供给电流与气体质量流量有一对应的函数关系来反映气体的流量。同样也是通过将单位时间的流量累加从而算出气体的供应量。

计量设备使用时，应该对仪表作周期性直观检查。检查仪表周围环境，扫除尘垢，确保不进水和其他物质，检查接线是否良好。同时应该定期对双螺旋电子秤进行校准,对流量计进行零点的调整,对于测量介质容易沾污电极或在测量管壁内沉淀、结垢的情况应定期作清垢、清洗。

2)检测

针铁矿除铁的检测系统可分为:温度检测、液位与料位检测以及流量检测。

(1)温度检测　温度检测主要通过热电偶来实现。针铁矿除铁的工艺对温度有着明确的要求,所以对溶液反应温度的掌控也很重要。采用直接测量的方式,热电偶与溶液充分接触,将数据传送到 DCS 系统中。

(2)液位与料位检测　如今的液位与料位检测设备都非常成熟,特别是应用在常温、常压、中低温以及波动小等一般场合下,绝大多数的液位与料位的检测设备都可以满足要求。对于针铁矿除铁的工艺来说也一样。液位与料位的检测选用雷达液位计,其采用非接触式测量安装,不受噪声、蒸汽、粉尘、真空等工况影响,供电和输出信号通过一根两芯线缆(回路电路),采用 4~20 mA 输出或数字型信号输出,方便与 DCS 系统通信。

(3)流量检测　流量的检测在针铁矿除铁的连续作业工艺中运用得比较多,一方面监视着生产的速度,方便操作人员及时调整,另一方面也可作为反应物质投入的依据。其检测物有溶液流量、压缩空气流量、蒸汽流量以及中和剂的流量。针对不同状态物质特性采用了不同的检测设备仪表,如:电磁流量计、热式质量流量计、涡街流量计和双螺旋电子秤。

3)自动控制

针铁矿除铁工艺流程都伴随自动控制,或采用 PLC 系统或采用 DCS 系统。由于生产场地大,现场各自动控制设备都会将相关的运行或报警信号通过控制电缆与主控室的 DCS 系统进行通信,实现远程控制的目的。

(1)中和剂浆化的配料连锁　中和剂的浆化,只有在浆化槽内有足够的液体时才能进行。当槽子为空,系统会自动往槽子内补充溶液到设定液位高度并开启搅拌装置,然后中和剂经双螺旋电子秤输送到浆化槽内;当中和剂的量达到设定值,双螺旋电子秤将停止工作,搅拌继续,整个浆化过程基本完成,剩下由操作人员泵送到高铁槽内。

(2)溶液的温度连锁　溶液的温度控制主要通过控制通入板式换热器的蒸汽进行调节。当操作人员设定好溶液温度后,DCS 控制系统会根据溶液中热电偶传送的温度值比较,判断是否要调节相应调节阀的开度,然后由 PID 调节控制输出给调节阀进行自动温度控制。

(3)冷凝水回收装置的自动控制　这是一种以 PLC 控制实现的自动控制系统。整个自动控制是通过液位传感器检测的反馈信号送给液位调节仪,液位调节仪输出 4~20 mA 控制信号去调节变频器的频率,再由 PLC 等向执行单元发出控制信号,控制水泵的运行。当罐内液位高于液位设定值时,变频器频率升高,向外排水量加大，使回收器内的液位降低。当罐内液位低于低液位设定值时，变频器频率减小，水泵转速减小，回收器内的液位逐渐升高。通过变频器的连续调节，使冷凝水回收装置内的液位始终保持在设定区间。

(4)浓密机的自动控制　浓密机也以 PLC 作为控制系统，其作用是实现反应后溶液的固液分离，针铁矿以浓密底流的形式送到铁渣工序处理，浓密上清液则送往下一道工序。作为重要设备，为了有效解决刮泥耙事故，防止超载和电机跳闸，保证设备安全，可设计自动运行方式。当浓密机扭矩达到 50%，刮泥耙自动提升，与底泥接触少了，相应阻力也会降低。当扭矩低于 50% 时，提升停止。如果浓密机提升到最高位置，扭矩仍高于 50%，顶部限位开关会及时关闭提升以保护设备。当扭矩高于 30% 而低于 50%，浓密机将在固定位置运转。当浓密机扭矩低于 30% 运行 1 h 后，下降自动运行，浓密机将提升 1 m 后下降，直至浓密机底部。通过这种控制，配合操作工及时排出浓密机底流，保持沉积泥浆与排出泥浆的平衡，从而保证刮泥耙的扭力在设定范围内，从而实现稳定的生产。

4. 技术经济指标控制与生产管理

1)主要技术经济指标

(1)生产能力　高温高酸浸出主流程的各道工序均采用连续生产，上一道工序为下一道工序提供产品，环环相扣。整个流程的步调必须一致，否则将会引起生产系统体积失调，严重时会中断生产，造成生产事故。所以，生产能力除了受操作、管理水平、设备运行状况影响外，系统流程的生产调度也是重要影响因素之一。生产能力主要是处理置换后液，处理量为 $150 \sim 180$ m³/h。

(2)生产效果　针铁矿除铁的效果主要体现在铁的脱除、铁渣含锌及合格率等指标：①置换后液含 $\rho(Fe^{2+})9 \sim 12$ g/L；②除铁后要求 $\rho(Fe^{2+}) < 2$ g/L；③除铁率 $80\% \sim 92\%$；④铁渣含锌≤12%；⑤合格率≥85%。

铁渣含锌受中和剂成分和消耗量等因素影响。合格率主要受岗位人员操作水平影响，合格率系指按对应的取样频次对除铁桶出口(1 次/h)、浓密上清液(交接班各 1 次)进行取样，Fe、pH 合格的取样批次同总的取样批次的比值。

(3)压缩空气量　压缩空气作为针铁矿法除铁的主要反应物之一，其有效利用率直接影响生产成本。压缩空气单耗主要影响因素为操作水平、管理能力及设备故障率。设计要求为 40 m³/(h·m³)，实际要求为 30 m³/(h·m³)。

(4)中和剂消耗　锌碚砂中和剂的消耗水平直接与其纯度、粒度(及分布)、有效成分相关。例如，中和剂的粒度过大，会还未充分反应便沉底，不仅造成浪费，还会堵塞设备(槽体、管道)增加清理工作量。中和剂的粒度过小，则会漂浮于溶液表面。中和剂消耗要求低于 130 kg/t 锌片。

2)物料平衡与减排

(1)针铁矿除铁过程物料平衡　针铁矿除铁过程物料平衡如表 3 - 29 所示。

表 3 - 29　针铁矿除铁过程物料平衡

项目	物料名称	液体体积/m^3	质量/t
投入	置换后液	1000	1410
	锌焙砂	0.2	20
	絮凝剂用水	26.4	26.4
	铁渣返回滤液	120	151.2
	系统水	77.1	77.1
	共计	1223.7	1684.7
产出	除铁后液	1070	1487.3
	铁渣	12.3	35
	铁渣滤液	120	152.4
	水蒸气蒸发	10	10
	共计	1212.3	1684.7

注：锌焙砂含水 0.89% ，铁渣含水 35% 。

表 3 - 29 说明，平衡情况良好，只是液体体积有 0.94% 的负偏差。

（2）减排　针铁矿法除铁工艺的废气采用集中收集后排放，并定期进行跟踪监测。产生的废水均是返回系统，不对外排放。产生的铁渣属于危险固体废弃物，采用挥发窑处理。针铁矿法除铁工艺减排主要途径如下：①生产规模扩大（设备大型化、自动化）有利于物料单耗的降低，资源综合利用率的提高。②提高原辅材料的品位，有利于降低物料消耗和金属的综合回收率，有利于环境保护。③提高操作精细化水平。

3）原料控制与管理

（1）置换后液　针铁矿法除铁的主要原料是中和置换工序的置换后液，它的化学成分标准如表 3 - 30 所示。物理规格要求是，相对密度 1.35 ~ 1.45，溶液清亮，无夹渣、无悬浮物及外来夹杂物。置换后液的质量直接影响除铁效果。当置换后液中铁超过 12 g/L 时，除铁难度明显加大，除铁效率降低及工艺波动大。当置换后液浑浊、夹带固体颗粒时，除铁更难。上游工序严格控制好置换后液的质量，以及本工序加强置换后液的巡查监测，对除铁的稳定生产是十分必要的。

表 3 – 30 置换后液化学成分标准 g/L

元素	Zn	Fe	pH
含量	145 ~ 160	8 ~ 12	3.0 ~ 5.0

(2)中和剂 除铁工序的中和剂以焙砂为主,有效成分为 ZnO,其含量决定了中和剂效果。ZnO 将针铁矿生产过程中产出的 H^+ 中和掉,使反应能继续进行,达到生成针铁矿的目的。中和剂本身对针铁矿生成工艺影响很小,但对副产品和操作有较大影响,有效成分降低增加了物料消耗,铁渣量大,使得压滤工作强度大。如果中和剂的颗粒较粗,则会造成铁渣渣量大,并且容易堵管、堵槽等,甚至造成停产。中和剂中的铁含量对除铁过程有比较大的影响,如果中和剂中的可溶铁含量较高,在中和过程中,可溶铁不断溶出,增加除铁难度,造成溶液中的铁不能够很好地去除,使下一工序操作困难。锌焙砂中和剂的质量标准见表 3 – 31。

表 3 – 31 中和剂用锌碚砂质量标准 %

Zn$_全$	Zn$_可$	Fe$_T$	Fe$_可$	SiO$_{2T}$	SiO$_{2可}$	Pb	As
>55	>51	<15	<5	<5	<2.5	<1.5	<0.3
Sb	S	F	Cl	Co	Ni	Cd	粒度
<0.03	<1.0	<0.05	<0.05	<0.01	<0.01	<0.35	<120 目

4)辅助材料控制与管理

针铁矿法除铁使用硫酸铜、絮凝剂作为辅助材料。

(1)硫酸铜 当置换后液杂质含量较高或铁不易除去时,为加速除铁过程和缩短反应时间,通常加入硫酸铜作催化剂,以强化反应。硫酸铜浆化后连续加入,保证除铁过程铜离子在 100 ~ 150 mg/L 的范围内。

(2)絮凝剂 絮凝剂对除铁后液的浓密澄清速率及效果严重影响二段除铁及铁渣过滤。这里主要采用聚丙烯酰胺作絮凝剂。

5)能量消耗控制与管理

针铁矿除铁过程的能量消耗主要在反应过程。一是需要提供反应热,这里采用 0.5 ~ 0.6 MPa 的蒸汽经螺旋板式换热器、蛇形盘管对溶液进行加热,冷凝水集中回收送锅炉。二是需要动力电,将电能转换为机械能,加强反应过程的传质、传热过程,实现物料输送和转运过程。三是设备管道散热以及废气(含蒸汽)带走部分热量。

能耗的控制管理要点主要在于利用好置换后液自身热能、控制好压缩空气消耗防止废气带走的热损失、考核针铁矿除铁流程的电能消耗指标以及做好设备本体保温层的维护工作。

6）金属回收率控制与管理

（1）锌金属回收率 锌在针铁矿除铁过程中的损失主要是铁渣带走的锌量以及机械和其他不能回收损失的锌量。

①铁渣带走锌量。针铁矿除铁过程锌的回收率计算数据如表 3-32 所示。每处理 1000 m³ 置换后液，需要锌焙砂 17 t，产出 36 t 铁渣（干量），其中铁渣含锌 12%。铁渣转运至回转窑进行还原挥发焙烧，锌蒸气在烟气中又被氧化为氧化锌，回收率约为 95%。

加入量：$1000 \times 160 \div 1000 + 17 \times 50\% = 168.5(t)$。

产出量：$998 \times 163 \div 1000 + 36 \times 12\% \times 95\% = 166.801(t)$。

回收率：$166.801 \div 168.5 \times 100\% = 98.99\%$。

由表 3-30 可计算出针铁矿除铁过程中锌的直收率为 96.54%。

②其他损失。其他损失包括滤布带走损失和机械损失等。此项损失约占原料含锌量的 0.89%。综上所述，以上两项损失占原料含锌量的 1.90%，即除铁过程中锌的回收率为 98.10%。

（2）控制与管理措施 控制与管理措施主要有防止工艺溶液中锌浓度降低，加强铁渣洗涤及控制好中和剂成分及粒度等措施。

表 3-32 针铁矿除铁过程中锌的分布

项目	名称	锌含量	锌质量/t	比例/%
加入	置换后液/(g·L⁻¹)	160	160	94.96
	锌焙砂/%	50	8.5	5.04
	小计	—	168.5	100
产出	铁渣/%	12	4.32	2.66
	除高铁后液/(g·L⁻¹)	163	162.674	97.34
	小计	—	166.994	100
其他损失	滤布或机械损失	—	1.506	0.89

①抑制工艺溶液中锌浓度降低。当溶液 pH 过高或中和剂投入过量或不当，会造成大量锌离子以碱式硫酸锌的形态进入铁渣。控制好流程各环节的溶液 pH（3.5~4.5），优化中和剂的加入方式，实现精细化操作，尽量控制工艺溶液中锌浓度的降低。

②开展铁渣水洗、酸洗操作。除铁浓密底流送真空带式过滤机水洗，初步回收底流中水溶锌，再加废液进行酸洗、浆化、压滤回收部分可溶锌。

③控制好中和剂成分及粒度。一是控制好中和剂的可溶锌量[锌焙砂 $w(Zn_可) \geqslant 51\%$]。二是控制好中和剂的粒度，避免过细漂浮造成浪费，以及过粗反应不充分造成渣量大。

7)产品质量控制与管理

影响针铁矿法除铁产品质量的主要因素有置换后液、中和剂质量、辅助物料、动力因素影响以及设备故障等。跟踪监测好原辅料杂质含量，加强技术攻关不断优化工艺控制参数，提高设备良好运行率是产品质量控制和管理的主要途径。主要产品质量标准如下。

(1)针铁矿除铁后液 $\rho(Fe_总) \leqslant 2\ g/L$，pH 2.5～3.5，相对密度1.35～1.45，溶液清亮，无悬浮物、无夹渣及外来夹杂物。

(2)除铁浓密上清 $\rho(Fe_总) \leqslant 2\ g/L$、pH 2.5～3.5，溶液清亮。

(3)铁渣 锌≤12%，水≤35%。

8)生产成本控制与管理

生产成本，包括直接材料、燃料动力、直接人工和制造费用等几大部分。直接材料分为原料和辅料，其中原料主要为置换后液、锌焙砂，辅料主要为钢材、五金、电器、油料、杂品、备件以及硫酸铜、絮凝剂等化工材料，燃料动力则主要为电能、蒸汽、氧气等。不算原料成本，针铁矿除铁过程的加工成本大约是355元/t 锌片。

成本管理的基本要点便是要做到可控成本真正可控。应紧密结合生产实际，从本岗位出发，以提高经济效益为目标，积极探索质量稳定情况下降低材料单耗、合理使用人工、节约能源消耗的有关办法，形成人人关心成本、人人参加成本控制的良好氛围，使可控成本得到有效控制和管理。具体管理措施：①对材料、备品备件要实现有效管理。②提高设备维修质量，进而提高设备运转率。③加强技术指标优化工作，进一步稳定和控制单耗水平。④开展大区域、大工种作业，逐步实现一专多能、一人多岗，从而减少用工人数，提高单位作业效率，降低人工成本。⑤提高生产过程处理量，实现大流量条件下的可控成本。

3.4 深度净化

3.4.1 概述

在电锌厂，杂质的影响及其控制是非常重要的。表3-33概括了主要的杂质及其对生产过程的影响，以及在流程中的哪个过程会自然排放除去，而不需专门的脱除阶段。可以看到大多数杂质的影响是在电积工序，这些不是严重地影响电流效率,就是污染阴极,或者造成操作困难。表 3 - 34 列出了常用的杂质控制方法,指明了电积液中杂质的允许浓度。电积液和精矿的成分不是绝对数值,这与具体的冶炼厂关系密切,但也指明了在什么浓度下会出现什么问题。

表 3 - 33　电锌厂中的杂质分布

元素	工艺影响	自然分布
锑	降低电流效率	电解液
砷	使焙烧炉结块,砷逸出	中性浸出液,电解液
铋	污染阴极	电解液,阴极
镉	污染阴极	电解液,阴极
钙	堵塞管道	电解液
氯	腐蚀铝阴极	电解液或焙烧炉气
钴	降低电流效率,增加锌粉消耗	电解液
铜	降低电流效率	电解液
氟	腐蚀铝阴极	电解液或焙烧炉气
锗	降低电流效率	中性溶液,电解液
金	无	最终残渣
铟	使锌阴极表面变得粗糙	电解液
铁	降低电流效率和阴极纯度	电解液和阴极
铅	使焙烧炉结块	最终残渣
镁	使槽电压升高	电解液
锰	增加阳极的清洗工作量	电解液和阳极
汞	污染阴极和酸	酸
镍	降低电流效率,增加锌粉消耗	电解液
钾	产生不需要的铁矾沉淀物	电解液和铁矾渣
硒	污染阴极和酸	酸、残渣和电解液
硅	妨碍沉降和过滤	最终残渣和电解液
银	无	最终残渣
钠	产生不需要的铁矾沉淀物	电解液和铁矾渣
碲	污染阴极	最终残渣和电解液
铊	污染阴极	电解液和阴极

表 3-34　电锌厂中的杂质管理要求

元素	电解液中允许的最高含量/($mg \cdot L^{-1}$)	除去或控制方法
锑	<0.001	锌粉净化
砷	<1	随铁沉淀
铋	<25	随铁沉淀
镉	<0.5	锌粉净化
钙	<饱和浓度	石膏沉淀
氯	<100	焙烧脱除
钴	<0.3	锌粉净化
铜	<0.1	锌粉净化
氟	<10	焙烧脱除和随铁沉淀
锗	<0.05	随铁沉淀或进中浸渣
金	—	进入最终残渣
铟	<1	锌粉净化或进中浸渣
铁	<5	由除铁工艺除去
铅	不溶	进入最终残渣
镁/($g \cdot L^{-1}$)	<10	电解液开路
锰/($g \cdot L^{-1}$)	1~4	清洗阳极
汞	约0	焙烧(脱汞工艺)
镍	<0.3	锌粉净化
钾	—	电解液开路
硒	0.01	焙烧脱除
硅/($g \cdot L^{-1}$)	2.5	部分进入最终残渣
银	—	最终残渣或铁矾渣
钠	—	电解液开路
碲	<0.01	由除铁工艺除去
铊	<0.1	锌粉净化

　　净化是将中性上清液中影响锌电解正常进行和产品纯度的杂质元素，如铜、镉、镍、钴、砷、锑、锗等除去的工艺过程。几乎所有电锌厂，都采用锌粉置换法来除杂。在置换过程中，锌溶解，电极电位更正的金属则转变成固相从溶液中析出。

$$MeSO_4 + Zn \longrightarrow ZnSO_4 + Me \downarrow \qquad (3-56)$$

式中：Me 代表 Cu、Cd、Ni、Co 等。

　　由于除钴反应速度很慢，因此在除钴时除了加入锌粉，还必须加入一些反应剂以加强净化反应。在这些添加剂中常用的有硫酸铜、氧化锑或酒石酸锑钾、三氧化二砷。不同的工厂采用的温度、时间和酸度条件以及化学反应剂不同，因此除去杂质的顺序也各不相同。如图 3-29 所示为一种常用方案，该方案的除杂顺序为：中浸上清液分成两部分，少部分先除氯，大部分与脱氯液合并用锌粉除铜，除铜获得的低价铜用于脱氯；然后加 As_2O_3 或锑盐活化剂，用锌粉除钴镍，最后加锌粉除镉。

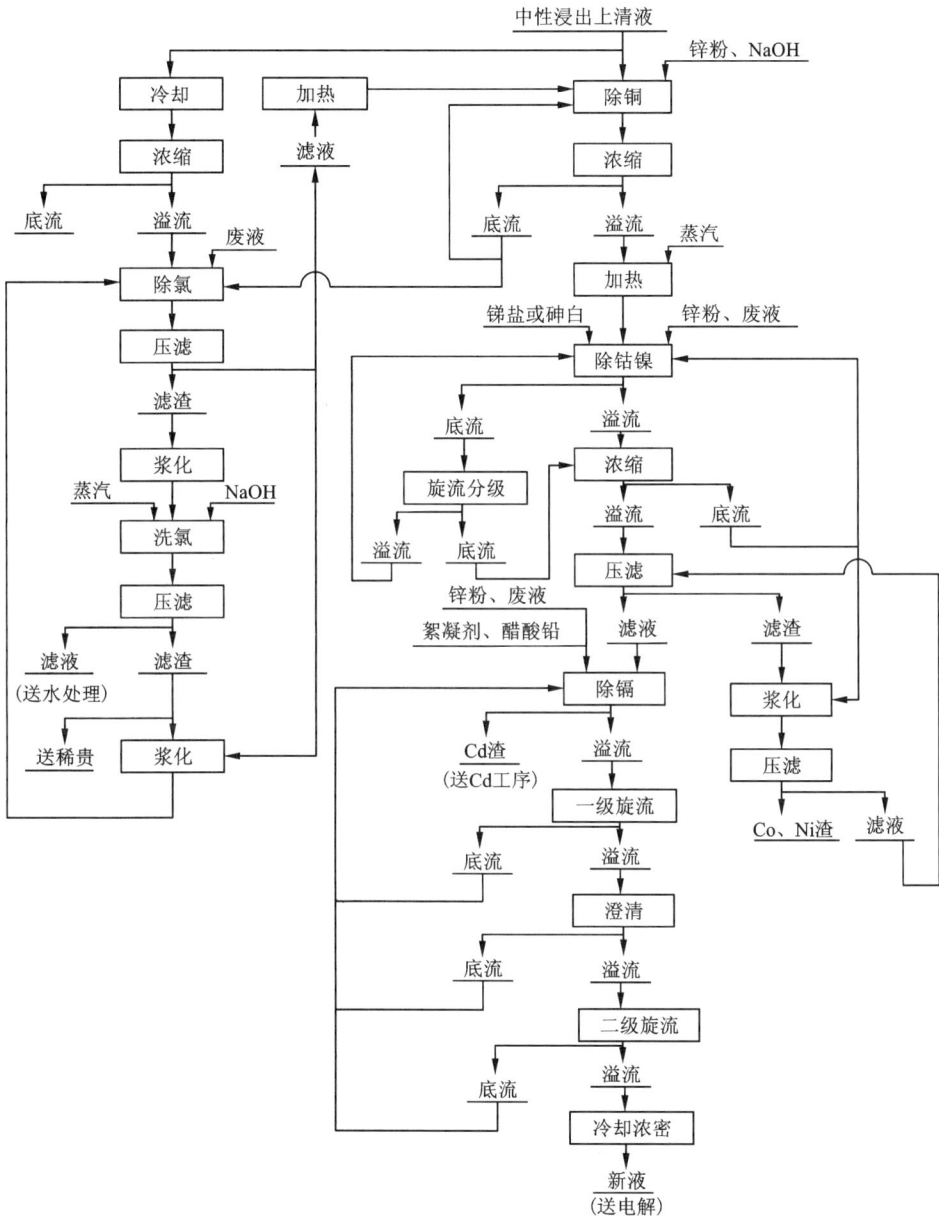

图 3 - 29　硫酸锌溶液锑盐深度净化原则工艺流程

3.4.2 设备运行及维护

溶液净化过程主要采用净化反应器、液固分离、物料输送、加温降温等设备。净化反应器有机械搅拌槽、沸腾槽等。液固分离设备有压滤机、浓密槽、管式过滤器、水力旋流器等。固态物料输送有绞笼、皮带、振动输送器等。溶液、矿浆主要用离心泵输送。溶液加温用换热器、盘管或蒸汽直接加热。溶液降温主要用空气冷却塔。图 3-30 是国内某厂硫酸锌溶液砷盐深度净化工艺设备连接配置图。图 3-31 是国内某厂三段锑盐深度净化车间设备配置图。本书主要介绍国内电锌厂普遍采用的三段锑盐深度净化工艺及设备。

图 3-30 国内某厂硫酸锌溶液砷盐深度净化工艺设备连接配置示意图

1. 净化槽及其辅助设备

硫酸锌溶液深度净化过程的主体设备如表 3-35 所示。

表 3-35 净化槽及其辅助设备

净化槽	槽体规格	搅拌机	锌粉给料机	槽体内衬
一段净化	ϕ5200 mm $H = 5500$ mm $V = 117$ m³ 3个	减速机 SEW RM167 $n = 62$ r/min 双层桨叶 $N = 45$ kW 3台	锌粉绞笼减速机 XWD4-71-0.75 Y802-4 电机 $N = 0.75$ kW 2台	钢筋混凝土 内衬玻璃钢 再衬瓷砖

续表 1 – 3

净化槽	槽体规格	搅拌机	锌粉给料机	槽体内衬
二段净化	ϕ5750 mm H = 5500 mm V = 143 m³　4 个	减速机 SEW RM167 n = 62 r/min　双层桨叶 N = 45 kW 4 台	锌粉绞笼减速机 XWD4 – 71 – 0.75 Y802 – 4 电机 N = 0.75 kW 3 台	钢筋混凝土 内衬玻璃钢 再衬瓷砖
三段净化	ϕ5200 mm H = 5500 mm V = 117 m³　3 个	减速机 SEW RM167 n = 62 r/min 双层桨叶 N = 45 kW 3 台	锌粉绞笼减速机 XWD4 – 71 – 0.75 Y802 – 4 电机 N = 0.75 kW 2 台	钢筋混凝土 内衬玻璃钢 再衬瓷砖
钴渣 酸洗	ϕ4000 mm H = 4200 mm V = 53 m³　3 个	减速机 BLB – 15 – 23 – 18.5 n = 62 r/min N = 18.5 kW　3 台		钢筋混凝土 内衬玻璃钢 再衬瓷砖

1)搅拌机的操作运行

(1)开车前的准备　搅拌机启动前的准备工作如下:①检查各紧固螺栓是否松动。②检查搅拌机轴的旋转方向(顺时针方向)。③通过观察孔检查减速机润滑油位及轴承润滑情况,并及时加油。④如系空槽,应下槽检查阻尼板、导流筒及桨叶是否完好,槽内是否有杂物,进出液口是否畅通。⑤严禁在空槽时运行搅拌机,必须在液面达到槽体高度 2/3 时方能运行搅拌机。⑥应预先与上下工序联系。⑦清除设备上的异物。

(2)开车操作　①按启动按钮,启动设备。②检查减速机的运转情况,确保正常工作。③观察搅拌情况。

(3)正常停车　①关闭进、出液口,停止进液。②按停止按钮,停车。③如需较长时间停车,应打开底阀排空渣液。④与上、下岗位联系通报情况。

(4)紧急停车　有下列情况之一时按停车按钮进行紧急停车:①搅拌轴摆动厉害。②减速机振动厉害,有撞击声。③电机与电气设备突然冒烟,有烧焦味。④噪声过大或电机、减速机及轴承温升超过40℃。停车后继续完成正常停车的其他操作。

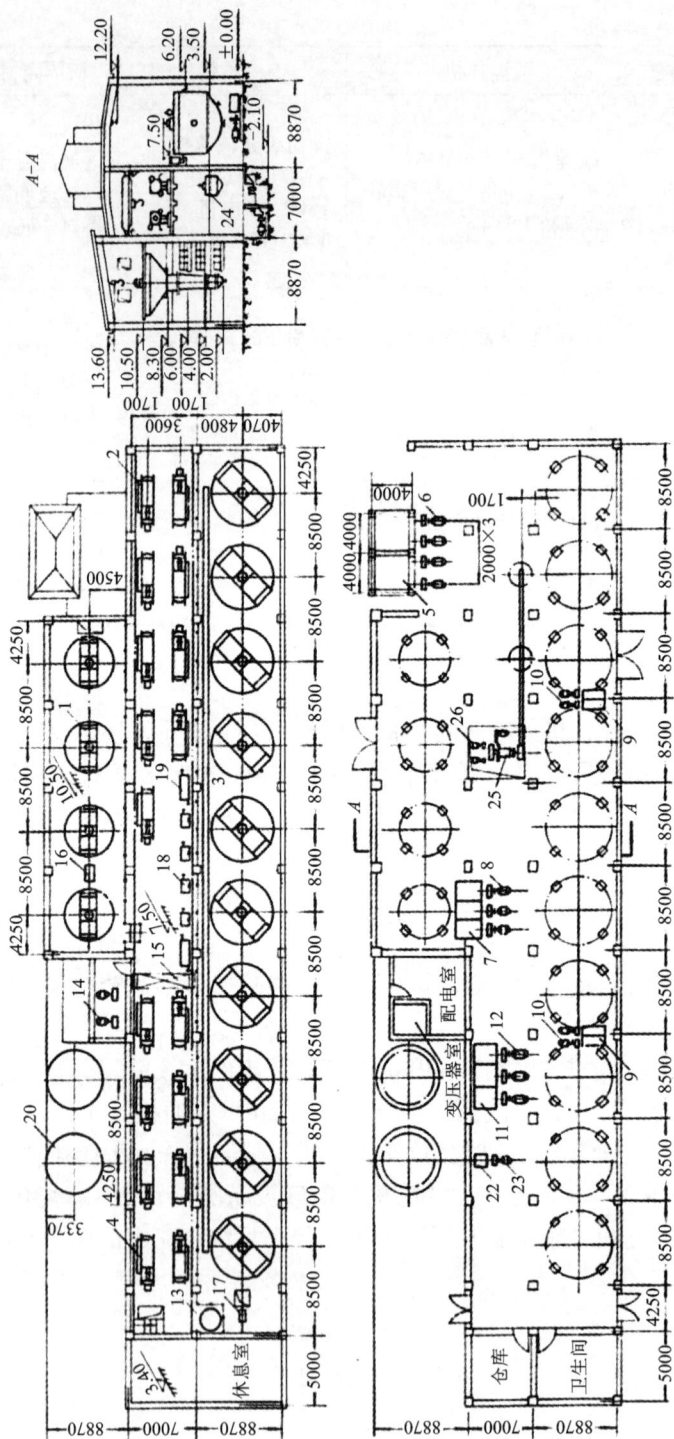

图3-31 国内某厂100 kt/a锑盐深度净化车间配置图

1—20 m³流态化除铜锑槽；2—62 m²铜锑渣压滤机；3—除钴槽；4—62 m²钴渣压滤机；5—中性上清液冷却塔；6—中性上清液泵；7—除铜液中间槽；8—除铜液压滤泵；9—除铜液中间槽；10—除钴液压滤泵；11—新液输送泵；12—新液中间槽；13—黄药溶解槽；14—油泵；15—1电动单梁起重机；16—0.5t电动葫芦；17—0.5t手动葫芦；18—洗滤布机；19—洗滤布机架；20—中间贮槽；21—钴渣中间槽；22—钴渣输送泵；23—钴渣化浆槽；24—铜锑渣化浆槽；25—铜锑渣球磨机；26—铜锑渣输送泵

（5）检查与维护　①检查设备有无振动及不正常的响声，发现异常及时处理。②检查上、下联轴器、销钉有无缺陷和掉落，发现问题及时处理。③检查各部连接螺栓有无松动，及时紧固。④注意各部轴承温度是否正常，润滑是否良好。⑤检查导流筒立柱是否松动、摇摆，发现异常及时处理。⑥检查辅助设备是否泄漏，异常现象及时处理。⑦检查各部位衬胶层是否脱落，发现问题及时防腐。⑧经常检查槽体、盖板是否腐蚀，发现问题及时处理。⑨保持设备及周围环境卫生。⑩搅拌机润滑要求如表 3 - 36 所示。

表 3 - 36　搅拌机润滑要求

润滑部位	润滑油（脂）牌号	加油（脂）周期/d	换油（脂）周期/d
减速机	0 号减速机脂		360
密封轴承	MoS_2 3 号锂基脂		360
电机轴承	MoS_2 3 号锂基脂		360

（6）主要运行与调整参数　①电动机温度不超过 80℃。②滚动轴承温度不超过 70℃。③导流筒与桨叶间隙四周均匀。

（7）常见故障及排除方法　搅拌机常见故障及排除方法如表 3 - 37 所示。

表 3 - 37　常见故障及排除方法

故障	故障原因	排除方法
异常振动	基础螺栓松动	紧固或更换螺栓
	轴承损坏	修理或更换
	搅拌轴弯曲	调直或更换
	叶片损坏严重	修复或更换叶片
	导流筒立柱松动	调整、紧固
轴承发热及噪声	润滑不良	加强改善润滑
	混入杂物	清理或清除杂物
	轴承损坏	修理或更换
	对轮不平	重新校正
减速机异常噪声	齿轮润滑不良	改善润滑
	齿轮严重磨损	修理或更换

2)锌粉给料机的操作运行

(1)开车前的准备　①检查减速机润滑情况,头尾部轴承油杯是否缺油、加油润滑。②检查联轴节销钉、胶圈是否齐全,防护罩是否牢靠,设备周围是否有杂物。③手盘车数圈,检查是否卡壳、损坏。④检查完毕后,通知有关岗位。

(2)开车操作　按启动按钮开车。

(3)正常停车　①关闭放灰阀,待运输机内锌粉放完。②按停车按钮停车。

(4)紧急停车　遇到以下情况时按停车按钮进行紧急停车:①螺旋卡死,不出料。②减速机及螺旋机座强烈振动。③电机温升超过65℃。停车后继续完成正常停车的其他操作。

(5)检查与维护　①特别注意螺旋钢管与连接轴的销钉是否松动、掉下或剪断,如发现松动应立即停车处理。②对各润滑部位按规定加注润滑油。③检查减速机的油位是否正常。④设备运行中应注意有无异常现象,发现异常及时处理。⑤经常保持设备清洁、定期清扫。⑥锌粉给料机润滑要求如表3-38所示。

表3-38　锌粉给料机润滑要求

润滑部位	润滑油(脂)牌号	代用油(脂)牌号	加油周期/d	换油周期/d
电机轴承	3号锂基脂	MoS$_2$锂基脂		360
减速机	150号中负荷齿轮油	N100润滑油	视油位	360
两端轴承	3号锂基脂	3号锂基脂	2~3圈	360

(6)主要运行与调整参数　①电机温度不超过80℃。②减速机温度不超过50℃。③滚动轴承温度不超过70℃。

(7)常见故障及排除方法　锌粉给料机常见故障及排除方法如表3-39所示。

表3-39　常见故障及排除方法

故障现象	故障原因	排除方法
断销、断轴	轴线不同心	调整轴线
	有异物阻碍	排除异物
磨机壳	螺旋叶片损坏	修复或更换叶片
	轴线歪斜	调整轴线
两端轴承磨损	间隙太小	调整间隙
	进入杂物	清洗或更换

2. 液固分离设备

液固分离设备如表 3-40 所示。

表 3-40　净化液固分离设备

压滤机	规格	数量/台	出液方式	压滤板数/块	压滤板材质
一段净化	BM100/1000 - U	6	明流、下侧出液、接液溜槽	93	增强聚丙烯
二段净化	BM100/1000 - U	6	明流、下侧出液、接液溜槽	93	增强聚丙烯
三段净化	BM100/1000 - U	4	明流、下侧出液、接液溜槽	93	增强聚丙烯
钴渣酸洗	XM40/920 - V(A)	2	明流、底部出液、接液盆	40	增强聚丙烯

1）压滤机的运行操作

（1）开车前的准备　①检查各紧固件有无松动，清除设备上及周围的杂物，配管系统应无泄漏。②检查油箱液压油面是否达到规定油位。③检查滤布是否破裂、折叠。④检查各运动部件润滑是否良好。⑤确认电磁阀处于消磁状态。⑥确认"电源锁住"按钮上插入钥匙于"0"位后，合上电源开关。⑦工作运行参数设置（仅用于调试）。⑧工作方式选择（自动、手动、调整）。⑨按下"工作准备"按钮，如无效，则应检查各机械部件是否复位。⑩待"气压力低"指示灯熄灭后，按下"暂停消除"按钮。

（2）开车操作　开车操作包括自动操作和手动操作。

①自动操作：A. 工作方式选择开关至自动位置。B. 按下"动板压紧"按钮，控制系统将遵循控制过程流程图的顺序，按照已选择的工序和已设置的工作运行参数连续自动循环运行。C. 按"总停"按钮，结束自动运行。

②手动操作：A. 工作方式选择开关至手动位置。B. 动板压紧工序：按"动板压紧"按钮，动板向前移动至"允许进料"指示灯亮。C. 进料工序：按"进料"按钮，进料计时器显示值为"零"时结束。D. 动板拉开工序：按下"动板拉开"按钮，动板向后移动，直至触动行程开关时停止。E. 卸料：按"卸料"按钮，开始拉板卸料。卸料完毕后，集液盘复位。

在手动工作方式下，各工序运行过程中如需停止，可以操作各工序的手动停止按钮。

（3）正常停车　①在某些情况下，控制系统会处于暂停状态，机械部分停止运作，控制信息及运行状态指示保留暂停。②"暂停"按钮操作；自动方式与手动方式互相切换；内部检测并发出控制系统不正常运行状态信号；或停电后恢复电源。

（4）紧急停车　按下"总停"按钮，机械部分停止运作，控制系统中的运行状态及控制信息将去除。一般情况下不操作"总停"按钮。

（5）检查与维护　①检查各部连接螺栓有无松动，若松动应及时紧固。②检查油箱油位，定期、定点加注润滑油。③检查滤板、滤布放置是否平整。④检查管路密封情况，发现泄漏及时处理。⑤检查压力表是否正常、完好。⑥检查滤液阀是否堵塞，若堵塞应及时清理。⑦检查滤板手柄是否牢固可靠。⑧滤液、滤渣、油垢、灰尘等应及时清扫，保持设备清洁，做到物见本色。⑨压滤机润滑要求如表 3 - 41 所示。

表 3 - 41　压滤机润滑要求

润滑部位	润滑油(脂)牌号	代用油(脂)牌号	加油周期	换油周期/d
油箱	N46 液压油	N68 润滑油	视油位	180
电机轴承	3# 锂基脂	复合钙基脂		360
导轨	3# 锂基脂	复合钙基脂	视情况	
减速机	N100 液压油	N150 润滑油	视油位	360

（6）主要运行参数和操作顺序　①溢流阀的控制压力≤2.4 MPa。②电机温度≤80℃。③液压油温≤55℃。④压紧的运行操作：工作准备→油泵启动→顶紧。⑤缸荷的运行操作：工作准备→油泵启动→松开。

（7）常见故障及排除方法。

压滤机常见故障及排除方法如表 3 - 42 所示。

表 3 - 42　压滤机常见故障及排除方法

故障现象	故障原因	排除方法
液压系统无压力	溢流阀堵塞	清洗或更换磨损件
	油泵堵塞损坏	清洗或更换磨损件
油缸慢行或不动作	油缸外泄、内泄	更换油缸密封圈
	电磁液压阀动作不到位	检查清洗、修复
	电磁铁烧坏	更换电磁铁
	滑阀卡死	清洗滑阀
跑浑	滤布损坏	更换滤布

3. 输送系统设备

矿浆输送系统设备如表 3 - 43 所示。

表3－43 矿浆输送系统设备

离心泵	规格	数量/台	流量/($m^3 \cdot h^{-1}$)	扬程/m	叶轮材质
净化溶液	HTB－ZK15.0/25	14	220	25	高分子塑料
净化压滤泵	HTB－ZK10.0/35	16	60	35	高分子塑料
滤渣输送泵	HTB－ZK10.0/35	6	60	35	高分子塑料
酸洗压滤泵	HTB－ZK10.0/35	2	60	35	高分子塑料
酸洗滤液输送	HTB－ZK10.0/35	2	60	35	高分子塑料

1) 离心泵的操作运行

(1) 开车前的准备 ①检查各紧固件有无松动、联轴节销钉及胶圈是否完好、防护罩是否牢固、清除滤网篮及设备周围杂物。②检查铜泵填料密封及其他泵动、静密封情况。③检查轴承箱油位及润滑情况。④手盘车2~3转，盘车应灵活、无沉重感，叶轮无摩擦声、泵内无撞击声，电机风叶无跳壳现象。⑤检查进出口阀门关闭情况，污水泵灌引水。⑥通知受液岗位做好受液准备。

(2) 开车操作 ①打开进出口阀门。②按启动按钮启动电机，关引水。

(3) 正常停车 ①按停车按钮，切断电源。②待出液管内余液全部进入中间槽后，方可关闭进、出口阀门，以避免泵内积渣。

(4) 紧急停车 在下列情况下按停车按钮进行紧急停车：①泵体振动厉害。②泵体内有摩擦、撞击声，电机风叶擦壳。③手摸出液管无温升感，不上液。④密封损坏、漏液严重。⑤电机及泵轴承温升超过65℃。停车后继续完成正常停车的其他操作。

(5) 检查与维护 ①检查各部连接螺栓是否松动，如有松动应紧固。②检查轴承箱润滑油油位，做到及时添加。③检查泵体的振动情况，并注意运行中有无异常响声。④保持设备的清洁，电机及泵体的外表应无灰尘、油污，做到物见本色。⑤严禁用锤打击泵壳等陶瓷或塑料零件。⑥离心泵润滑要求如表3－44所示。

表3－44 离心泵的润滑要求

润滑部位	润滑油(脂)牌号	代用油(脂)牌号	加油(脂)周期	换油(脂)周期/d
泵轴承	N100 润滑油		根据油镜指示随时添加	
电机轴承	3号 MoS_2 锂基脂	2号 MoS_2 锂基脂		360

(6) 主要运行参数 ①滚动轴承温度≤70℃。②电机温度≤80℃。③流量、

扬程应符合规定。④轴承振动值≤0.09 mm。

（7）常见故障及排除方法　离心泵的常见故障及排除方法如表3－45所示。

表3－45　离心泵常见故障及排除方法

故障	故障原因	排除方法
异常振动	轴承损坏	更换轴承
	地脚螺栓松动	紧固螺栓
	叶轮磨损严重	更换叶轮
不上液	叶轮严重损坏	更换叶轮
	管道阻塞	疏通管道
密封漏液	副叶轮损坏	更换副叶轮
	轴封损坏	更换轴封
	轴套损坏	更换轴套

2）压滤渣输送设备

压滤渣输送设备如表3－46所示。

表3－46　压滤渣输送设备

类别	一段滤渣	二段滤渣	三段滤渣	酸洗滤渣
渣输送设备	浆化后泵输送	绞笼输送、球磨破碎后泵输送	浆化后泵输送	汽车转运

（1）绞笼运行操作　绞笼运行操作包括开车前的准备、开车、正常停车和紧急停车等操作。

①开车前的准备：A.检查减速机润滑情况，头尾部轴承油杯是否缺油、加油润滑，检查链条、链轮润滑情况。B.检查联轴节销钉、胶圈是否齐全，防护罩是否牢靠，设备周围是否有杂物。C.手盘车数圈，检查是否卡壳、损坏。D.检查完毕后，通知有关岗位。

②开车操作：按启动按钮开车。

③正常停车：A.关闭放灰阀，待运输机内矿放完。B.按停车按钮停车。

④紧急停车：在以下情况下按停车按钮进行紧急停车：A.螺旋卡死，不出料。B.减速机及螺旋机座强烈振动。C.电机温升超过65℃。停车后继续完成正常停车的其他操作。

⑤检查与维护：A.特别注意螺旋钢管与连接轴的销钉是否松动、掉下或剪

断,如发现松动应立即停车处理。B. 对各润滑部位按规定加注润滑油。C. 检查减速机的油位是否正常。D. 设备运行中应注意有无异常现象,发现异常及时处理。E. 经常保持设备清洁、定期清扫。F. 绞笼的润滑要求如表 3-47 所示。

表 3-47　绞笼的润滑要求

润滑部位	润滑油(脂)牌号	代用油(脂)牌号	加油周期	换油周期/d
电机轴承	3 号锂基脂	MoS_2 锂基脂	—	360
减速机	150 号中负荷齿轮油	N100 润滑油	视油位	360
两端轴承	3 号锂基脂	3 号锂基脂	(2~3)圈/d	360
吊轴承	3 号锂基脂	MoS_2 锂基脂	(2~3)圈/d	360

⑥主要运行参数:A. 电机温度≤80℃。B. 减速机温度≤50℃。C. 滚动轴承温度≤70℃。D. 滑动轴承温度一般≤60℃。

⑦常见故障及排除方法。绞笼常见故障及排除方法如表 3-48 所示。

表 3-48　绞笼的常见故障及排除方法

故障现象	故障原因	排除方法
断销、断轴	线不同心	调整轴线
	异物阻障	排除异物
磨机壳	螺旋叶片损坏	修复或更换叶片
	轴线歪斜	调整轴线
两端轴承磨损	间隙太小	调整间隙
	进入杂物	清洗或更换
吊轴承损坏	进入异物	清洗修理
	轴线歪斜	调整轴线

3)压滤渣破碎设备

二段滤渣比较坚硬,须球磨破碎后方能进行酸洗。球磨机规格:$\phi1500$ mm × 1700 mm,电机:Y315S-8N=55 kW,2 台。球磨机的操作运行包括开车前的准备、开车、正常停车及紧急停车等操作。

①开车前的准备:A. 检查球磨机各部螺栓是否松动,防护罩是否牢固,清扫设备周围杂物。B. 检查减速机油位,检查开式齿轮及球磨机两端大轴颈的润滑情况,若润滑不良应及时补加润滑油。C. 检查联轴器的磨损情况。D. 检查输送泵

是否正常，进料管是否畅通。E. 确认上下岗位是否具备开车条件。F. 检查进液管与球磨机进液口连接处密封是否损坏，发现问题及时处理。

②开车操作：A. 按启动按钮开车。B. 球磨机转向是否正确，不允许反转。C. 开车后检查球磨机的运行情况，待一切正常后，即可通知给料岗位给料，投入生产。

③正常停车：A. 送料岗位停止送料。B. 待球磨机排完料后，再用液冲洗数分钟后方可按停止按钮停车。C. 停止送泵。

④紧急停车 在以下情况下按停止按钮进行紧急停车：A. 球磨机运转中突发异常响声，强烈振动。B. 两端大轴瓦温度剧烈上升或温度超过 60℃。C. 输送泵坏及进、出管道严重堵塞，处理无效。

⑤检查与维护：A. 检查、紧固各部连接螺栓是否松动，若松动及时紧固。B. 检查大、小齿轮及主轴瓦的润滑情况，对各部位按规定进行润滑。C. 检查筒体、端盖有无漏料、漏液现象。D. 检查人孔门是否松动，若松动及时处理。E. 检查进料口老鸦嘴是否松动，停车时间过长是否有堆渣、结块现象，如发现有此现象应及时处理。F. 经常检查端盖、大轴瓦及小齿轮轴小轴瓦温度是否过高，如发现温度过高应及时处理。G. 经常检查设备在运行中有无异常，发现异常及时处理。H. 经常检查减速机的响声、温度及润滑油质量是否正常，如有问题及时处理。I. 经常保持设备清洁，灰尘、积渣及油污应及时清除。J. 球磨机的润滑要求如表 3 - 49 所示。

表 3 - 49　球磨机的润滑要求

润滑部位	润滑油(脂)牌号	加油(脂)周期	换油(脂)周期/d
大、小齿轮	3 号 MoS_2 锂基脂	每班一次	
齿轮联轴器	3 号 MoS_2 锂基脂		360
电机轴承	3 号 MoS_2 锂基脂		360
减速机	0 号减速机脂	视情况加入	360
主轴瓦	3 号 MoS_2 锂基脂	每班一次	

⑥主要运行参数：A. 电机温度 ≤80℃。B. 滚动轴承温度 ≤70℃。C. 滑动轴承(铜瓦)温度 ≤60℃。

⑦常见故障及排除方法：球磨机常见故障及排除方法如表 3 - 50 所示。

表 3 – 50　球磨机常见故障及排除方法

故障	故障原因	排除方法
主轴瓦发热	润滑不良	加润滑油(脂)
	轴瓦内进入磨粒	清洗轴瓦
	轴承安装不良	重新调整、找正
	轴承过紧或过松	调整间隙
	轴颈与轴瓦接触不好	刮瓦
振动及响声大	大、小齿轮啮合不好	调整啮合情况
	齿轮磨损	修理或更换
	电机减速机地脚螺栓松动	紧固
	轴承磨损	修理或更换轴承
	减速机有问题	处理减速机
漏料漏液	筒体或端盖破损	修补或更换
	人孔垫片破坏，螺栓松动	更换垫片，紧固螺栓

4）溶液加热设备

一段净化后液温度为 $60 \sim 70 ℃$，二段净化温度为 $80 \sim 90 ℃$。一般采用螺旋板式换热器加热。规格：$S = 69.5 \ m^2$，$1 - T$，材质：316L，2 台。螺旋板式换热器的操作运行包括开车前的准备、开车、正常停车及紧急停车等操作。

①开车前的准备：A. 打开循环冷却水进出口阀门，使冷却水进入螺旋板式换热器，并打开换热器底阀，观察是否有漏水现象，确认无泄漏后关闭。B. 检查固定板位置是否合乎要求。C. 启动循环泵，缓慢打开泵出口阀，使介质进入换热器，观察是否有漏液现象，同时检查泄漏情况；启动循环酸泵之前，人员必须撤至安全区。

②开车操作：A. 启动操作。在循环泵启动前，慢慢先后打开螺旋板式换热器冷却回水阀和上水阀。B. 运行操作。打开换热器进出口阀，启动循环泵，缓慢打开泵出口阀，避免压力陡升，产生推动造成渗漏。

③正常停车：当螺旋板式换热器出现下列情况时，按停车按钮停用螺旋板式换热器。A. 板式换热器出现泄漏时。B. 当螺旋板式换热器冷却循环水含锌上升较快，且超过额定值时。

④紧急停车：有下列情形之一时，按停车按钮紧急停车。A. 关闭螺旋板式换热器进液阀、出液阀。B. 关闭换热器冷却水进、出阀。C. 排空换热器内的酸和水。

⑤检查与维护：A. 经常检查板式换热器的换热、外泄情况。B. 每周检查一次结垢、腐蚀情况。C. 每周清洗、检查冷却水量及管道畅通一次，保证良好的换热

效果。D.拆卸换热器时,换热器温度必须低于37℃。不能用钢刷,只能用纤维型刷子清除板上结垢。E.采用刮具刮除板上的沉积物时,不能刮伤表面,特别是垫圈表面。F.保持设备卫生清洁。

⑥主要运行参数:A.蒸汽进口温度:120~140℃。B.冷凝水出口温度:80~90℃。C.介质进口温度:60~70℃。D.介质出口温度:80~90℃。

⑦常见故障处理方法:螺旋板式换热器常见故障及排除方法如表3-51所示。

表3-51　螺旋板式换热器常见故障及排除方法

故障	故障原因	处理方法
出口温过高	冷却水温度过高	降低冷却水温度
	冷却水流量小	增加冷却水量
	换热效率低	清洗水侧的结垢
泄漏	隔板腐蚀	更换腐蚀板
	垫圈损坏	更换垫圈

5)溶液冷却设备

三段净化后液温度为70~80℃,新液温度要求<50℃;一般采用空气冷却塔降温。规格:$F = 50 \ m^2$,风机:$LF - 3.6\phi3600 \ mm$,$Q = 2.5 \times 10^4 \ m^3/h$。减速机:CJY250-280L,$i = 5$。电机:Y180L-4N=22 kW,2台。空气冷却塔的操作运行包括开车前的准备、开车、正常停车及紧急停车等操作。

①开车前的准备:A.检查各紧固件有无松动、缺件。B.检查清除塔内部及周围杂物。C.检查各润滑部位是否加注润滑油。D.检查电机接地线是否牢固,安全防护罩和安全门是否与支座及筒体连接牢固。E.检查风叶是否有开裂现象。F.用手转动风叶一周以上,不得有冲击、异常沉重感。

②开车操作:A.开车时应先开风机后送液,停车时先停液后停风机,以防酸雾从风机口溢出(紧急停车例外)。B.必须专人负责开车,必须到现场启动,严禁在控制室内启动风机。

③正常停车:A.停止进液。B.断开电机电源。风机未停稳时不得接触转动部位,亦不得用工具强迫制动。禁止直接站在塔顶捕滴层上操作,必要时应搭好跳板并系好安全带。

④紧急停车:有下列情况之一时,应断开电机电源和停止进液进行紧急停车。A.风机或电机有突然的强烈振动或机壳内有碰撞。B.机组某一个零件出现危险情况时。

⑤检查与维护:A.检查各部螺钉是否紧固。风机叶端与塔体周围间隙应一

致，无风叶碰撞现象。B.检查有无影响运行的异物。C.检查喷淋管、喷嘴等是否脱落和堵塞，布水管是否转动灵活。D.每班检查一次减速箱润滑油是否充足，不足时应及时补充。E.经常检查冷却塔进、出水管是否有渗漏现象，发现渗漏及时处理。F.采用多楔三角带传动的风机应经常检查三角带的张紧情况，并及时调整。G.检查风机电机接地是否良好，接线盒是否盖好并密封。H.检查风机运转情况，如有异常现象和响声应停机排除。I.定期维护保养冷却塔。J.冷却塔的进水量必须控制在规定流量的±15%范围内，防止水量过大。K.根据冷却水进出口的温度，及时开、停冷却塔风机。L.定期检查，发现故障应及时维修、更换。M.空气冷却塔的润滑要求如表3-52所示。

表 3-52 空气冷却塔的润滑要求

润滑部位	规定用油(脂)	代用油(脂)	换油周期/a
减速器	N320号重负荷齿轮油 GB5903-86	HL57-28号双曲线齿轮油 SY1102-77	1
主轴轴承	3号 MoS_2 锂基脂；0号减速机脂	3号钙基脂	1~3
电机轴承	3号 MoS_2 锂基脂	3号钙基脂	1~3

⑥主要运行参数：A.电机温度≤80℃。B.滚动轴承温度≤70℃。C.布水器转速应调整到8~10 r/min。

⑦常见故障处理方法：空气冷却塔常见故障及排除方法如表3-53所示。

表 3-53 空气冷却塔常见故障及排除方法

故障	故障原因	处理方法
风机不转	电源故障	检查并处理电源，排除故障继续供电
	电机故障	检查、修理或更换电机
冷却效果差	布水器不转	检查、修理或更换布水器
	喷淋管孔、嘴堵塞	清除污物，保持畅通
	布水管堵塞	清理
	填料损坏	更换填料
	风机转速达不到	检查调整
风机振动	螺栓松动	紧固
	减速机轴承损坏	更换轴承

6）溶液澄清设备

新液在降温过程中有结晶析出，结晶物在送电解前必须进行分离。一般采用澄清槽进行分离。澄清槽规格：直径 ϕ14000 mm，柱高 $H=3000$ mm，锥度22.5°，$V=462$ m³，2 个。

3.4.3 生产实践与操作

1. 工艺技术条件与指标

1）一次净液

①温度 60~70℃。②使用净化槽数不少于 2 个。③酸化 pH 3.5~5.0。④锌粉用量≤2 kg/m³ 净化溶液。

2）一次压滤

①拆压周期≥1 次/（班·台）。②一次净液压滤后液要求 ρ(Cd)≤0.1 g/L。③单台过滤能力约 50 m³/h。

3）二次净液

①温度 80~90℃。②使用净化槽数不少于 3 个。③锌粉用量≤4 kg/m³ 净化溶液。④酒石酸锑钾用量≤20 g/m³ 净化溶液。

4）二次压滤

①拆压周期≥1 次/（班·台）。②二次净液压滤后液成分（g/L）要求：Cd≤0.015，Co≤0.001，Sb≤0.0003。

5）三次净液

①温度为二段压滤后液自然温度。②使用净化槽数不少于 2 个。③锌粉用量≤1 kg/m³ 净化溶液。

6）三次压滤

①拆压周期≥1 次/（班·台）。②三次净液压滤后液要求 ρ(Cd)≤0.001 g/L。

7）钴渣酸洗

①温度 60~80℃。②控制全过程 pH≥3.0。③终点酸度：pH 3.0~4.5。④时间：停酸后 pH 为 3.5，0.5 h 后 pH 不再上升即可。

8）钴渣酸洗压滤

①拆压周期≥1 次/（班·台）。②压滤后液：ρ(Co)≤0.015 g/L，溶液清亮、不浑浊。

9）冷却塔

冷却后液温度≤50℃。

10）主要指标

①每吨析出锌的辅助材料及水、电消耗：锌粉 50~70 kg；酒石酸锑钾 100~300 g；压滤布 2~3 m²；蒸汽 500~700 kg；交流电 30~50 kW·h；水 300~

500 kg。②新液合格率≥95%。

2.岗位操作规程

深度净化工段共有上清泵、一次净液、二次净液、三次净液、球磨、冷却、压滤、地槽、仪表、铜镉渣浆化、钴渣酸洗等十一个岗位,其操作规程分述如下。

1)上清泵岗位

①了解浸出上清情况,主动与浓缩槽岗位和净液岗位联系,调节好流量。②如上清不合格,应及时请示调度并报告班长。③注意各段压滤中间槽、滤液中间槽、上清中间槽液位,保证不冒液。④开停车必须事先与浓缩槽岗位和净液岗位联系。注意一、二次滤液储槽,上清储槽,澄清溢流槽液位,不得冒液;如冒液,及时与相关岗位或班长联系,并及时将污水坑内污水抽去,卧式污水泵地坑内污水用潜水泵抽干。

2)一次净液岗位

①经常检查锌粉仓的料位,保证锌粉不断流。②及时调整废液量,每 1 h 测一次上清酸化 pH 并记录。注意上清温度,每 2 h 测一次并记录。③新开净液槽,待槽内溶液合格后,才能连续净化。④每隔 1 h 取一次净液后液样化验 Cd,一段滤液样化验 Cd、Co,按化验结果调整锌粉加入量。⑤接班即在上清流槽取中上清样送化验做全分析。

3)二次净液岗位

①每隔 1 h 取净液槽内样化验 Co,压滤后液样化验 Cd、Co。②控制好净液温度,经常检查锌粉仓料位,保证锌粉不断流。③根据化验结果,调节锌粉,锑盐加入量。④新开净液槽,待槽内溶液合格后,才能连续净化。⑤及时、统一配制锑盐,保证锑盐高位槽液位大于 2/3,锑盐溶液不断流。

4)三次净液岗位

①每隔 1 h 取压滤后液样化验 Cd、Co,根据结果及时调整锌粉流量。②经常检查锌粉仓的料位,保证锌粉不断流。③净液后液质量不合格时,应及时停送新液,并取样加化,直至合格后才能送新液。

5)球磨岗位

①密切与压滤岗位配合,做到本班 Co 渣能及时处理完。②班中注意检查绞笼运行状况,发现异常情况及时处理,以保证绞笼畅通。③每次送完渣后,应清洗球磨机和管道。④每班打渣应先放液后打渣,且酸洗罐内液位不得超过 50%。

6)冷却岗位

①积极与净液岗位联系,开好冷却塔。②认真做好新液槽、澄清槽及新液压滤中间槽的体积平衡工作。③每个星期一早班清理一次冷却塔的下液口。④经常检查设备运转情况,发现风机响声异常或其他故障,应立即停车检查。

7)压滤岗位

①根据流量大小决定开车台数，根据滤速、滤液质量，决定拆洗压液机的台数。②压滤过程中必须有专人看管，防止跑浑漏液。③按工段要求定期换布和清压滤板结晶。④密切与铜镉渣浆化岗位及球磨岗位配合，保证渣能顺利及时处理。

8）地槽岗位

①密切与压滤岗位配合，根据流量大小及滤液情况，决定压滤泵及压滤后液泵的开启台数。②认真看好泵，保证压滤中间槽、压滤后液槽、冷凝水槽及三段不合格液槽不冒液。③严密监视阀门、管道的使用情况，及时更换泵的密封填料，做到台泵运转正常不漏液。

9）仪表岗位

①每班做好仪表盘上主要数据记录，保证交接班清楚详细。②根据仪表数据情况，密切配合各岗位及时调整有关操作，保证各岗位的技术条件。③交班向调度汇报生产情况。

10）铜镉渣浆化岗位

①密切与压滤岗位配合，做到拆压滤机开绞笼，搅渣送至镉Ⅱ工段，本班渣本班处理完。②如绞笼内卡东西，应先停绞笼再处理。③粗浸槽及中间槽不得冒渣，泵和管道应保持畅通，及时与镉工段联系送渣。④三段渣浆化好后，送一次净液之前，与一次净液岗位联系，以调节锌粉加入量。⑤各浆化槽空槽交下班，浆化槽不得冒渣，泵及管道应保持畅通。

11）钴渣酸洗岗位

①打钴渣 25 m^3 左右，加入锌电解废液做罐。②控制加废液速度，加废液过程中要求 pH≥3.0。③停酸后搅拌至 pH 为 3.5，并稳定 0.5 h 不上升方可压滤。④压滤机不得跑浑漏液。⑤及时与司机联系放渣。⑥控制好废液储槽体积，保证交班液位大于 50%，但不得冒槽。⑦开压后检查是否跑浑并及时处理，取后液样化验 Co 含量。

3. 常见事故及处理

常见设备事故及处理方法在设备的运行与维护中已述及，这里重点叙述"新液含钴不合格"的常见工艺事故的原因及处理方法，具体情况如下。

①检查中上清液质量，如果中上清含铁高或中清浑浊，立即全线停车。②一段酸化情况，发现 pH 偏低，立即停加废液；发现 pH 严重偏低，立即将一段压滤后液改进不合格液槽或返回浸出。③三段后液含钴微量超标，减少流量继续开车。④二段后液含钴微量超标，全线停车，在二段槽内继续加入锌粉，将二段压滤后液改进不合格液槽，每半小时取样化验，合格后减少流量开车，稳定后正常开车。⑤三段后液含钴严重超标或二段滤液按上述处理短期内仍不合格，停止向新液输送新液。新液澄清槽内不合格新液返回一段净化，一段净化搭配部分中上清小流量开车。新液合格后换开新液澄清槽正常生产。⑥提高一、二段净化的温

度，增加锌粉用量，及时拆卸送走压滤机渣，杜绝压滤跑浑，确保各段后含镉合格。⑦加强锑盐控制管理，做到浓度一致，加入系统控制灵敏、准确。二段后液含钴超标，根据结果作出调整：如果二段复溶严重，则减少锑盐加入；反之，则增加锑盐用量。

3.4.3　计量、检测与自动控制

1. 计量

1）流量

为确保生产均衡稳定，对中上清液、一段后液、新液、废液、锑盐的流量进行在线测定。

2）消耗量

测定水、压缩空气与蒸汽的流量及电耗，检测结果用以核算消耗指标。

2. 检测

1）液位检测

对中上清贮槽、废液贮槽、锑盐溶解槽、锑盐高位槽、废液高位槽、滤渣浆化槽、滤液贮槽、冷凝水贮槽、钴渣酸洗槽、压滤中间槽的液位进行在线检测，防止冒槽或空槽。

2）温度与压力检测

对一段净化槽、二段净化槽、冷却塔出口的温度及蒸汽压力进行检测，以确保工艺条件。

3）化学成分测定

①中上清、新液全分析：锌、铜、镉、砷、锑、锗、钴、镍每班测一次，氟、氯、锰每周二次，钙、镁每月测一次。②一段净化槽尾槽出口、一段压滤后液化验镉、钴含量每小时测一次。③二段净化槽每槽出口、二段压滤后液化验镉、钴、锑含量每小时测一次。④三段净化槽尾槽出口、三段压滤后液化验镉、钴含量每小时测一次。⑤新液澄清槽每槽出口、二段压滤后液化验镉、钴含量每小时测一次。⑥钴渣酸洗压滤后液化验镉、钴含量每罐测一次。⑦铜镉渣、钴渣、酸洗钴渣化验锌、镉、钴、镍、砷、锑、锗含量每旬测一次。

3. 自动控制

要实现溶液净化工序的连续稳定高效运行，就必须根据进入净化工序的中上清流量、杂质含量以及各段净化后液的化验检测结果对工艺技术条件进行快速而准确地自动控制。在生产实际中，通常需要对一段净化酸化 pH、二段温度、二段锑盐加入量以及各段锌粉加入量进行自动控制。

1）一段净化酸化 pH

一段中上清溶液酸化 pH 一般控制在 3.5 ~ 5.0，如果 pH 太低，就会增加锌

粉消耗。采用浸入式玻璃复合电极及 CMPl51 - P 变送器来测量 pH。通过增强型单回路 MICR0761 控制器来调节废液阀门开启度，使废液流量与中上清流量按一定比例连续加入。废液流量、中上清流量、废液阀门开启度、比值在主控制室画面显示，并连续可调，从而达到自动控制 pH 的目的。

2）二段温度

维持二段净化溶液温度 80~90℃，是确保除钴效果的前提。净化前溶液升温采用蒸汽换热器间接升温。换热器出口溶液的温度控制主要通过控制通入螺旋式换热器的蒸汽大小来进行调节。控制室的 DCS 控制系统会根据溶液中热电偶传送回来的温度实际值与温度设定值比较，判断是否要调大或关小蒸汽调节阀的开度，然后由 PID 调节控制输出给调节阀进行自动温度控制。蒸汽压力、流量、蒸汽阀门开启度、换热器出口温度、各净化槽出口温度在主控制室画面显示。

3）二段锑盐加入

二段锑盐的适量连续稳定均匀加入，是取得好的除钴效果的基础。加多了，溶液含锑超标，加少了，除钴效果差。锑盐流加在换热器进口流中，保证了混合均匀。根据换热器进口溶液流量和二段净化后液含钴化验结果，在控制室设定合适的锑盐加入量，由控制器输出给锑盐调节阀进行锑盐流量自动调节，以达到好的除钴效果。锑盐流量、换热器进口流量、锑盐阀门开启度、比值在主控制室画面显示，并连续可调。

4）各段锌粉加入

锌粉是净化反应剂，净化既要新液纯度高，又要锌粉消耗少，因此各净化段锌粉的适量连续稳定均匀加入，是实现良好生产效果的保证。采用德国产锌粉称重给料机(申克称)可以达到这个目的。在仪表控制室，根据中上清流量和杂质含量，设定各净化段锌粉加入量，作为输出调节申克秤给料机转速的指标来实现锌粉给料量的自动控制。在生产实际中，根据各段入口溶液流量及杂质含量，特别是净化后液化验结果，在主控室及时准确动态调整锌粉加入量，可实现净液经济运行。

3.4.4 技术经济指标控制与生产管理

1. 概述

溶液净化经济运行主要体现在以下三个方面：一是生产过程控制连续、均衡、稳定，优质高产；二是工艺操作标准化，降低锌粉、蒸汽、过滤布等原辅材料消耗；三是优化工艺控制，降低钴渣、铜渣等中间物料有价金属含量。

2. 物质平衡与减排

生产 1 t 析出锌，大约需要 11 m^3 的电解新液。在中上清液净化过程中，最重要的是要做好溶液的体积平衡和金属锌平衡。既要严防带入系统过量的水，导致系统体积膨胀，又要保证有足够的水来洗涤净化渣含水溶锌，防止锌金属的较大损失。在生产实际中，必须维持溶液平衡，即保持进入净化系统的中上清液体积大致等于产出的新液体积，溶液平衡情况如表 3-54 所示。

表 3-54 净化过程中 1 t 析出锌的溶液和锌平衡

项目	物料名称	体积或质量	体积比例/%	锌含量/(g·L^{-1}),%	锌质量/kg	锌比例/%
加入	中上清液/m³	11.1	95.94	155	1720.5	96.52
	洗水/m³	0.4	3.46	0	0	
	卫生用水等/m³	0.03	0.26	0	0	
	酸化、酸洗废液/m³	0.04	0.34	60	2.4	0.13
	锑盐溶液/m³	微	—	0	0	0
	锌粉/kg	60	—	99.5	59.7	3.35
	合计	11.57(液)	100		1782.6	100
产出	电解新液/m³	11.11	96.02	151.12	1678.94	94.19
	铜镉渣(水30%)/kg	170	0.44	34.22	40.72	2.28
	铜镉渣洗水/m³	0.1	0.86	110	11	0.62
	钴渣(水29%)/kg	14	0.04	38.67	3.79	0.21
	钴渣酸洗液/m³	0.3	2.59	160	48	2.69
	无名损失	0.06			0.15	0.01
	合计	11.57(液)	100		1782.6	100

从表 3-56 可见，要提高金属回收率，减少排放，第一，要维持系统溶液体积平衡，确保净化渣洗水、钴渣酸洗液尽量返回浸出氧化槽。净化过程的溶液加热不宜采用直接蒸汽加热，而要采用换热器间接加热。第二，要尽量降低净化渣含锌，特别铜渣和钴渣酸洗渣含锌，这些锌会排出锌冶炼系统，造成铜、钴回收难度大，降低锌回收率。第三，要做好系统管理，防治"跑、冒、滴、漏"，跑入地面溶液收集沟和收液井中的溶液要及时返回第一段净化，严禁漫到马路上去。净化渣的转运，不能撒料。第四，要定期清理冷却塔及管道、溜槽上的钙镁结晶，返回挥发窑回收其中的锌。第五，要做好中上清溶液成分的稳定工作，含钴等杂质成分不能"大起大落"。要控制好锌粉用量，根据在线仪器分析和化验分析结果，及时调整锌粉和添加剂用量，力争做到电解新液一次合格率 100%。

3. 原料控制与管理

1) 原料控制

深度净化的原料为中性浸出上清液或除铁上清液，其质量要求标准如下。

①化学成分(g/L)：$\rho(Zn)$ 130~170，$\rho(Cu)$ 0.2~0.5，$\rho(As)$ ≤0.001，$\rho(Sb)$ ≤

0.001，$\rho(Ge)\leqslant0.0015$，$\rho(Co)\leqslant0.02$，$\rho(Ni)\leqslant0.012$，$\rho(Fe)\leqslant0.03$。②物理规格：溶液清亮，无杂物。

2）原料管理

从酸根、体积平衡综合考虑来解决中性上清含锌太高或太低的问题。

4. 辅助材料控制与管理

辅助材料有锌粉和酒石酸锑钾，其质量要求如下。

1）锌粉

（1）化学成分（%）：$w(Zn)\geqslant98$，$w(Pb)\leqslant0.7$，$w(Fe)\leqslant0.3$，$w(Cd)\leqslant0.2$，$w(Cu)\leqslant0.01$，$w(Al)\leqslant0.05$。（2）粒度：$<180\ \mu m$（-80目），$>180\ \mu m$（$+80$目）筛上物小于10%。

2）酒石酸锑钾

工业纯。固定溶解浓度，连续均匀加入。

5. 能量消耗控制与管理

能量消耗包括蒸汽、电和水的消耗。

1）蒸汽消耗

为500～700 kg/t析出锌。主要保证二段净化温度，重点做好蒸汽管网及工艺设备的保温。

2）交流电消耗

为30～700 kW·h/t析出锌。主要保证工艺设备正常运转，重点配备主要运转电机的变频器。

3）水消耗

为300～500 kg/t析出锌。主要是工艺用水。重点综合利用好换热器冷凝水，压滤渣全部采用溶液浆化。

6. 金属回收率控制与管理

锌主要损失于酸洗钴渣、铜镉渣、钙镁渣中，为提高锌回收率，须采取措施降低渣含锌。

1）酸洗钴渣

二次净化产出钴渣，经酸洗后一般送火法处理或外销。钴渣含锌一般为60%左右，经过酸洗以后产出酸洗钴渣含锌一般在40%左右。重点控制：酸洗过程pH≥3.0，否则，钴在酸洗时大量浸出，造成中上清含钴高。

2）铜镉渣

一次净化产出铜镉渣，一般配置镉回收工艺，镉浸出后产出铜渣。铜镉渣含锌一般为50%左右，通过镉浸出产出铜渣含锌一般为10%左右。重点控制镉浸出过程pH≥2.0，否则，铜在镉浸出时大量浸出，影响镉产品质量。

3）钙镁渣

在新液降温、澄清过程产出钙、镁渣。钙镁渣含锌 20% ~ 30%，一般用火法处理，回收其中有价金属。

7. 产品质量控制与管理

1）产品质量控制

锌电解新液质量标准：①化学成分（g/L）：Zn 130 ~ 170，$\rho(Cu) \leqslant 0.0002$，$\rho(Cd) \leqslant 0.001$，$\rho(Fe) \leqslant 0.030$，$\rho(Ni) \leqslant 0.001$，$\rho(Co) \leqslant 0.001$，$\rho(As) \leqslant 0.00024$，$\rho(Sb) \leqslant 0.0003$，$\rho(Ge) \leqslant 0.00004$，$\rho(F) \leqslant 0.05$，$\rho(Cl) \leqslant 0.3$，$\rho(Mn)$ 2 ~ 5。②物理规格：液体呈透明状，不混浊、不含悬浮物。

2）产品质量管理

（1）如果新液含氟、氯高　需调整配料，降低锌精矿中的氟氯或增加除氟、除氯措施。

（2）如果新液含锰高或低　需调整锌精矿焙烧制度。锌焙烧矿还原性强，新液含锰高，锌焙烧矿还原性弱，新液含锰低。

8. 生产成本控制与管理

电锌厂每生产 1 t 析出锌的硫酸锌溶液净化过程主要车间生产成本如表 3 – 55 所示。

从表 3 – 57 可知，净化车间的主要成本在锌粉消耗，其次是蒸汽消耗，还有动力电、过滤布和酒石酸锑钾消耗。净化车间最重要的是要降低锌粉单耗，特别是对那些采用析出锌来吹制锌粉的企业。采用外购粗锌或 1 号锌来吹制锌粉，可以降低锌粉成本。把析出锌熔铸过程产生的锌粒加工成锌粉也是降低锌粉成本。充分利用中上清余热，进行系统保温，减少溶液周转，采用高效换热设备，是降低蒸汽消耗的有效途径。

表 3 – 55　硫酸锌溶液净化过程成本构成

	项目	单耗	单价/元	金额/元
辅材	锌粉加工费/kg	50	2	100
	酒石酸锑钾/kg	0.1	785	11.7
	过滤布/m²	2	7.5	15
	合计			126.7
动力	自来水/t	0.4	3.5	1.4
	交流电/(kW·h)	50	0.58	29
	蒸汽/t	0.6	80	48
	合计			78.4
	共计			205.1

控制和管理净化过程的生产成本的主要措施还有：①稳定配料、稳定浸出工

艺控制,确保中上清质量充足、稳定、合格。②精心控制净化各段工艺条件,确保净化连续、均匀、稳定、合格。③调整锌粉品质,降低锌粉用量。④在确保钴不在系统内部循环的前提下,尽可能降低酸洗钴渣含锌。⑤在确保镉浸出时,铜不影响镉产品质量前提下,尽可能降低铜渣含锌。

3.5 锌电积

3.5.1 概述

净化后的硫酸锌溶液汇入通过电解槽循环的电解液中,电解槽中交错地放置着铅银合金板阳极和纯铝板阴极。在直流电作用下,阴极主要反应为溶液中带正电荷的锌离子在阴极上放电沉积,其反应式如下:$Zn^{2+} + 2e \Longrightarrow Zn \downarrow$。阳极主要反应为溶液中带负电荷的 OH^- 离子在阳极上放电,析出氧气,其反应式如下: $2OH^- - 2e \Longrightarrow H_2O + 0.5O_2 \uparrow$。硫酸锌水溶液电解沉积总反应式为: $ZnSO_4 + H_2O \Longrightarrow Zn \downarrow + H_2SO_4 + 0.5O_2 \uparrow$

电积液要循环回电解槽,但由于电积过程使电积液变热,因此,电积液在返回循环管路前需在强制通风冷却塔中冷却至 27～30℃。由于补充了净化后的浸出液,为了保持体积和酸平衡,必须排出一部分废电解液,并将其返回浸出工序。锌电积工艺流程及车间设备配置分别如图 3－32 和图 3－33 所示。

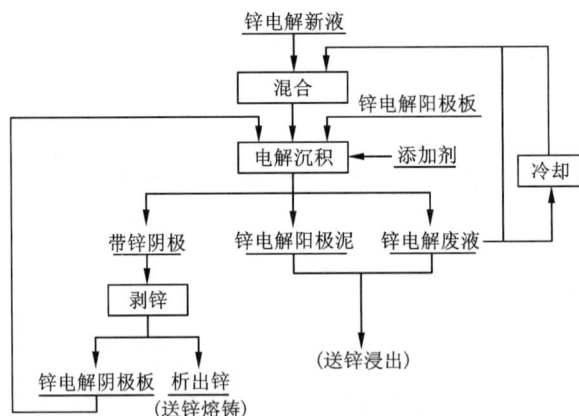

图 3－32 锌电积工艺流程

电解周期一般为 24 h、48 h 或 72 h,具体周期取决于电解车间的设计。一个电解周期后,从电解槽中取出阴极,并从铝板上剥离析出锌。过去,采用手动葫芦将阴极从电解槽吊出,再用人工把析出锌从铝板阴极上剥离下来的方式;目前迫于降低劳动力成本的压力,实施了机械化剥锌,促使了出装阴极和剥锌的全面自动化作业。

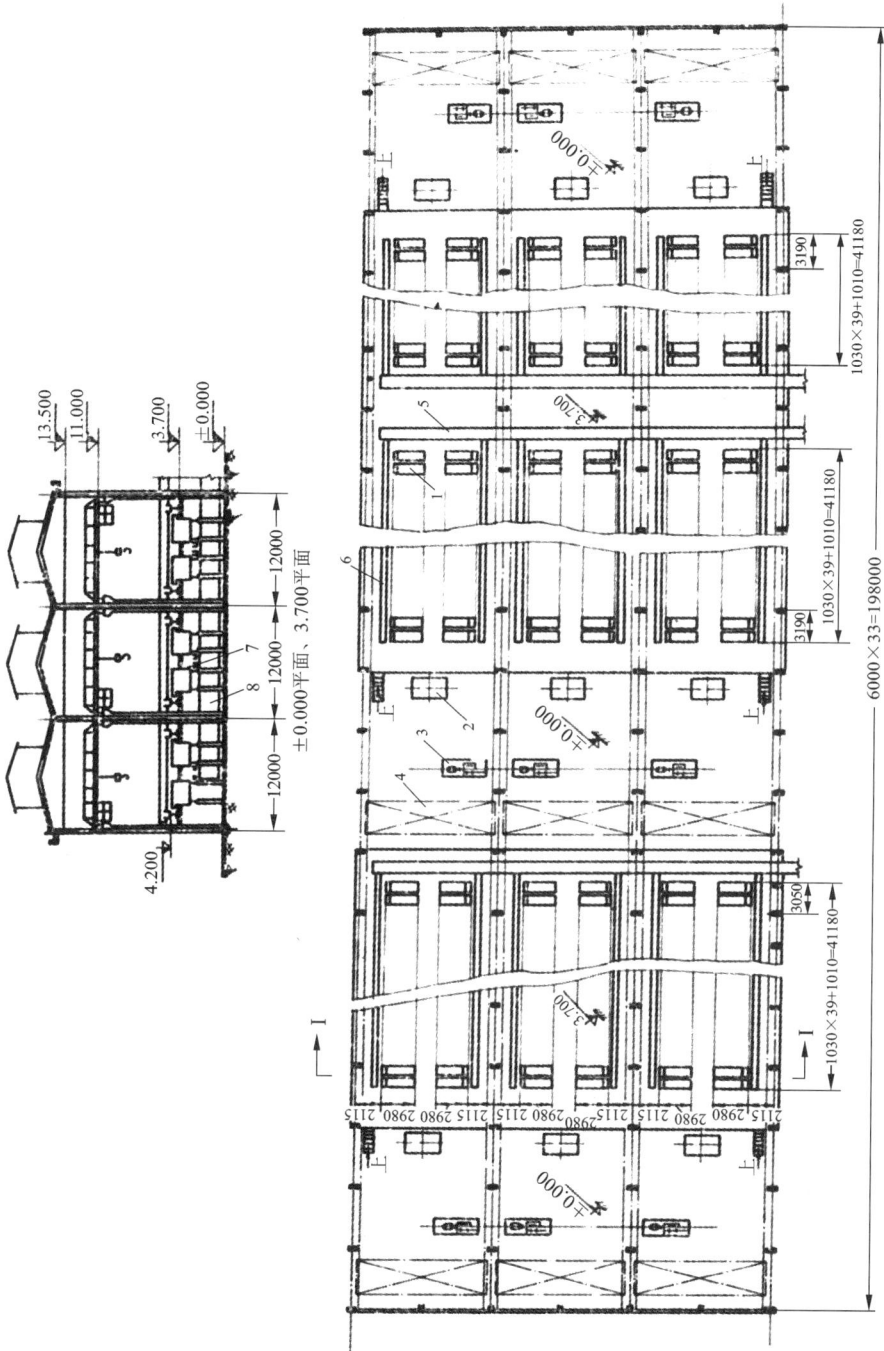

图3-33 国内某年产100 kt电锌厂电解车间设备配置图

1—电解槽2350×820×1427 (720个)；2—洗涤槽2000×2000×1500；3—立式阴极剥板机；4—3 t桥式绝缘吊车；5—供液总溜槽；6—供液分溜槽；7—废液分溜槽；8—废液总溜槽

　　为使析出锌表面平整，往往要在循环的电解液中加一些添加剂（主要是胶质），而有的添加剂（碳酸锶）还能减少铅从阳极转移到析出锌上的数量。

　　有些杂质不可能在电解之前的净化阶段完全被去除，如果它们浓度太高，就会使电解产生问题，因此须采取一些步骤来控制它们。卤素，特别是氟化物，会腐蚀铝板，缩短铝板的使用寿命，使铝板变得粗糙，析出锌更易与其黏结。电解液中的锰能为铅银阳极提供一层保护膜，其浓度必须维持在 $3 \sim 5$ g/L，但如果锰过高，它和镁都会使电解液的密度和黏度增加。钙会在冷却系统的各个部件上沉积出石膏，通过适当地添加晶种，并用浓密机捕集，就能控制住钙的危害。因酸利用从系统中排出废电解液可控制上面提到的几种杂质元素危害。

　　在电解工序，现代化的电锌厂采用了超大型电解装备和机械化剥锌，实现了出装阴极和剥锌的全面自动化作业。自动化剥锌对电极的损坏小，剥锌后，电极仍能保持良好的平整度，因此短路现象也减少了。联合矿业公司老山和埃斯突里亚那锌公司的设计代表了当前发展水平。1979 年，老山开始采用每个电解槽装 $80 \sim 100$ 片面积达到 3.2 m^2 的阴极，剥锌机和电解槽成直线排列，设计电流密度高达 475 A/m^2，通过电解液冷却塔对整个电解厂房进行通风。埃斯突里亚那锌公司也安装了一种超大型电解装备，阴极面积达 3.6 m^2，每槽装 110 片阴极。科明科公司特雷尔冶炼厂也采用了超大型电解车间，其阴极面积为 3.0 m^2。很多冶炼厂已经或正在采用现代技术来对老电解车间进行升级改造。克拉克斯维尔和奥达安装了横电棒。基德·克里克安装了移动剥锌装置。科科拉还在使用 1969 年的电解槽，但电解槽的数目已经过数次增加，电极面积也已加大，自动剥锌机也进行了翻新。为降低电能消耗，日本安中在 1996 年就采取了缩短电极极距的办法来降低电阻损失。为降低电解成本，日本和我国一些锌厂在电解工序采用了高峰低谷用电制度。为治理电解阳极析氧产生酸雾污染，一些电锌厂采用了强制通风或添加酸雾抑制剂的方法。

　　我国锌电解过去基本上是 1 m^2 的小电极、人工剥锌，析出周期 24 h。近年来，我国锌电解的现代化步伐加快。2004 年驰宏锌锗首先采用 1.6 m^2 阴极，析出周期 48 h，引进日本三井公司的自动剥锌机。2009 年株冶集团在新建的电解八系列采用了 2.6 m^2 阴极，析出周期 48 h；引进三井公司的自动剥锌机和阳极平整机，于 2009 年 9 月 22 日正式通电投产，每槽最大装板数为 60 片阴极，61 片阳极，设计年产能 100 kt。锌电解厂房如图 3 - 34 所示。

　　2009 年丹霞冶炼厂采用 3.2 m^2 阴极，析出周期 48 h，引进卢森堡保尔沃特公司自动剥锌机和自动化出装槽吊车。

图 3 - 34 锌电解厂房

3.5.2 设备运行及维护

锌电积的主要设备有电解槽、空气冷却塔、出装槽设施、阴阳极平整机、自动剥锌机、整流器及供配电系统、自动控制系统和电解液循环系统等，主要设备连接图如图 3 - 35 所示。

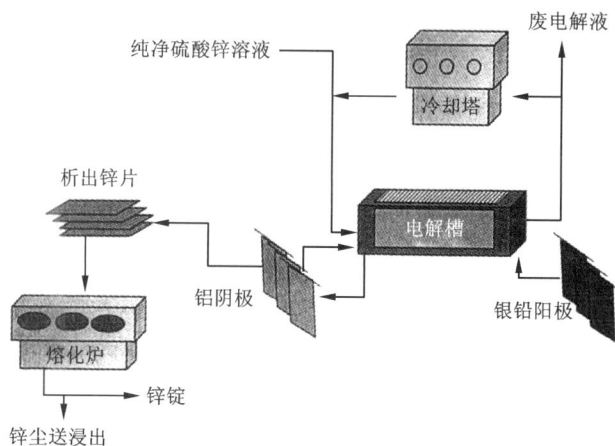

图 3 - 35 锌电解沉积主要工艺设备连接图

1. 电解槽

电积锌生产用的电解槽是一种长方形的槽子。阴阳极板交错装在电解槽内，出液端有溢流堰和溢流口。电解槽的制作材料分类主要有钢筋混凝土电解槽、塑料电解槽、玻璃钢电解槽等。电解槽的长度由选定的面积电流、阴极板数量及极板间距离而确定；宽度和深度由阴极板面积来确定。同时，为了保证电解液的正常循环，阴极板边缘到槽壁的距离一般为 60 ~ 100 mm，槽深按阴极下缘距槽底400 ~ 500 mm，以便阳极泥沉于槽底。槽底为平底型或漏斗型。

株冶八系列电解槽规格为 5900 mm × 1200 mm × 1900 mm，共 176 个，其中 81列和 82 列由安徽东方芜湖东方防腐公司制造，材质为呋喃树脂砼；83 列和 84 列由宜兴化工成套设备有限公制造，材质为乙烯基树脂砼。

2. 电锌剥离及吊运设备

1) 剥离及吊运设备

株冶锌电解八系列剥离及吊运设备配置如表 3 – 56 所示。

表 3 – 56　锌电解设备

工序名	设备名称	台数	设备型号	备注
电解工序	双梁绝缘吊车	2	L_k = 19.5 m, H = 12 m, Q = 10 + 10 = 20 t	
	单梁绝缘吊车	4	5 t, L_k: 19.5 m, H: 12 m 3 t, L_k: 19.5 m, H: 12 m	3 t 和 5 t 各 2 台
	自动剥锌机	2	日本进口成套设备	
	阳极平整机	1	日本进口成套设备	
	真空循环水泵	1	IH10 – 65 – 200	
	阳极泥输送泵	2	JFZ100 – 320	
	高压水泵	2	150S1, Q = 24 m³/h, p = 21 MPa, 3HP150	
运转工序	空气冷却塔	10	F = 60 m², LF – 4.2, ϕ = 4200 mm	圆形塔
	废液循环泵	10	JFZ200 – 410	上塔泵
	集液循环泵	4	FZ125 – 405	上集液槽
	废液输送泵	3	JFZ125 – 405	系统废液送出去
	事故泵	1	JW250 – 300	

2) 双梁绝缘吊车的运行与维护

吊车(起重机)主要是以间歇、周期的工作方式，利用吊钩、吊具等及时、迅速地完成物体位移的空间运输工具。

（1）开车前的准备　对制动器、吊钩、钢丝绳和安全装置等部件按点检卡的要求检查，发现异常现象，应予排除。操作者必须在确认走台或轨道上无人时，才可以闭合主电源。当电源断路器上加锁或有告示牌时，应由原有关人除掉后方可闭合主电源。

（2）操作运行　每班第一次起吊重物时（或负荷达到最大重量时），应在吊离地面高度 0.5 m 后，重新将重物放下，检查制动器性能，确认可靠后，再进行正常作业。

①操作者在作业中，应按规定对下列各项作业鸣铃报警：A. 起升、降落重物；开动大、小车行驶时；B. 起重机行驶人在视线不清楚通过时，要连续鸣铃报警；C. 起重机行驶接近跨内另一起重机时；D. 吊运重物接近人员时。

②操作运行中应按统一规定的指挥信号进行。

③工作中突然断电时，应将所有的控制器手柄置于"零"位，在重新工作前应检查起重机动作是否正常。

④起重机大、小车在正常作业中，严禁开反车制动停车；变换大、小车运动方向时，必须将手柄置于"0"位，机构完全停止运转后，方能反向开车。

⑤两个吊钩的起重机不准两钩同时吊两个物件。

⑥不准利用极限位置限制器停车，严禁在有负载的情况下调整起升机构制动器。

⑦严格执行"十不吊"的制度：A. 指挥信号不明或乱指挥不吊；B. 超过额定起重量时不吊；C. 吊具使用不合理或物件捆挂不牢不吊；D. 吊物上有人或有其他浮放物品不吊；E. 抱闸或其他制动安全装置失灵不吊；F. 行车吊挂重物直接进行加工时不吊；G. 歪拉斜挂不吊；H. 具有爆炸性物件不吊；I. 埋在地下物件不拔吊；J. 带棱角块口物件、未垫好不吊。

⑧如发现异常，立即停机，检查原因并及时排除。

（3）停车操作　将吊钩升高至一定高度，大车、小车停靠在指定位置，控制器手柄置于"0"位；拉下保护箱开关手柄，切断电源。进行日常维护保养。做好交接班工作。

（4）检查与维护　①定期对设备清扫灰尘，清除油污及杂物；②经常检查灭火器是否空罐或齐全，并定期更换；③检查制动器制动是否灵敏可靠，调整是否符合标准，制动瓦及轴或轴孔磨损是否过量；④检查各部位螺栓连接有无缺损、松动或断裂；⑤检查滑轮转动是否灵活，是否有缺口、裂纹及磨损；⑥经常检查吊钩转动是否灵活，表面有无裂纹，危险断面磨损及开口度是否正常，吊杠销轴是否磨损；⑦检查钢丝绳排列是否整齐，压板或绳夹是否紧固可靠，有无断丝、松股打结、锈蚀和磨损现象以及润滑状况；⑧应定期检查卷筒联轴器的润滑及连接螺栓的紧固情况，通过观察磨损指针和磨损标记的位移，了解内部磨损情况，若指针超出磨损标记，及时更换磨损件；⑨定期检查减速器，齿轮联轴器的润滑及齿的磨损状况；⑩检查车轮有无裂纹、轮缘及踏面磨损状况，是否有啃道现象；⑪检查道轨是否断裂、变形，压板是否紧固；⑫检查缓冲器、挡头及防护栏杆等安全设施是否齐全、可靠；⑬检查钢结构有无开裂、变形、脱焊及锈蚀现象；⑭对上述的故障隐患要及时上报，并根据点检标准进行整改更换，确保设备正常运行。

（5）主要运行参数　①滚动轴承温度≤70℃；②电动机温度≤80℃；③制动轮温度≤150℃。

（6）常见故障及排除方法　吊车常见故障及排除方法如表3-57所示。

表3-57　常见故障及排除方法

故障	故障原因	排除方法
吊物下沉	杠杆活动关节卡	消除卡阻现象，加油
	闸皮过度磨损	更换闸皮
	主弹簧松弛或损坏	调整或更换主弹簧
	制动器间隙过大	调整间隙
夹绳	绳轮损坏	更换绳轮
	勾槽过度磨损	更换绳轮
运行中振动严重	轨道严重磨损	更换轨道
	轨道间隙过大	调整接头间隙
	车体强度不够	加固车体
掉道	轨距偏差过大	调整轨距
	车轮磨损过度，不能调心	更换车轮
	联轴器过度磨损	更换联轴器
	不协调，车体摆动	

3）自动剥锌机运行与维护

（1）开车前的准备　①检查周围环境：确认设备周围没有多余的阴极板、金属板以及其他影响设备运行的材料，检查设备内部确认同样没有以上材料，并确认一楼、二楼不存在安全隐患。②检查设备运行所必需的能源，如冷却水、刷板用水、仪表风以及其他是否正常供给。③检查高压气包内是否有水，如有，必须先将气包内水排空（开车前必须检查）。④合上MCC控制柜上"MAIN SOURCE"（主电源）的断路器开关（MCCB00），电源指示灯亮。⑤检查MCC面板上的电压表电压是否显示为380 V。使用MCC面板上"VOLTMETER SELECTOR SWITCH"

（电压表选择开关）可检查每相电源电压，确保供电正常。⑥要打开 MCC 控制柜，手柄必须要拨到"OFF"位置后再向左一点，不得强行打开 MCC 控制柜。

（2）剥锌机运行前的操作　①将 MPD（操作台）面板上的"MASTER SOURCE"（主电源）钥匙开关转到"ON"位置。此时，MPD 面板上"CONTROL SOURCE"（控制电源）断开开关的红色指示灯亮。②启动 MPD（操作台）面板上"CONTROL SOURCE"（控制电源）按钮，红色指示灯熄灭，绿色指示灯亮。MPD（操作台）面板上其余指示灯开始闪烁，同时触摸屏启动，显现出菜单显示器。③检查是否有警报。检查触摸屏上的"ALARM"（警报）显示有没有变成红色，如果变成红色，通过警报复位开关将警报复位。如果不能复位，检查警报内容。确定是否由设备故障发出警报。④启动 MPD（操作台）面板上油泵及齿轮泵按钮，其中 1 号油泵专供刷板及堆垛设备，2 号油泵供其他液压设备。两者不能同时启动，只能相隔几秒陆续启动。注意：启动油泵前，操作人员须检查输油管道是否有滴漏现象；油泵启动后，操作人员须观察油泵压力表，检查液压是否能够满足生产需要。⑤启动 MPD 面板上"OIL COOLING"（油冷却）开关，油冷却开关启动后，设备将自动调节油温在30℃至40℃之间。⑥低温时启动油加热器选择开关，当选择"1"键，1 号油温加热器开启，当选择"1"键和"2"键时，1 号和 2 号油温加热器同时启动。如气温较高（或正常气温），则应把油加热器开关打到关的位置。

（3）剥锌机自动运行前的操作　①启动 MPD 面板上"MASTER MODE"（控制模式）选择开关，将选择开关拨到"AUTO"（自动）位置。②启动 MPD 面板上所需装置的"MAN－OFF－AUTO"选择开关，将选择开关拨到"AUTO"（自动）位置。此时，如果所需装置的"AUTO STOP"（自动运行停止）红色指示灯不停闪烁，说明该装置未达到自动运行条件，必须将"MAN－OFF－AUTO"选择开关拨到"MAN"（手动）位置。根据手动操作程序移动该设备，到达自动运行条件下所需位置。如果所需设备的"AUTO START"（自动启动）的绿色指示灯闪烁，这表示设备已处在自动运行条件下所要求的位置。③必须将位于一楼的控制箱 LOP－1 上的"LOCAL－OFF－AUTO"选择开关和位于二楼 MPD 面板上"MAN－OFF－AUTO"选择开关都拨到"AUTO"（自动）位置后，码锭装置才会处于自动运行模式。此时，MPD 面板上码锭装置"AUTO START"（自动启动）的绿色指示灯开始闪烁。注意：进入码锭装置内部前，必须断开电源；不得随意触摸该设备的传感器，以免引起设备故障。④当自动运行所必需的全部条件确认设置后，启动 MPD 面板上所需装置的每一个"AUTO START"（自动启动）按钮，绿灯亮。自动运行条件已准备就绪。⑤再一次检查剥锌机的安全设置及周围环境，确认无安全隐患。

（4）剥锌机自动运行操作　①按下 MPD（操作台）面板上"AUTOMATIC OPERATION"（自动运行操作）的"START"（开始）按钮，自动运行开始。注意：该设置将发出持续几秒钟的声响信号，以提示自动运行开始。当声响信号结束后，自动运行开始。②自动运行中，如果按下"AUTOMATIC OPERATION"（自动运行操作）的"STOP"（停止）按钮，二楼的所有设备，都将停止自动运行。但一楼堆垛装置不会停止自动运行。③自动运行中，如果按下"AUTOMATIC OPERATION"（自动运行操作）的"STOP"（停止）按钮，液压泵仍处于运行状态，不受干扰，只有在紧急停车情况下，液压泵才会停止运行。④自动运行中，如果按下任何装置的"AUTO STOP"（自动停止）按钮，该装置将会停止运行，如果没有移动将会保持在静止状态。如果任何装置的"MAN－OFF－AUTO"选择开关拨到除"AUTO"以外的位置，该设备也将停止运行。如果要该设备重新启动自动运行，只有在"AUTOMATIC OPERATION"（自动运行操作）已启动"START"（开始）按钮前提下，再次启动该设备的"AUTO START"（自动启动）按钮。⑤自动运行过程中，当横向传输机上阴极板不连续时，横向传输机有可能停止，此时按下"最后卸载"按钮，可继续启动。

(5)剥锌机手动运行操作　将主控模式按钮转到手动（MAN）位置。将各装置控制按钮转到手动（MAN）位置，但停止器控制开关必须在自动位置上，以免阴极板重叠。

A. 载荷台车的操作：a. 转动台车的向前/向后开关，台车将会向前/向后运行。b. 当台车从起始点以外的任何位置启动时，它将低速运行到下一个停止位置。c. 台车在初始位置、A 站位置、B 站位置时会停止。如要移动到另一位置，只需继续转动向前/向后开关即可。d. 当载荷台车停止在以上指定位置时，方可进行上升或下降操作，其他位置则不能。e. 台车从初始位置运行到 A 站或 B 站时，载荷提升机必须在下降位置，否则将与阴极板相撞。f. 当装载 A 站、B 站均有板时，禁止将台车手动停止到 B 站位置。

B. 载荷运输机的操作：a. 转动载荷运输机选择开关到手动位置。b. 按下载荷运输机的启动按钮，载荷运输机将一节距一节距地运行，直到把阴极板运到指定位置。若无阴极板，它将一直运行。c. 按下停止按钮，运输机停止。

C. 1 号移动装置的操作：a. 通过操作台上的选择开关可以选择从操作台或现场控制箱操作 1 号移动装置。b. 当 1 号移动装置上或载荷运输机上有阴极板时，必须选择在现场控制箱操作。c. 转动 1 号移动装置的上升/下降开关控制上升/下降。d. 转动 1 号移动装置的向前/向后开关控制向前/向后，它将由高速转至低速。e. 转动 1 号移动装置的打开/关闭开关控制释放或抓起阴极板。

D. 横向运输机的操作：a. 确认各装置的初始位置。b. 转动横向运输机选择开关到手动位置，转动横向停止器选择开关到自动位置。c. 按下横向运输机的启动按钮，横向运输机开始运行，当阴极板到指定位置时，按下横向运输机的停止按钮，横向运输机停止。

E. 横向停止器的操作：a. 转动横向停止器选择开关到手动位置。b. 转动横向停止器的向前按钮,停止器向前。c.转动横向停止器的向后按钮,停止器向后。

F.锤打装置的操作:a.转动锤打装置选择开关到手动位置。b.转动锤打装置推进器开关到向前。c.转动锤打装置门开关到关闭。d.启动振打按钮,锤打开始。e.转动锤打装置门开关到开启。f.转动锤打推进器开关到向后,完成锤打动作,屏幕上的阴极板显示由无色变为蓝色。

G.剥离装置的操作:a.转动剥离装置选择开关到手动位置。b.转动钢板夹开关到向前位置(夹紧),同时按下空气喷射按钮。c.转动剥离楔开关到向下位置,同时松开空气喷射按钮。d.转动钢板夹开关到向后位置(松开)。e.转动剥离楔开关到向上位置,即完成剥离动作;同时可观察到剥离位置处阴极板由无色变为蓝色。

H.2 号移动装置的操作:a.确认剔除运输机上有空位置。b.转动 2 号移动装置的上升/下降开关控制上升/下降。c.转动 2 号移动装置的向前/向后开关控制向前/向后,则由高速转至低速。d.转动 2 号移动装置的打开/关闭开关控制释放或抓起阴极板。

I.剔除运输机的操作:a.转动剔除运输机的选择开关到手动位置。b.按下剔除运输机的启动按钮,载荷运输机将一节距一节距运行。

J.刷板装置的操作:a.转动刷板装置用水选择开关到自动位置。b.转动刷板装置选择开关到手动位置。c.按下刷轮的启动按钮,刷轮启动。d.转动刷轮吊钩的开关到关闭位置,吊钩关闭。e.转动刷轮吊钩滑块的开关到关闭位置,右边的吊钩靠近并且夹住阴极板。f.转动刷轮推进器的开关到关闭位置,刷轮向阴极板挤压。g.转动刷板提升机的开关到上升位置,阴极板开始上升。h.转动刷轮推进器的开关到开启位置,刷轮松开阴极板。i.转动刷板提升机的开关到下降位置,阴极板下降。j.转动刷轮吊钩滑块的开关到开启位置。k.转动刷轮吊钩的开关到开启位置,完成刷板操作,同时屏幕上可观察到阴极板由无色变成蓝色。

K.3 号移动装置的操作:a.确认卸载运输机上有空位置。b.转动 3 号移动装置的上升/下降开关控制上升/下降。c.转动 3 号移动装置的向前/向后开关控制向前/向后,它将由高速转至低速。d.转动 3 号移动装置的打开/关闭开关控制释放或抓起阴极板。

L.卸载运输机的操作:a.转动卸载运输机的选择开关到手动位置。b.按下卸载运输机的启动按钮,载荷运输机将一节距一节距运行。c.当阴极板到达前端极限位置时,卸载运输机停止。

M.卸载台车的操作:a.转动台车的向前/向后开关,台车将会向前/向后运行。b.当台车从起始点以外的任何位置启动时,它将低速运行到下一个停止位置。c.台车在初始位置、A 站位置、B 站位置时会停止。如要移动到另一位置,只需继续转动向前/向后开关即可。d.当卸载台车停止在以上指定位置时,方可进行上升或下降操作,其他位置则不能。e.台车从初始位置运行到 A 站或 B 站时,卸载提升机必须在下降位置,否则将与阴极板相撞。

N.堆垛装置的操作:a.转动堆垛装置选择开关到现场位置。b.若出现堆垛装置自动按钮红灯闪烁,则依次按蜂鸣制动器、报警重设、紧急重设。c.按下 1 号、2 号堆垛提升机的向下按钮,则堆垛提升机下降。d.按下堆垛校正器向前/向后按钮,堆垛校正器向前/向后动作。e.按下 1 号、2 号堆垛运输机的启动按钮,1 号、2 号堆垛卸载运输机启动。f.转动卸载升降机开关到下降位置,升降机下降。

(6)紧急停车 无论什么情况下,按下操作台或现场控制箱上的紧急停止按钮,所有设备都将停止。

(7)自动操作停机 ①确认工作完毕后,依次关闭 1 号、2 号油泵及摆线齿轮泵。②将各装置选择开关转到关的位置。③将主控模式转到关的位置。④关闭控制电源,将操作台上的"MASTER SOURCE"(主控电源)钥匙开关转到"OFF"位置。此时,停车操作完成。⑤按照剥锌机卫生标准清扫、清洁操作台、设备和设备周围卫生,清除酸液和结晶,并认真填写交接班记录。

(8)警报 如有异常情况,蜂鸣器会响起,触摸屏将切换至警报屏幕。屏幕上都有警报的描述,根据警报类型自动运行可能停止,在某些类型的警报下,可能手动操作都不能进行。紧急停止启动后,一楼和二楼的所有设备(包括液压泵)都停止运行。控制台上"EMERGENCY RESET"的红灯将会闪烁,此时,先松开紧急启动按钮,并按下"EMERGENCY RESET"键进行重新设置。

(9)检查与维护 周、月等其他检查维护项目按安装、操作、维护使用说明书中剥锌机机械和电气检查标准表执行。

主要进行如下日常检查和维护:①检查捶打装置、剥离装置、齿轮箱、传送带等各部连接螺栓是否松动,如有松动应紧固。②检查液压站油过滤器指示表是否报警,如报警应及时清洗或更换油过滤器。③检查储气罐、气缸、液压泵、油冷却器、油箱、油缸等是否有泄漏。视情况及时处理。④检查液压泵、电磁阀、齿轮箱等是否有异常响声和明显的异常振动,视情况及时处理。⑤检查各部传送带是否疏松、滑出和变形,视情况及时处理。⑥检查电流表和电压表是否在正确范围,视情况及时处理。⑦检查指示灯有无烧坏,视情况及时处理。⑧辅助继电器、断路开关、磁电流接触器等是否有过热和其他异常现象,视情况及时处理。⑨保持设备的清洁,电机及剥锌机机体和液压站油箱、液压件等的外表应无灰尘、油污,做到物见本色。

(10)润滑 设备润滑要求如表 3 – 58 所示。

表 3 - 58　设备润滑标准

润滑部位	润滑油(脂)牌号	代用油(脂)牌号	加油(脂)周期	换油(脂)周期/d
电动机轴承	3 号 MOS_2 锂基脂	2 号 MOS_2 锂基脂		180
装载及卸载小车齿轮箱	壳牌 220 号极压齿轮油	进口 220 号极压齿轮油	视油位按需添加	180
剥离装置齿轮箱	壳牌 220 号极压齿轮油	进口 220 号极压齿轮油	视油位按需添加	365
横向传送带减速器	壳牌 220 号极压齿轮油	进口 220 号极压齿轮油	视油位按需添加	180
卸垛输送机起升机减速器	壳牌 220 号极压齿轮油	进口 220 号极压齿轮油	视油位按需添加	365

其他润滑点按照安装、操作、维护说明书中的详细润滑表执行。其中的 2 号脂和 0 号脂要求用进口脂,已按推荐选用壳牌爱万利 EP2 和 EP0 润滑脂。

(11)主要运行参数　①电机温度≤80℃;②减速机温度≤50℃;③滚动轴承温度≤70℃;④滑动轴承温度一般≤60℃。

(12)常见故障及处理方法　自动剥锌机设备常见故障及处理方法如表 3 - 59 所示。

表 3 - 59　自动剥锌机设备常见故障及处理方法

故障	故障原因	处理方法
液压站液压油过滤器压力表指针指向红色区域	过滤器脏污、堵塞	清洗或更换过滤器
	液压油脏污	清洗油箱或更换液压油
剥离刀等液动元件不动作	液压油脏污,液压控制元件堵塞	更换液压油,清洗液压控制元件
	调节阀等液压控制元件不经意被关闭	检查调节阀等液压控制元件并打开
电动机不运转	主保险丝烧断	更换主保险丝
	热过载跳闸	重新设置热过载
	线路松动或短路	紧固,消除短路
电机可运转,但重复显示过载	轴承润滑不良或锈蚀	清洗和润滑或更换轴承
	轴负荷大	清除轴上可能的杂物;消除轴过紧

续表 3 - 59

故障	故障原因	处理方法
压力开关无法启动或忽开忽关	线路松动或断路	紧固线路或消除断路
	开关损坏	更换开关
	机构故障	检查和清扫机构,消除故障
限位开关无法运转	电源电压不够	检查和调整电压
	限位开关启动设定不对	重新设定感应距离
电磁阀不运行或运行不稳定	电源电压不够	检查和调整电压
	线接头松动或接触不良	紧固接线头
	阀体脏污	清洁阀体

4) 阳极平整机运行与维护

(1) 操作前的准备 ①确认高压水泵、低压水泵的正常运行。②检查确认所有的电力、压缩风的正常供给。③检查各处易松动处螺栓是否紧固。④检查各装置内部及周围是否有异物。

(2) 开机检查 ①检查控制屏面板(380 V/200 V)上的指示灯,打开控制屏,合上所有电源开关(如:MCCB00 等)。②检查控制箱 LOP - 1/2/3 的紧急开关是否按下,如果已按下,将其复原;然后按下控制箱 LOP - 1 上的警报重置开关。③确认巡逻灯已被关闭,检查触摸屏上显示的运行准备条件:气压正常,紧急停止没有激活,"CP - *"显示正常。④确认无警报,如有,可按下 LOP - 1 面板上的 ALARM RESET 按钮重置警报。如果不能重置警报,必须检查警报来源并消除。⑤检查高压、低压水泵的运行情况。⑥检查并确保电力、压缩空气和水供应正常。

(3) 手动操作 将操作台上主控模式按钮转到手动位置,将现场控制箱的选择开关均转到手动位置。

①台车的操作:A. 转动台车的向前/向后开关,台车将会向前/向后运行。B. 台车在站 1 位置、站 2 位置、平整站位置和站 3 位置时会减速停止。如要移动到另一位置,只需继续转动向前/向后开关即可。C. 当台车从以上初始点以外的任何位置启动时,它将低速运行到下一个停止位置。D. 台车向前运行,当阳极在平整位置段触碰到间距行程开关时,台车将一节距一节距地推进。E. 只有当阳极提升机处于下降位置,同时平整装置处于打开位置时,方可进行台车的向前/向后操作。

②阳极提升机的操作:A. 转动阳极提升机选择开关到手动位置。B. 转动提

升机的向上开关，提升机向上。C. 转动提升机的向下开关，提升机向下。D. 当台车运行时，不能进行提升机的向上/向下操作。E. 只有当台车停靠在正确位置，且平整装置完全打开时，方可进行提升机的升降操作。

③平整装置的操作：A. 转动平整装置选择开关到手动位置。B. 转动平整装置关闭开关，前方和后方的平整板将关闭。C. 转动平整装置打开开关，前方和后方的平整板将打开。D. 只有当阳极提升机处于上升极限位置时，方可进行拍打操作。E. 当台车运行时或阳极提升机运行时，均不能进行拍打操作。

④高压水和低压水的操作：A. 按下"强喷泉"按钮，进行高压水冲洗。B. 按下"弱喷泉"按钮，进行低压水喷洒。C. 因与其他装置无连锁，高压水和低压水的操作不受其他动作条件的限制。

(4) 自动操作　A. 把操作台上主控模式开关转到手动位置。B. 将台车移到指定位置。C. 将其他装置移到自动初始位置。D. 把各装置选择开关转动到自动位置。E. 确认屏幕上表示各运行准备条件的模块已变成绿色。F. 完成自动运行的准备条件以后，把操作台上主控模式开关转到自动位置，各巡逻灯将变成绿色。G. 按下操作台或现场控制箱上的"阳极洗涤校正"按钮，自动运行开始。H. 当台车上所有阳极板平整清洗完成后，台车将停止在 3 号站台位置。此时按下"1 号站"或"2 号站"按钮，台车将自动运行至 1 号站台或 2 号站台，完成一个周期的操作。I. 在自动操作期间，如果按下自动操作的停止按钮，台车将立即停止，提升机将下降到底部极限位置，同时拍打停止。J. 在自动运行期间，如果操作台或现场控制箱任何一个模式选择开关打到除自动以外的位置，所有设备立即停止。K. 无论什么情况下，按下操作台或现场控制箱上的紧急停止按钮，所有设备都将停止。

(5) 自动操作停机　①确认工作完毕后，依次关闭高、低压水泵。②将各装置选择开关转到关的位置。③将主控模式转到关的位置。④关闭控制电源(即电气柜内的最上排第 3 个空气开关)。⑤按照阳极清洗平整机卫生标准清扫、清洁操作台、设备和设备周围卫生，清除阳极泥，并认真填写交接班记录。⑥特别注意的是，在清洁触摸屏卫生时，一定要在完全断开控制电源以后进行，否则可能造成触摸屏内部程序丢失。

(6) 警报　如有异常情况，蜂鸣器会响起，触摸屏切换至警报屏幕。屏幕上有警报的描述，根据警报类型自动运行可能停止，在某些类型的警报下，可能手动操作都不能进行。有警报的时候，通过控制面板上"ALARM RESET"按钮可解除紧急警报，手动或自动操作解除警报后，才能进行。

(7) 检查与维护　周、月等其他检查维护项目按安装、操作、维护使用说明书中阳极清洗平整机机械和电气检查标准表执行。

主要进行如下日常检查和维护：①检查平整机销子螺杆等紧固件是否松动，

如有松动应紧固。②检查齿轮是否有松动、滑出和变性，视情况及时处理。③检查气缸等是否有泄漏，视情况及时处理。④检查运料小车结构件紧固件是否变形，及时更换紧固件。⑤检查指示灯灯泡是否烧坏，及时更换烧坏件。⑥检查辅助继电器、磁电流接触器是否过热，线圈是否有不正常的声音，接线是否熔化等不正常情况，视情况及时处理。⑦检查短路器是否过热，及时清除过热和短路并更换过热件。⑧检查保险是否熔化无指示，及时处理、更换。⑨检查近距离传感器/照片开关，封面是否损坏，安装是否松动，视情况及时处理。⑩保持设备的清洁，电机、运料小车机及阳极平整机机体等的外表应无灰尘、油污，做到物见本色。

（8）润滑　阳极平整机的润滑要求如表 3 –60 所示。

表 3 –60　设备润滑要求

润滑部位	润滑油（脂）牌号	代用油（脂）牌号	加油（脂）周期	换油（脂）周期/d
电动机轴承	3 号 MoS_2 锂基脂	2 号 MoS_2 锂基脂		180
平整机 Oiles（油）轴承	壳牌爱万利 EP2 润滑脂	进口 2 号极压润滑脂		180
平整机空气结合体（润滑器）	壳牌多宝 T32	进口 32 号透平油		180
阳极装载小车端头支座	壳牌爱万利 EP2 润滑脂	进口 2 号极压润滑脂		180

（9）主要运行与调整参数　①电机温度 ≤80℃；②滚动轴承温度 ≤70℃；③滑动轴承温度一般 ≤60℃。

（10）常见故障与处理方法。

阳极平整机的常见故障及处理方法如表 3 –61 所示。

表 3 –61　常见故障与处理方法

故障	故障原因	处理方法
电动机不运转	主保险丝烧断	更换主保险丝
	热过载跳闸	重新设置热过载
	线路松动或短路	紧固，消除短路
电机可以运转，但重复显示过载	轴承润滑不良或锈蚀	清洗和润滑或更换轴承
	轴负荷大	清除轴上可能的杂物；消除轴过紧

续表 3 - 61

故障	故障原因	处理方法
压力开关无法启动或忽开忽关	线路松动或断路	紧固线路或消除断路
	开关损坏	更换开关
	机构故障	检查和清扫机构, 消除故障
限位开关无法运转	电源电压不够	检查和调整电压
	限位开关启动设定不对	重新设定感应距离
电磁阀不运行或运行不稳定	电源电压不够	检查和调整电压
	线接头松动或接触不良	紧固接线头
	阀体脏污	清洁阀体

5) 高压水泵运行与维护

(1) 操作前的准备 ①检查确认所有的电力、压缩风、贮水槽水量供给正常方可进行操作。②确认高压水泵油位正常。③确认高压水泵油冷却水阀门已开启。④确认油过滤器已开启。⑤检查各处易松动处螺栓是否紧固。⑥检查各装置内部及周围是否有人或其他异物。⑦检查各报警和保护装置是否灵敏。⑧确认高压循环阀门处于开启状态, 即高压水循环电控阀门处传感器灯亮。此时高压水处于旁路状态。

(2) 运行操作 ①打开贮水槽进水阀门, 待贮水槽水量到达最高限位。②打开贮水槽出口阀门并开启进水离心泵电机。运行 2 ~ 3 min 后启动油泵电机。③水泵正常供水, 观察油泵压力稳定在 0.4 ~ 0.5 MPa(不得低于 0.2 MPa)后, 准备启动高压泵电机。④高压泵电机采用降压启动, 有手动降压启动和自动降压启动两种模式。手动降压启动时, 将选择开关打到手动位置, 按下"启动"按钮, 降压运行 2 ~ 3 min 后, 再按下"运行"按钮, 电机转入全压运行。⑤自动降压启动时, 将选择开关打到自动位置, 按下"运行"按钮, 电机降压启动一段时间后自动转入全压运行。⑥主机正常运行后, 工作压力为 20 MPa 左右, 油泵压力稳定在 0.4 ~ 0.5 MPa, (不得低于 0.2 MPa), 油温 75 ~ 85℃。工作中应经常注意以上参数, 发现问题及时汇报班长。⑦因旁路用电控阀门与阳极清洗平整机连锁, 因此开启阳极清洗平整机后, 不需要在高压泵控制柜上操作"电磁阀"旋钮。

(3) 停车操作 ①正常停车时, 一定要先停阳极清洗平整机, 再停高压水泵。②阳极清洗平整机停车后, 高压水循环阀门自动打开, 此时水进行旁路循环, 系统处于低压状态。③高压水泵停车步骤为: 停主机、停油泵、停水泵、停空压机, 每个动作的间隔时间≥5 s。

(4)检查与维护　①检查和清洁齿轮箱通气帽，柱塞泄漏液处的排液口，润滑系统粗、精过滤器以及曲轴箱通气帽。②检查各部连接螺栓是否松动，如有松动应紧固。③检查泵体的振动情况，并注意运行中有无异常响声及时处理和汇报。④保持设备的清洁，电机及泵体的外表应无灰尘、油污，做到物见本色。⑤检查控制柜等电器设施是否正常，发现不正常应及时通知维修工进行处理。

(5)润滑　高压水泵的润滑要求如表 3 - 62 所示。

表 3 - 62　高压水泵的设备润滑要求

润滑部位	润滑油(脂)牌号	代用油(脂)牌号	加油(脂)周期	换油(脂)周期/d
电机轴承	3 号 MoS_2 锂基脂	2 号 MoS_2 锂基脂	20 天	180
减速器	220 号壳牌极压齿轮油	220 号极压工业齿轮油	每天检查油标，按需添加	180
润滑站	220 号壳牌极压齿轮油	220 号极压工业齿轮油	每天检查泵油标，按需添加	180

(6)主要运行参数　①电机温度≤80℃；②减速机温度≤50℃；③滚动轴承温度≤70℃。

(7)常见故障及排除方法　高压水泵常见故障及排除方法如表 3 - 63 所示。

表 3 - 63　高压水泵的常见故障及排除方法

故障	可能原因	排除方法
无液排出压力表指针急骤摆动，出液量不足	泵没有注入水	把水注入泵
	泵的净正吸入压头不足	增加泵吸入系统的净正吸入压头
	吸入管内有异物堵住，或管径太小	消除管内障碍物，或放大吸入管径
	吸入管内和泵液中有气体	消除气体
	泵的进、排液阀泄漏	更换进、排液阀
	进、排液处密封圈或锥形密封面泄漏	更换密封圈，或修复锥形密封面
排出压力低	进、排液阀泄漏	更换进、排液阀
	泵的进液量不足	增加供液量
	液体在吸入过程中汽化	增加吸入压力，避免汽化

续表 3 - 63

故障	可能原因	排除方法
液力端有不定时，不均匀的冲击声响	进、排液阀启闭受阻	消除阀芯运动的阻碍
	进、排液阀弹簧断裂	更换弹簧
泵的进、排液管道振动剧烈	进、排液阀工作不正常，出液量不均匀	排除进、排液阀故障
	进、出口蓄能器充气压力不当	充气压力调整到规定值
	管线内有气体	排除气体
	进、排液管支承点不当	变换或加固管道支承点（管夹）位置
	进、排液管管径太小造成流速过大	放大管径
柱塞密封处泄漏严重	填料压紧量不足	增加压紧量
	填料（或成型密封圈）损坏	更换填料（或成型密封圈）
	柱塞表面拉毛	更换柱塞
柱塞温度过高填料密封损坏快	填料压得太紧	减少压紧量
	柱塞运动不走直线与导向套不同轴	纠正柱塞与导向套的同轴度
	有注油润滑的柱塞，注油中断	修复注油装置，恢复供油
动力端有敲击声	泵的旋转方向不对	纠正旋转方向
	连杆大头轴瓦磨损，间隙过大	更换轴瓦
	连杆小头衬套磨损，间隙过大	更换衬套
	十字头磨损，间隙过大	调整履板与十字头的垫片，恢复合适间隙，或更换十字头
	连杆螺母松动	拧紧螺母
	主轴承磨损	调整或更换
	柱塞与十字头的连接松动	拧紧
十字头伸出端、曲轴伸出端处密封漏油	括油密封圈唇口损坏，或装反	更换或纠正唇口安装方向
	填料未压紧	给适当的压紧量
	伸出端与成型唇口密封不同轴造成偏磨	纠正同轴度

续表 3 – 63

故障	可能原因	排除方法
润滑系统油温过高	动力端各摩擦副的间隙不当	调整到规定的间隙
	油品不妥，或油质变坏	按说明书规定油品更换油
	润滑系统油路不畅通，供油不足	清洗滤网和润滑油通道
	对机座作为油池的泵油位太高或太低	恢复说明书规定的油位
	热交换器效率降低	清洗热交换器冷却管内壁结垢物
	冷却水量不足	加大冷却水量
润滑系统油压偏低	压力管线中精滤油器堵塞	拆出滤芯，进行清洗
	润滑系统中安全溢流阀失控	调整安全溢流阀
	吸油不足，吸油管线中滤网堵塞	清洗吸油管线中滤网
	吸油管线漏气	排除泄气的故障
	油池油位低于吸油口	向油池注油至规定液位

4. 电解液循环系统和设备

现代锌电积生产车间供液多采用大循环制，即从电解槽溢出的废电解液先汇集于废液溜槽，再流入循环槽及废液槽；一部分废液（循环槽内的废电解液）与新液混合后送至冷却系统冷却，然后通过供液溜槽供给电解槽，一小部分废液（废电解槽内的废电解液）返回浸出车间作溶剂。其中株冶八系列的循环系统大致相同，但进入冷却系统冷却的是废电解液，而不是废电解液和新液的混合溶液。

在电积锌过程中电解液温度逐渐升高，因此必须冷却电解液，使其温度控制在 37 至 42℃ 之间。大多采用喷淋式空气冷却塔在槽外集中冷却电解液。

空气冷却塔制冷原理是从塔体上部喷洒下来的热电解废液与从塔体下部鼓入的空气逆向运动，由于对流、热传导、电解液中水分的蒸发带走汽化潜热，从而使电解液冷却。

冷却塔是一个中空的长方体槽塔，槽体为内衬环氧树脂玻璃钢的钢筋混凝土结构或钢板焊制结构，玻璃钢槽体内衬软塑料的冷却塔正被越来越多的厂家使用。通常冷却塔高 10~15 m，横截面积 25~50 m²。空气冷却塔结构如图 3 – 36 所示。

株冶八系列冷却塔是圆形玻璃钢槽体内衬软塑料的冷却塔，塔高 15 m，截面积 50 m²。塔内衬软塑料后方便结晶的清理和减少在清理结晶的过程中对塔壁产生的破坏。

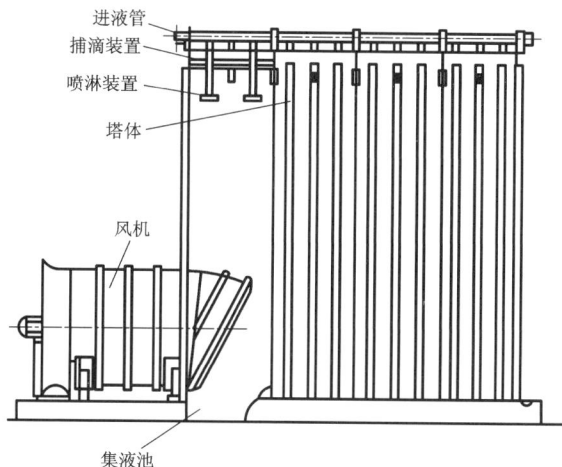

图 3-36　空气冷却塔结构图

（进液管、捕滴装置、喷淋装置、塔体、风机、集液池）

　　废液电解液经冷却系统冷却，温度下降，且由于水分蒸发，体积浓缩，使溶液中的硫酸钙、硫酸镁以白色透明的针状结晶析出，牢固地结附在管道、溜槽、冷却系统等设备内壁，形成结构致密的结晶物，影响电解液的正常循环及冷却效果。在酸性溶液中，硫酸钙的溶解度在 29℃时最低，因此，电解液冷却后液的温度稳定控制在 33～35℃为宜。

3.5.3　生产实践与操作

　　1. 工艺技术条件

　　1) 锌电解沉积

　　(1) 新液成分 (g/L)：$\rho(Zn)$ 130～180，$\rho(Cu) \leqslant 0.0002$，$\rho(Cd) \leqslant 0.001$，$\rho(Co) \leqslant 0.0005$，$\rho(Ni) \leqslant 0.001$，$\rho(As) \leqslant 0.00024$，$\rho(Sb) \leqslant 0.0003$，$\rho(Ge) \leqslant 0.00004$，$\rho(Fe) \leqslant 0.03$，$\rho(F) \leqslant 0.05$，$\rho(Cl) \leqslant 0.3$，$\rho(Mn)$ 2.0～5.0。(2) 废液成分 (g/L)：$\rho(Zn)$ 36～65，$\rho(H_2SO_4)$ 145～210。(3) 槽温：37～42℃ (短时不低于 35℃)。(4) 目测流量均匀、稳定，有微溢流，瞬时流量最低时的液面不高于挡板 40 mm。(5) 槽电压：2.8～3.7 V。(6) 电流密度：200～620 A/m^2。(7) 析出周期：48 h。(8) 同极中心距：90 mm。(9) 添加剂：①吐酒石根据剥离、析出情况，确定是否加入。在出槽前 3～5 min 加入电解槽内，一般加入量为 ≤0.5 g/槽，每列不得超过 20 g。②骨胶：根据析出情况，由电解工段负责均匀加入，每班加入量 10～30 kg。③碳酸锶：视析出锌含铅情况，运转每班均匀加 4～8 次，每班加入量 100～520 kg。(10) 周期管理：①掏槽周期 ≤45 d (一般情况为 30 d)。②平刷阴极周期 1～10 d。③平整阳极周期 1～3 月，接触的及时平整。

　　2) 空气冷却塔主要技术条件

①进液温度≥37℃，进出温差≥3℃。②清理周期：1~3个月。

2. 岗位操作规程

1）吊车岗位

①按设备操作规程认真检查吊车，确认一切正常后方可启动试车。②吊车操作工应与槽上岗位和起落吊人员密切配合，听指挥，不得擅自起吊、落吊；做到起吊稳、落吊准、吊运及时、安全，行车不超速；控制器要逐级扳动，严禁猛拉快移，吊物时，严禁三向同时运行，严禁拖吊具运行。③出槽挂吊时应对准电解槽中心，当带锌阴极吊出槽面后应稍等片刻，回收余液。④禁止斜吊，吊物高度应超过障碍物0.5 m以上，禁止在人头上方通过，注意严防相邻吊车碰撞；运行中听到停车口令，不论发自何人，都应立即停车，查明情况后再运行。⑤当电器部位自动跳闸时，禁止顶闸强行开车。如遇故障，应放下吊物，及时停车，将各控制器置于零位，断开电源，认真检查，排除故障。本岗位不能处理的故障，应及时汇报班长并找修理人员处理。⑥检查设备，更换零、部件或者处理故障时，应与其他相关岗位人员联系好再通知维修人员处理，检查、检修完毕后再与有关人员联系确认；确认后方可由电工按规程合闸送电；如电源临时停电或因故临时离开岗位时，应将各控制器置于零位，断开电源。⑦工作完毕，停车打扫卫生，填写运行记录。

2）槽上管理岗位

（1）出装槽准备　根据剥离析出情况，需加入吐酒石时，按班长安排称取所需的吐酒石，用热水配制溶液。检查确认阴极吊架完好。检查确认阴极洗槽蒸汽阀门、进水阀门、出口阀门完好，检查确认槽面蒸汽阀门完好。准备好阴极周转板。

（2）出装槽操作　①配合吊车工将析出锌阴极挂吊出槽，挂吊要稳、准，每槽分两吊出槽，第一吊出槽后，须装好、装满阴极板，方可出第二吊。出槽时，注意观察，记准接触，对正极距，装槽时铝板一定轻放，防止导电头变形，确保每块板导电良好。②取槽前先用蒸汽吹干净导电头和导电板，取出一吊后用蒸汽吹干净导电头和导电板的接触位置，阴极板装好后再用蒸汽吹一遍导电头和导电板。③观察阴极锌析出情况，发现短路或锌片穿洞时，在相应的位置作一标记，并处理阳极上的阳极泥，同时应通知阳极平整岗位处理。

（3）加添加剂　①加吐酒石溶液：出槽前3~5 min，用勺子往槽内加入配制好的吐酒石溶液，严防碰倒桶子或将吐酒石溶液大量泄入电解槽内，以免引起"烧板"；若出现类似情况加大电解槽循环量并报告工段。②加胶：出装槽后方可加胶。胶的加入量视电流密度、溶液含杂质情况及析出锌表面状况而定，一般控制在≤30 kg/列。③槽上检查及清理：消除槽上杂物，凡影响电流效率和质量的物料严防掉入槽内，保持槽上清洁。

3）剥锌机控制岗位

①接班前认真查阅上班记录，了解生产情况并向本班各岗位交代清楚。②按设备操作规程认真检查剥锌机设备是否工作正常，并对设备进行试运行。按设备操作规程要求开启剥锌机，选择好操作模式。③开启载荷台车将装载站的带锌板运到指定位置后停止，启动横向运输机将带锌板送到锤打装置；启动锤打装置，将带锌板振打，将振打好的带锌板送剥离装置剥离。将合格的阴极板送到刷板装置，刷板完成后通过卸载运输机送到卸载站。如果剥离不成功或阴极板不符合要求则启动剔除装置剔除须处理的阴极板。④当锌片剥离码堆达到一定的要求后启动堆码装置将锌片堆垛卸载。

4）剥锌机进出料岗位

①将吊运过来的带锌阴极板配合吊车工将板放在装载站上。②扳动吊具上的卸载装置将阴极板卸载。③在剥锌机卸载站位置配合吊车工挂好回笼阴极板。④准备好备用阴极板。

5）剥锌机运行调整与板处理岗位

①检查巡视剥锌机的运行情况，发现异常及时告知剥锌机控制岗位，并做相关调整。②协助剥离装置剥离锌片。③对需要剔除的阴极板提示剥锌机控制岗位剔除。④对运输线上运输不到指定位置的阴极板进行纠正。⑤处理剔除的阴极板。

6）阳极平整岗位

①接班前认真查阅上班记录，了解生产情况并向本班各岗位交代清楚。②按设备操作规程认真检查阳极平整设备是否工作正常，并对设备进行试运行。③吊车工配合槽面管理人员将阳极吊出，吊到阳极平整机运载台车上，达到自动条件后启动阳极平整机平整阳极。④将平整好的阳极吊到电解槽安装好。⑤阳极平整过程中须清理槽上杂物，凡影响电流效率和质量的物料严防掉入槽内，保持槽上清洁。⑥工作完毕，停车打扫卫生，填写运行记录。

7）掏槽岗位

①掏槽前了解生产情况，报告准备所掏列数。如情况不宜掏槽，应向调度报告，并请示是否停掏。②掏槽前准备：认真检查各自使用的工具、设备是否完好，对于吊车、掏槽真空泵和阳极泥输送泵则按其操作与维护规程进行。③掏槽操作：通过虹吸的方式保持槽内液面的高度，按要求吊出掏槽点的阴极板，将掏槽工具插入电解槽，转动掏槽工具将该区域的阳极泥掏干净，掏完一个区域后掏另一个区域直到掏干净整个电解槽。④槽内阳极泥应掏干净，所有其他杂物应取出，送往指定堆放地点。⑤当清理完毕一个电解槽时应检查电解槽有无损坏，如有，应及时做好记录，通知维修处理，掏完后清除干净槽面杂物，装好极板。⑥掏槽结束后收拾工具、打扫现场卫生、填写原始记录，并向调度汇报掏槽情况与所掏的列、槽数。

8）总流量岗位

①接班前认真查阅上班记录，了解生产情况并向本班各岗位交代清楚。②接班后详细检查总流量及其分配情况，注意废液罐、新液罐等的体积变化，防止跑液、冒液。③接班半小时内取新液样后送质量保证部，取样器内余液倒回新液溜槽，放置好取样器。④按时对本岗位所管的设备进行巡检，注意观察新液质量；若发现新液有异常情况，应立即报告厂调度。⑤认真执行巡检制度，控制总流量充足、稳定、均衡，需要进行总流量调整前后应通知有关岗位。⑥及时从质量保证部取回新液化验单和取样筒，将结果填写在原始记录上，如某元素不合格，应立即报告厂调度。⑦根据化验结果控制废液酸锌含量及废液酸锌比在技术条件控制范围内，如遇生产不正常而达不到规定要求时，应及时报告调度。⑧开、停循环：如设备检修等原因需要局部或全部停循环时，应配合维修工作做好开、停循环的准备。堵流量前先压缩总流量，统一指挥各岗位协同操作，尽量不影响或少影响正常生产的系列，开循环时，应适时适量加大流量，防止断流或冒槽。⑨凡须维修站处理的设备故障，当班应及时到工段或直接与钳工、电工、管焊等有关班组联系登记，中、晚班应及时报告厂调度。⑩根据厂调度安排新液和废液互送。

9）槽面岗位

①接班时先查看上班原始记录，仔细了解生产情况及本班应注意事项。②到现场交接班，检查流量大小，抽查槽温，发现异常情况应向交班者指出，并做好记录。③接班后应逐槽逐列检查流量，确保下液管、循环带畅通，各列各槽流量均匀。④按技术条件控制好流量，检查槽温、析出情况，及时做好记录，向班长汇报。发生偏差应及时报告流量岗位等有关人员做出相应调整，电流每小时记录一次，并随时注意波动情况，发现异常情况应及时用电话询问整流所并报告厂调度。⑤必要时及时清理下液管和供液溜槽的结晶物，确保溶液畅通无阻，各列流量均匀、稳定、有微溢流，短时流量最低不低于挡板 40 mm，杜绝"跑、冒、滴、漏"发生。⑥出槽后进行析出锌取样，按每个生产班组所管电解槽产出的析出锌组成一批，每批分别取 4 块约 120 mm × 120 mm 析出锌作为一个样，送质量保证部加工站。注意不许在首尾槽或边板取样，样品须清洗干净并保持清洁，写明列号。⑦本岗位管理的工艺设备，在正常工作情况下，每班进行四次巡视检查。遇槽上有人操作时应随时注意检查，每次巡检完毕应转巡检牌，并做好情况记录。⑧检查中若发现电解槽严重漏液时应采取临时措施保持液面，同时将情况报告厂调度，并通知维修。交班前打扫室内外卫生，按要求填写好原始记录。

10）废液泵岗位

①仔细查看交班记录，详细了解生产情况和必须注意事项，认真检查每台设备运行情况和备用设备的完好情况，检查工具、材料是否齐备、完好。②根据现场生产情况进行开停泵操作。③检查：每班必须对本岗位管辖的工艺设备进行四

次巡检；经常检查泵的运行情况，检查泵的冷却水的水压、水量，不得跑液。若发现问题应及时处理。本岗位处理不了的问题，应报告班长或者维修人员处理，注意挂巡检牌，并做好记录。④对废水按要求回收或外排。⑤及时填写各种记录。

11) 化验岗位

①接班前查看上班记录，了解生产情况及当班注意事项，检查化验仪器、用具、试剂是否完好、齐备，检查新液泵的运行和备用泵的完好情况。②每班对混合液及各系列废液采样，化验酸、锌成分四次，每次化验结果及时通知总流量岗位，并填写化验记录，发现问题，分析原因，提出处理意见，每次化验完毕应洗净所有器皿，摆放整齐，填写记录，向班长报告异常情况。

12) 冷却塔岗位

①对空气冷却塔进行开车前检查，包括塔体、电机、风机、护网等。②开车操作：首先合电源开关，再合安全开关，然后启动风机。待风机运行正常后方能过液，过液前应通知流量岗位与废液泵岗位协同配合，注意流量变化，确保冷却效果。③正常运行：每 2 小时记录一次出液温度，检查各塔运行情况，若发现风机响声异常或其他故障应立即停车检查处理。④停车操作：通知流量岗位及废液泵岗位，关闭进液阀，停止过液，然后停风机、断开电源开关。⑤按时、按量添加碳酸锶。

3. 常见事故及处理

1) 烧板及处理

在电解过程中，阴极析出的金属锌因生产故障或生产技术条件控制不当而重新溶解的现象称之为烧板。

(1) 个别槽子烧板　在锌电积时，由于操作不细致，造成铜导电接头的污染物掉入槽内，或添加剂酒石酸锑钾过量，使个别槽内的电解液含铜、锑升高造成烧板；或者由于循环液进入量过小，槽内温度升高，使槽内电解液含锌过低，硫酸含量过高，均会造成阴极返溶。处理办法是加大循环量，将含杂质高的溶液更换出来，这样可降低槽温，提高槽内锌含量、减少返溶。特别严重时还需立即更换槽内的全部阴极板。

(2) 普遍烧板　普遍烧板多是由于供应的新液含杂质超过允许含量，应立即加强净化后液的分析和操作，以提高净化液质量，严重时还需检查原料，强化浸出操作，加强净化水解除杂质等。同时适当调整电解技术条件的控制，如加大循环量、降低槽温、降低酸锌比(即提高混合液含锌量)及加大系统间的溶液互串等，可以起到一定的缓解作用。

2) 电解槽突然停电

突然停电一般多属事故停电。一种是直流停电，若短时间内能够恢复，且循环泵可以运转时,应加大新液加入量,以降低酸度减少阴极锌返溶。若短时间内不能恢复,应组织力量尽快将电解槽内的阴极全部取出,使其处于停产状态。特别要注意的是,停电后,电解厂房内严禁明火,防止氢爆或着火发生。另一种是动力电停电,这种情况大多是过载跳闸现象,应立即检查,及时处理,否则容易发生跑冒等环保事故。

3)电解液停止循环

即对电解槽停止供液,这必然会造成电解温度和酸度升高,杂质危害加剧,恶化现场作业条件,电流效率降低并影响析出锌质量。停止供液的原因可能有:一是由于供液系统设备出故障或需临时检修泵和循环系统溜槽;二是动力电停电;三是新液供不应求或废液体积过大。这些多属计划内的原因,事前应加大循环量,提高电解液含锌量,降低直流电流密度以适应停循环的需要。

3.5.4 计量、检测与自动控制

1. 计量

株冶电解八系列流量使用了国内的差压式流量计、超声波明渠流量计及德国 E + H 公司电磁流量计计量,主要计量点如下:①进入电解新液罐新液流量计量。②送锌Ⅰ、锌Ⅱ系统的新液及废液流量计量。③废水回收池液位与废水外排口流量计量。④蒸汽与生产、生活水等能源流量计量。⑤电解液流量计量。

2. 检测

电解八系列检测分为液位与温度检测,其液位检测采用了德国 E + H 公司的超声波液位计,温度检测采用防腐型 Pt100 热电阻,其主要检测点如下:①新液与废液罐液位的检测。②废液循环槽液位检测。③地槽与集液槽温度检测。④混合液槽液位检测。⑤冷却塔出口温度检测。⑥事故槽液位检测。⑦混合液温度检测。

3. 自动控制

电解 DCS 系统采用西门子 S7 - 300 PLC 系统,通过 AI、AO、DI、DO 模块对现场数据进行采集和控制,对电解整个过程的仪表检测及工艺设备都实现电仪一体化远程自动控制;仪表主要选用常规 4 ~ 20 mA + HART 信号类型的仪表,有国内和国际品牌的测控仪表;泵的控制采用液位连锁控制,流量控制采用电动调节阀自动控制。通过可靠性高的控制系统和测控仪表来保证电解工序的稳定运行。

3.5.5 技术经济指标控制与生产管理

1. 主要技术经济指标

锌电积过程的主要技术经济指标如下:电流效率≥87%;槽电压2.8 ~ 3.7 V;1 t 析出锌的能源及材料消耗:①直流电能耗≤3280 kW·h;②阴极板≤0.15 片;

③阳极板≤0.1 片；④骨胶≤0.6 kg；⑤碳酸锶≤3.0 kg；⑥水≤1.2 t；⑦蒸汽≤90 kg。

2. 能量平衡

锌电积过程中能量平衡如表 3-64 所示。

表 3-64　锌电积能量平衡

收入			支出		
项目	热量/(kJ·h^{-1})	比例/%	项目	热量/(kJ·h^{-1})	比例/%
电解过程产出的热量	240010	70.75	废电解带走热	78438.5	23.12
新液带入热量	99239.8	29.25	电解液表面蒸发耗热	76132.26	22.44
			其他热损失	10876	3.2
			剩余热	173802.24	51.23
合计	339249.8	100	合计	339249.9	100

3. 物质平衡

电积过程中每生产 1 t 阴极锌的物质平衡如表 3-65 所示。

表 3-65　锌电积物料平衡　　　　　　　　　　　　　　　kg

项目	名称	质量/kg 或 m³	Zn		Pb		Mn		Ag		H$_2$SO$_4$	
			含量	质量	含量	质量	含量	质量	含量	质量	含量	质量
加入	新液/(g·L^{-1})	11.11	138	1533.318			5	55.55				
	铅阳极/%	4.5			99.7	4.486			0.26	0.01136		
	合计			1533.318				55.55				
产出	阴极锌/%	1000	99.99	999.9	0.026	0.026						
	废电解液/(g·L^{-1})	10	53.33	533.418			4.6	46			149	1498
	阳极泥/%	20.24			22.03	4.46	47.2	9.55	0.056	0.01131		
	合计			1533.318		4.486		55.55				

4. 原料控制与管理

通过强化浸出操作，产出合格锌电积新液，其锌电积原料、新液成分(g/L)要求如下：$\rho(Zn)$ 130~180，$\rho(Cu)$≤0.0002，$\rho(Cd)$≤0.001，$\rho(Co)$≤0.0005，

$\rho(\mathrm{Ni}) \leqslant 0.001$，$\rho(\mathrm{As}) \leqslant 0.00024$，$\rho(\mathrm{Sb}) \leqslant 0.0003$，$\rho(\mathrm{Ge}) \leqslant 0.00004$，$\rho(\mathrm{Fe}) \leqslant 0.03$，$\rho(\mathrm{F}) \leqslant 0.05$，$\rho(\mathrm{Cl}) \leqslant 0.3$，$\rho(\mathrm{Mn})$ 2.0 ~ 5.0，清亮透明无杂物。

5. 辅助材料控制与管理

株冶八系列运行辅助材料主要包括阴极板、阳极板、导向夹、绝缘子、骨胶等。

1）阴极板

阴极板是由压延铝板、导电棒、导电头和吊耳经焊接，然后上塑料条而成。强化溶液含 F 尽可低及出装槽操作控制单耗小于 0.15 片/t 析出锌。

2）阳极板

阳极板由外购的压延板面和自行浇铸的导电棒焊接而成，强化极板处理工艺控制阳极板单耗小于 0.1 片/t 析出锌。

3）骨胶

为了改善析出状态，使锌片结构致密，出槽之后会加入一定量的骨胶，目前骨胶的单耗控制在 0.1 kg/t 以下。

4）导向夹

在出装槽时，为了使阴极板更顺畅地进入槽内而使用塑料导向夹，消耗为 2 个/t 锌。

5）绝缘子

为了减少阴阳极内接，而在阳极板面上安装 5 个绝缘子。目前绝缘子的消耗为 3 个/t 锌。

6. 能量消耗控制与管理

1）直流电单耗

直流电单耗是衡量锌电积过程的一个主要的指标，通过强化新液质量及电解内部操作，控制直流电单耗小于 3280 kW·h/t 析出锌。

2）交流电单耗

运转设备用的是交流电，包括废液泵、冷却塔、剥锌机、阳极平整机等。通过提高产能可有效降低交流电单耗。

3）蒸汽单耗

蒸汽主要用在洗槽水的加热、导电头和铜排的冲洗等方面。通过提高产能可有效降低蒸汽单耗。

7. 金属回收率控制与管理

锌电积过程要求锌直收率大于 68%，回收率大于 99%，具体措施：①锌电解过程严防溶液"跑、冒、滴、漏"；②严控电积过程中酸锌比，提高电积过程直收率；③严控机械拨锌过程洗水用量，要求按小于 1.0 t/t 析出锌，含锌按小于 8 g/L 控制。

8. 产品质量控制与管理

1) 电锌化学成分

电锌化学成分应符合表 3-66 的规定。

表 3-66　电锌化学成分要求　　　　　　　　　　　%

用途	杂质含量，≤		
	Cu	Pb	Cd
供 99.995 锌用	0.001	0.0028	0.0012
供 99.99 锌用	0.0015	0.004	0.0015

2) 电锌物理规格

析出锌片结构应致密，尽可能少地夹带水分，不得夹带阳极泥和其他杂物。检验规则：由锌电解运转班负责取样，按每个生产班组所管电解槽产出的析出锌为一批，每批分别取尺寸约 120 mm×120 mm 的 4 块电锌作为一个样，由质量保证部分析 Cu、Pb、Cd。

3) 降低电锌含铜的措施

保证较高的电流效率、电流密度，减少含铜污水进入系统，减少阳极露铜。

4) 降低电锌含铅的措施

保证碳酸锶均匀加入，新液含锰保持在 2.0 至 5.0 g/L 之间，减少阴阳极接触，降低新液含氯。

9. 生产成本控制与管理

锌电积过程主要车间生产成本如表 3-67 所示。

表 3-67　电积过程成本构成

项目	单价/元	单耗	单位金额/元
一、辅材			136.9
阴极/块	395.2	0.15	71
阳极/块	3070	0.10	307
碳酸锶/kg	4	5.7	22.8
骨胶/kg	1.1	0.1	0.1
减：阳极铅渣含铅			-96
阳极铅渣含银			-168

续表 3 – 67

项目	单价/元	单耗	单位金额/元
二、动力			1932.8
自来水/t	3.5	0.44	1.6
交流电/(kW · h)	0.58	67.5	39.2
直流电/(kW · h)	0.58	3262	1892
合计			2069.7

从表 3 – 69 可知，电解车间的主要成本在直流电消耗，其次是阴阳极消耗，还有动力电和碳酸锶消耗。其实，电锌厂的大部分能量消耗在电解车间，消耗量一般为 3000 ~ 3500 kW · h/t 析出锌。如果按售出锌计算，能耗会增加到 3100 ~ 3800 kW · h/t 售出锌。因为不同冶炼厂的析出锌的循环量不同，也就是说，有一部分锌没有铸成锭出厂销售。这有 3 种形式：①锌粉。用于净化，去除少量杂质，主要是镉、铜、钴和镍。锌粉使用率差别很大，在析出锌产量的 2% ~ 8% 波动。具体使用率与杂质含量和去除杂质的技术有关。例如，通常要添加化学添加剂来提高除杂效率，温度也起很大的作用，有些工厂是连续作业，有些工厂是间断作业，而有些除镉技术(如奥托昆普流态化床技术)比其他除杂技术效率更高。有的工厂采用外购 1 号锌或粗锌来生产净化用锌粉。②有些析出锌，如果遭到严重污染，须返回浸出。③熔化和铸造会产生浮渣，要返回再用。

其余的电能是工厂用来驱动风机、泵、感应电炉等的电力消耗。一般来说，由于规模经济、采用变速驱动等，大冶炼厂在这方面的效率要高一些。另外，工厂整体配置的复杂程度和需运行的额外驱动装置都会改变这部分能耗。

由于电流效率、整体电能效率和整流效率的不同，在电解车间消耗的电能也不同：电流效率一般为 90%，但是在 85% 至 95% 之间波动，电流效率达不到 100%，因为存在一些竞争反应，如在阴极析出氢，或在阳极产生二氧化锰，或杂质析出，或短路；等等。整体电能效率是消耗的理论电能与实际电能之比，为 55% ~ 65%。整流效率不可能百分之百，报出的电解消耗电能的数据通常是以直流电为基准，而付款是以交流电为基准，可能要高出 2% ~ 5%。

电解的实际槽电压比理论槽电压高。这是由于存在电阻损耗，如汇流排的电阻、电极的接触电阻、电解液的电阻和阴极附近的边界效应(锌的贫化)。有些冶炼厂电极接触比其他厂好；有些冶炼厂阴阳极间隔较小；有些冶炼厂电解液黏度较小；还有一些冶炼厂在较低的电流密度下操作。这些因素影响着整体电能效率。有的冶炼厂的电解装备能力比实际需要的大，因此他们可以用较低的电流密度进行生产，还能利用夜间和夏季水电便宜的优势。电解车间中的电能消耗与电流密度之间存在一个粗略的关系，即电流密度每增加 100 A/m², 电能消耗就上升 100 kW · h/t 阴极。

　　近年来值得注意的变化是电解车间在操作精度上有了明显的进步。通过提高电解液的纯度、扩大电极的尺寸、改善电极的平整度、优化电极接触的设计和剥锌机的操作动作，现代电解车间的电能消耗已经降低，有的还提高了生产率。有的冶炼厂，电极距由原来的 90 mm 缩短至 80 mm。此举不仅降低了槽电压，而且必要时还能在每个电解槽中放入更多的电极，从而提高产能。在控制较好的电解车间中，电流密度可以提高。

　　为了提高生产率，电锌厂一般都采用较高的电流密度 465～525 A/m²，而直流电单耗仍能维持在 3000 kW·h/t 左右。采用高电流密度来增加产量造成了一些问题，如槽间横电棒过热（热点）。对此，有的电锌厂，如丹霞冶炼厂，给导电母线安装了内部水冷装置。

3.6　锌熔铸

3.6.1　概述

　　电解车间产出的产品，是阴极析出锌。而阴极锌片较脆弱，不易运输，且阴极锌片在贮存时会发生严重的氧化。因此，在市场交易中不用阴极锌，而是用锌锭。这点不同于阴极铜。

　　锌熔铸就是把阴极锌熔化后铸成标准形状和重量的锌锭，重量通常是 25 kg。但 0.5 t 到 5 t 的大锭，尤其是大合金锭的销路逐渐看好，锌熔铸工艺流程如图 3－37 所示。

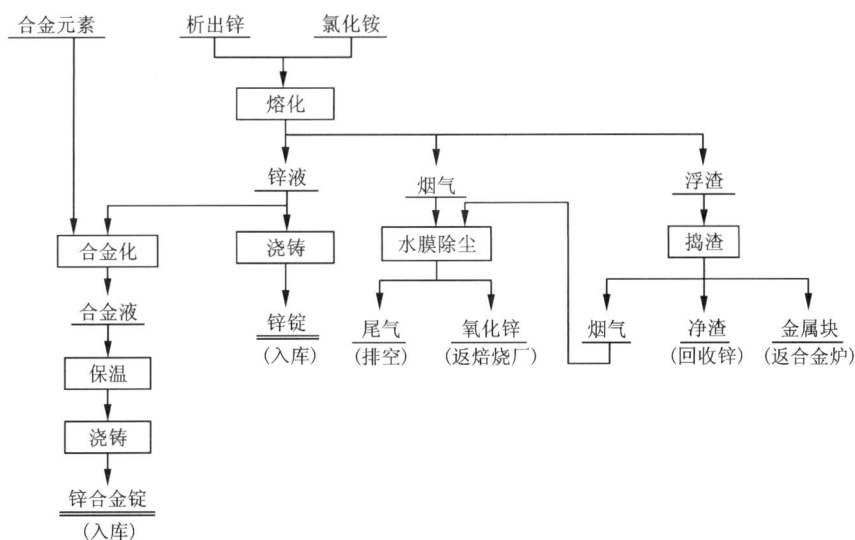

图 3－37　锌熔铸工艺流程

锌的熔化温度较低，因此在炉子施工和选材方面不会造成什么麻烦，操作时耗电也不多。

有一些锌厂把锌做成合金外销。一般有两种合金：热镀锌合金或压铸锌合金。铸造厂将熔锌从大炉子中取出，在另一个炉子中加合金元素。加合金元素时要连续搅拌，并要保持熔融状态。合金铸造的方式与特级高纯锌差不多，压铸锌合金多铸成小锭(8~10 kg)，而热镀锌合金常铸成大锭。

3.6.2 熔铸设备

锌熔铸的主要设备有低频感应电炉、无芯感应电炉、变压器、圆盘铸锭机、收尘设施等。国产大功率可拆式熔锌感应电炉如图3-38所示，其核心部分是大功率可拆式喷流型感应体，锌熔铸车间配置如图3-39所示。

图 3-38 熔锌感应电炉

低频感应电炉应用变压器的原理。以铜线做一次绕组，以锌环作二次绕组。当感应电炉一次绕组(铜线)通电时，二次绕组(锌环)产生强大的感应电流，从而使二次绕组(锌环)产生大量的热量将析出锌加热熔化。熔化后的锌液经造渣、扒渣后浇铸成锌锭。炉温控制范围在440~500℃。感应加热技术的优点有电效率高、加热速度快、金属烧损少、加热温度均匀、温度容易控制、易于实现机械化和自动化、无污染、劳动条件好等。

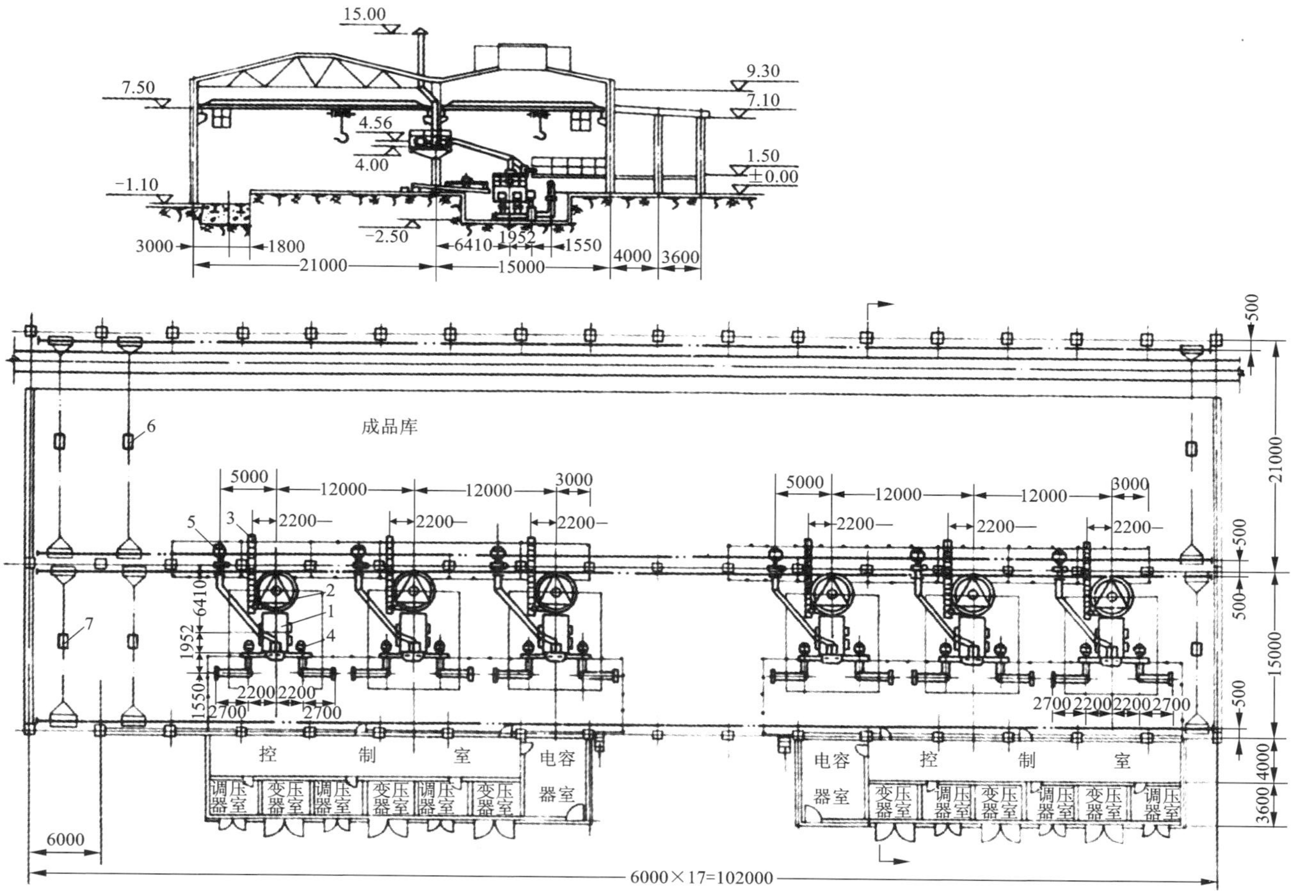

图3-39　国内某厂电锌熔铸车间配置图

1—低频感应电炉；2—圆盘铸锭机；3—胶带运输机；4—离心式通风机1；5—离心式通风机2；6—3 t电动单梁起重机；7—5 t电动单梁起重机

3.6.3　主要技术经济指标

锌熔铸的主要技术经济指标有：锌直收率≥97.0%，电锌冶炼总回收率≥99%，电锌一级以上品率100%，渣率≤3.0%。电锌交流电单耗≤125 kW·h/t锌，综合能耗(折算成标准煤)≤2.4 t/t锌。NH_4Cl单耗≤1.2 kg/t锌，水耗≤0.3 t/t锌。

锌浮渣经球磨、筛分处理的金属颗粒，在无芯感应电炉内熔化后浇铸成为锌锭，返回锌粉或合金工序做原料，以此来提高金属的利用率。主要技术经济指标为NH_4Cl单耗≤5.0 kg/t锌，交流电单耗≤1000 kW·h/t锌。

3.6.4　发展趋势

析出锌熔铸的设计得到了发展，但其冶金学原理在过去几十年中几乎没有什么变化，改变的仅是规模、速度和自动化程度。现在的熔化速度可达到30 t/h，装有自动控制设施，用来控制进料槽、温度和扒渣，从而显著减少了工人人数。锌的熔化几乎全部采用隧道型感应炉，这种炉子的效率高，而且可靠。国外炉子的额定功率一般在1600至2000 kW之间，熔化能力为15~20 t/h。我国的电炉功率一般在500至900 kW之间。2009年，我国1200 kW的感应熔锌电炉率先在株冶集团投入工业应用。近年来，国产2000 kW的熔锌感应电炉也已经工业化，并被几乎所有的新建电锌厂所采用。锌锭铸型机分直线型铸造机和圆形铸造机两种。先进的锌锭铸型机已将铸造、扒渣、冷却、码锭、称重和打捆融为一体，实现了全自动作业。

为提高产品附加值和市场占有率，现在电锌厂生产的锭在合金品种、尺寸、形状和数量上都有很宽的变化范围。世界先进锌厂的合金化比例为60%~80%，株冶从2012年起合金化比例就达到70%~85%。现在越来越多的是把热镀锌合金铸成大锭，重量达到0.4~5.0 t，通常采用人工浇铸。Metpro和Worswick都以圆形铸造机为基础，开发出了自动大锭铸造机。近年来，铸造生产倾向于将熔锌用水淬冷成锌粒用于电镀。以前电镀使用大型阳极，但后来发现锌粒更好处理。

3.7　浸出渣处理

3.7.1　概述

常规浸出法中的酸性浸出工序得到的浸出渣，通常含有20%左右的锌，主要成分是铁酸锌。在过去，这种渣通常采用火法处理，也有电锌厂选择堆存。现代湿法炼锌工厂处理这种渣的工艺大致可分为火法和湿法两大类。

火法处理是将浸出渣与焦粉（或煤炭）相混合，用冶金炉窑处理，将渣中的锌、铅、镉还原挥发出来，烟气经沉降、冷却、袋式收尘，最终得到含铅氧化锌粉。主要有回转窑挥发（Waelz）法、烟化炉法、澳斯麦特（Ausmlet）法、基夫赛特（Kivcet）法等。

湿法即热酸浸出法，在高温高酸条件下浸出低酸浸渣，使渣中的铁酸锌等溶解，然后用不同方法使已浸出的铁生成易于过滤的铁沉淀物而除去。株冶集团常压富氧直接浸出投产后，在全球首创将锌二系统产出的低酸浸出渣送入直浸罐与锌精矿一道浸出，锌的浸出率大于 98.5%，铜的浸出率在 95% 以上。直浸渣再送基夫赛特炉处理。

回转窑挥发法，称威尔兹法，是我国湿法炼锌酸浸渣处理使用的典型流程，如图 3-40 所示。国内经过 40 多年的发展，其技术已非常成熟可靠，目前以株冶为代表，有多家炼锌厂采用。威尔兹法用挥发窑即回转窑处理锌浸出渣，回收 Zn、Pb、In、Ge、Ga、Ag 等有价金属。

挥发窑处理锌浸出渣工艺是在含锌 20%~24% 的浸出渣中，配入 50%~60% 的焦粉，在 1100~1300℃ 的高温下，浸出渣中的锌、铅、铟、锗等有价金属（主要呈氧化物状态，部分呈硫化物状态存在）被一氧化碳还原为金属而挥发进入烟气，在烟气中被氧化成氧化锌而随烟气离开挥发窑，被收集在收尘器内。

回转窑挥发法锌的挥发率可达 90%~95%，浸出渣中 Fe 和 SiO_2 杂质约 90% 以上进入渣，稀散金属富集于次氧化锌烟尘中，有利于综合回收；挥发窑窑渣属于无害渣，易于堆存并可加以利用。但该法渣处理工艺流程较长，设备维修量大，投资高，工作环境较差，需要大量燃煤或冶金焦。回转窑挥发法至今已在包括窑机械部分及内衬材料、节能和环保等很多方面作了大的改进，使生产更趋大型化和现代化。目前国内最大的锌挥发回转窑为 $\phi4.15$ m×58.2 m，使用该窑 1 台每年即可处理完 10 万 t 电锌的全部浸出渣。生产工艺中采用余热锅炉代替 U 形表面冷却器，用电收尘器代替布袋收尘，用压滤机降低浸出渣含水至 20% 左右而取消干燥窑，将尾气作脱硫处理以适应环保要求。

烟化炉挥发法处理锌浸出渣，其实质也是还原挥发过程，与回转窑挥发法工艺原理基本相同。不同的是烟化挥发法是在熔融状态下挥发锌，而回转窑挥发法是在固态下还原挥发锌。烟化炉挥发工艺过程是将浸锌渣、粉煤（或其他还原剂）与空气混合后鼓入烟化炉内，粉煤燃烧产生大量的热和一氧化碳，使炉内保持较高的温度和一定的还原气氛，渣中的金属氧化物被还原成金属蒸气挥发，并且在炉子的上部空间再次被炉内的二氧化碳或从三次风口吸入的空气所氧化。炉渣中锗、铟等金属氧化物以烟尘形式随烟气一起进入收尘系统收集。

该工艺缩短了工艺流程，能耗较低，劳动环境得到了改善，加工成本降低。

```
                      焦粉                      矿粉浸出渣
                       │                           │
                   ┌───────┐                   ┌───────┐
                   │圆盘给料│                   │圆盘给料│
                   └───────┘                   └───────┘
                       │                           │
                   ┌───────┐                   ┌───────┐
                   │皮带运输│                   │皮带运输│
                   └───────┘                   └───────┘
                       │                           │
                       └─────────┬─────────────────┘
                             ┌───────┐
      空气                   │皮带运输│
       │                     └───────┘
   ┌───────┐                     │
   │空压机 │──→ 压缩风      ┌───────┐
   └───────┘                │圆盘给料│
                            └───────┘
                                │
                            ┌───────┐
                            │挥发焙烧│
                            └───────┘
           ┌────────────────────┼──────────────────┐
      挥发窑渣                 烟气                返料
      (外运)                                      (送料仓)
                                │
   压缩风 ──────→          ┌───────┐
                           │余热利用│
                           └───────┘
           ┌──────────────────┴──────────┐
        蒸汽                            烟气 ┄┄┄┄┄┄┄┄┄┄┄┄┄┄┄┐
        (并网)                            │                  ┆
                                     ┌───────┐          ┌───────┐
                                     │表面冷却│          ┆ 电收尘 ┆
                                     └───────┘          └───────┘
                                         │               ┆      ┆
                                        烟气            烟气    烟气
                                                               (排空)
                                    ┌───────┐
                                    │布袋收尘│
                                    └───────┘
                           ┌───────────┴────┐
                          烟气             烟尘 ──→┌───────┐
                          (排空)                   │真空输送│
                                                  └───────┘
                                                      │
                                                  ┌───────┐
                                                  │灰斗集灰│
                                                  └───────┘
                                                      │
                                               挥发窑氧化锌
                                              (送多膛炉焙烧)
```

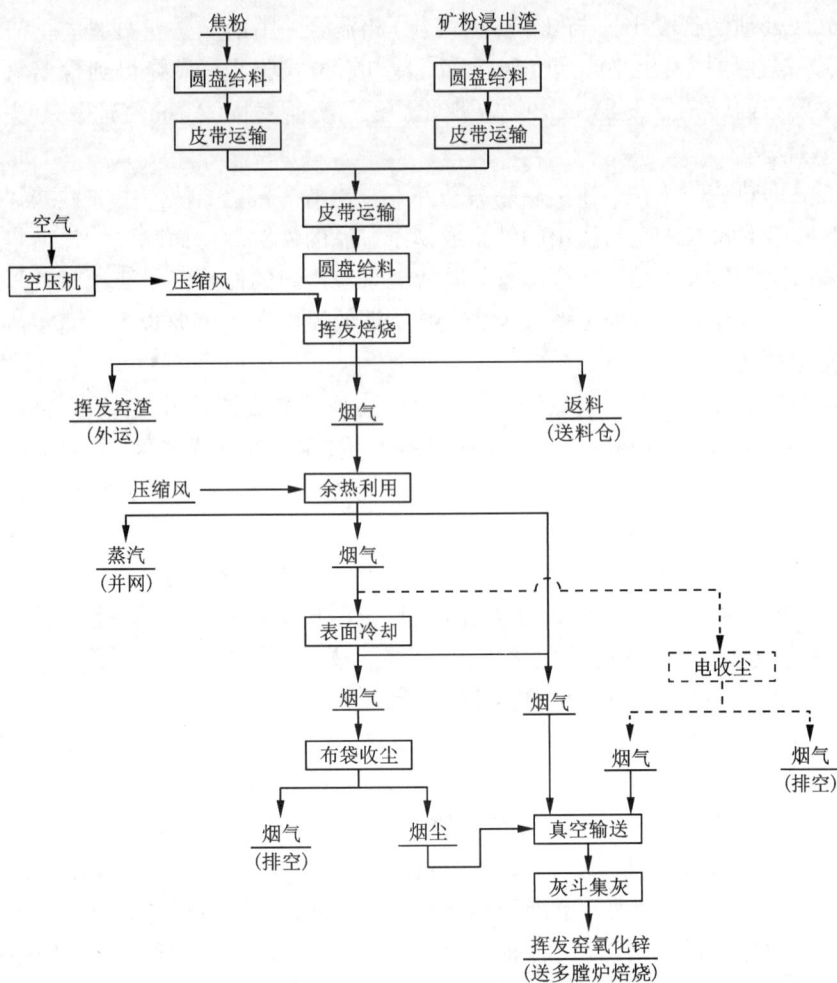

图 3-40 锌浸出渣挥发窑挥发工艺流程

锌渣烟化炉连续吹炼全过程在原料粒度一致、含水稳定、给料均衡的情况下，将微机在线检测变为微机自动控制是可行的，但要实现其稳定运行，还需进一步深入研究。

云南曲靖驰宏锌锗公司采用烟化炉处理，将冷的浸出渣与熔融的铅鼓风炉炉渣一起加入烟化炉，鼓入粉煤和空气进行还原熔炼，得到了含铅较高的次氧化锌。

基夫赛特炼铅法搭配处理锌浸出渣，不同品位的铅精矿、铅银渣、浸出渣、含铅烟尘等都可以作为原料入炉冶炼，能以较低的费用回收原料中的有价金属，并可以满足日益严格的环境保护要求。加拿大科明科公司特列尔铅厂利用基夫赛特法，在铅精矿中配入浸出渣，浸出渣量占 45% ~ 50%。通过浸出渣与铅精矿配料、干燥和细磨后，喷入基夫赛特炉的反应塔中，铅和银以粗铅的形式回收，银进入粗铅。电炉渣含锌 16% ~ 18%，经烟化炉处理后炉渣含锌 1% ~ 2.5%，电炉烟气及烟化炉烟气经布袋收尘，以次氧化锌形式回收锌及铅，烟气排空；冶炼烟气 SO_2 浓度 14% ~ 18%，用于制酸。

江西铜业公司铅锌冶炼厂采用 1 台年产粗铅 100 kt 基夫赛特炉搭配处理了 100 kt 的锌酸性浸出渣。株冶集团采用 1 台年产 120 kt 基夫赛特炉搭配处理常压富氧直接浸出产出的高酸渣，入炉品位含铅控制在 35% ~ 38%。该技术的特点是：作业连续，氧化脱硫和还原在一座炉内连续完成，原料适应性强，烟尘率低（5% ~ 7%），烟气 SO_2 浓度高（> 30%）可直接制酸，能耗低（不搭配浸出渣的情况下粗铅能耗为 0.35 t 标煤/t），炉子寿命长，炉寿可达 3 年，维修费用省。其主要缺点是原料装备复杂（如需干燥至含水 1% 以下），一次性投入较高。

韩国高丽亚铅锌公司采用澳斯麦特炉进行浸出渣的还原挥发处理，取得了较好的经济和环境效益。同类技术在国内也已得到应用，这是我国浸出渣处理的一个发展方向。国内一些设计、科研单位也在探讨和研究采用侧吹炉来进行锌浸出渣的还原挥发。

3.7.2　回转窑挥发

1. 回转窑

回转窑主要由窑筒体（内砌耐火砖）、传动装置、支撑装置、挡轮装置、窑头密封装置、窑尾密封装置、窑头罩等组成，其构成如图 3 - 41 所示。根据浸出渣和焦粉在窑内的状况，窑体从窑尾至窑头依次划分为干燥带、预热带、反应带和冷却带。挥发窑一般在反应带、冷却带（0 ~ 35 m）使用镁铝铬砖，预热带和干燥带则使用高荷软磷酸盐耐火砖等耐火材料。

2. 生产实践与操作

1）工艺技术条件

回转窑挥发的主要工艺技术条件为：①浸出渣 $w(Zn_{全}) \leq 22\%$，$w(H_2O) \leq 18\%$。②焦粉成分：$w(C) \geq 75\%$，挥发物 4% ~ 6%，灰分 $\leq 20\%$。焦粉粒度：5 ~ 15 mm 的 $\geq 50\%$，大于 15 mm 的 $\leq 20\%$，小于 5 mm 的 $\leq 30\%$。③窑转一圈的时间 60 ~ 120 s/r。④压缩风风压 0.8×10^5 ~ 1.2×10^5 Pa。⑤窑尾温度 550 ~ 800℃。⑥窑尾负压 0 ~ 40 Pa。⑦焦比 45% ~ 60%（即 100 kg 浸出渣配 45 ~ 60 kg 焦粉）。

2）岗位操作规程

岗位操作规程包括窑身操作、开窑操作、正常生产操作、停窑操作及故障情况下的操作等。

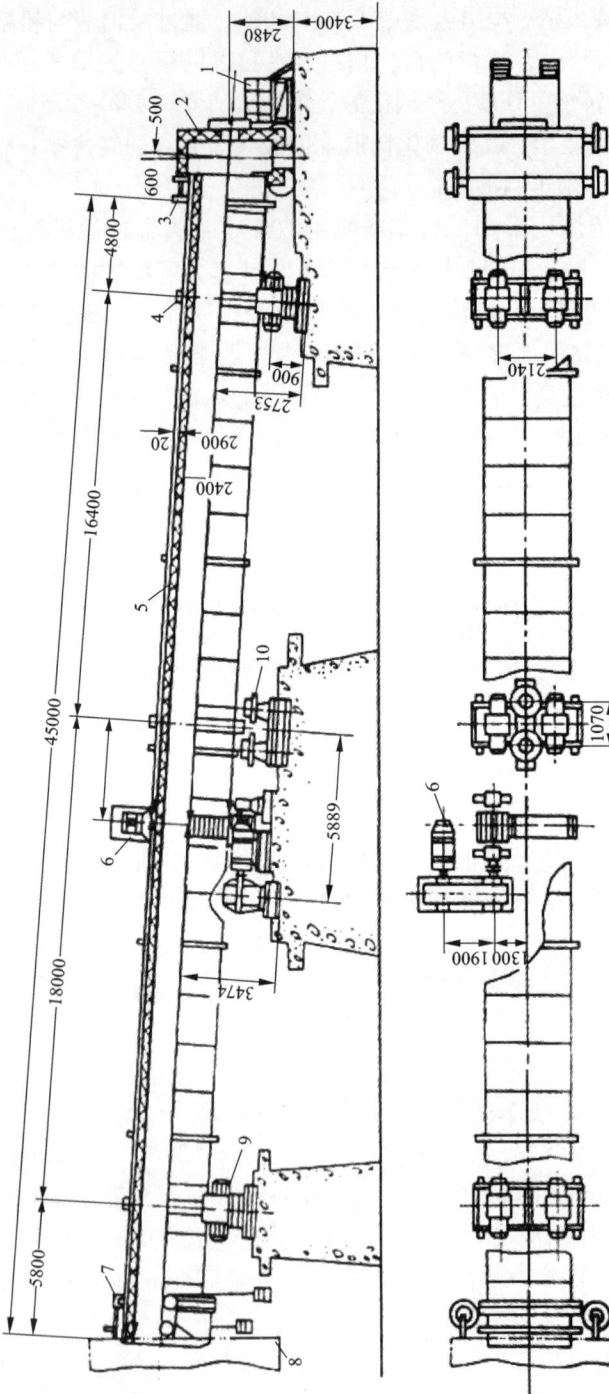

图3-41 回转窑结构及配置

1—操作台；2—窑头及燃烧装置；3—窑头密封；4—滚圈；5—筒体；6—传动装置；7—窑尾密封；8—窑尾沉降室；9—托轮；10—挡轮

（1）窑身操作 ①开窑前，必须认真检查窑身各部件及电器设备是否完好，运转部位是否有障碍，然后再通知钳、电工检查运转设备和电器设备是否完好，方可点火开窑。②点火升温时，即开窑皮淋水，要求淋水均匀，淋水后不得任意断水。停窑时，要等窑身停止运转后方可停止淋水，窑皮淋水的原则是淋水部位窑皮不干。③点火后，尾温在300℃以下时，每半小时转动窑身半圈，300℃以上才慢速连续转窑。点火操作前，合上转换开关，将转换手柄放在手动位置，再按启动旋钮，启动窑身电机，使其慢速运行，在稀油站和润滑站未工作时，不允许窑身电机长期连续运转。④停窑时要等窑尾温度降到100℃以下，通知有关岗位方可停窑。⑤临时停电或电器设备发生故障时，须立即通知电工，报告班长。停窑30 min以上，⑥点火后，尾温在300℃以下时，每半小时转动窑身半圈，300℃以上才慢速连续转窑。点火操作前，合上转换开关，将转换手柄放在手动位置，再按启动旋钮，启动窑身电机，使其慢速运行，在稀油站和润滑站未工作时，不允许窑身电机长期连续运转。⑦停窑时要等窑尾温度降到100℃以下，通知有关岗位方可停窑。⑧临时停电或电器设备发生故障时，须立即通知电工，报告班长。停窑在30 min以上，应报告分厂调度想办法盘窑，以防窑身弯曲变形。临时停窑不得超过10 min。⑨修窑时，负责配合筑窑人员转窑，但禁止连续运转，以防掉砖。转窑时应与窑内、外人员联系好，人离开窑体后，才能转窑。⑩每半小时对窑身各部位巡回检查一次，发现问题及时处理，并做好原始记录。

（2）开窑操作 ①开窑点火前与窑身岗位取得联系，详细检查传动系统、煤气系统、冲渣系统、烟气系统、加料系统、淋水系统、仪表系统等，发现问题及时处理，保证设备处于良好状态，具备开窑条件。在具备开窑条件后，与调度室、煤气站等有关单位取得联系。②打开直升烟道，在窑口处点燃火堆，煤气点火严格按《煤气使用岗位通用安全环保操作规程》进行操作。点火后将直升烟道调至适当开度，并在升温过程中适当调节，确保窑内负压及受热均匀。③烤窑升温必须严格按图3-42所示的升温曲线进行，温度达到600℃后，升温速度可适当加大到20℃/h。升温过程中，不可过急增减煤气，以防内衬炸裂；当窑衬呈现红色，能基本看清尾部，窑尾温度≥450℃时，即可进料。④进料时先进焦粉约10 t，然后逐渐调节混合料的焦比直至正常。⑤待物料距窑头7~8 m处时往窑内插入风管，进行强制鼓风，待窑尾开始冒浓烟，通知排风机岗位，开排风机，提闸板及钟罩，盖直升烟道，通烟气收尘。⑥视窑内反应情况，可逐渐减小煤气用量，窑况正常后，方可停煤气，投入正常生产，停煤气必须按《煤气使用岗位通用安全环保操作规程》进行。⑦窑体在烤窑过程中要求转动筒体，具体转动情况为：点火后即开始间转。每隔30 min转动半圈或一圈半，至温升达300℃，即要求筒体连续慢转；至进料后视情况适当调高。正常情况下，窑身电机转速控制在1000~1500 r/min。

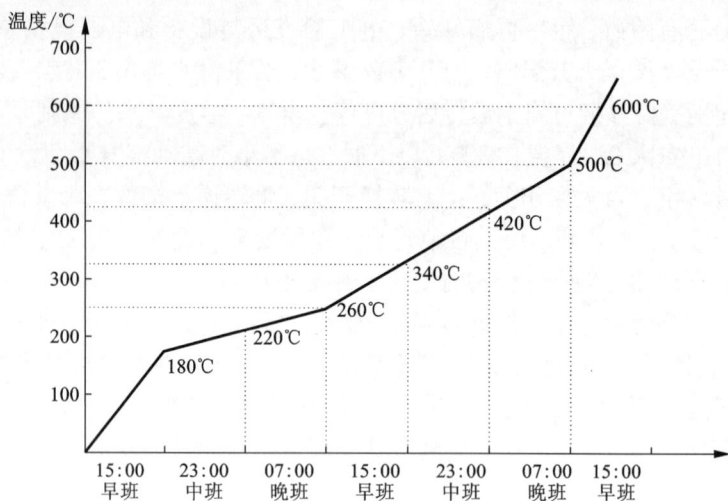

图 3 - 42　挥发窑开窑升温曲线图

（3）正常生产操作　①经常观察窑况，并根据窑内反应加强与各岗位的联系，确保风压、窑尾温度、窑尾负压稳定。如有异常及时联系处理，保证窑况稳定正常。②严格操作，如把风管放到适当位置，让物料翻动良好，并根据窑内反应情况，及时调节配料焦比，控制好进料量及窑转速。以保证完成进料量，确保氧化锌质量和窑渣含锌符合要求。③及时戳掉窑粘帮，窑内大块、大球及时扒出、运走，使炉桥不堵塞。压缩风管烧损、弯曲时应及时更换。④及时做好原始记录，维护好窑头仪表，保持现场整洁。

（4）停窑操作　①停窑前，先要把料仓内的料全部进完，待窑内物料中的锌基本挥发完全后，再停风撤风管，放钟罩，停止收尘。将窑头观察孔及炉罩清理门子关好，使窑密封起来，让其自然冷却，以防内衬炸裂。②停料后，必须继续转窑，当尾温降到100℃时，便可停窑。

（5）故障情况下的操作　包括无料进时操作、紧急停窑情况下操作及保温操作三种情况。

①无料进时的操作。A. 无料进时在1 h之内的操作：降低窑内鼓风风压，使其小于1.0×10^5 Pa；将窑速打至最慢，连续慢转以防窑体变形；将排风机转速调低，开度小于5%。B. 无料进时在1 h以上的操作：窑内鼓风降至零，并撤风管；停排风机或排风机开度降至零，放电收尘闸板；窑体间转，每隔20 min转窑一次，注意与前次转窑停放的位置对称。

②紧急停窑情况下的操作：停止向窑内鼓风并撤风管，停止进料。窑尾负压、窑转速保持正常操作工艺标准。待窑内存料全部转出后，窑速降至最慢。待

窑尾温度降至 300℃ 以下时，停排风机与窑皮淋水。

③保温操作：停止向窑内进料并盖好进料溜管、停止向窑内鼓风并撤风管、停排风机并放钟罩。窑间断运转，注意前后停放位置要对称。燃烧室各处密封。

（6）工艺条件控制　挥发窑的技术操作主要包括以下参数的控制。

①温度。窑内温度越高，铅、锌氧化物的还原越快，挥发越完全。但温度超过 50~80℃ 时，窑内衬腐蚀加剧，大大缩短窑内衬寿命，且可能产生炉料熔化，形成炉结，恶化操作过程，降低金属回收率。因此应根据炉料的熔点及性质控制适宜的温度。窑内温度沿窑长方向可分为干燥带、预热带、反应带和冷却带。其中反应带最长，温度最高，一般为 1100~1250℃，窑尾烟气温度 650~800℃。

②焦率。系指配料焦粉占浸出渣的百分比，一般控制为 50% 左右。通常情况下，随着焦比的增大，反应带温度相对增高，反应带延长，窑内料层还原气氛变浓，挥发率随之增加。但是，当焦比超过一定比例后，挥发率提高不再明显，经济上不合算，气氛增强，浸出渣中的铁相就会被还原成单质铁。而且随着焦比的大幅增加，反应带温度上升，窑内还原气氛过强，浸出渣中的铁相还原后生成大块大块的海绵铁，并捕获浸出渣的 Ge、Ga 等稀有金属，排渣时很容易堵塞炉桥，给操作带来极大的困难，也大大降低了浸出渣挥发率。

③窑内负压。窑内负压一般控制在 50~80 Pa。负压过大，进入窑内空气增多，反应带后移，窑尾温度升高，进料溜子易损坏，甚至有细颗粒进入烟道，影响氧化锌的质量。负压过小，窑内空气不足，反应带前移，渣含锌增高，甚至窑前有可能出现冒火现场。

④强制鼓风。强制鼓风可使窑内反应带延长，并能将炉料吹起形成良好的翻动，可提高生产能力，并延长窑的使用寿命。强制鼓风压力一般为 0.1 Pa~0.2 MPa。

⑤窑身转速。窑身转速对于炉料的窑内停留时间、反应速度及反应的完全程度有很大的影响。转速太快，炉料在窑内停留时间短，虽然翻动良好，但反应不完全，渣含锌升高。转速太慢，相应炉料在窑内停留时间长，焦粉虽然能够完全燃烧，但易使炉料发黏，处理能力也就减小，正常转速为 1~0.7 r/min。

株冶集团三种型号回转窑的规格及主要工艺操作条件如表 3-68 所示，所处理的浸出渣及产出的次氧化锌成分如表 3-69 所示。

产出的氧化锌粉经多膛炉焙烧脱氟、氯后，送氧化锌浸出系统进行浸出。窑渣经风选回收焦炭后堆存或外销。

3）常见事故及处理

在回转窑还原挥发过程中，因操作控制不当等原因容易出现进料口黏结堵塞、窑尾冒烟等故障。

表 3 - 68　株冶集团三种型号的回转窑规格及主要工艺操作条件

项目	技术规格及指标	$\phi_内 2.75\ m \times 44\ m$ $\phi_外 3.3\ m \times 44\ m$	$\phi_内 2.9\ m \times 44\ m$ $\phi_外 3.45\ m \times 44\ m$	$\phi_内 3.6\ m \times 58.2\ m$ $\phi_外 4.15\ m \times 58.2\ m$
工艺操作条件	窑转速/(r·min⁻¹)	0.5 ~ 1	0.5 ~ 1	0.5 ~ 0.67
	压缩风压/MPa	0.08 ~ 0.12	0.1 ~ 0.14	0.16 ~ 0.2
	最高温度/℃	1150 ~ 1250	1200 ~ 1300	1200 ~ 1300
	窑尾温度/℃	500 ~ 800	550 ~ 800	550 ~ 800
	焦率/%	45 ~ 55	55 ~ 60	55 ~ 60
	烟气量/(m³·h⁻¹)	20000 ~ 25000	30000 ~ 35000	40000 ~ 50000
主要技术指标	窑渣含锌/%	1.5 ~ 2.5	1.8 ~ 2.5	2 ~ 3
	锌回收率/%	92 ~ 95	90 ~ 93	90 ~ 92
	铅回收率/%	85 ~ 90	85 ~ 90	85 ~ 90
	氧化锌焦粉单耗/(kg·t⁻¹)	1800 ~ 2000	2000 ~ 2200	2200 ~ 2400
	氧化锌产量/(t·d⁻¹)	45 ~ 50	60 ~ 70	95 ~ 120

表 3 - 69　回转窑处理浸出渣的原料和产物成分　　　　　　　%

物料	Zn	Pb	Cd	Cu	S	As	Sb	Ag	In
浸出渣	20 ~ 22	3.2 ~ 3.5	0.3 ~ 0.5	0.83	6 ~ 7	0.8 ~ 1.0	0.2 ~ 0.3	0.022 ~ 0.03	0.05 ~ 0.06
窑渣	1.5 ~ 2.5	0.3 ~ 0.5	0.1	0.7 ~ 1.2	4 ~ 5	0.4 ~ 0.5	0.06 ~ 0.1	0.015 ~ 0.02	0.016 ~ 0.02
氧化锌	60 ~ 62	8 ~ 10	1.5 ~ 2.5	—	2 ~ 3	0.4 ~ 0.5	0.06 ~ 0.15	0.015 ~ 0.02	0.15 ~ 0.18

（1）进料口黏结堵塞　由于挥发窑尾进料溜子较长，且内径相对较小，又加上浸出渣和焦粉混合物料黏度大，故易造成进料口经常堵塞。预防及处理措施：①控制好原料水分，如浸出渣采取延长过滤时间，增加劳氏压滤机更换滤布频次，延长干燥窑开窑时间等措施，将浸出渣水分降至18%以内（在焦粉水分控制较好的前提下）。②适当扩大进料溜子有效内径，及时清理堵塞。

（2）窑尾冒烟　在挥发窑的生产实践中，由于收尘系统压力损失大，会出现不同程度窑尾冒烟现象。这不仅影响窑内金属氧化物的扩散速度，降低挥发率，而且随着窑尾冒出的烟气又带走许多挥发出来的有价金属氧化物。可采取增加窑尾负压的各种措施解决：①定期清理表面冷却器、锅炉以及人字烟道，确保表面冷却器压损在750 Pa以下，锅炉入口负压在100 Pa以上。②窑尾温度严格控制在

750℃以下。③布袋收尘开通时间与布袋出灰时间交错进行。④勤检查，及时堵住漏风处。⑤在保证烟囱不冒浓烟的前提下，增加排风机风门开度。

2. 计量、检测与自动控制

1) 计量

挥发窑投入与产出物如浸出渣、煤焦、窑渣、氧化锌、烟气都要计量。某厂浸出渣产出后直接进皮带送至挥发窑，通过电子皮带秤计量。煤焦、窑渣、氧化锌等通过汽车或火车转运、采用汽车衡或轨道衡计量。烟气采用差压式流量计测定。

由于挥发窑生产环境复杂，计量设备的日常维护很重要。在更换皮带时要对传感器进行保护。维修人员不得站在传感器安装位置上。要定期调整皮带的张力，保证皮带不跑偏。定期铲除托辊上黏附的物料，尽量减少皮带抖动，使秤架上积累的灰尘保持在一个较为恒定的值。

2) 检测

挥发窑生产中主要检测有：温度检测、压力检测以及成分分析。

（1）温度检测　因为窑内反应带无法直接测温，反应带温度一般根据窑尾温度来判断。在实际生产中，窑尾进料溜子、水冷梁的耐高温能力以及高温烟气体积膨胀等因素均对温度有一定的影响。窑尾温度采用热电偶测量，热电偶的电缆使用耐高温的补偿电缆，避免电缆被高温烤坏。实际生产中热电偶易黏结，需不定期进行清理。

（2）压力检测　压缩风风压以及窑尾压力均采用膜片式压力表测量。在生产中，压力表取压管易被堵塞，压力膜片易黏结，压力膜片因温度过高而变形等经常导致压力测量不准确，须定期维护。

（3）成分分析　浸出渣、窑渣、氧化锌以及烟气等投入与产出物都要进行成分分析。浸出渣、氧化锌用滴定法分析。窑渣用原子吸收法分析。烟气成分采用热导式气体分析仪检测。由于被检测气体都含有灰尘，并且压力、流量不稳定，所以气体分析仪配置了气体的预处理系统，实现取样气体净化、减压、干燥、去除化学杂质、取样流量监控等。

3) 自动控制

挥发窑系统采用 PLC 或 DCS 系统进行自动控制。

由于配料系统离主控室距离较远，采用一个远程控制系统，将生产系统的所有信号通过通信电缆与主控室的控制系统进行通信，实现远程控制的目的。

物料输送系统对皮带启停的顺序有严格要求。输送物料时，皮带启动的顺序是窑前皮带往后逐步启动，中间设置一个延迟时间。停止加料时，皮带停止顺序从配料的圆盘给料机往窑前逐步停，中间设置延时。实现逆生产流程连锁顺序启动，按生产流程连锁顺序停机。在生产过程中，只要其中有一个环节出故障停车，后续的皮带会自动停止，避免皮带压料，保证设备安全。要实现长期稳定安全运行，定期维护保养很关键。

3.技术经济指标控制与生产管理

1）主要技术经济指标

回转窑还原挥发的主要技术经济指标如下：①窑渣含锌≤2.5%。②锌回收率≥92%。③铅回收率≥80%。④焦粉单耗≤2250 kg/t 次氧化锌。⑤收尘效率≥99%。⑥布袋单耗0.03 条/t 次氧化锌。

2）能量平衡与节能

（1）挥发窑热量平衡　国内某电锌厂 ϕ3.3 m×44 m 挥发窑在正常生产情况下，由热量测算得出热平衡如表3-70所示。

表3-70　挥发窑的热平衡

热收入			热支出		
项目	热量/(MJ·h^{-1})	比例/%	项目	热量/(MJ·h^{-1})	比例/%
化学反应放热	7928483.343	8.1	烟气带走热	29634293.557	30.26
炉料入窑物理显热	138516.587	0.14	烟尘带走热	3839624.14	3.92
水分入窑物理显热	90971.43	0.09	窑渣带走热	1575852.465	1.61
压缩空气物理显热	882057.33	0.9	水分蒸发热	4135761.432	4.22
燃料燃烧热	88891157.19	90.77	机械不完全燃烧	32052883.302	32.73
			化学不完全燃烧	10067917.64	10.28
			窑体表面散热	12376633.401	12.64
			其他	4250213.467	4.34
合计	97931185.88	100	合计	97931185.88	100

根据对挥发窑热平衡的测定数据表明，烟气及烟尘带走热占到整个体系热支出的30%~40%，挥发窑窑尾温度可达550~800℃，热能资源十分丰富。要达到烟气收尘的技术条件，烟气温度须降到300℃左右。目前对烟气的冷却多采用以下几种方法：一是直接使用烟气冷却器，其缺点是不能有效利用烟气的温差，造成热能损失又污染环境。二是出窑烟气经过一定装置预热空气，可返回到窑头作为强制鼓风使用。其缺点是热效率低，烟气余热资源利用不充分，造成能源浪费。三是挥发窑尾端设计、建造余热锅炉，其特点是可以提高热能利用率，节约能源，同时可为烟气的收尘创造良好的条件。

焦粉在挥发窑内的燃烧是不完全燃烧。资料显示，窑热平衡中不完全燃烧热损失基本占到热支出的30%以上。从表3-66中也可以看到窑渣含碳占到

20.37%。因此有必要对窑渣中的残留焦粉进行回收利用。国内炼锌厂对此做了大量的研究实验,根据窑渣的成分和特性采用磁选 - 风选法在窑渣中选出废焦取得成功。这种废焦可返回到挥发窑内重新使用,为挥发窑的节能开辟了一条道路。

(2)挥发窑的节能　在挥发窑的生产过程中,需要消耗大量能源,如水、电、焦粉、压缩风、天然气等。①水资源消耗主要用于设备冷却及冲渣,可通过循环使用来减少新水用量。②电能主要用于驱动风机、泵等各类传动装置。在正常的生产过程中,电能的消耗必不可少。但是可通过增加变频器来提高电流效率,在一定程度上节约了电能消耗。③燃料消耗在挥发窑生产过程中占主要能源消耗,许多大型冶炼厂在该方面也做过许多工业试验。一是焦粉粒度的选择。焦粉粒度太小,易产生浸出渣与焦粉分层现象,不利于锌的挥发,降低金属回收率。焦粉粒度太大,容易使物料过早软化,焦粉燃烧不充分随窑渣排出,造成资源浪费,同时由于物料过早软化易形成炉结恶化窑况。因此,粒度选择一般为 5 ~ 15 mm ≥50%,大于 15 mm≤20%,小于 5 mm≤30%。二是通过以煤代焦节约焦粉用量。三是回收利用窑渣中的废焦粉,减少资源浪费。四是采用富氧鼓风,提高反应强度。五是开展预配料,或制粒。④压缩风的消耗主要用于窑头强制鼓风,可以通过建立空压机站集中供风。⑤目前挥发窑开窑升温一般使用煤气或天然气。某厂经过煤气改天然气后,在节能上取得了很好的效果。还有通过加强挥发窑的日常管理,减少停窑次数,在一定程度上也节约了天然气消耗。

3)挥发窑物料平衡与减排

挥发窑物料平衡主要体现为浸出渣、窑渣及氧化锌的平衡。某厂一台挥发窑一个季度消耗的浸出渣量、产出的窑渣及氧化锌如表3 - 71 所示。

表3 - 71　挥发窑投入和产出物料量及含锌量

物料名称	物料量/t	Zn 含量/%
浸出渣	15482.4	18.31
窑渣	12201.9	2.05
氧化锌	4459.6	57.82

根据物质守恒定律,理论上浸出渣含锌量 = 氧化锌含锌量 + 窑渣含锌量。通过上表计算,浸出渣含锌量为2834.83 t,氧化锌与窑渣含锌量总计为2828.68 t。氧化锌与窑渣含锌总量略低于浸出渣含锌量,主要原因为物料转运中机械损失及烟气带走一部分损失。

挥发窑尾气为低浓度二氧化硫烟气,尾气经过脱硫系统直接排放,因此在达标排放的同时要尽可能地减少烟气量。也就是需要加强挥发窑系统查漏,减小漏风系数，进而降低烟气量。

锌浸出渣采用挥发窑进行处理，具有能耗高、低浓度 SO_2 烟气污染、金属回收水平低、窑渣有价金属回收困难等缺点。为了解决这些问题，株冶集团对挥发窑系统做了很多技术攻关，取得了一些进步。用煤粉取代焦粒，节约了燃料费用。对浸出渣和燃料进行了预配料，确保了窑内反应均匀。分 2 期对 5 台挥发窑尾气采用钠碱法吸收，生产亚硫酸钠，年减排 SO_2 8000 t。

4）挥发窑原料控制与管理

挥发窑生产的主要原料为浸出渣，要求浸出渣含 $w(Zn_{全}) \leqslant 22\%$，$w(H_2O) \leqslant 18\%$。要实现挥发窑的稳定运行需要加强原料管理，主要指浸出渣堆存、转运、配料等方面的管理。

浸出渣堆存要做到定点存放，避免与其他物料混淆，或采取棚内存放，避免雨水淋湿造成进料困难及金属流失，实行专人监管制度。转运过程中要尽量避免撒料、漏料，减少环保污染和金属损失，同时要加强转运过程中的监控。配料管理对于挥发窑的生产至关重要，需要做到配料均匀、稳定。

5）辅助材料的控制与管理

挥发窑生产主要消耗的辅材为焦粉、压缩空气、石灰石、收尘布袋等。焦粉用量的控制与管理以及压缩空气的使用管理前已详细述及，在此不重复。挥发窑在生产过程中，会因原料或操作的原因造成窑内黏结，导致挥发窑生产困难。在这种情况下，加入一定量的石灰石，有利于缓解黏结现象。挥发窑主要采用布袋收尘，一般工艺需求进布袋箱之前的温度必须控制 $\leqslant 135℃$，避免温度过高烧坏布袋。

6）金属回收率的控制与管理

锌、铅、铟、银等金属的回收率是衡量挥发窑的一个重要经济技术指标，对挥发窑的生产具有指导意义。要提高锌和铅的回收率，就要求挥发窑稳定运行及控制好工艺条件。①强制鼓风：强制鼓风在挥发窑处理浸出渣中起到强化反应，稳定窑况，提高生产能力的作用。经某厂的生产实践，44 m 挥发窑，强制鼓风风压为 0.11 ~ 0.13 MPa 时，窑况较好。②控制窑尾温度：挥发窑需要较强的还原气氛，这就要求物料中的碳几乎全部生成 CO 气体，要求窑内温度高于 1000℃，控制窑尾温度 550 ~ 800℃。③配料的好坏直接影响回收率，浸出渣与焦粉的配量要适中得当。一般情况下，随着焦粉配比的增加，反应带温度增加；但配入过多的焦粉，挥发量的增加不明显，且对焦粉造成浪费。某厂经过生产实践，控制焦比在 45% ~ 55%，可以达到较高的回收率。④挥发窑运行转速要与进料量匹配。

7）产品质量控制与管理

挥发窑主要产品次氧化锌是后续工艺进一步回收有价金属的原料。氧化锌的质量必须满足后续工艺要求。①氧化锌含锌品位的控制，通过强化挥发窑工艺控制，一般含锌品位在 55% 左右，满足氧化锌浸出工艺要求。②铟的品位控制，主要由锌精矿含铟量决定，氧化锌浸出工艺回收原料中的铅和锌，同时还对铟进行回收富集。③铁含量的控制。铁主要为机械夹带进入次氧化锌，一般控制挥发窑窑尾微负压，避免负压过大直接将粉尘物料抽入产品中。某厂经过实验摸索，窑尾负压控制在 0 ~ 40 Pa，既能满足环保要求，又能控制氧化锌含铁在 6% 左右，适应氧化锌浸出工艺和铟回收工艺的要求。

8)生产成本控制与管理

挥发窑运行成本主要包括：动力消耗、辅材、人工工资、制造费用等。不同冶炼企业其挥发窑运行成本均不同。根据分析，在剔除动力消耗和辅材等由于市场波动带来的生产成本的波动后，影响挥发窑的运行成本的主要因素是焦粉。焦粉的消耗占整个生产成本的 70% 左右。

因此，加强对焦粉的日常管理显得尤为重要，主要包括焦粉的使用及质量管理。焦粉使用要尽量避免浪费，主要指转运过程中撒料、漏料，焦粉的使用应该实行定点存放，实行专仓配料并安装电子秤计量，对于使用混合燃料的情况下(如烟粉煤、焦粉等)还需要实行预配料。焦粉的质量控制应符合工艺需求，一般化学成分要求(%)：$w(C) \geq 75$，挥发物 4 ~ 6，灰分 ≤ 20，粒度 5 ~ 15 mm $\geq 50\%$，大于 15 mm $\leq 20\%$，小于 5 mm $\leq 30\%$。

经过多年的生产实践摸索，控制焦率 45% ~ 55% 时，既能满足挥发窑的日常生产，又最大限度地节约了焦粉的消耗。在挥发窑生产过程中适当搭配少量大颗粒焦，能降低焦耗 10% ~ 15%。部分企业已经使用全煤替代焦粉，进一步节约了生产成本。

加强窑渣的物理分选，做好窑渣的梯级综合利用，也是降低生产成本的有效措施。

株冶集团每年生产电锌 350 kt，产生锌浸出渣约 300 kt。锌浸出渣采用挥发窑挥发法处理，回收其中的有价金属。但 5 台挥发窑的工艺装备和自动控制水平落后，与国外先进企业相比，在金属回收率、能耗和清洁生产水平方面有较大差距，如表 3 – 72 所示。

表 3 – 72　株冶浸出渣处理金属回收率及氧化锌能耗指标与国外企业对比　　　　%

生产厂家	Zn	Pb	Ag	煤耗/(kg·t^{-1})
株冶	88	88	61	1650
加拿大特雷尔	60(不含烟化)	98	99	350
韩国锌业	86	91	88	460

尽管挥发窑法存在许多缺点，但它至少解决了浸出渣的堆存难题，而且稀散

金属回收效果好，工艺成熟可靠，易于大型化。我国挥发窑的问题，不全是冶炼技术问题，更多的是挥发窑系统的装备水平和自动化控制水平问题。

3.7.3 烟化炉挥发

1. 生产实践与操作

1) 工艺技术条件与指标

(1) 烟化炉入炉原料要求　①鼓风炉或侧吹炼铅还原炉熔渣成分要求见表 3-73。②含锌物料(如：锌浸出渣、氧化铅锌共生矿等)成分要求如表 3-74 所示。③烟化炉用粉煤成分及相关要求如表 3-75 所示。

(2) 作业温度　1100~1300℃。

(3) 熔渣温度　1100~1200℃。

表 3-73　鼓风炉或侧吹炼铅还原炉熔渣成分要求　　　　　%

Pb	Zn	Fe	SiO$_2$	CaO
≤3.0	8~16	18~26	20~26	10~14

表 3-74　含锌物料成分要求　　　　　%

Pb	Zn	S	水分	粒度/mm
≤10	≥10	≤12	≤15	<100

表 3-75　烟化炉用粉煤成分及相关要求　　　　　%

C	A	V	水分	粒度/μm
≥45	<40	12~16	1.0	-200 目≥75%

(4) 烟化炉　鼓风强度 25~35 m^3/(m^2·min)；烟化炉单个风口通过的风量 600~850 m^3/h；一次风与二次风分配比例 40%:60%。

(5) 烟化炉炉内熔池　深度 0.5~1.5 m；控制烟化炉熔渣中的 $w(CaO)/w(SiO_2)$ 在 0.4~0.6。

(6) 空气利用系数　氧化段 $a=0.8~0.95$，还原段 $a=0.6~0.8$；氧化提温阶段可增加工艺风富氧浓度到 23.5% 左右。

(7) 耗煤率　35%~50%。

(8) 床能率　20~35 t/(m^2·d)。

(9) 金属挥发率　Pb 95%~98%、Zn 85%~94%、Ge 85%~95%。

(10) 烟化炉的年工作日　280~330 d。

2）岗位操作规程

（1）烟化炉开炉前准备工作　①开炉前检查确认炉体循环水冷却水套各部位连接、炉体水套与余热锅炉膜式水冷壁的连接是否稳固，接缝是否严密。②检查确认各水冷部件（包括炉底水套、风口水套及上部水套、前后端部水套、渣口水套、热料口水套、水循环冷却渣槽等）进出水管是否畅通，控制闸阀是否灵活、完好，调整冷却水流量压力达到正常生产要求。③检查并确认一、二次风管道、喷煤嘴是否完好，风口是否畅通，检查管道是否有漏风现象；检查炉内杂物是否清除干净，炉内是否有残存粉煤并及时吹扫干净。④检查上料系统、水淬渣系统、供煤系统、供风系统、余热锅炉系统、烟气收尘系统等是否完好，具备正常生产条件，准备好操作必需的工具及原始记录表格。⑤由当班班长通知 DCS 主控人员、设备巡检工、冶炼排放人员等岗位人员，做好开炉前必须作好的准备工作，同时主控人员检查落实与巡检、排放、余热锅炉、收尘、脱硫等各岗位的联系信号是否正常可靠；DCS 系统的仪表、信号显示是否正常完好，如有问题及时通知车间相关专业技术人员处理。⑥上述检查工作确认正常后，烟化炉工序长通知余热锅炉升温升压至 1.6 MPa 以上，通知生产调度说明烟化炉准备开炉。

（2）烟化炉 DCS 主控岗位操作规程　①准备工作：首先与工艺风机巡检、余热锅炉主控、收尘主控、脱硫主控等相关岗位人员联系确认后，待脱硫系统、收尘系统开启并运行正常后，再通知工艺风机岗位开启并送出工艺风到烟化炉，调整一、二次风的风量和风压至正常。②确认正常：主控人员再次与巡检工、排放人员、余热锅炉主控、粉煤主控、收尘主控、脱硫主控等各岗位联系并确认正常后，确定烟化炉开炉生产。③进热料开炉生产：A. 烟化炉主控确认电热前床熔渣量足够烟化炉开炉使用，通知排放人员进热料，并做好原始记录。热料进到烟化炉后，主控人员调整锅炉引风机频率，使烟化炉三次风口呈微负压状态，同时主控根据所进热料量及三次风口观察情况，达到点火条件，启动粉煤给煤机向烟化炉送煤点火。B. 烟化炉点火成功后，主控通知锅炉主控，依据炉内燃烧情况及锅炉蒸发量调整给煤量。C. 主控根据工艺风风压及前床料位决定进的热料量，达到要求后通知排放人员堵塞前床放渣口及烟化炉热料口。D. 根据炉况、工艺风压、设备设施运行情况等选择是否向烟化炉内加冷料，若需要加冷料则通过上料系统逐渐加入烟化炉内，控制冷料量不超过热料量的60%。④正常烟化生产：A. 烟化炉进完热渣和冷料后，适当降低给煤量，使烟化炉进入提温阶段，观察三次风口火焰颜色，判断炉内的气氛，基本规律为：火焰呈现橘红色，说明给煤量适当，需要提高渣温；火焰不透明呈现暗红色，说明给煤量过大，需要适当降低给煤量；火焰呈现明亮的橘黄色，渣温达到还原要求，可以适当增加给煤量。B. 生产过程中从三次风口观测到炉内火焰喷火或熔渣跳动激烈，立即通知巡检人员检查给煤机是否正常运转，若不正常要及时检查处理，确保给煤稳定。C. 正常生产期间，烟化炉主控岗位重点监控 DCS 系统的循环冷却水出水温度、工艺风风量和风压、给煤量、煤仓料位和温度、余热锅炉蒸发量、布袋收尘器入口温度等关键控制参数在正常控制范围，如有异常及时调整或者联系相关岗位检查确认。D. 当主控观察三次风口烟气呈现透明黄白色时，炉内熔渣中的有价金属已经还原挥发到较低点，适当降低给煤量再次升温，同时通知排放岗位放渣操作，主控依据电热前床的热渣量情况选择留料或放空作业。E. 放渣过程中，主控依据工艺风风压变化情况，通知排放岗位堵渣口，待排放人员反馈渣口堵好后组织下一炉期生产。

（3）排放岗位操作规程　①准备工作：放渣前检查确认渣口堵渣机、水淬渣系统设备是否正常，把渣溜槽内的积渣清理干净。②烟化炉正常生产操作，负责检查一次风、二次风管是否漏风或漏煤；进热料时监护预防跑渣，烟化炉跑渣时打开应急水喷淋冷却。③放渣操作：A. 接到主控放渣通知，排放人员确认渣槽及水淬渣系统周边无人作业为安全状态，通知主控在 DCS 系统开启水淬渣系统设备，待主控确认冲渣泵电流、水压、水流量正常后，退出渣塞进行放渣；放渣过程为防止熔渣喷溅伤人，排放人员远离放渣区域监控。B. 如果渣塞退出后，渣口没有熔渣流出，先用铁钎捅开渣口放渣，如果熔渣未流出则用铁锤打铁钎或烧氧处理强制放渣。C. 排放人员接到主控人员通知堵渣口时，及时用渣塞把渣口堵严实并回复主控；当水淬渣输送完成后，通知主控人员关停水淬渣系统设备，之后清理渣溜槽内的积渣和现场水渣。

（4）烟化炉巡检岗位操作规程　①开炉前的准备：接主控开炉通知时，检查调整烟化炉全部的循环水冷却水套出水正常；联系主控人员顺序启动上料系统、给煤系统、水淬渣系统的设备并现场检查确认正常。②正常作业：每间隔两小时对烟化炉循环水冷却水套进行全面巡检一次，测量水套外壁温度，检查回水情况并确认正常；根据烟化炉的生产周期，检查水淬渣系统的设备润滑、渣池水位等关键控制点正常；烟化炉放渣期间检查水淬渣设备运行正常，对相关设备润滑维护；作业完成后对现场进行清扫。

（5）停炉程序　①烟化炉主控人员接到上级停炉通知后，拟定停炉计划，并通知各岗位作好停炉准备。②到烟化炉还原挥发终点时，通知排放人员正常放渣，待工艺风风压达到最低和渣口没有熔渣流出时，排放人员用渣塞堵严渣口，放渣结束并告知主控人员。③主控人员停止向炉内供煤，烟化炉熄火后，继续让工艺风吹扫一次风管道内的积煤并冷却炉底残留的熔渣，时间控制不低于30 min。④工艺风管道吹扫结束后，连续工艺风机巡检人员逐渐打开放空阀，主控逐渐关闭一次风阀和送煤阀，当一次风的风压降为零以后，关闭二次风阀。⑤待工艺风停完后，通知生产调度室、收尘主控、脱硫主控和粉煤主控等岗位人员，关掉不必要的用电设备，如果是超过 24 h 以上的停炉，需要把 DCS 系统上的给煤系统、水淬渣系统、上料系统等设备全部转换为就地控制。

3）常见事故及处理

(1)突然停电　如果突然停电,则做如下处理:①主控人员立即通知排放岗位紧急放渣;若能开启水淬渣系统,则从前端部紧急退出渣塞放渣,不能启动的情况下则快速组织从后端部应急渣口放干渣。②主控人员快速关闭烟化炉的给煤系统及一次风管道的送风阀和送煤阀,防止异常事故发生。③为防止短时间内电力迅速恢复而使工艺风机启动;主控在确认烟化炉工艺风机停电无工艺风机的前提下,联系风机巡检人员手动打开工艺风机的放空阀。④待排放人员把炉内熔渣放至不会流淌后,打开余热锅炉及后段收尘系统的所有人孔门进行冷却降温,清理现场,清点当班岗位人员情况,等待抢修复产指令。

(2)突然停工艺风　如果突然停工艺风,则做如下处理:①主控人员立即通知排放岗位人员马上组织放渣。②待炉内熔渣放空后,当班班组长组织人员尽快拆开后端部应急渣口水套,清理炉内积渣和更换受损的喷煤嘴及一、二次风管,组织恢复生产。

(3)突然停压缩风　烟化炉主控人员接到停仪表风或仪表供风异常信息(或者发现仪表压缩空气压力低于 300 kPa,重点影响锅炉气动阀及布袋喷吹)后,主控人员立即与锅炉主控联系,为确保余热锅炉安全生产,烟化炉应配合锅炉,紧急停炉放渣。另外,通知粉煤主控停止给粉煤仓送煤。

(4)冷却水突然中断　烟化炉水套的循环冷却水突然中断,不能立即恢复,烟化炉主控人员立即组织紧急放渣停炉,同时用应急水喷淋冷却水套外部。

(5)粉煤供应中断　应立即检查粉煤供给系统,如系统故障不能迅速恢复供煤,应立即组织放渣停炉。

(6)水淬渣系统故障　如果水淬渣系统故障在短时间不能恢复,主控人员及时组织从应急渣口放干渣后停炉,待正常后再按程序组织开炉生产。

(7)渣口跑渣　先用水冲淋冷却渣口,让其凝固,然后检查处理水淬渣冲嘴及渣溜槽使之正常。

(8)烟化炉水套缝跑渣　先用水冲淋冷却让其凝固,检查后再做密封堵漏处理。

(9)烟化炉水套漏水　主控及时组织放渣停炉检查确认,向上级汇报组织修补处理。

(10)熄火　烟化炉加冷料过大或者给煤异常导致熄火,应立即停止加冷料,组织排放人员立即放渣,检查给煤系统情况并对问题查找至处理正常,待电热前床热料充足后再组织重新开炉生产。

(11)渣型恶化死炉　如果烟化炉熔渣含 SiO_2 偏高导致渣型恶化而死炉,立即组织从应急渣口放渣,之后不停工艺风、停煤熄火,组织抢修复产。

2. 计量、检测与自动控制

1）计量

（1）入炉料计量　酸浸渣或者其他含锌物料等冷料采用变频调速的电子皮带秤进行称重计量，其称重信号接入 DCS 系统实现远程调节控制；过电热前床的热渣根据手工测量熔池深度计量。

（2）工艺风的计量　工艺风流量均采用罗斯蒙特阿牛巴流量计测定。

（3）水淬渣计量　采用运输车辆装车后由地磅计量装置计量。

（4）氧化锌计量　烟尘采用座舱式静态秤或者皮带秤计量。

（5）水计量计量　采用 E + H 电磁流量计和罗斯蒙特电磁流量计测定水淬系统水和循环水流量。

（6）粉煤计量　烟化炉使用的粉煤采用座舱式静态称重计量储煤量；使用过程采用 PID 调节的称重计量螺旋称重，称重信号接入二次仪表，由 PID 调节控制输出给变频器进行调速。此外，从二次仪表输出的称重信号接入 DCS，与设定值进行比较后输出 AO 信号给螺旋称重变频器调节；计量装置为双轴集煤器把粉煤给到两条计量螺旋，再由计量螺旋给到两级锁风装置，最后通过一次风把计量后的粉煤送入烟化炉的炉内。

计量设备需要进行正常的日常维护，如定期清扫皮带和秤架、校准皮带，对流量测量的差压变送器进行零点调整以防漂零。另外，给料要稳定，PID 值设定要合理，否则不容易控制调节给料量。

2）检测

烟化炉的检测系统可分为温度检测、压力检测、液位/料位检测以及成分分析。压力检测主要有工艺风总管和支管压力、冶炼烟气的负压等。

（1）温度检测　通过测量烟化炉烟气温度来间接测量判断熔池温度。烟气温度测温点主要分布在烟化炉炉体上部空间、余热锅炉上升段等，可以避免热电偶受熔渣喷溅黏结而导致测量温度失真，还能延长热电偶的使用寿命。测量温度的热电偶使用的电缆主要采用耐高温的补偿电缆，避免电缆被炉壳高温烤坏，检测到的温度数据统一传输到 DCS 系统实现检测后监控。另外，对每一件烟化炉水套的出水管安装热电阻检测水温，并设置报警值，避免缺水而烧损水套。烟化炉煤仓均设有温度报警监测，当仓内温度达到 80℃（高报 $H = 80℃$）时发出报警信号，并在 DCS 上显示，自动连锁冲氮启动装置。

（2）料位和液位检测　目前还没有可靠的检测设备可以直接在线测量烟化炉的熔池液位，主要根据烟化炉的进料量和物料比重、工艺风的风量和风压等数据，结合实际生产经验判断熔池深度。另外，根据从炉口插入熔体内的钢钎上黏结的熔融物的尺寸校正熔池深度误差。酸浸渣料仓料位采用西门子雷达物位计测量，解决了物位测量中量程大、物位不平整及天线易附着扬尘等难题。

（3）压力检测　压力检测主要是对烟化炉的工艺风、一次风和二次风、烟气收尘系统各段的压力进行检测，为实际生产提供操作依据，并判断生产工艺和装备运行正常与否。工艺风、一次风和二次风的压力检测主要采用罗斯蒙特压力变送器检测，烟气压力的检测主要采用罗斯蒙特差压变送器检测，通过 FF 总线传输至 DCS 系统监测。

（4）成分分析　酸浸渣及其他含锌冷料、入炉含锌熔渣、氧化锌烟尘以及烟气等投入和产出物都要进行成分分析。其主要检测手段有手工化验和仪器分析。入炉物料或者产出的物料一般采用手工化验分析，物料中的杂质成分则采用原子吸收分光光度计分析，炉渣成分主要采用 X 荧光光谱仪分析。烟气成分则采用西克麦哈克的烟气分析仪检测，其难点在于气体采样，关键是探头不被黏结，需要定期对探头进行清理。

3）自动控制

烟化炉生产系统采用 DELTAV 的 DCS 系统进行控制，其他成套设备用单独的西门子 PLC 控制，通过 Profibus – DP 通信电缆与 DELTAV 的 DCS 控制系统进行通信，检测仪表用 FF 总线和模拟信号传输，用 FF 总线传输可减少大量的通信电缆，实现远程控制。

（1）物料输送的连锁控制　物料输送系统对皮带启停的顺序有严格要求。输送物料时，皮带启动的顺序是从炉前皮带往后一一启动，中间设置一个延时时间；停止加料时，皮带停止顺序是从酸浸渣或者含锌冷料厂房的皮带机往炉前一一停止，中间设置延时。实现逆生产流程连锁顺序启动，顺生产流程连锁顺序停机。在生产过程中，只要其中有一环节出故障停机，后续的皮带会自动停止，避免皮带压料，保障设备安全。

（2）冷却循环水量自动控制　烟化炉正常生产时，冷却循环水流量检测信号与循环泵实现连锁，一旦流量低于控制值时自动启动备用泵，实现稳定流量供水。

3. 技术经济指标控制与生产管理

1）概述

烟化炉还原挥发生产技术具有金属回收率高、生产能力大、可用廉价的煤作为发热剂和还原剂且耗量低、过程易于控制、余热利用率较高等优点，目前被广泛应用于炼铅、炼锡等炉渣的处理。

以目前云南驰宏锌锗股份有限公司的烟化炉生产为实例，其生产车间配置炉床面积 13.4 m² 的两台烟化炉，年处理锌浸出渣混合料 90 ~ 100 kt、热熔渣 70 ~ 80 kt，年产出氧化锌烟尘含锌金属量 18 ~ 22 kt。其烟化炉最近几年的主要经济技术指标如表 3 – 76 所示。

表3-76　驰宏锌锗公司烟化炉最近几年的主要经济技术指标

年份	氧化锌烟尘含锌金属产量/t	床能力/(t·m⁻²·d⁻¹)		作业率/%		耗煤率/%		渣含锌/%	直收率/%
		1号炉	2号炉	1号炉	2号炉	1号炉	2号炉		
2014	14622	18.45	18.86	76.92	78.28	46.94	45.92	2.61	85.05
2015	20240	20.86	21.09	85.23	84.79	48.34	81.89	2.36	87.97
2016	18611	20.17	20.8	83.74	85.25	45.62	44.61	2.85	82.18
2017 1—3月	4509	22.94	22.18	94.05	94.05	36.92	36.93	2.72	83.97

2）能量平衡与节能

烟化炉生产过程中的热收入主要依靠粉煤燃烧产生和热熔渣带入，而热支出主要是烟气和冷却水套带走的占主要比重。因此，为提高烟化炉的热效率，一是采用发热值较高的粉煤；二是减少热的支出，可以通过提高富氧浓度以减少烟气量从而降低烟气带走的热量，在冷却水套内壁形成挂渣保护层降低循环水带走的热量。烟化炉热平衡实例如表3-77所示。

表3-77　单台烟化炉吹炼热平衡

序号	名称	热量/(MJ·h⁻¹)	占比/%	序号	名称	热量/(MJ·h⁻¹)	占比/%
	加入				产出		
1	C燃烧生成CO₂	125720.0	73.73	1	废渣带走热量	16295.0	9.56
2	C燃烧生成CO	4191.0	2.46	2	烟尘带走热量	2748.0	1.61
3	氢的燃烧	19543.0	11.46	3	烟气带走热量	95125.0	55.78
4	硫的燃烧	376.0	0.22	4	分解热	5683.0	3.33
5	熔渣带入显热	19105.0	11.20	5	蒸发水带走热	5195.0	3.05
6	粉煤带入显热	108.0	0.06	6	水套冷却水带走热	25578.0	15.00
7	空气带入显热	1478.0	0.87	7	辐射热损失	19897.0	11.67
	合计	170521.0	100.00		合计	170521.0	100.00

余热利用节能方面，主要采用余热锅炉系统对烟化炉1000~1300℃的高温烟气降温到约350℃，产出4.40 MPa的中压蒸汽输送到余热发电站发电，发电后的低压蒸汽再输送到锌系统加热溶液使用。为提高余热利用率、防止设备和管路的腐蚀，对余热锅炉的所有设备和管路都实施外保温。

　　3）物质平衡与减排

　　烟化炉生产过程中有直接处理含锌热熔渣的，也有把锌浸出渣混合料和还原铅后产出的含锌热熔渣搭配生产的，其锌浸出渣混合料和热熔渣的比例为(0.8 ~ 1.5):1。烟化炉还原挥发的物料平衡实例如表 3 - 78 所示。

　　根据烟化炉烟气的温度高、含尘量大等特点，首先采用余热锅炉和表冷器降温除尘，再用滤袋收尘器集尘净气，低浓度 SO_2 气体送尾气脱硫处理达标后排放。

　　4）原料控制与管理

　　烟化炉的生产原料包含独立处理炼铅后的含锌热熔渣，也可以搭配处理湿法炼锌产出的锌浸出渣、铅锌氧化共生矿等含锌物料。烟化炉对入炉的热熔渣要求渣温在 1100℃ 以上，含锌控制在 8% 以上和含铅控制在 3% 以下；对入炉含锌原料的粒度、水分等要求相对宽松，水分控制≤15%，含锌控制在 10% 以上和含铅控制在 10% 以下、粒度控制在≤50 mm。

　　5）辅助材料控制与管理

　　烟化炉生产的辅助材料主要是熔剂。根据不同的渣型成分，采用石灰石或者石英石作为熔剂。石灰石成分为 $w(CaO) \geq 45\%$，粒度≤20 mm；石英石成分为 $w(SiO_2) \geq 80\%$，粒度≤15 mm。

　　6）能量消耗控制与管理

　　对烟化炉生产的能源消耗控制，首先要求入炉含锌原料的水分要较低，以减少水分蒸发所消耗的粉煤量。其次需要控制粉煤的成分：固定碳≥50%、挥发分 14% ~ 16%，粒度控制小于 0.074 mm 的比例在 75% 以上和水分控制≤1%。还有需要调整控制冷却循环水水套的进出水温差为 10 ~ 15℃，在保障水套安全的条件下尽量减少循环水的流量及其带走的热量；控制合理经济的终渣含锌，尽量减少每一炉的生产时间和粉煤消耗。采用富氧空气生产，提高燃料使用效率，加快生产过程。

　　7）金属回收率控制与管理

　　为充分发挥烟化炉还原挥发工艺综合回收锌浸出渣、铅锌氧化矿等多种有价金属的优势，一是要稳定入炉原料的有价金属品位，如含锌品位控制在 15% 左右。二是根据入炉原料的造渣成分，搭配适量的熔剂，控制终渣 $w(CaO)/w(SiO_2)$ 比值在 0.4 ~ 0.6，以提高锌及其化合物的还原挥发效率。三是收尘系统采用高效滤料，确保氧化锌烟尘的回收率大于 99.9%。四是提高烟化炉操作人员的技术技能和生产过程控制水平，严格控制水淬渣的含锌在 2.20% 以下。

　　8）产品质量控制与管理

　　烟化炉处理的热熔渣和锌浸出渣等原料的成分相对稳定，但也需要每天对入炉的原料和产出产品的成分取样分析，掌握成分变化情况，及时调整原料配比和工艺参数控制。

表 3-78 烟化炉还原挥发物料平衡

t/d

项目	名称	质量		Pb		Zn		S		Fe		SiO₂		CaO	
		t/a	t/d	%	质量	%	质量	%	质量	%	质量	%	质量	%	质量
加入	热熔渣	110557	335.02	4.00	13.40	14.10	47.24	0.11	0.38	24.87	83.32	20.72	69.43	13.89	46.52
	锌浸出渣	93308.0	282.75	5.08	14.36	18.38	51.97	7.79	22.03	15.79	44.65	8.44	23.45	6.82	19.28
	粉煤	91740.0	278.00					0.64	1.78	3.95	10.99			3.16	8.79
	小计	295605	895.77		27.76		99.21		24.19		138.96		92.88		74.59
产出	铅锌烟尘	54146.0	164.08	15.22	24.98	52.00	85.32	1.60	2.63	4.25	6.97	2.84	4.66	2.28	3.74
	烟化炉渣	173880	526.91	0.53	2.78	2.64	13.89	0.04	0.21	25.05	131.99	16.74	88.22	13.45	70.85
	烟气	—	—	—	—	—	—	—	21.35	—	—	—	—	—	—
	小计	228026	690.99	—	27.76	—	99.21	—	24.19	—	138.96	—	92.88	—	74.59

（1）入炉物料质量的控制　尽可能资源化利用好入炉含锌物料，尽量提高热熔渣或者锌浸出渣中的含锌品位，一般控制热熔渣含锌在 10% ~15%，锌浸出渣含锌不低于15%。

（2）含锌原料(冷料)加入炉内的控制　含锌原料(冷料)加入烟化炉前，需要提高熔池内的熔渣温度、控制加料口微负压；然后逐渐缓慢地加入，以减少细颗粒原料或未完全燃烧的粉煤被烟气带入收尘系统降低氧化锌烟尘含锌品位。

（3）生产过程操作控制　为保证烟化炉产出氧化锌烟尘的品质，在烟化炉渣温偏低期间，需要降低粉煤量使粉煤充分燃烧放热，避免粉煤量过大后未经燃烧而被烟气带入收尘系统。

9)生产成本控制与管理

烟化炉的生产成本由直接材料、直接人工和制造费用三部分组成。其中占权重较大的主要是原料、燃料、风、水、电、气、辅助材料、设备折旧等。生产 1 t 锌金属量的次氧化锌的成本及其构成见表 3 -79。

表 3 -79　次氧化锌的生产成本及其构成

项目	单位成本/(元·t^{-1})	比例/%
一、原料		
鼓风炉或侧吹炼铅还原炉熔渣	1686.75	12.50
锌浸出渣	4208.75	31.19
二、材料	208.40	1.54
三、燃料		
原煤	3484.36	25.82
四、动力		
电	784.03	5.81
生活水	1.76	0.01
生产水	15.20	0.11
除盐水	381.78	2.83
空压风	204.54	1.52
蒸汽	-545.55	-4.04
四、职工薪酬	841.76	6.24
五、制造费用	1113.49	8.25
六、辅助成本分配	1025.80	7.60
七、安全生产费	82.92	0.61
合计	13494.00	100.00

表 3 - 79 说明，除了原料费外，原煤及电力费用占有较大的比例。控制加工成本的措施如下。

①日常做好系统设备装置的周期性检查维护和计划性检修，控制合理的检维修费用，减少非计划停炉时间；紧凑组织生产，做好烟化炉与上下生产工序之间的连续衔接工作，减少不必要的生产时间浪费。通过提高装置的运行效率，以提高烟化炉生产系统的作业率，增加氧化锌烟尘产出。烟化炉年作业率一般控制在80%以上。

②对烟化炉生产系统的风、水、电、气、燃料等消耗建立厂级、车间、工序级的三级计量网络，定期统计核查，对异常消耗进行排查、处置；对工序级的物资材料建立台账记录。经过一定的生产周期后，根据实际生产情况，核定对车间、工序的主要成本数据并实施控制管理。

③通过对烟化炉操作人员技能水平的培训和管理，实施合理的激励机制，提高烟化炉处理锌物料能力，降低粉煤单位耗量，提高氧化锌烟尘产量，实现制造费用等单位成本降低。

④实施企业内部员工自主维修、修旧利废等工作，降低检、维修费用和材料消耗等费用。

⑤实施技术优化和改进，或者采用新工艺和新技术、新装备，以降低系统消耗，提高劳动生产率。

参考文献

[1] 彭容秋. 锌冶金[M]. 长沙：中南大学出版社，2005.

[2] 《铅锌冶金学》编委会. 铅锌冶金学[M]. 北京：科学出版社，2003.

[3] 梅光贵，王德润，周敬元，等. 湿法炼锌学[M]. 长沙：中南大学出版社，2001.

[4] 蒋继穆，张驾，等. 重有色金属冶炼设计手册铅锌铋卷[M]. 北京：冶金工业出版社，1995.

[5] 彭容秋. 有色金属提取冶金手册锌镉铅铋卷[M]. 北京：冶金工业出版社，1992.

[6] 陈家镛，等. 湿法冶金手册[M]. 北京：冶金工业出版社，2005.

[7] 王吉坤，冯桂林. 铅锌冶炼技术手册[M]. 北京：冶金工业出版社，2012.

[8] 张乐如. 铅锌冶炼新技术[M]. 长沙：湖南科学技术出版社，2006.

[9] 徐鑫坤，魏昶. 锌冶金学[M]. 昆明：云南科学技术出版社，1996.

[10] 东北工学院. 锌冶金[M]. 北京：冶金工业出版社，1978.

[11] 赵天从. 重金属冶金学(下)[M]. 北京：冶金工业出版社，1981.

[12] 陈国发. 重金属冶金学[M]. 北京：冶金工业出版社，1992.

[13] 唐帛铭. 有色金属提取冶金手册能源与节能[M]. 北京：冶金工业出版社，1992.

[14] 刘元扬，刘德溥. 自动检测和过程控制[M]. 2版. 北京：冶金工业出版社，1987.

[15] 张丽军. 浅论冶金企业原料成本控制与管理[J]. 中国金属通报，2013(47)：33 - 34.

[16] 李启民. 锌冶炼企业成本控制及管理对策[J]. 甘肃冶金，2014，36(2)：136 - 138.

第 4 章　火法炼锌

4.1　概述

锌的生产有湿法炼锌和火法炼锌两条途径。锌是极为活泼的金属，不管走哪条途径，都需要消耗大量的能量。

两条途径的共同之处在于，对硫化锌原料都需要氧化步骤，以便除去硫化锌原料中的硫；都需要还原步骤，以便把 Zn(Ⅱ)还原为金属形态；都需要精炼步骤，以便将杂质除去。这些步骤如表 4-1 所示。

两条途径的不同之处在于，湿法中的精炼步骤先于还原步骤，这是因为电解对一些极微量杂质的存在很敏感；而在大多数火法过程中，精炼在还原产出粗锌之后。这就决定了电解产品是 0 号锌(99.995%)，而火法粗炼过程的产品是粗锌(98.5%)。由于竖罐在设计上就是要求当锌蒸汽通过冷凝器时能脱除锌蒸汽中的大部分铅，因此它能产出一种 99.5% 等级的锌。

表 4-1　锌生产步骤

工艺步骤	电解法	密闭鼓风炉熔炼法	电热法	竖罐法
氧化	焙烧+浸出或直接浸出	烧结	焙烧或烧结	焙烧
精炼	溶液净化	—	—	—
还原	电解	鼓风炉熔炼	电竖炉或电弧炉	竖罐处理
粗炼产品/%	—	98.5	98.5	99.5
精炼	—	蒸馏	蒸馏	蒸馏
锌锭产品/%	99.995	99.995 或 99.99	99.995 或 99.99	99.995 或 99.99
残渣	浸出渣	炉渣	炉渣	竖罐渣

火法炼锌历史悠久。在中国，用锌炼制黄铜已经有 2000 多年的历史了。在 17 世纪和 18 世纪，欧洲市场从亚洲进口锌锭或"粗锌"。锌冶炼是在 1730 年从中国传到欧洲的。17 世纪 40 年代，英国建造了世界上第一个工业化的平罐炼锌

厂。欧洲直到 19 世纪才因为平罐法开始了大规模的商业冶炼活动。

平罐工艺是间断性工艺,对产量有严格的限制。20 世纪 20 年代美国新泽西锌公司开发出来的竖罐炼锌工艺能连续生产。它的出现克服了平罐工艺众多不利因素,特别是生产率低、能源效率低和操作不连续等。该公司又发明了锌的回流精炼法,现在的密闭鼓风炉冶炼厂和电热冶炼厂仍在利用这个方法。20 世纪初期,菱锌矿仍是火法工艺的专用物料,但高品位的物料变得越来越难以获取。1925 年,在赛尔西雅开发出了威尔兹法,这是一个重大的突破,从此以后,可以处理低品位菱锌矿了。

一个竖罐冶炼厂的简单流程图如图 4 - 1 所示。竖罐炼锌工艺的原料是烧结或焙烧后的锌焙砂,锌焙砂与煤和黏合剂一起制成团。团矿趁热加入竖炉中,竖炉由舌片和带槽的碳化硅砖建造,通常用本厂的发生炉煤气来加热。锌还原挥发,然后在锌喷溅冷凝器中冷凝。由于铅没有被吸收到锌中,竖罐的上面部分能防止铅返回到进料中,产出产品含锌达 99.5%,铅含量低于 0.2%。这种产品可以不经过精炼就直接用到很多地方,但越来越普遍的做法是将这种锌产品输送到蒸馏塔中除镉。渣从竖罐的底部排出。在中国,如柳州锌品厂曾把这种渣用来造砖。有时产出的粗锌不仅被精炼成特高锌,还直接在精炼车间生产出部分"间接"高级氧化锌。柳州锌品厂就是这样做的,这是一种别致的工艺利用方式,因为锌需要通过精炼蒸馏才能变成特高锌,而生产氧化锌的成本又不比生产锌锭的成本高。

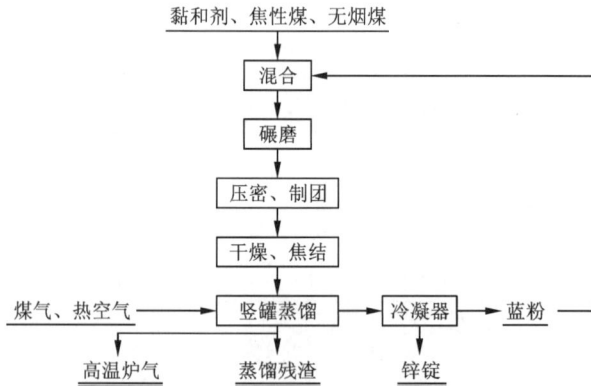

图 4 - 1 竖罐炼锌厂的简单流程图

目前西方已经没有竖罐炼锌炉在运行了,它们大多数在 20 世纪 70 年代被关闭。在其他地方,也只有少数竖罐炼锌炉仍在运行着。特别是在中国,其中葫芦岛炼锌厂的产能最大,最高曾达 200 kt/a。中国曾有很多小型冶炼厂用竖罐炼锌炉,如柳州锌品厂,它的 10 kt/a 竖罐炼锌炉于 1992 年投产,后来在 2002 年将能力扩大到 17.5 kt/a。湖南冷水江锡矿山的 15 kt/a 竖罐炼锌炉于 1997 年投产, 2001年又将能力扩大到 35 kt/a。但这些小的竖罐炼锌冶炼厂最近都因经济和环境问题而关闭了。可以预见, 在不久的将来, 竖罐炼锌必将彻底退出锌冶炼工业。

硫化锌无法用碳直接还原成金属锌, 而且当时电锌厂使用的硫酸锌溶液也不能直接用硫化锌来生产。硫化锌的焙烧是 20 世纪早期开始实施的。硫化锌精矿焙烧工艺的出现和发展得益于硫化锌矿浮选工艺的突破和硫化锌精矿的生产。这意味着炼锌原料不再只是氧化锌矿, 而主要是硫化锌精矿了。早期的焙烧炉的生产率不高, 炉结十分严重。把炉膛焙烧改成悬浮焙烧是 20 世纪 30 年代的一项关键性的技术革新。第二次世界大战之后, 开始采用沸腾焙烧炉, 使锌产量出现一次大飞跃。

从 1926 年到 1929 年, 圣·约瑟夫铅公司试用一种新工艺来生产氧化锌。他们令电流通过焦炭与锌烧结块的混合物, 这样产生的高温将锌还原挥发。这个工艺称为"电热法"。它的原理是基于混有焦炭的含锌物料的电阻热产生高温。焦炭是氧化锌的还原剂, 金属锌挥发出来并冷凝在熔融锌液中。由于含有锌蒸气的炉气成分与密闭鼓风炉法不同, 故无须使用密闭鼓风炉法中的飞溅冷凝器。1931年, 在美国宾夕法尼亚州的蒙那卡建成并投产了一座电热法炼锌工厂。1936 年, 该厂又增加了一段工艺, 以便将锌冷凝到熔融锌液中, 从而产出了锌锭。

由于电热法耗费大量的电能, 因此它在商业竞争中一直处于劣势。尽管曾经建了一些厂, 但只有蒙那卡仍作为原生锌冶炼厂而存活下来。随着它从钢铁厂电弧炉烟尘中回收越来越多的锌, 而且通过精炼生产出价格很高的产品——氧化锌, 电热法又扮演起一个新的角色。如日本的龙凤回收公司使用这项工艺专门处理电弧炼钢炉的烟尘。

20 世纪 90 年代, 在中国出现了另一种新的电热法, 用的是一个环行电弧炉, 产生的锌蒸气像竖罐法一样, 要在一个锌飞溅冷凝器中冷凝, 产出 98.0% ~ 99.0% 的粗锌。和蒙那卡的工艺相比, 这个工艺有一个显著优点, 即不用竖炉, 氧化物料可以是烟灰的形式, 不需要制团步骤。

20 世纪 30 年代后期, 阿旺茅斯在英国用竖炉进行了一系列处理锌烧结块的试验, 最终于 1943 年建造了一个试验装置。在开发过程中, 他们发现含铅返料能极大地改善烧结块对竖炉中各种条件的承受能力。这个偶然的事件导致帝国熔炼法 (ISP, 也称密闭鼓风炉法) 的蓬勃发展, 因为它适合处理铅锌混合料。锌随炉气排出, 在铅雨冷凝器中冷凝。铅随炉渣一起从炉子的底部排出。第一个工业化炉子于 1950 年在阿旺茅斯建成投产, 现在 11 个国家有 15 座密闭鼓风炉在运行。1999 年, 这些炉子首次联合生产了 100 多万 t 锌。

由于密闭鼓风炉能处理铅锌混合矿, 因此它仍能保持竞争能力, 特别是在亚洲。这个工艺还是一个低成本冶炼铅的途径。与电热炉相比, 密闭鼓风炉也能处理威尔兹窑烟灰和其他氧化性二次物料，这进一步强化了它的竞争能力。由于密闭鼓风炉还能够给原料脱除卤素，因此有些电锌厂也采用了密闭鼓风炉。但那些密闭鼓风炉冶炼厂没能像电锌厂那样把单位生产成本降下来，清洁化生产水平也没有电锌厂高，因此近 20 多年来它们变得越来越缺乏竞争能力。

密闭鼓风炉是一种竖炉火法工艺，它利用了锌的挥发性比其他金属高的特性。在处理铅锌混合精矿以及含铅的再生物料时，它就成为一种有价值的工艺了。铅留在炉底，而锌挥发后在炉顶又重新凝结起来。这个工艺的特点是有一个能快速冷却锌蒸气的飞溅冷凝器。锌蒸气通过铅雨时快速冷凝。在进一步的冷却中这两种金属又基本上分开了。缺点是密闭鼓风炉的生产费用比电解法高，焦炭成为主要的燃料，劳动力需求相当大，耗电量大。密闭鼓风炉工厂的生命力实际上取决于它们是否能买到便宜的不适合电锌厂处理的混合精矿，或其他杂质高的物料。副产的杂质多由铅捕集(银和贵金属)或由渣捕集(铜)。镉进入锌。由于工艺的特点，锌不可避免地受到铅的污染，必须用蒸馏法做进一步的精炼，否则其品质不会高于 98.5%。

二次物料有钢厂烟尘(多用回转窑处理)、镀锌厂等锌用户的废料和废旧汽车。这些物料中除了锌以外，通常还含有铅等杂质金属，大部分物料适合于用密闭鼓风炉和电热法处理。

4.2 还原挥发熔炼

4.2.1 鼓风炉炼锌

1. 概述

铅锌密闭鼓风炉是火法炼锌中的一大改革。很久以前有人试图用直接加热的鼓风炉炼锌，但因鼓风炉炉气中 CO_2 和 N_2 含量高，而锌蒸气含量低，冷凝时又被 CO_2 重新氧化等难点而未获成功。英国帝国公司经历了近乎三十年的研究，采用了高温炉顶(1000~1080℃)和铅雨冷凝器后，才于 1950 年实现了小规模鼓风炉炼锌的工业生产。因此，铅锌密闭鼓风炉炼锌又称帝国熔炼法(Imperial Smelting Process)，简称 ISP 法。

1975 年，韶关冶炼厂建成了我国第一座炉身面积为 17.2 m² 的标准型铅锌密闭鼓风炉。年设计能力为年产粗铅锌 50 kt。1996 年韶关冶炼厂兴建了第二座炉身面积为 17.2 m² 的标准型铅锌密闭鼓风炉，年设计能力为年产粗铅锌 85 kt。

铅锌密闭鼓风炉炼锌生产工艺流程如图 4-2 所示，可分为如下阶段。

①铅锌硫化精矿、氧化物料和熔剂的脱硫与成块。

②烧结焙烧过程产生的 SO_2 烟气经净化后送去生产硫酸。

③烧结块和其他含 Pb、Zn 的团块配入焦炭，加入鼓风炉并鼓入热风进行还原熔炼。

④从鼓风炉下部放出粗铅和炉渣，在前床中分离。

⑤从炉子顶部溢出的锌蒸气引入铅雨冷凝器中，被铅雨吸收的锌蒸气在冷却溜槽中被冷却后分离出粗锌。

⑥产出的粗锌与粗铅进一步精炼，得到符合用户要求的产品。

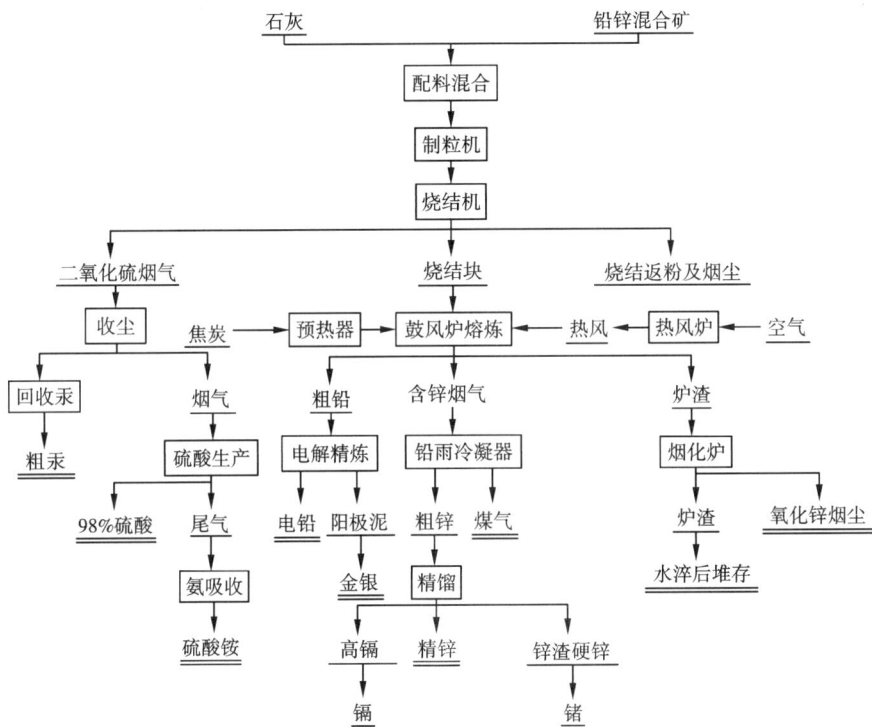

图 4－2　密闭鼓风炉炼锌原则工艺流程

铅锌密闭鼓风炉既可以处理难选的混合铅锌硫化精矿，又能处理成分很复杂的含 Pb、Zn 的氧化物杂料以及湿法炼锌厂的渣料，加上技术上的诸多改进，在铅锌的生产领域中该法仍占有重要的地位。

铅锌密闭鼓风炉与一般鼓风炉不一样，采用喷淋冷却炉壳，主要有如下优点：①由于加大了炉缸及风口区的尺寸，因而产量得到了提高。②减少了水漏入炉缸的可能性。③减少了炉子的冷却水消耗量。④由于是整体炉壳，避免了以前水套缝漏渣漏气的可能性。⑤可采用焦洗技术取代常规的爆破炉结作业。

2. 密闭鼓风炉运行及维护

1) 密闭鼓风炉

密闭鼓风炉炼锌系统的设备连接图如图 4-3 所示。在该系统中，铅锌密闭鼓风炉本体是 ISP 工艺的主体设备，炉体结构较为复杂，由炉基、炉缸、炉腹、炉身、炉顶、料钟以及炉身两侧水冷风嘴所组成，炉体横截面为矩形，两端为圆形，其结构如图 4-4 所示。

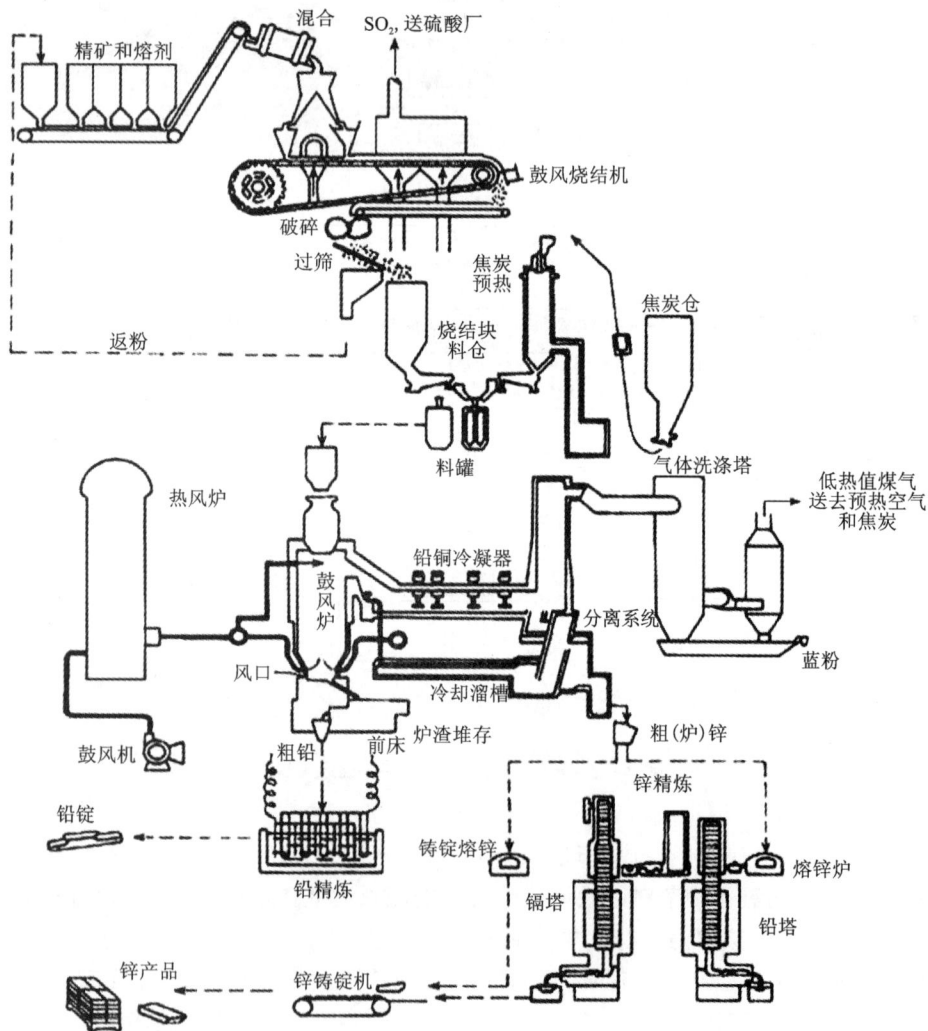

图 4-3 密闭鼓风炉炼锌系统设备连接图

初期的铅锌密闭鼓风炉炉腹采用的是水套结构，由 40 块水套围成，分上下两层。每块水套有单独的进出水管。

随着生产的不断发展，铅锌密闭鼓风炉鼓风量逐渐加大，炉子热负荷增加，出现水套易漏水入炉缸、水套间隙易漏渣漏气等问题，给提高炉子产量带来困难。经过一系列的试验，在澳大利亚首先出现喷淋冷却炉壳，取代了原先的水套炉壳。为适应生产的发展，1982 年我国某厂根据生产实际将水套式铅锌密闭鼓风炉改成喷淋式冷却炉壳铅锌密闭鼓风炉。生产实践证明，喷淋炉壳成功地消除了水进入炉缸及漏渣漏气现象，是一个更能适应提高鼓风量操作的设计。喷淋冷却炉壳包括一个整体的喷淋炉壳和等宽的炉缸及 16 个风口。

标准型炉子的风口区砌体内宽为 2.1 m，风口区断面面积为 11.29 m^2，炉身砌体内截面积为 17.2 m^2。为了进一步提高鼓风炉生产能力，目前

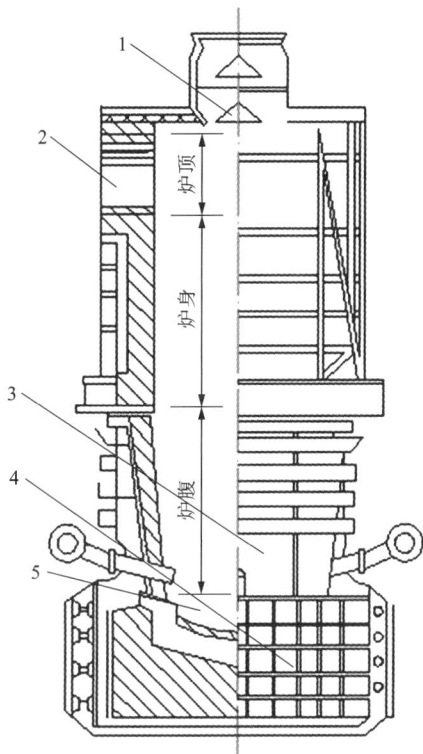

图 4－4　铅锌密闭鼓风炉截面图
1—炉顶加料装置；2—炉身；3—喷淋炉壳；
4—炉基；5—炉缸

许多厂家铅锌密闭鼓风炉炉身截面积和炉缸区域面积均超过标准型炉子。

（1）炉基　炉基就是铅锌密闭鼓风炉的基础，承受炉子在正常运行时的总重量。炉基应有很大的耐热强度，通常在建筑地点挖一个深达岩层或紧土层的长方形坑。然后在岩层或紧土层上面筑一混凝土厚层，其上为钢筋混凝土浇筑的平台，上铺设整块钢板和工字钢，以防铅水渗入炉基。

（2）炉缸　炉缸砌在炉基上，外壳用钢板围成（图 4－4）。为防止变形，用工字钢围焊以增加强度，四角用拉杆固定，使工字钢箍紧。炉缸里面是耐热混凝土层，内装钢管作为出气孔。炉缸最里面砌黏土砖，与炉体接触部位均用镁铝砖平砌而成，呈倒拱形，以增加强度，不致因受压而胀裂，从而使铅渗入而上浮。铅锌密闭鼓风炉的炉缸很浅，故熔炼产物在其中停留的时间较短。这是因为铅锌密闭鼓风炉的渣和铅不需要在炉缸内分离，而是在电热前床中进行分离，且浅的炉

缸对从渣中脱锌有利。

（3）喷淋炉壳　铅锌密闭鼓风炉炉腹为喷淋炉壳，结构如图 4-5 所示。其结构包括喷淋炉壳本体、上部水淋箱型框架、中部及下部箱型框架等加固结构以及喷水器、上部布水器、下部布水器、风口下方 U 形喷水器和底部集水槽等喷淋冷却部件。喷淋炉壳用锅炉钢板制作，分上下两部分焊成，每部分用四块钢板焊接成为整体。外部加固由上部、中部、下部箱体框架通过加强筋板紧紧包住壳体，使其有足够的强度。炉壳下部沿长度方向，每边布置有 8 个风口座，而炉壳的下沿焊接有集水槽，所有冷却水都流入底部的集水槽。集水槽的钢板与炉基外壳钢板不焊死，使炉子有自由伸缩的余地。

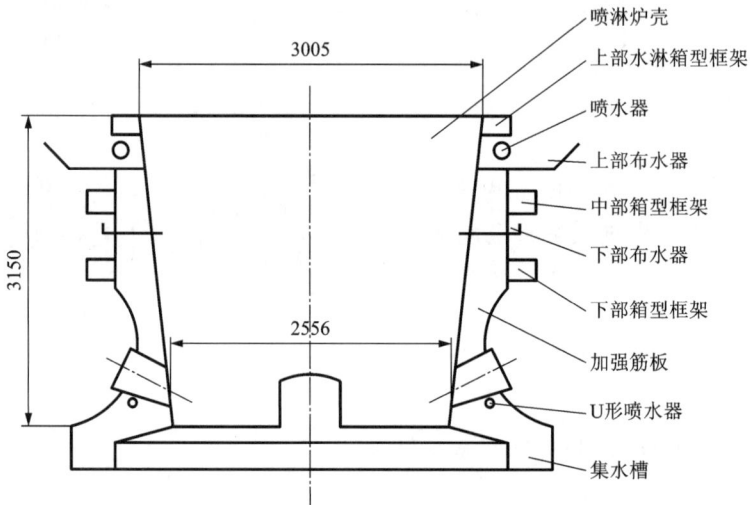

图 4-5　喷淋炉壳

喷淋冷却炉壳的喷水器设在上部箱型框架下方，有 22 根喷水管，沿炉壳周边排列，每根喷水管都开有喷孔。上部布水器及下部布水器焊在炉壳周边上的水盘。布水器在靠近炉壳的地方，均布有向下倾斜的布水孔，使整个炉壳布满均匀的水膜，每个风口座下方均设有一个 U 形喷水器，以强化风口下方及风口座的冷却。

喷淋冷却炉壳上部箱体框架与炉身下部托盘之间留有一定的间隙作为挤压层，由几块钢板及可挤压的轻质硅石混凝土填塞。炉壳内壁风口以下用铝铬渣块砌筑，风口上炉墙用铝铬渣混凝土捣固。

喷淋炉壳一端设有渣口，为放铅渣用。放渣口上方装有一块一字型水套，下方装设一块铜质双孔渣口水套，渣口水套与放渣溜槽之间埋有一渣槽下水套起冷却作用，使该处砌体不受高温熔炼的冲刷而烧坏。

（4）炉身　铅锌密闭鼓风炉炉身为直筒形（见图 4 - 4），外用钢板围成，并用工字钢加固，里面的砌体用高铝砖砌筑。耐火材料与钢壳之间衬有一层轻质黏土砖及石棉板，用以隔热。炉身中部和上部一侧开有清扫门，供清理炉结时使用。炉身上另一侧开孔与冷凝器相通，称之为炉喉。顶部四角设有四个炉顶风口，即二次风口。整个炉身有单独的支承结构。

（5）炉顶　铅锌密闭鼓风炉炉顶是悬挂式的（见图 4 - 4）。整个炉顶以异形吊挂为骨架，用低钙铝酸盐混凝土浇灌成一块，上层为轻质耐热混凝土，炉顶上部装有双料钟加料器、探料尺和气套等。

（6）料钟　料钟是铅锌密闭鼓风炉密闭性的关键设备。它由顶钟和底钟组成。底部料斗和料钟均用耐高温合金材料制成，以适应高温条件。加料时，顶料钟、底料钟不同时打开。料钟的开闭由气动设备带动，每座料钟有料钟风管和周边风管。料钟的结构如图 4 - 6 所示。

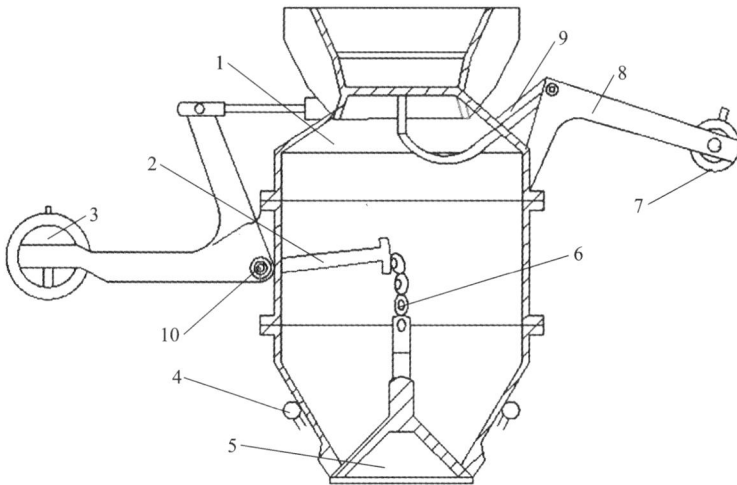

图 4 - 6　鼓风炉加料装置

1—顶钟盖；2—杠杆臂；3—平衡锤；4—周边风管；5—底钟；6—链条；
7—平衡锤；8—顶钟杠杆；9—料钟风进口

（7）风口　铅锌密闭鼓风炉风口区的温度最高，为了保护炉内风口须用水套。风口的结构如图 4 - 7 所示。冷却水流经水套达到冷却目的。在套筒的隔板上焊有螺旋挡板，起导流作用，以增加冷却效果。风口顶端用热合金制成，其余用普通钢板制成。风口使用前，要经过 0.45 MPa 的水压试验。

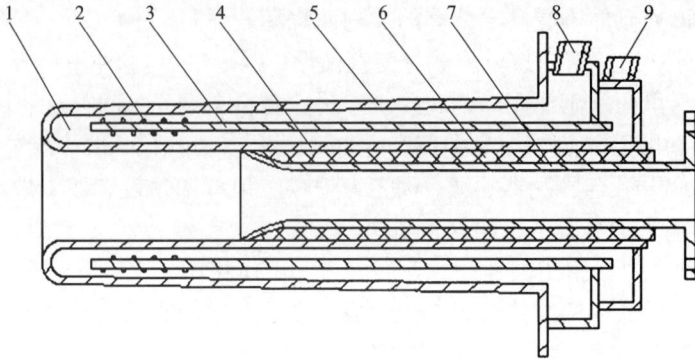

图 4-7　鼓风炉风口

1—风嘴；2—螺旋挡板；3—隔板；4—内筒；5—外筒；6—隔热层；7—风管；8—出水口；9—进水口

2）烧结块储运及炉料加入系统

热烧结块由烧结工序送至熔炼车间供料系统的块仓，块仓一般设三个，分别为 1 号、2 号仓和转运仓。仓内均用混凝土衬耐热砖隔热，目的是使烧结块的显热尽可能保存下来。除三个块仓外，还有一个烧结块堆场，用于存放烧结块。当烧结块产出量有富余时，烧结块送至转运仓，然后放至烧结块堆场。由于烧结会停机，此时由烧结块堆场转运烧结块，用冷块箕斗上料至 2 号块仓，为鼓风炉生产提供原料。

1 号、2 号仓各有两个排料口，每口下设给料机、振动筛和电子漏斗称，漏斗称下面设有可载四个料罐的轨道运输车。鼓风炉入炉物料有三种——烧结块、热焦和杂料；通过加料控制室计算机控制给料机给料、振动筛筛分、排料至计量漏斗，由电子秤累加所设的给定值，然后经过换算器输出不同的信号给 "PLC"，由 "PLC" 分别控制停止给料机给料、停止振动筛筛分，再由 "PLC" 控制闸门开启或关闭。

当配料控制室接到加料信号后，加料控制系统立即开始排料。料罐运输车载着两个空罐行驶至选定的排料口，排料设备开始排料，然后按给定的顺序将料卸入料罐内。料罐受料后，由料罐车运载至塔下，加料吊车将两个装有炉料的料罐提升至塔顶并沿栈桥轨道送鼓风炉炉顶，将炉料加入鼓风炉内。

3）铅雨冷凝系统

铅雨冷凝器是 ISP 工艺的关键设备。与铅锌密闭鼓风炉炉喉连接。

（1）铅雨冷凝器本体　铅雨冷凝器是一个断面呈矩形，有反拱形熔铅池炉底的密闭容器，其结构如图 4-8 所示。

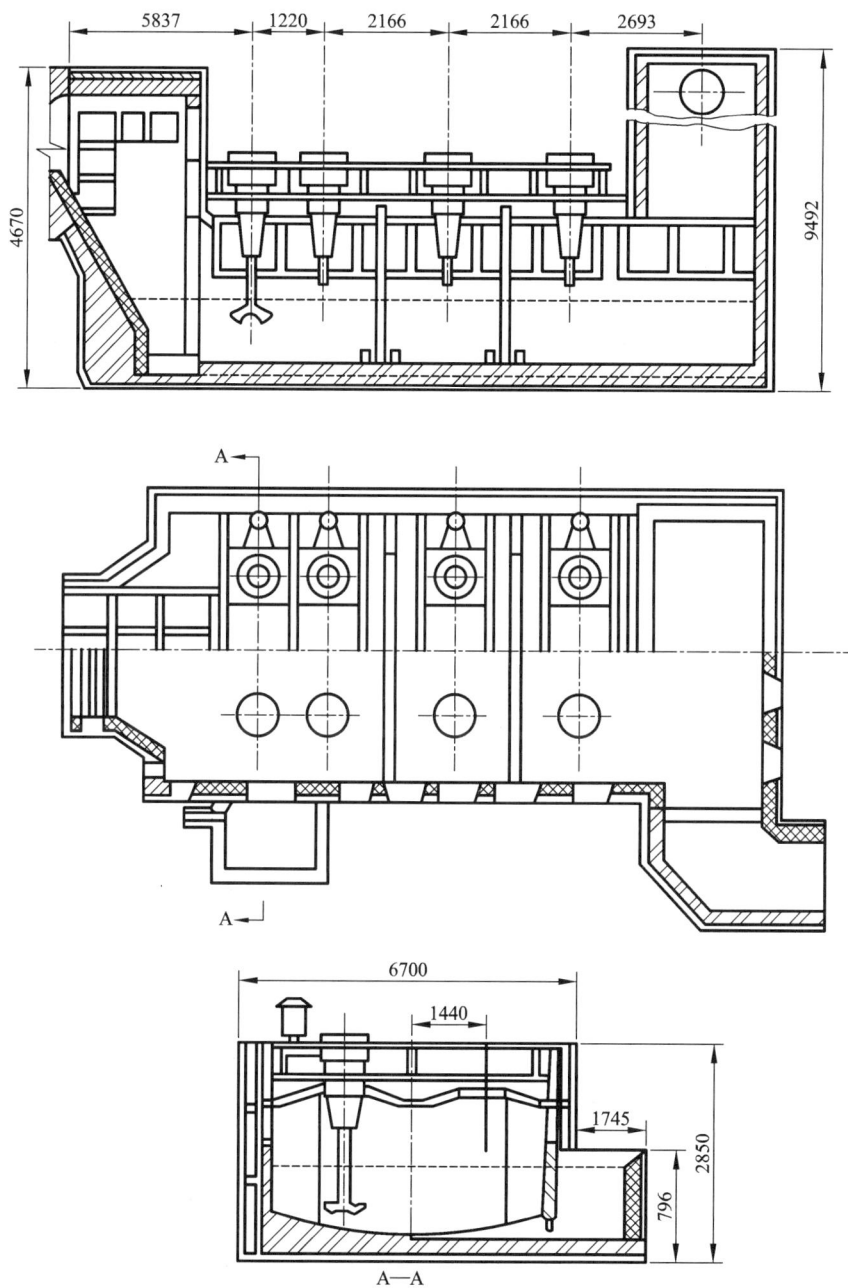

图 4-8 铅雨冷凝器

冷凝器的作用是将经炉喉进入冷凝器的锌蒸气骤冷下来，成为液体锌。冷凝器的底部用工字钢梁承托，上铺钢板，外壳用钢板焊成。底部用耐热混凝土及高铝砖砌成熔铅池，四壁用高铝黏土砖砌筑，顶部盖一组耐热钢板制成的平行盖板，上面再覆盖一层硅藻土砖的隔热层。盖板上留有转子装入孔。冷凝器横跨烟道和清扫门等部位，用碳化硅砖砌筑。冷凝器两侧和末端设有清扫门。正常运行时，清扫门用黏土砖砌封。

冷凝器外壳长 13.5 m，宽 6.5 m，高 2.25 m。熔铅池长为 10.5 m，内宽 5.5 m，内高 1.01 m，容积约为 40 m³。冷凝室中有两块垂直安装挡板，将冷凝器分成三段，作用是改善气流及循环铅液的流动及分布。冷凝器共装八个转子，全部都支承在冷凝器顶盖上部单独的重型钢梁上，分两排布置，每排四台。每排第一、第二台转子距离较近，约是第三台和第四台转子距离的一半，其他距离大致相同。第一台转子的转向与后三台转向相反，以便在冷凝器内形成一骤密的铅雨区。

国外个别工厂采用双冷凝器，两台冷凝器分别设在炉身的两侧，每侧冷凝器装有四个转子和两块挡板。但一般认为双冷凝器在设备布置和操作管理等方面都不如单冷凝器，其铅雨密度较小，冷凝效果较差。

（2）转子 转子是冷凝器的关键设备，它把熔融铅液扬起，形成铅雨，布满冷凝器内，起冷凝和吸收锌蒸气的作用。另外，转子还起着搅拌作用，使铅珠表面可能生成的氧化锌熔膜剥裂并使铅液温度分布均匀。因此，转子的运转情况和提高锌的冷凝效率紧密相关。

目前一般使用干法密封整体型转子，其结构如图 4-9 所示。

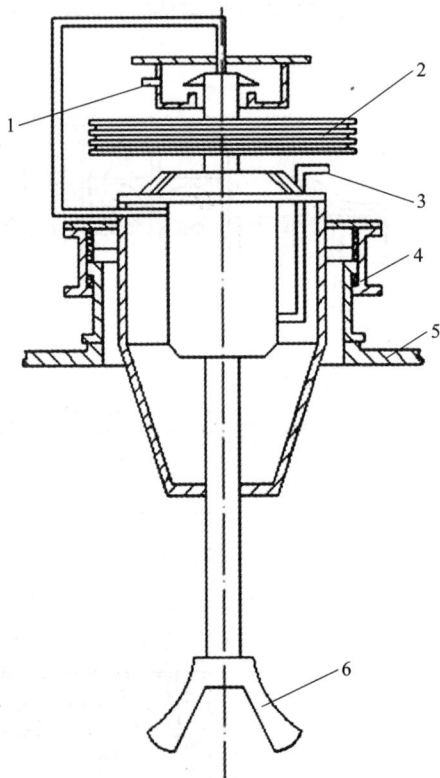

图 4-9 转子

1—出水口；2—大皮带轮；3—进水口；
4—石棉密封层；5—冷凝器顶盖；6—转子头

转子的各部件都是金属材料制成的，转子的叶片和轴等主要部件用耐热合金钢制成，转子头由四块正反相对的叶片组成，分为等臂转子头和不等臂转子头

（一对正反相对的叶片直径比另一对直径稍大），转子轴在轴心通水冷却。转子通过皮带轮由电机带动，转动马达的功率为 55～75 kW。第一段转子的转速为 330 r/min，第二段转子转速为 310 r/min，第三段转子转速为 270 r/min。

4）粗锌铸锭机

粗锌圆盘铸锭机工作原理是一个钢结构圆盘放置于 6 个拖辊上，圆盘上放置 10 个粗锌锌模，以一台安装于圆盘中央的行星摆线针轮减速机驱动圆盘转动，根据粗锌流进锌模的需要，由人工手动按动按钮控制圆盘转动的角度。

相关设备型号及参数：行星摆线减速机型号 XLED－11－117－3481，电机功率 11 kW，转速 2900 r/min，减速机减速比 1∶3481。

3. 生产实践及操作

1）工艺技术条件与指标

（1）工艺技术条件 ①主风口风量 32000～35000 m³/h；②热风温度 850～980℃；③炉料 C/Zn：0.65～0.85；④箱压力 600～1200 Pa；⑤炉顶温度 980～1080℃；⑥周边风 150～400 m³/h；⑦料钟风 200～300 m³/h；⑧升压机出口压力 4000～6000 Pa；⑨铅泵池温度 500～530℃；⑩方箱温度 440～465℃；⑪回铅温度 430～445℃；⑫热焦温度 500～750℃；⑬贮锌槽温度 510～560℃。

（2）工艺技术指标 铅锌密闭鼓风炉的生产和技术水平可用表 4－2 所示的技术经济指标衡量，准则是产量高、质量好、炉期长、成本低。

表 4－2 铅锌密闭鼓风炉有代表性的生产技术指标

项目		韶关冶炼厂	Avonmouth 厂	播磨厂	Cockle Creek 厂	Duisburg 厂	八户厂	Noyelles Godault 厂	Miasteczko 厂	Vesme 港厂
开工年份		1977	1951	1966	1961	1965	1969	1962	1968	1972
炉床面积/m²		22.9	27.1	19.4	17.2	17.2	27.3	24.6	21.3	17.2
炉龄/d		920	586	705	609	1030	895	487	341	429
炉料中	Pb∶Zn	0.54	0.46	0.45	0.53	0.45	0.43	0.41	0.45	0.45
	C∶Zn	0.8	0.77	0.77	0.76	0.74	0.76	0.67	0.85	0.82
渣量∶锌锭			0.67	0.65	0.90	0.67	0.57	0.73	0.97	0.66
渣中 Zn/%		6.38	8.4	7.3	7.2	6.9	7.1	8.5	7.1	6.9
锌入渣率/%			5.5	4.6	6.4	4.4	4.1	6.0	6.5	4.6
满负荷鼓风燃炭量/（t·d⁻¹）		290	292	266	177	206	388	224	283	179

续表 4 - 2

项目		韶关冶炼厂	Avonmo-uth 厂	播磨厂	Cockle Creek 厂	Duisb-urg 厂	八户厂	Noyelles Godault 厂	Miasteczko 厂	Vesme 港厂
金属产量/(t·d⁻¹)	锌锭	260	334	294	211	245	350	283	227	194
	铅锭	140	144	100	103	115	145	108	98	79
冷凝分离效率/%		90~92	87.5	93.4	90.6	89.9	92.3	87.7	90.4	88.7
热平衡中耗炭比/%			73.5	75.8	67.3	69.4	73.8	66.1	79.8	78.4
锌的回收率/%		96.20	93.0	94.7	92.1	93.9	94.7	93.5	90.8	94.0
年产量/kt	锌	89.5	81.0	93.7	62.8	78.6	118.6	96.2	86.7	9.6
	铅	50.5	43.8	30.6	35.6	35.0	53.0	42.1	31.0	24.9

注：表 4 - 2 所列指标有些是多年前的，近年来各厂都将鼓风炉尺寸增大许多，产量提高很大。

2）岗位操作规程

（1）开炉操作 ①有关岗位（预热器、控制室、皮带、主鼓风机、热风炉、洗涤机、炉前等）做好开炉前的准备工作。②填写好开炉配料单并通知加料控制室。料单：底焦 7 批，批重 1200 × 2 kg，以 6 批/h 的速度加入炉内；加完底焦后加入正常料，按连续加料方式以 4~5 批/h 的速度加入，烧结块批重 2000 × 2 kg，焦炭根据烧结块品位确定。③风量控制：加入第三批底焦，风口见红焦炭时，即送入热风，风量 10000 m³/h，风温 850℃；炉前放空阀依次按 100% → 70% → 50% → 30% → 10% → 全关控制；底焦加完时，放空阀开度达 30%，加完第五批正常料时底部风量增至 15000 m³/h，加完第十批正常料后，底部风量增至 20000 m³/h；以后随着料线的增高，风量逐步增大。④加正常料后，当炉顶温度达 800℃，送入二次风。⑤风量加至 18000 m³/h，开洗涤机，控制直升烟道压力为 200 Pa。⑥当直升烟道温度达到 550℃ 时，启动转子。⑦当铅泵温度达 500℃ 时，确认泵池底铅全部熔化后，装好铅泵；经浸泡预热后启动铅泵，开泵前要测量铅液的深度，若达不到技术要求，开泵后继续补铅。⑧开泵时注意冷却溜槽铅面及分离槽过道是否畅通，循环正常后，冷凝器分离系统转入正常操作。⑨当炉子放完第一次渣，料线达到正常操作后，鼓风炉转入正常的操作。⑩电热前床接受第一次热渣后，要仔细测量铅面高度，适当增大电流以利保温，并做好放铅、放渣的准备工作。⑪其他操作按各岗位操作规程。

（2）停炉操作　包括停炉准备、降料线停炉及停炉后的操作等。

①停炉准备：A.编制主要检修计划，以保证检修工程的顺利实施。B.准备好清扫、检修用的工具、炸药、氧气、氧气管等。C.准备好打炉结用的手风钻、钎头等。D.准备好 8～10 t 返渣或锅皮。E.准备好流槽保温用的木炭。F.烟化炉完成打炉和清理工作。G.电热前床先提高铅面，有计划排放黄渣。H.冷凝器 5 t 吊车、20 t/5 t 吊车及炉顶葫芦吊预先检修，以保持良好状态。I.准备好放底铅流槽、漏斗、铅模等。J.预先焊好分离槽、贮锌槽放铅流子。K.冷凝器底铅放入电热前床，停炉前装好放铅流槽。L.准备好两台大铅泵、临时电缆和电源，分离槽和熔剂槽底铅由铅泵打到贮锌槽放出。M.安排好入仓烧结块、焦炭及杂料等，保证停炉前各仓排空。N.做好大修前制作件的预制、准备工作。O.做好检修材料、备件的储备、供应工作。P.停炉前，收尘灰斗不能积灰。

②降料线停炉：A.降料线前根据当时炉况适当提高焦率或加底焦；B.根据炉内结瘤情况，降料线时间一般需 2.5～3.5 h；C.降料线过程中，风量随料面降低相应减少，同时根据风压，浮渣量调整；D.根据情况每隔 40～50 min 加一批净焦，共加 3～4 批，用以洗炉；E.停止加料后关闭炉顶二次风，冷风，防止炉顶温度过高；F.休风前 10 min，分段停转子，提高冷凝器进口温度，并根据泵池温度提前停泵，休风时泵池温度达 540～580℃，直升烟道温度为 650℃ 左右。G.根据热风压力，风口观察确认料线到风口区时，进行休风；H.停炉前熔剂浮渣全部返炉；I.降料过程中，清理干净冷却流槽。

③停炉后的工作：A.及时吊出铅泵、扒渣机，转子；B.尽快放尽冷凝器，分离槽的底铅；C.打开煤气系统所有放散阀，水封，挖泥船放干水，使系统与大气相通，开洗涤机排尽管道残余煤气；D.发生炉煤气停用后，联系堵盲板；E.前床放尽渣，停电待表面结壳后放尽底铅，编号集中堆放；F.进行现场清扫，为检修创造条件。

（3）计划休风　①计划休风，按降料线操作将料面降到要求的位置。②休风前通知各岗位做好休风准备工作。③计划休风停止加料时，预热器排空。④风量减到约 25000 m³/h，通知鼓风炉煤气用户停用煤气，全开升压机放空阀，停升压机。⑤料面降到要求的位置时，通知炉前放净炉内渣、铅。⑥风量减到 15000 m³/h，停洗涤机，休风后立即清横跨烟道。⑦风量减到 10000 m³/h，通知炉前打开炉前放空阀。⑧通知热风炉进行休风操作。⑨休风完毕后，二次风总阀及炉顶冷风阀应处于关闭位置。

（4）复风操作　①接到送风的指令后，通知炉前捅掉风口黄泥。②通知鼓风机向炉前放空阀送 10000 m³/h 风量。③通知热风炉送风。④观察风量、压力表，确认热风炉送风完毕，通知关闭炉前放空阀。⑤风量增加到 15000～18000 m³/h，开洗涤机；风量增加到 25000～28000 m³/h，开升压机；煤气合格后通知用户使用鼓风炉煤气。⑥打炉结、清扫后复风，不急于加料，保持风量约 15000 m³/h 一段时间，观察炉内压力无明显增加、透气性良好后，才能加料。⑦清扫复风后一般情况先加底焦 2~3 批，打炉结复风后，一般情况先加底焦 3~4 批。⑧随料面的增加，逐步增加风量及加料速度，赶在正常料线前加料速度由主控室掌握。⑨发现热风压力增加超过正常值或悬料时应停止加料。⑩直升烟道达 560℃ 左右，逐段启动转子；泵池温度达 520~540℃ 时，启动铅泵；料线达到正常料线后，转入送风期操作。⑪打炉结后复风，由于料面温度低，煤气不易点燃，送风前一定要关好二次风手动阀、炉顶冷风阀，控制好冷凝器系统压力，炉顶温度大于 800℃ 时方可开二次风，以免造成炉内煤气爆炸。

（5）正常生产操作　正常生产操作包括加料、风量控制及风温调节等操作。

①加料。在正常的生产过程中，鼓风炉加料操作应与熔炼情况、炉体特点、炉料情况以及其他连接设备的运行相适应，做到准确、及时地向鼓风炉加料，使炉料在炉内分布均匀合理以满足正常的需要，鼓风炉的加料，要求料量准确、料面稳定、炉料在炉内分布均匀。料量是否准确直接影响料面稳定、炉内还原气氛的强弱、温度的高低及炉气在炉内的穿行情况。一般影响料量准确的因素是称量设备。除了通过观察料罐内的料面来发现称量设备的偏差并及时做出相应调整处理外，主要是定期标定和校准称量设备，保证称量误差在许可的范围内。

正常的料面高度应从风口中心线算起，往上 6250 mm，允许料面有 ±250 mm 的波动范围。正常料面一侧的偏差允许 150 mm，若大于此值，则应及时补加单罐料，使整个料面尽量保持一致。料面高度用配有气套筒、耐高温材料制成的探料杆测量，可自动或手动操作。

②风量控制。在生产实践中，鼓风炉熔炼的风量大小主要取决于焦炭燃烧情况、物料质量、炉内结瘤情况、料面高度及炉体结构等熔炼条件。大风量操作时，焦炭的燃烧速度快，熔炼速度大，炉子生产率高。同时由于炉子的热量损失按比例相应减小，焦炭的还原区域扩大，可获得较高的熔炼温度，降低渣含锌。但风量不宜过大，否则不仅会增加动力消耗，还使炉内高温区上移、气流速度过大，随气流带出的粉料增多；特别是在料面过低、物料质量差、炉内结瘤严重的情况下，更使冷凝器内的浮渣大量增加。此外，大风量操作还受到物料质量、炉内结瘤所引起的高风压所限制。在生产中，鼓风量还应与冷凝分离系统及炉气洗涤系统的设备生产能力相适应。

风量控制主要是主风口、二次风、料钟空气及周边空气的控制：

A. 主风口。在一般情况下，主风口的鼓风量应稳定在一定水平上。只有当炉况失常或设备故障影响鼓风、加料时，才适当减小鼓风量。在标准炉型情况下，鼓风炉主风口风量一般控制在 30000~35000 m³/h，冷风总量为 40000~43000 m³/h。

B. 二次风。通过炉身上部风口导入的热空气称为二次风。二次风风温与主风口的风温相同,从二次风口鼓入的风量为主风量的 8% ~ 12%。鼓入二次风的目的在于燃烧炉气中的部分 CO,以补偿炉气在炉气上部所散失的热量,保证含锌蒸气的炉气在进入冷凝器前的温度在"再氧化温度"以上,即在 980 至 1080℃ 之间。

C. 料钟空气。为了密封料钟,防止炉气从料口溢出,而向料钟内鼓入冷空气。料钟内的空气压力应超过炉顶压力 50 ~ 100 Pa,每个料钟间隙过大或炉顶压力过大,应预调整。

D. 周边空气。从料钟下部漏斗外壁的环形风管鼓入冷空气形成的一层空气膜,可保护漏斗不生或少生结瘤,保证底钟开启灵活、动作准确、密封严。每个料钟需周边空气量约为 350 m^3/h。

③风温调节。热风带入炉内的热量可全部被利用,因此尽量采用高风温,可以降低焦耗,提高炉子生产率。生产中,风温一般控制在 900℃ 左右。有的工厂风温已达 1000℃ 以上。调节风温,可以迅速改变炉内熔炼情况,控制还原气氛和炉温。当炉内还原气氛弱、渣含锌高、温度偏低时,应提高风温;当炉内还原气氛过强、温度过高、出现铁还原的现象时,应降低风温。但风温的调节,只是在短时间内采用的一种应急措施。如果炉况需要较长时间和较大幅度的调整,则应调整焦率,稳定风温在适宜的操作范围内。

(6)铅锌密闭鼓风炉炉况的综合判断　各种炉况在炉内不同部位、不同的产物和不同的参数上所反映出来的现象是不同的,它们之间的联系程度也不同,只有在综合分析后,才能做出正确的判断。

①判断炉况的主要依据:直接观察生产中的现象、仪表测定的参数和物料、产物化验分析的数据等。

②正常炉况的主要特征:热风压力正常,主风口风量稳定,炉料下行均匀,无停滞或悬料、塌料现象;风口无明显挂渣现象;渣充分过热,流动性好,渣含锌为 6% ~ 8%;炉顶温度正常;炉气中 CO_2/CO 比值适宜;冷凝分离系统运转良好,浮渣产出少。

③正常炉况的主要特点:从鼓风炉生产结果看,鼓风炉正常炉况的主要特点是产出粗锌量/入炉热焦量比值大于 1。

3)常见事故及处理

铅锌密闭鼓风炉在熔炼过程中常见的故障主要有炉身结瘤、炉渣过还原及悬料等故障。电热前床较常见且严重影响生产的故障为电热前床黄渣结壳等。各种故障的不及时处理或者因判断失误而采取错误的处理方法,都将导致故障进一步恶化。

(1)炉瘤的生成及处理　①炉瘤的成因。炉瘤生成的原因比较复杂,它与炉料质量、工艺操作及炉体结构等因素有关。A. 炉料的质量:虽然对入炉的各类物料的质量有较高的要求，但由于物料来源复杂，烧结配料不准，化验不及时和误差等因素的影响，会使炉料质量的波动范围超过熔炼过程的适应能力，导致炉瘤形成。烧结块的软化温度低，极易在炉体上部软化，导致炉身结瘤。烧结块中SiO_2和铅含量过高会使烧结块的软化点明显下降，增加烧结块中残硫量，促使硫化物炉瘤的形成。烧结块和焦炭的块度小和强度低，会使炉料的透气性变坏或者在炉身上部燃烧、软化和熔结。B. 操作控制不当：如加料方式不能随着炉料情况及炉况变化而做出相应的调整；料面波动大，炉气分布不均匀，炉顶温度低导致锌蒸气再氧化，氧化锌在炉壁冷凝析出，形成氧化锌炉瘤；料面过高，则炉料在二次风口处容易发生熔结；炉况不正常或外部因素引起鼓风炉休风频繁，休风时间长及采取高料线休风操作，都将迅速助长结瘤的形成。C. 水分影响：风口水套、渣口水套、空气输送管道上的水冷设备等漏水或者炉料及空气中带入过多的水分，也是炉瘤形成的原因之一。D. 炉型结构：炉型结构的合理程度对炉瘤的形成部位和形成速度起着极大的作用。炉瘤在炉内的炉身、炉腹、炉顶及炉喉处均可形成。各位置上的炉瘤随生成原因不同，其成分是不同的，如表4-3所示。

表4-3 炉内不同位置上的炉瘤成分 %

炉瘤位置	Pb	Zn	S	SiO_2	Fe	CaO
炉腹上部	20.50	30.10	7.03	10.50	11.03	8.40
炉腹下部	23.10	28.50	12.40	7.60	9.10	10.20
炉身下部	15.50	56.20	3.01	2.15	3.51	2.50
料面水平	15.31	62.30	0.64	3.30	2.11	1.61
料面以上	7.8	68.2	0.35	3.52	1.20	1.20

一般在炉身上部所形成的炉结较松散，其主要成分是锌、铅金属的氧化物和烧结炉料，这种炉瘤的形成速度快。在炉身下部及风口上方所生成的炉结较致密，其主要成分为金属氧化物和硫化物，生成的速度较缓慢。

炉瘤的形成使炉子的有效容积减少，炉况不断恶化，严重影响正常生产，最终促使炉期中断。当炉瘤生长到一定程度后，呈现出如下征兆：炉料下行受阻，易出现偏行和悬料现象；炉气分布不均匀，气流速度增大，铅和硫的挥发率增加；随气带出的粉料增加，引起冷凝器浮渣量增多；粗锌含银成倍增加；大块炉瘤在炉内产生很大的应力，使炉体受到破坏，如炉壳破裂、炉身上移等现象。炉瘤若在炉喉处生成，则使炉喉通道变窄，炉顶压力升高和炉气外冒。

②炉瘤的处理。国内外铅锌密闭鼓风炉处理炉结的方法各有不同。处理炉瘤

的常用方法有炸药爆破、焦洗、返渣洗炉等。

A. 炸药爆破。这种方法是在炉瘤上用氧气管烧炮眼后，装上适量炸药炸除炉瘤，再送风将炸落的炉瘤熔化。通常根据不同位置上的炉瘤而采取不同的准备工作：若炉内结瘤，则把料面降到风口处，并在休风前后加入数批底焦和返渣，以满足清除炉结和复风的需要；待休风后打开清扫门，由此炸除炉瘤。若只炸除炉喉及冷凝器内的炉瘤，则打开炉喉处和冷凝器的清扫门爆破。清扫结瘤的工作应由上至下进行，过程中要适当加进一定数量的底焦，以改善在复风过程中炉料的透气性并满足熔化炉瘤的热能需要。这种爆破炉瘤的方法对清除炉身上部、中部及冷凝器内的炉瘤比较有效，但对炉下部的炉瘤不可能彻底清除。因下部炉瘤特别坚硬，且预先加入的底焦及炸落的炉瘤将下部炉瘤埋住。如果进行中修或大修，则可将炸落的炉瘤全部由炉下部割开的门孔耙出炉外。

B. 焦洗。焦洗即分阶段向炉子加进适量的焦炭，使炉内暂时形成富焦的条件，自上而下地把炉瘤熔化造渣而排出的方法。焦洗是在不停炉的情况下进行的，降料线过程的开始就是焦洗的开始。随着料面的下降，间隔地加进小批量的焦炭，通过焦炭的燃烧，将炉顶温度控制在 $1350 \sim 1400 ℃$；同时观察热风压力的变化，在热风压力明显急剧下降的部位，结瘤一定严重，在此部位应补加焦炭燃烧，使炉瘤尽量熔化脱除。作为完整的焦洗过程，应该将料面降至风口区，通过焦炭的燃烧，对炉身下部难熔化和用人工难以清除的炉瘤烧化脱落。随着焦洗过程的进行，炉气中 CO 逐渐减少，CO_2 逐渐增多。只有在加进焦炭时，CO 骤然增多，CO_2 减少，随后又按各自的变化趋向逐渐拉开。CO 与 CO_2 之间的差值愈大，炉瘤熔化得愈多，洗炉效果就愈好。在洗炉后期应加入返渣，以保证复风后炉渣能顺利放出。一次完整的焦洗过程需要 $5 \sim 8 \text{ h}$，然后可转入重新投料恢复生产或休风清扫其他部位的炉瘤。焦洗过程应注意如下几个问题：严格控制炉顶温度，防止烧坏设备；焦炭批量大小要合适，以保证炉温波动小，炭利用率高；冷凝器的操作要适应焦洗的过程，使铅锌的氧化消耗减少到最小的程度；焦洗时间不宜过长。

(2) 悬料故障 重点介绍悬料特征、发生原因及处理方法。

①悬料特征：当铅锌密闭鼓风炉发生悬料时，其主要特征为：料面下降极慢或不下降；风压急剧上升；风量自动减小；渣口在放完渣后喷风大，炉缸熔渣液面上升慢；风口前焦炭燃烧不良；风口挂渣。当靠近炉喉处发生悬料时，加进的炉料会被挡进冷凝器内。

②发生原因：炉内结瘤使有效面积减小，以致炉料下行困难。炉料质量差使炉料透气性变坏。入炉焦炭不足，炉温低，熔化的炉料过热不足而熔结成大块阻碍炉料下降。炉子休风时间长，炉内熔融的物料冷凝后黏结成一体。复风初期加料过多或过早都易使炉料透气性变坏导致悬料发生。

③处理方法：出现悬料预兆时，应适当减小鼓风量，低料面控制或停止加料，这对处理早期悬料是有效的。悬料发生时，采用放空入炉主风量使炉料靠自身的重量向下塌落的方法处理，这种方法俗称"座料"。座料时也可结合加料入炉进行，以增强座料的效果。放风前炉内熔渣应放净，放风时速度要快，并预先打开1~2个风口，防止煤气倒流入风管。

总之，发生悬料时，要及时分析导致悬料的原因，以便采取不同的措施，消除导致悬料的根本原因。

(3)粘渣故障　粘渣形成原因很复杂，处理方法也不同，主要有以下几种。

①渣型发生变化。炉渣中 CaO 或 SiO$_2$ 的组分含量过高或过低，而熔炼条件又不能与之相适应时，引起炉渣黏度增大。应根据渣型调整风温、焦率。

②高锌渣。炉内还原气氛弱，熔炼温度变低，渣中锌含量高，炉渣过热不足，则使炉渣的黏度增大。这时应通过提高风温或焦率来调整。

③过还原渣。炉内还原能力过强，使炉料中铁氧化物还原成金属铁。金属铁的熔点高，在鼓风炉熔炼条件下，使炉渣的流动性变差，因此给放渣操作带来极大困难，如炉渣难放、结死溜槽等。这时应迅速降低风温至50~100℃，减小入炉风量或焦炭量，以降低还原能力。

④特殊情况下产生的粘渣。A.生产中因漏水入炉，熔渣温度下降，也会使炉渣的流动性变坏。这时应迅速查明漏水的设备或部位，采取相应措施杜绝漏水。B.各种粘渣的生成原因不同，在采取措施前应准确分析和掌握情况，避免处理失误而增加放渣的困难。如用处理过还原渣的方法来处理高钙低温渣，结果是适得其反的。

(4)电热前床故障处理

①黄渣结壳故障：严重危害电热前床正常运行的是黄渣在床内形成结壳。当床内黄渣积累较多时，前床温度稍有降低，黄渣会凝结成半熔融状态或坚硬的隔层，严重影响前床内渣铅的分离或减小炉膛的容积；若黄渣进入放铅虹吸道，则结死虹吸道。

②处理方法：A.生产中常采用加大前床工作电流、升高熔渣温度来熔化黄渣结壳。或者加入黄铁矿以降低黄渣的熔点。B.分解和化合生成的 FeS 进入黄渣中，使其金属铁的含量降低，改变了黄渣的成分，降低了黄渣的熔点，使凝结的黄渣层得以熔化。为了使黄铁矿与黄渣充分接触，在加黄铁矿前应减少渣层厚度，同时增大工作电流，进行搅拌和升高炉温。黄铁矿的加入量按黄渣中金属铁含量而定。

4.计量、检测与自动控制

1)计量

主要对加入鼓风炉的物料及焦炭重量进行计量并控制。鼓风炉加料系统由

10 台漏斗秤及转运车组成。漏斗秤称量系统采用了浙江余姚太平洋自控工程公司的产品，以 czl－yb－3a 型电阻应变式称重传感器作为一次元件，dbz－2 型智能变送器作为二次元件，bjh－1 型补偿接线盒连接信号。漏斗秤秤体采用悬挂设计，3 个传感器应力误差补偿全并联接法。装在漏斗秤的 3 个称重传感器产生的 mV 信号，经补偿接线盒以并联方式合并起来后，传至智能变送器中。变送器将 mV 信号转换成数字信号显示重量，同时产生 4～20 mA 标准电流信号输出给 PLC，最终由 PLC 控制整个加料过程。

漏斗秤将物料加入转运车后，由转运车提升至鼓风炉加料口加入炉内。10 台漏斗秤分别是：1 号及 2 号为焦炭秤(0～2 t)，3～6 号为烧结块秤(0～5 t)，7 号及 8 号为团块秤(0～5 t)，9 号及 10 号为杂料秤(0～2 t)。

2）检测

(1)检测对象　①物料预热参数：对预热物料及焦炭的温度，加热用煤气和空气的压力、流量以及物料料位等参数进行测量和控制。②热风炉运行参数：对热风炉燃烧所用煤气，空气的压力、流量，热风炉各点温度以及送入鼓风炉的热风流量等参数进行测量及控制。③鼓风炉熔炼参数：对热风炉供热风温度、鼓风炉各个测点温度，燃烧用煤气流量、压力，炉气成分等进行测量、分析及控制。

(2)检测方法　①温度参数：主要使用热电偶进行测量，根据测量介质及测量温度的不同，分别采用 K 分度、E 分度及 S 分度的电偶进行测量。测出的数据经过补偿导线传递到各个控制仪表室，部分就地使用数字显示仪现场显示，大部分则进入 DCS 系统并显示、处理等。②压力参数：主要使用压力变送器进行测量。所有参数经过传递最后进入 DCS 系统并显示、处理等。③热风流量：采用文丘里节流元件测量差压，其他多数流量采用圆缺孔板及喷嘴测量差压，最后均使用差压变送器进行差压变送，变送后的参数经过传递最后进入 DCS 系统并显示、处理等。④料位：采用超声波料位计进行测量。所有参数经过传递最后进入 DCS 系统并显示、处理等。⑤炉气分析：使用西门子炉气分析仪对炉气进行分析测量，主要分析 CO、CO_2，分析结果进入 DCS 系统显示，提供给操作人员进行研究并控制。

(3)检定校准　所有测量设备均定期检定或校准，对涉及安全、环保的测量设备进行重点关注，确保生产工艺的正常进行。

3）自动控制

(1)鼓风炉 μXL 集散控制系统

①DCS 系统的特殊要求　ISP 密闭鼓风炉外围系统多，有设备、供风、炉气净化、炉渣处理等，都在不同程度上影响炉子的工况，为稳定炉况和提高金属回收率，鼓风炉 DCS 系统在自动控制方面有以下特殊要求：A.焦炭正常预热而不过烧，对预热器燃烧室温度、热气中氧含量、排料口压力以及返烟流量等参数严格

控制；B. 为保证鼓风炉内化学反应正常，根据烧结块碳锌比要求自动控制加入炉内的烧结块和热焦量，并保证一定的焦比，根据炉内料柱高度自动控制加料速度；C. 为保证供给鼓风炉内的风温、风压、风量，要求自动控制热风炉燃烧温度、热风温度，并要求煤气与空气配比合理燃烧和自动换炉；D. 为保证鼓风炉的正常操作，要求自动控制风压、风量、炉顶温度等。

②鼓风炉 DCS 系统的主要功能　A. 实现焦炭预热器、热风炉、鼓风炉等操作岗位的工艺参数的控制；B. 热风温度的控制；C. 焦炭预热器燃烧室温度的控制、排料口压力控制、空气和煤气按比例燃烧；D. 鼓风炉炉顶温度控制、料钟压力控制；E. 预热器料柱控制；F. 实现 μXL 内部网络化管理，μXL 和 PLC 网络化管理。

③热风温度自动调节系统的应用　热风进入鼓风炉进行铅锌冶炼，温度要控制在一定范围内，过高过低都会影响冶炼效果，因此，控制热风温度就显得非常重要。热电偶在线测量热风温度，输入到 DCS 系统中，与设定好的温度比较，系统根据测量值与设定值的差异进行 PID 调节，输出标准信号给执行机构，并通过调整冷风阀门开度，调整热风温度，逐步减少测量值与设定值之间的差异，形成一个闭合的控制系统回路。

(2)鼓风炉加料 PLC 控制系统　①加料系统的自动化控制是鼓风炉正常生产的必要保证，对鼓风炉的技术经济指标起着十分关键的作用。鼓风炉的物料品种多，制作复杂多变，焦炭与烧结块的配比要求严格，计量与控制精度要求特别高。整个加料系统有独特的底卸式加料料罐和能承载四个料罐的调速转运车以及往返于提升塔、栈桥、炉顶的 20 t 大吊车。②鼓风炉加料 PLC 控制系统主要实现的系统功能包括：A. 实现加料全程的自动控制；B. 电子漏斗秤计量精度可达 0.5%，控制精度达 1%，加料频度为 8~10 批/h，可满足生产需要；C. 满足工艺要求的30 多种加料方式，具有全自动、循环自动、局部、手动等多种工作方式选择；D. 实现 PLC 与 μXL 系统的互联，及时准确地将漏斗秤加料数据传送至仪表室；E. 自行开发的动态监控软件，具有动态焦率计算、实时报表打印功能；F. 实现漏斗秤动、静态计量的自适应和自动校正功能。

(3)热风炉 PLC 系统　热风炉 PLC 系统主要实现的功能包括：①实现每台热风炉 12 个阀门的程序控制，满足热风炉燃烧、送风、焖炉、休风等不同状态的操作。②实现自动换炉、自动燃烧选择。③实现 PLC 与 μXL 系统的互联，利用监控软件，将三台热风炉的工作状态，实时传送至主仪表室的 μXL 上显示。

5. 技术经济指标控制与生产管理

1)主要技术经济指标

(1)送风率　送风率系指鼓风炉送风熔炼时间占整个生产时间的百分比，是反映鼓风炉生产能力的一项重要指标，与操作水平、管理水平及全厂的设备故障率等有关。鼓风炉的送风率一般为 90% 以上。

（2）炭锌比与焦率　炭锌比是炉料中焦炭的固定碳与锌量的比值，即 C/Zn。它表示炉料中单位锌量所需要的固定碳量，反映焦炭的消耗情况。炭锌比在 0.75 ~ 0.95 波动。焦率是炉料中焦炭与烧结块的重量比，是反映焦炭消耗情况的一个指标。在生产中影响焦率的因素有：①炉渣含锌量。炉渣含锌量低，挥发的锌增加，焦率则应增加；②烧结块的 CaO/SiO_2 比值增大时，有利于氧化锌的还原，耗炭率降低，焦率适当降低；③提高铅锌密闭鼓风炉的鼓风温度，可降低耗炭量，有利于焦率降低；④减少炉子结瘤，稳定炉况，可减少焦率的额外消耗，焦率适当降低；⑤熔炼低品位烧结块时，焦率要比熔炼高品位烧结块时低；⑥使用反应性高的焦炭时，会增加焦炭消耗。以上因素对焦率的影响是在焦炭质量（固定含碳量）、烧结块品位相对稳定、波动不大的情况下考虑的。炭锌比可按式（4 - 1）计算。

$$C/Zn = \frac{焦率(\%) \times 固定碳(\%)}{烧结块含锌(\%)} \qquad (4-1)$$

（3）密闭鼓风炉炉期　密闭鼓风炉从点火起，直到停炉大修所包括的时间，简称为炉子的一个炉期。由于冶炼工艺方面有许多改进，如炉瘤爆破技术、烧结块质量、渣型选择和加料方法等，炉子的炉期得到延长。如国外某厂的炉期已超过 1000 d。

（4）消耗指标　铅锌密闭鼓风炉的主要消耗指标有：焦炭消耗、补充铅消耗、氯化铵消耗以及煤气、电、水的消耗。密闭鼓风炉熔炼过程的消耗指标如表 4 - 4 所示。

表 4 - 4　密闭鼓风炉熔炼 1 t 粗锌的主要消耗指标

焦炭	补充铅/(t·t^{-1})	氯化铵/(t·t^{-1})	电/(kW·h·t^{-1})	煤气/(m^3·t^{-1})	水/(t·t^{-1})
0.8 ~ 0.9	0.050 ~ 0.075	0.003 ~ 0.006	350 ~ 380	< 280	30 ~ 50

（5）金属回收率　金属回收率包括直收率和总回收率，与炉渣、浮渣、蓝粉含铅锌高低密切相关。密闭鼓风炉冶炼铅的直收率为 86% ~ 89%，锌的直收率为 84% ~ 87%。我国某厂铅的直收率为 85.5%，锌的直收率为 85%，密闭鼓风炉冶炼铅的回收率 93% ~ 96%，锌的回收率 90% ~ 96%，另有我国某厂锌的回收率为 93%，铅的回收率为 96%。

2）能量平衡与节能

铅锌密闭鼓风炉冶炼热平衡实例如表 4 - 5 所示。

表4-5 铅锌密闭鼓风炉冶炼热平衡

收入			支出		
项目	热量/(GJ·h⁻¹)	比例/%	项目	热量/(GJ·h⁻¹)	比例/%
Q_1 热焦物理热	7.11	2.0	Q_1' 炉气物理热	64.81	18.5
Q_2 热焦化学热	296.88	84.8	Q_2' 炉气化学热	148.13	42.3
Q_3 烧结块物理热	3.14	0.9	Q_3' 还原耗 CO 化学热	58.71	16.8
Q_4 热风物理热	36.89	10.5	Q_4' 锌蒸发带走热	24.43	7.0
Q_5 PbO 被还原热	1.56	0.5	Q_5' ZnO 还原反应热	10.23	2.9
Q_6 造渣反应热	4.53	1.3	Q_6' 液态铅带出热	1.17	0.3
			Q_7' 挥发铅带走热	0.06	—
			Q_8' 炉渣带走热	12.64	3.6
			Q_9' 炉体表面散热	0.31	0.1
			Q_{10}' 冷却水带走热	15.72	4.5
			ΔQ 差值	14.00	4.0
合计	350.11	100	合计	350.21	100

从铅锌密闭鼓风炉冶炼热平衡计算可以看出，铅锌密闭鼓风炉冶炼能耗很高，且消耗大量优质冶金焦。因此，各厂都在积极推广节能措施。以下介绍几种节能途径及方向。

(1) 提高热风温度　炉渣中的 ZnO 还原需要炉气中含有较高的 CO 浓度，即需提高炉料的炭锌比，这样不仅消耗更多的焦炭，而且要防止 FeO 还原，因此形成一种矛盾，提高热风温度不仅是解决铅锌密闭鼓风炉这一矛盾的重要措施，还是提高鼓风炉产量的手段之一。

工厂余热的综合利用、热风炉结构改进和热风炉自动切换装置的实施，为高预热风温熔炼创造了有利的条件。研究和实践表明，采用高温预热鼓风熔炼时，由于预热空气带入炉内的物理显热增加，反应活性增加，熔炼过程进一步强化；同时产物的过热程度增大，炭锌比降低，吨热焦产量提高。生产实践表明，预热鼓风温度每升高100℃，焦炭消耗约减少4%，每吨热焦炭增加产量约5%，这一结果已得到理论上证实。国外许多先进的 ISP 厂家预热鼓风温度(见表4-6)可达1000℃以上。

表 4 - 6　一些国外 ISP 厂家实际预热鼓风温度　　　　　℃

ISP 厂家	1996	1997	1998
Avonmouth	950.98	992.75	958.79
CockleCreek	925	925	975
duisburg	1043.92	1043.92	1043.92
Hachinobe	1100	1100	1100
NoyellesGodult	950	950	950
PortoVesme	1050	1050	1050
ShaoYe(Ⅰ)	900	900	900
ShaoYe(Ⅱ)	930	930	930

（2）富氧熔炼　①有些铅锌密闭鼓风炉厂的生产已采用了富氧鼓风熔炼工艺，它具有下列优点：A. 富氧鼓风中氧的分压（p_{o_2}）大，所以燃料燃烧速度加快，强化了熔炼过程，提高了炉子生产率；B. 由于风口区焦炭燃烧速度加快，因而获得更为集中的焦点区，这样熔体得到了充分过热；C. 由于燃烧焦点高度集中，料面温度降低，烟尘率也减少。②富氧鼓风熔炼有利于节省焦炭，降低能耗，提高产量。但也存在如下缺点：A. 要采用相对低的预热鼓风温度操作，避免黄渣的大量产生和风口冷却问题；B. 热风压力上升。这些问题有待于进一步生产实践，并做出技术上的评价。

（3）低热值（LCV）煤气的利用　为了获得 1160℃ 的热风，使用 3 台拷贝式热风炉，用鼓风炉所产的 LCV 煤气供热。首先利用少量 LCV 煤气燃烧，提高蓄热室的温度，使大量的 LCV 煤气预热到 300℃，再用这种高温 LCV 煤气燃烧来预热鼓风炉所需的空气，使其达到 1200℃。其工艺流程如图 4 - 10 所示。

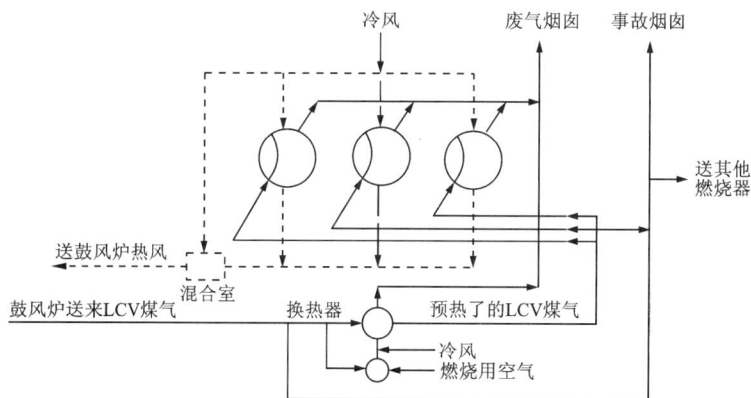

图 4 - 10　LCV 煤气预热空气工艺流程图

3) 物质平衡与减排

(1) 物质平衡 铅锌密闭鼓风炉冶炼的物料衡算是根据生产的原始资料数据, 即原燃料的化学成分、消耗量、鼓风参数和冶炼产物(包括粗锌、粗铅、炉渣、炉气、浮渣、蓝粉等)的重量和成分进行的, 主要包括以下几点: ①渣的重量及成分; ②各元素在粗铅、粗锌、浮渣、蓝粉、炉渣、炉气中的分配情况; ③炉气量及成分; ④进入铅锌密闭鼓风炉的实际风量和送风系统中的风量损失; ⑤理论焦炭消耗量等。

根据计算编制的物料平衡见表 4 - 7, 表中个别数量为平衡时调整值。

表 4 - 7 鼓风炉熔炼物料及元素平衡   kg

项目	名称	重量	Zn	Pb	Cu	Fe	S	As	SiO$_2$	CaO	MgO	Al$_2$O$_3$	C	O$_2$	其他
加入	烧结块	100.00	40.00	18.60	0.40	9.50	0.80	0.30	3.60	5.50	0.20	1.00	—	16.17	3.91
	含砷浮渣	1.19	0.56	0.19	—	0.22	—	0.06	—	—	—	—	—	—	0.16
	冷凝补铅	1.78	—	1.77	—	—	—	—	—	—	—	—	—	—	0.01
	焦炭	35.00	—	—	—	0.24	—	—	2.98	0.30	—	1.60	29.88	—	0.26
	空气(湿)	181.00	—	—	—	—	—	—	—	—	—	—	—	41.63	139.37
	合计	318.97	40.56	20.56	0.40	9.96	0.80	0.36	6.58	5.80	0.20	2.60	29.88	57.80	143.71
产出	粗锌	35.11	34.23	0.60	—	—	—	—	—	—	—	—	—	—	0.28
	粗铅	16.71	0.05	16.21	0.31	—	—	0.013	—	—	—	—	—	—	0.13
	黄渣	0.56	0.01	0.006	0.03	0.28	0.02	0.08	—	—	—	—	—	—	0.13
	蓝粉	4.16	1.33	1.50	—	—	—	—	—	—	—	—	—	0.32	1.33
	浮渣	4.76	1.90	1.52	0.06	—	—	—	—	—	—	—	—	0.36	1.28
	含砷浮渣	1.19	0.56	0.19	—	0.22	—	0.06	—	—	—	—	—	—	0.16
	炉渣	33.23	1.99	0.23	—	9.46	0.78	0.21	6.58	5.80	0.20	2.60	—	—	5.38
	炉气	221.29	—	—	—	—	—	—	—	—	—	—	—	29.88	135.74
	合计	317.01	40.07	20.26	0.40	9.96	0.80	0.36	6.58	5.80	0.20	2.60	29.88	30.56	144.43
入出误差	绝对	-1.96	-0.49	-0.32										-15.48	0.72
	相对/%	-0.06	-1.12	-1.56										-26.78	0.50

表 4 - 7 说明, 物料、锌和铅的平衡率分别为 99.14%、98.89% 及 98.44%, 锌和铅的损失及计量、分析误差分别为 1.11% 及 1.56%。

(2) 减排 由于鼓风炉低热值煤气用来预热空气、焦炭和发电, 仅少量煤气经洗涤后排空，煤气洗涤系统闭路循环，收集的蓝粉返回配料，减排的重点主要是降低炉渣含铅锌等有价金属，降低各收尘系统重金属颗粒物排放等。

4）原料控制与管理

密闭鼓风炉熔炼原料为烧结块，另外有浮渣及其他氧化物料压制的团块，它们质量的好坏直接关系到炉子的生产率、冷凝效率和其他经济技术指标。为了保证鼓风炉生产的正常运行和提高其生产能力，延长炉龄，对原料烧结块的化学成分、物理规格的要求分别见表4-8及表4-9。对烧结机产出的烧结块进行一道破碎和二次筛分，在入炉配料前再进行一次筛分，以确保炉料块度均匀一致和杜绝碎料入炉。

表 4-8　烧结块化学成分　　　　　　　　　　　　　　　　%

Pb	Zn	S	Cd	Sb	SiO$_2$	Fe	As	CaO/SiO$_2$
17~20	38~42	<1	<0.2	0.2~0.3	<4.0	8~12	<0.3	1.4~1.7

表 4-9　入炉烧结块物理特性

物理特性	粒度/mm	转鼓率(M_{40})/%	高温负重软化点/℃	孔隙度/%
数据	40~100	>80	$T_3 > 980$，$T_{25} > 1250$	>20

由表4-8及表4-9可以看出：①烧结块要具有相当大的热强度和机械强度，以免在输送及入炉过程中压碎；要保证固体炉料与炉气之间有充分的接触时间。②烧结块要具有良好的孔隙度，以保证炉内有良好的透气性。③烧结块要具有均匀的化学成分，铅含量17%~20%，硫含量小于1%，烧结块中造渣成分符合选定的熔炼渣型。④烧结块要具有较高的软化点，避免在到达风口区前过早软化，有利于炉料中锌的还原。另外，热烧结块应采取良好的保温措施，尽量保持烧结块的物理显热；在冷烧结块的保存、转运过程中应尽可能避免淋湿、受潮，以减少焦炭消耗，提高炉顶温度，减少入炉水分和强化熔炼过程。

5）辅助材料控制与管理

密闭鼓风炉熔炼辅助材料有冶金焦炭、石墨电极、耐火材料等，其中对焦炭和石墨电极的要求较高。

（1）冶金焦炭要求　①发热值高，足以保证熔炼过程化学反应的进行、熔炼产物的熔化及足够的过热程度。②焦炭具有较低反应性，不致在料层上部大部分燃烧，造成炉缸缺焦，炉渣含锌难于控制。③要具有足够的强度，一般抗碎强度$M_{40} > 78\%$，抗磨强度$M_{10} < 10\%$，以减少在输送过程中的碎裂，避免碎焦被炉气气流带入冷凝器和炉顶部位燃烧。另外碎焦对炉内的透气性也有不良作用。④入炉焦炭块度要求为40~100 mm。⑤焦炭中残硫<1%，若残硫高于标准，则会加快炉瘤生成和增加炉内悬料的可能性。⑥具有适当的孔隙度。⑦入炉焦炭应脱除

水分，并预热至 500 ~ 750℃。

（2）石墨电极要求　①密度大，强度、硬度好，不易剥落，不易断裂。②导电性、耐热性好。

6）能量消耗控制与管理

实现鼓风炉节能降耗主要有以下几个方面措施。①提高鼓风炉粗铅锌产能，降低水、电、煤气等单耗。②提高热风温度（风温控制在 950 ~ 980℃）。③焦炭预热。④低热值煤气利用。

7）金属回收率控制与管理

提高鼓风炉金属回收率主要有以下措施：

（1）加强工艺控制，保证炉渣含锌在合理范围（5% ~ 8%）　①加强鼓风炉炉况控制，全面掌握炉况的变化，根据实际情况及时调整风量，确保渣型稳定；②严格执行工艺纪律，认真控制温度、料线、铅液面等工艺技术参数；③强化焦炭的分类堆放，准确执行搭配上料，及时掌握实际比例，及时反馈信息给相关岗位；④热风炉岗位精心操作，确保热风温度达到 950 ~ 980℃，促进低焦率生产，提高鼓风炉处理量；⑤及时调校电子秤、探料杆、改善布风，保证下料准确平衡，降低浮渣产出率；⑥加强烧结块等物料的筛分、转运工作，以满足鼓风炉的生产要求；⑦加强物料监控，对物料中 SiO_2、Pb、Fe 等成分异常时，应采取预警制度，超过一定范围要及时调整；⑧杜绝人为故障的发生，及时发现问题，消除隐患，避免出现人为操作失误导致减风甚至休风；⑨加强对喷淋冷却炉壳和风口的管理，避免因此类故障而休风。

（2）强化前床操作，保证前床渣、铅分离效果。

8）产品质量控制与管理

铅锌密闭鼓风炉熔炼的产品为粗锌和粗铅。

（1）粗锌　铅锌密闭鼓风炉熔炼的主要产品为粗锌，粗锌含锌在 98% 以上，含铅在 1.7% 以下，含铅量较其他火法炼锌的粗锌高。粗锌成分如表 4 - 10 所示。

表 4 - 10　某厂粗锌成分　　　　　　　　　　　　　　　　%

Pb	Zn	Fe	Cd	Cu	As	Sb	Sn
<1.7	>98.0	0.03 ~ 0.04	0.2 ~ 0.3	0.05 ~ 0.1	0.01 ~ 0.1	0.03 ~ 0.2	0.005 ~ 0.007

（2）粗铅　品位视原料中铜、锑等杂质含量而定。粗铅成分如表 4 - 11 所示，一般含 Pb >98.0%。

表 4 - 11　某厂粗铅成分　　　　　　　　　　　　　　　　%

Pb	Zn	Cu	As	Sb	Sn	Bi	Ag
>98.0	0.5 ~ 0.07	0.3 ~ 0.9	0.05 ~ 0.10	0.06 ~ 0.1	0.004 ~ 0.005	0.02 ~ 0.03	0.2 ~ 0.3

烧结块中的铜、锑、金、银及铋等杂质除少量随炉渣带走外，其余多进入粗铅中。

9）生产成本控制与管理

（1）密闭鼓风炉熔炼粗铅锌加工生产成本　由燃料及动力、辅助材料、制造费用和职工薪酬四部分组成，其中能源及动力消耗占生产成本比例较大，包含焦炭、电、煤气、水等，辅助材料由石墨电极、氧气、吹氧管、水处理药品和耐火材料等组成。

（2）降低生产成本措施　①提高送风率，加大鼓风量，提升鼓风炉日处理量。鉴于密闭鼓风炉生产特性，经过生产实践验证，能源及动力消耗中的电、煤气、水等固定消耗量高，即在产量低时亦要消耗大量能源，只有借助提升鼓风炉日处理量，才是降低生产成本的有效措施。②保证较好的烧结块质量，使其满足密闭鼓风炉要求，稳定鼓风炉炉况，减少事故发生并获得较好的技术指标，进而降低生产成本。

（3）生产成本及其构成　国内某厂密闭鼓风炉炼锌的加工成本如下：燃料及动力 2135 元/t，占 55%；辅助材料 770 元/t，占 20%；制造费用 734 元/t，占 19%；职工薪酬 279 元/t，占 6%。

4.2.2　电炉炼锌粉

1. 概述

（1）基本情况　1986 年，云南会泽铅锌矿（云南驰宏锌锗股份有限公司前身）经过论证、设计、施工和试生产，自建了第一台锌粉电炉，炉型结构为矩形，面积为 9.79 m²，使用原料为锌浮渣和氧化锌矿。产品锌粉粒度细、活性强，具有反应速度快、置换能力强、用量省的特点，主要用于硫酸锌溶液净化除 Cu、Sb 等杂质，是湿法炼锌的重要辅助材料。当年实现年产锌粉 300 t，炉龄 6 个月，并获云南省科技进步三等奖。后来经过不断的改造和完善，实现处理量 10 ~ 13 t/d，产量 4.2 ~ 5.5 t/d，年锌粉产量保持在 1400 t，炉龄 14 ~ 16 个月。

随着驰宏公司湿法炼锌规模的扩大，其对电炉锌粉的需求不断增加。1994 年 10 月又新建一台矩形电炉，炉床面积 15 m²，年产锌粉 1600 t。2006 年，驰宏公司将 2 号矩形电炉改造为 12 m² 圆形电炉。电炉生产运行稳定，物料处理量 12 ~ 15 t/d，电流控制 3000 ~ 3600 A，还原气氛强，锌粉日产 4.5 ~ 6 t，年产量 1800 t，锌粉电能单耗 3900 kW·h/t，炉龄最长达 22 个月。生产实践证明，电炉炼锌工艺运行稳定、安全可靠，可处理氧化锌矿、铁闪锌焙砂、锌浮渣等含锌物料。

（2）电炉炼锌工艺的基本原理　电炉炼锌（电炉锌粉）是基于锌的氧化物在 ≥ 906℃ 的高温条件下能被炭质还原剂还原成金属锌而迅速挥发（沸点 906℃），经冷凝器骤冷至 300℃ 以下，变为固体颗粒而被收集得到锌粉，弃渣可返回烟化炉进一步回收 Zn 或丢弃。电炉炼锌采用三相电弧炉,用锌焙砂、氧化锌矿、锌浮渣等做原料,无烟煤或焦炭作还原剂,石英砂和石灰作熔剂。控制物料入炉水分小于 0.4% ,$w(S) \leqslant 1.5\%$,入炉物料含 $w(Zn) > 45\%$ 。炉温 1050～1160℃ 时,炉内压力控制在 0～50 Pa 进行还原挥发熔炼,锌被还原挥发,脉石与熔剂造渣。电能通过炉用变压器,经电极输入炼锌电炉,电极插在熔融炉渣中,熔池内电极附近的炉温最高(1500℃),离电极越远,熔池内温度越低。电能以两种方式转化成热能:①电弧方式,就是电极与熔渣交界面上形成微电弧放电而转换成热能;②电阻方式,就是电流通过熔渣时,因熔渣本身电阻的作用,使部分电能转化成热能。炼锌电炉熔体内没有金属层和冰铜层,故电流在熔池中流动以电极→炉渣→电极途径为主。通常电极插入深度为渣层厚度的1/3 和2/5。传热方式主要为对流和传导。

3)电炉炼锌工艺的技术特点 ①电炉系统必须微正压操作:还原后的锌蒸气,必须在几乎不含 CO_2、O_2、水蒸气的一氧化碳的还原性保护气氛中冷凝才能得到锌粉,因此整个系统中 CO 浓度较高;保证还原、冷凝过程的密封性及系统的微正压是该工艺安全生产的前提。②流程短、投资省:电炉炼锌工艺流程短,设备少。③原料适应性强:电炉炼锌不仅能处理含锌高的焙砂,而且能搭配处理含锌低的氧化矿和一般含锌物料,对含铁较高的铁闪锌焙砂也能处理。④能耗低:电炉炼锌热量集中,烟气量低,热量损失少;尾气中的 CO 气体可以回收利用,减少碳的消耗。⑤污染少:电炉炼锌渣为无害渣,生产水循环使用,可以做到零排放。⑥生产操作简单易行:采用 PLC 系统对生产过程各参数进行自动控制,生产操作直观简便,易于掌握。

2. 设备运行及维护

1)电炉

电炉示意图如图 4－11 所示。关键部位包括加料口、炉喉、放渣口及防爆门。

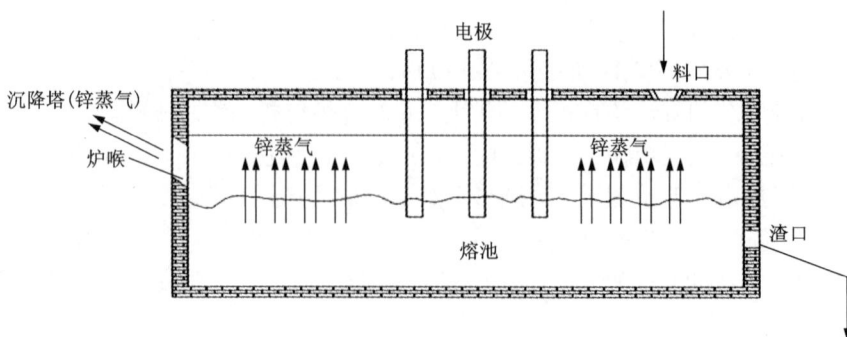

图 4－11 锌粉电炉示意图

(1)加料口 矩形电炉加料口设置在靠近渣口方向炉顶处，在电极与侧墙之间，由两块直立斜形砖组合而成，为一直立孔洞，孔洞中放入水套式下料包外接下料螺旋。圆形电炉下料孔设置在三根电极中心，为炉顶最中心，系由 8 块直形砖直立砌筑而成的孔洞，下料口尺寸为 $\phi230$ mm。

(2)炉喉 炉喉设在渣口对面的端墙上，用于排出烟气。炉喉尺寸主要取决于炉子的大小及处理原料的含锌高低。

(3)放渣口 放渣口设在炉喉对面的端墙上，采用砖体砌筑结构。放渣口中心线距炉底 600 mm，放渣口为 60 mm×60 mm。

2)锌粉电炉的附属装置

(1)电极提升机构 电极提升机构是控制电极上下运动的装置，主要由电机、卷扬和制动器组成，共 3 台，分别控制不同的电极提升和下降；可通过电极提升机构控制电极插入熔池的深度，从而控制二次电流的大小。

(2)电极密封圈 炼锌电炉使用三相交流电流，在炉顶设有三个电极密封圈，材质为耐热不锈钢。

(3)防爆门 当炉内压力突然增大时，为了及时泄压，达到保护炉顶砌体的目的，在渣口方向安装一个防爆泄压系统，为钢水套制作，尺寸 $\phi325$ mm×800 mm，外部下灰口设置自动配重装置，压力达到自动打开和关闭。

3)配料及输送系统

(1)配加料过程 原矿仓中的锌焙砂、氧化锌矿、无烟煤、石英砂和石灰等各种原料按计算的配料比，利用抓斗起重机抓至衡器称量后按比例配成混合料，然后用电动葫芦抓至多膛焙烧炉分层均匀铺在各层面；在 800℃温度下，脱除部分水分和杂质后，人工耙料装桶，由电动葫芦调运至电炉进料料钟，通过自动进料均匀投入炼锌电炉进行还原挥发熔炼。

(2)配料原则 按炉料中主要金属元素 Pb、Zn、Fe、Cd 等的氧化物还原所需的理论碳量决定还原剂的配比。按选定炉渣渣型及含锌炉料、熔剂、还原剂的化学成分计算加入熔剂的种类及数量，配好后的物料含 $w(\mathrm{Zn})>45\%$，$w(\mathrm{S})<2.5\%$。

(3)入炉矿料杂质元素含量控制标准 驰宏公司原辅材料及还原剂的内控标准如表 4-12 所示。

表 4-12 驰宏公司原辅材料和还原剂内控标准

名称	质量标准/%	粒度/mm	水分/%
锌焙砂	$w(\mathrm{Zn})\geqslant60$，$w(\mathrm{S})<1.5$	≤15	<0.5
无烟煤	C：78±2，$w(\mathrm{S})<1.5$	<8	<3
石英砂	$w(\mathrm{SiO_2})\geqslant80$	<8	<8
石灰	$w(\mathrm{CaO})\geqslant80$	3~10	<1

(4)输送系统　料仓是各种冶炼原料储存中转站，由于原料来源较为广泛，成分复杂，因此须将物料分仓存放。矿仓中的储料量一般为 20 ~ 30 d 电炉的用料量。矿料输送系统流程如图 4 - 12 所示。

3. 生产实践与操作

1)工艺技术条件

(1)多膛焙烧炉工艺条件　①料层厚度控制在 150 ~ 250 mm。②第一层炉膛温度控制在 750 ~ 800℃，炉内微负压为 - 30 ~ 100 Pa。③入炉炉料粒度 <20 mm，炉料水分 ≤3%。

(2)锌粉电炉工艺条件　①控制熔渣硅酸度 K 值为 1.15 ~ 1.25。②炉顶温度控制在 1050 ~ 1150℃，炉内压力为 0 ~ 100 Pa。③投料采用变频控制连续均匀进料，控制进料速度略大于熔化速度。④二次电压为 180 V，电流控制为 3000 ~ 3600 A。⑤熔池深度为 600 ~ 800 mm。⑥入炉物料水分 ≤0.4%，$w(S) < 1.5\%$。

2)操作步骤及规程

(1)生产操作中务必遵循的原则　①任何情况下以人员的安全为先。②任何时候电炉不允许负压操作，及时做好电炉系统的密封工作。③电炉每班进料必须根据探渣情况及时调整。④电炉入炉物料水分 >0.4% 时禁止入炉。

(2)多膛炉开炉　多膛炉烘炉升温曲线如图 4 - 13 所示。用木柴和块煤将燃烧室和多膛炉炉温升至 850℃，即可投料。

(3)电炉开炉　电炉烘炉升温曲线如图 4 - 14 所示。先用电阻丝将温度升至 400℃，再用电极起弧烘炉。

A. 低温烘炉：a. 清除炉内杂物，在炉底均匀铺入 6 组电阻丝，电阻丝之间用耐火砖隔开，不可搭碰；b. 电阻丝与供电电缆用螺栓连接，"△"和"Y"接法各一组；c. 检查烘炉供电设施和控制设备，确认安全后，严格按送电程序请求送电烘炉；d. 电阻丝烘炉期间按烘炉升温曲线图进行操作，控制好炉温上升速率，使砌体加热均匀，缓慢膨胀；e. 烘炉 40 ~ 45 h 后开始密封电极孔、下料包、防爆门，进行炉体保温，炉喉口保持敞开以排出水气。

B. 高温烘炉：a. 经 8 ~ 10 d 低温烘炉后，终温 300 ~ 400℃，转入高温烘炉；b. 按操作程序，电阻丝停电，启动抽风机（放置密封圈）强行抽出热气 20 ~ 24 h；c. 炉温降至 150℃ 进入炉内撤除电阻丝及绝缘物，加入 15 ~ 18 t 炉渣平铺于炉底，

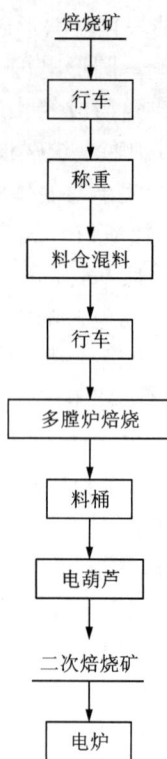

焙烧矿

↓

| 行车 |

↓

| 称重 |

↓

| 料仓混料 |

↓

| 行车 |

↓

| 多膛炉焙烧 |

↓

| 料桶 |

↓

| 电葫芦 |

↓

二次焙烧矿

↓

| 电炉 |

图 4 - 12　矿料输送流程

厚 500~600 mm，并沿电极孔中心线人工扒槽（2200 mm × 500 mm × 300 mm）；d. 往电极孔加焦炭（粒度 30~100 mm）铺于槽内，焦炭间必须填实、压紧形成球面；e. 装上 3 根电极，电极提离焦炭面，待电工、电调工检查并确认电炉变压器及合闸机构正常后，方可按程序送电；f. 变压器送电后，电调工缓慢下降电极直至接触焦炭起弧；g. 烘炉过程中要求分三个电流阶段：第一天起始电流 500 A→1000 A，第二天 1000 A→1150 A，第三天 1500 A→2000 A；h. 当炉顶温度上升到 800~850℃、探测熔渣深度 ≥100 mm 时，密封炉喉盖板，小批量均匀投料。至此，烘炉完毕，投入正常生产。

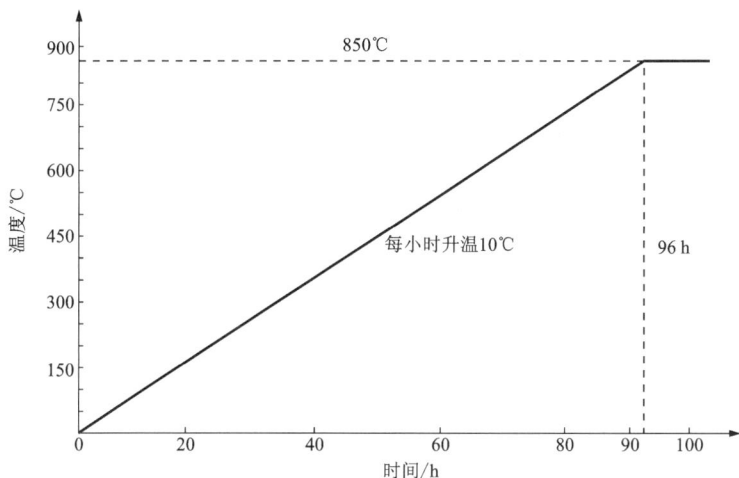

图 4-13　多膛炉烘炉升温曲线

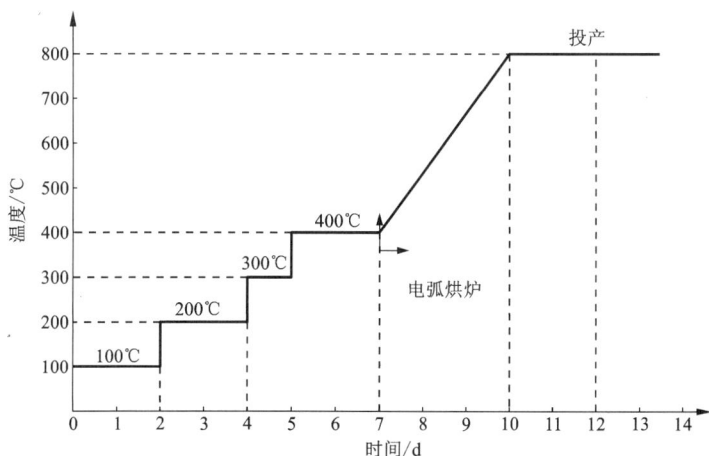

图 4-14　炼锌电炉烘炉升温曲线

(4)停炉 停炉分检修停炉和临时故障停炉。停炉包括如下四个步骤。

①停电：炼锌电炉停炉必须先停电，然后提出一根电极，用抽烟罩对炉内烟气排空降温，减少 CO 浓度。

②放渣：A. 尽快排放炉内的炉渣，将熔体总液面降低至上部放渣口面；B. 打开底渣口，放干炉内熔渣至无法放出为止。

③炉体冷却：炉体冷却分快冷和缓冷两种方式，具体根据炉体检修范围而定（大修、中修、小修）。炉体中修和大修时，可采用快速冷却方式，即停炉后，罩上抽烟罩抽至炉内无烟气后，打开炉喉盖板对炉体和冷凝系统进行全面降温，确认 CO 浓度降至安全范围后，拆除电极、工作平台、炉顶水套，对炉顶进行破坏性拆除，直至拆除全部砌体。小修及故障停炉，只需罩上抽烟罩抽至炉内无烟气后，打开炉喉盖板对炉体和冷凝系统进行全面降温；确认 CO 浓度降至安全范围后，就可以对故障进行处理，处理完成后按正常开炉程序开炉。

④开炉喉盖板放散 CO：确认炉内无烟气后，关闭控制蝶阀，打开炉喉盖板，1 h 后可以清理炉喉和处理故障。

(5)正常生产操作 ①炼锌电炉放渣、收粉、加料等岗位操作由主控室进行指挥与协调。交接班时应该做到：A. 检查 PLC 工作状态，变压器运行状态，投料量、锌粉产量、循环水量、循环水温度、提升系统、炉喉畅通情况、熔池深度、渣型、附属设备运行状况，各设备运行情况，料仓储料情况；B. 认真记录当班投料量、锌粉产量、电流控制、压力控制、炉温、炉况等操作数据。②根据探渣深度和炉温确定螺旋给料机的转速，加料量应做到均匀、稳定、准时，电极插入深度为渣层厚度的 1/2 和 2/3，同时操作应做到四稳定，即稳定料量、稳定操作电流、稳定温度、稳定炉顶压力。保障三相工作电流平衡，切忌大幅波动。③判断炉况：A. 炉温正常。炉料在炉内反应速度很快，炉温稳定，冷凝温度正常，渣流动性适当，渣温过高时，还原能力过强，渣明亮，反之渣的明亮程度减弱甚至变红或渣槽挂渣。B. 渣流动性。炉渣温度高呈明亮状态时，渣的流动性好，反之，则渣流动性差且发红。C. 渣的酸碱度。根据炉渣的外表有时可以大致判断出炉渣的酸碱度；凝固的渣杆边缘光滑，渣壳断面呈石头状，则渣为中性；渣熔体的黏度大，可以拉成细长的丝，凝固时呈玻璃状，断面光滑，则为酸性；渣的黏度小不能拉成丝，凝固时易结晶，其断面粗糙或石头状，则渣呈碱性。D. 炉内还原性气体的强弱。放渣时若有铁花出现，渣的流动性差，甚至溜槽中有积铁等现象，表明炉内还原性气氛过强；渣面白色的烟雾多、火焰大、渣发红，说明炉内还原性气氛弱。E. 投料速度。加料批数减少，批距不均匀，则表明炉子不够正常。F. 炉顶炉气系统压力。当炉顶压力在 100～250 Pa 时炉温正常。加料时电流波动不大，很快恢复正常为炉况正常。

(6)工艺条件控制 炼锌电炉生产主要控制的工艺参数有炉温、渣型、电流、渣温、熔池高度,具体控制数据如前。高钙渣型成分如表 4 – 13 所示。其主要是调节熔剂率来控制渣型,优点是可以降低渣含锌,提高有价金属直收率。通过调节各种物料的成分合理配合,控制炉料锌品位在 45% 至 55% 之间。驰宏公司生产中控制渣层厚度 600 ~ 1000 mm,渣层厚度达 1000 mm 必须放渣,防止渣层过高对炉顶的损伤和压力过大发生跑渣危及安全生产。

表 4 – 13 渣型实际化验数据 %

序号	Pb	Zn	FeO	SiO₂	CaO	MgO	Al₂O₃	S
1	0.26	6.60	22.59	29.29	20.42	2.15	5.60	1.84
2	0.17	6.45	19.50	30.34	24.20	2.30	5.32	1.68
3	0.27	4.99	17.63	28.19	26.79	2.35	4.82	1.95

3)常见事故及处理方法 炼锌电炉熔炼过程中,因操作控制不当等原因出现冲火、电极脱落、炉喉堵塞、水套漏水等故障。

(1)冲火 ①进料速度过快,物料堆积在炉内形成料坡,熔化过程中引起坍塌,瞬间增大炉内压力,形成冲火。②预防及处理措施:均匀投料,勤探熔池。

(2)电极脱落 ①当炉顶温度过高造成电极氧化变细或物料含硫高,在电极密封圈内框形成炉结,在提升和降低电极时,电极卡死,提断电极,导致电极脱落掉入炉内。②处置措施:安装电极称重系统,及时监控,定时检查电极密封圈,发现炉结及时清理;使用低硫原料。

(3)炉喉堵塞 ①物料含硫高或不按时捅炉喉,锌蒸气及细颗粒粉料黏结在炉喉水套壁四周内形成炉结,逐步使电炉横截面减小影响正常生产。②预防及处理措施:使用低硫原料,均匀投料;按时捅炉喉。

(4)水套漏水 ①物料含硫高,易在水套四周形成炉结,慢慢腐蚀水套至其漏水;检查不及时,水套缺水也会造成水套漏水。②预防及处理措施:使用低硫原料;定时检查水套供水状况。

4.计量、检测与自动控制

1)计量

(1)配料系统计量 料仓中的锌焙砂、氧化锌矿、锌浮渣、无烟煤、石英砂和石灰等各种原辅材料按计算的配料比,利用皮带称重系统的抓斗起重机按比例配抓所需量,再混合成混合料。

(2)入炉料计量 入炉焙砂采用电子挂钩称重计量。

2）检测

（1）温度检测　通过测量炉膛温度间接测量熔池温度。检测的炉膛温度是炉内气体的温度，通过放渣、用高温测温枪测量熔炼渣的温度进行对照校核。炉膛温度测温点选取的位置很关键，选在靠近炉顶两根电极中间侧，可以避免热电偶受喷溅物黏结导致测量温度失真，还能延长热电偶使用寿命。热电偶使用的电缆最好用耐高温的补偿电缆，避免电缆被炉壳高温烤坏。将数据通过有线传输的方式传送到 PLC 控制界面中。

（2）压力检测　通过压力传感器将炉顶压力和冷凝器出口压力数据通过有线传输的方式传送到 PLC 控制界面中。

（3）成分分析　原料、混合炉料、炉渣以及锌粉等投入和产出物都要进行成分分析。原料一般采用手工化验分析。原料中杂质成分采用原子吸收分光光度计分析，炉渣成分主要采用 X 荧光光谱仪分析。

3）自动控制

锌粉电炉采用 PLC 进行自动控制。PLC 采用了罗克韦尔自动化的 Logic 控制技术，并且与控制网和设备网集成，内置 DH + 通信口的 SLC 504 系列支持 DH + 网高速对等通信。DH +（Data Highway Plus）网络是一种工业局域网技术，其设计目标是为工厂控制设备，提供远程编程和对等通信能力。每个网络接口上都包含有组态开关，在网络需要变化时易于实现网络的重新组态。融合了网络诊断功能，可避免代价不菲的停机，提高网络的效率。Flex I/O 通过网络的连接扩展，覆盖分布现场的受控任务，创建了一个最少电缆的控制环境。

5. 经济技术指标控制与生产管理

1）技术经济指标　主要技术经济指标为生产能力、生产效果、金属回收率和熔剂率。

（1）生产能力　炼锌电炉床能力为 $1 \sim 1.33\ t/(m^2 \cdot d)$，它是投入料量和炼锌电炉面积与时间的比值，反映了炼锌电炉的生产能力，与操作水平、管理水平及全厂的设备故障率等因素有关。多膛炉生产能力的具体表达是单位面积焙砂日处理量，该指标为 $1 \sim 1.2\ t/(m^2 \cdot d)$。

（2）生产效果　炼锌电炉混合料品位≥45%，含 S 控制在 2% 以下，金属锌粉品位≥86%，可同时处理氧化锌矿、锌浮渣、锌焙砂等含锌物料，品位要根据全系统的设备能力综合平衡考虑，电炉还原挥发熔炼要杜绝高渣温空烧或进大量炉料使之在炉内堆积的现象。

（3）金属回收率　金属回收率包括直收率和总回收率，与渣含锌、锌粉含金属锌密切相关。由于渣含锌 5% ~ 7%，渣量为投入量的 45% ~ 55%，因而锌的直收率高达 88% ~ 92%。

（4）熔剂率 熔剂率系指熔炼过程配入的熔剂消耗量与所投矿量之比。炼锌电炉工艺采用高钙渣型，熔剂率为 6% ~ 10% 。

2）原辅材料控制与管理

（1）原料 原料来源广，不仅能处理高含锌原料，而且可搭配处理低品位氧化矿和炼锌浮渣等各种低硫含锌物料。原料控制标准见表 4 - 12。

（2）辅助材料 辅助材料主要包括熔剂和耐火材料。用石英石和石灰作为熔剂。石英石含 $SiO_2 \geqslant 80\%$ ，粒度 $\leqslant 10mm$ 。石灰含 $CaO \geqslant 80\%$ ，粒度 $\leqslant 10mm$ 。炼锌电炉炉衬采用铝铬砖和高铝砖砌筑，渣线以下采用铝铬砖材质，高铝砖用在渣线以上和炉顶。耐火材料消耗与耐火材料质量、砌炉质量及生产操作等很多因素有关。

（3）物料平衡 原辅材料消耗控制与管理关键在于做出准确的物料和金属平衡。电炉炼锌粉物料平衡表如表 4 - 14 所示。

表 4 - 14 电炉炼锌粉物料平衡　　　　　　　t/d

名称	质量	Zn		Fe		SiO₂		CaO	
		含量/%	质量	含量/%	质量	含量/%	质量	含量/%	质量
加入									
焙砂	9.03	60.11	5.43	9.55	0.86	2.5	0.23	3.05	0.28
石英砂	1.35		0	2.5	0.03	81.1	1.09	1.5	0.02
石灰粉	0.86		0	0.81	0.01	3.14	0.03	82.8	0.71
合计	11.24		5.43		0.90		1.35		1.01
产出									
锌粉	5.6	91	5.10	0	0				
水淬渣	5.64	5.8	0.33	15.96	0.90	24	1.35	17.9	1.01
合计	11.24		5.43		0.90		1.35		1.01

3）能量消耗控制与管理

对炼锌电炉的炉料而言，通过多腔焙烧炉焙烧脱除水分和杂质后，出炉焙砂温度高，应尽快投入电炉在高电流的情况下熔化物料。熔炼热平衡实例如表 4 - 15 所示。

表 4 – 15　电炉炼锌热平衡

热收入		比例	热支出		比例
项目名称	热量/(kJ·h^{-1})	/%	项目名称	热量/(kJ·h^{-1})	/%
炉料带入显热	17406.51	0.54	炉料水分蒸发热	11483.67	0.36
炉料水分带入显热	467.58	0.01	炉渣带走热	197210.83	6.11
炉渣生成热	14651	0.45	炉气带走热量	179184.93	5.55
电能转换热量	3195652.63	99.0	随炉气的金属蒸气等热量	718695.26	22.26
			主要还原反应热	1211708.54	37.54
			炉体散热	909894.49	28.18
合计	3228177.72	100	合计	3228177.72	100

炼锌电炉工艺采用三相供电,电磁力对熔池起到搅拌作用,使炉料在炉内沿磁力线运动迅速熔化,在供热的同时也给反应过程提供了很好的反应动力学条件。该工艺具有热效率高、能耗低、床能力大、烟气量低的特点。

4)产品质量控制与管理

随着电炉炼锌处理各种物料的不断变化,事先掌握原料锌和杂质含量,通过调整原料配比和工艺参数控制,尽可能地实现资源化利用;在保证电炉锌粉质量的前提下,尽量降低吨粉电能单耗,提高直收率。原料质量控制要点:一是原料含锌、含铁;二是原料含硫。

5)生产成本控制与管理

电炉锌粉的生产成本与日处理量、作业率、入炉物料含锌品位密切相关。

(1)日处理炉料量　炼锌电炉工艺的生产能力不高,以驰宏公司为例,每小时投入 0.55 t 焙砂,12 m^2 锌粉电炉日投入焙砂13.2 t。

(2)作业率　由于使用铝铬砖作为炉墙渣线部位炉衬,使用变频技术控制进料速度,进料均衡,生产过程稳定,炉子寿命长,事故率低。因此炼锌电炉作业率为90%以上。

(3)生产成本及构成　电炉锌粉的单位生产成本及构成见表4 – 16。

表 4 - 16　电炉锌粉的单位生产成本及构成

序号	项目	单耗	单位成本/(元·t^{-1})	成本构成/%
1	焙砂锌金属量/t	0.951	19020.00	83.56
2	电费/(kW·h)	3600	1260.00	5.53
3	电极/kg	6.5	422.50	1.86

续表 4-16

序号	项目	单耗	单位成本/(元·t^{-1})	成本构成/%
4	石灰/t	0.11	36.00	0.16
5	原煤/t	1.00	750.00	3.30
6	焦丁/t	0.21	400.00	1.75
7	焦粉	—	25.00	0.11
8	材料费	—	65.00	0.29
9	维修费	—	56.60	0.25
10	制造成本	—	295.00	1.30
11	折旧费用	—	350.00	1.54
12	大修费用	—	80.55	0.35
合计	—	—	22760.65	100

表 4-16 说明,除了原料费外,电费和燃煤费用占的比例较高。

4.3 粗锌精馏精炼

4.3.1 概述

粗锌精馏精炼方法是 20 世纪 30 年代美国 New Jersey 公司首创的。锌精馏精炼工艺流程如图 4-15 所示,包括粗锌熔化、液体合金分馏、液体金属熔析和产品铸锭四个步骤。

将粗锌(液体或固体)加入熔化炉熔化加热,通过加锌控制器控制好流量,使之均匀稳定,经加料器、流管加入加料盘,进入铅塔塔体;经过不断分馏,将 Zn 与高沸点杂质分离,在冷凝器得到含镉锌;馏余物从塔盘的底盘经下延部进入精炼炉大池,在较低温度下静置。熔析精炼后分三层:Pb 析出沉底,Fe 与 Zn 生成锌铁糊状熔体即硬锌浮于中层,上层为无镉锌即 B# 锌,B# 锌可作 B# 塔或 Pb 塔原料。

Pb 塔产出的含镉锌经溜槽均匀加入 Cd 塔,几乎全部的 Cd 被蒸发至大冷凝器,在饱和蒸汽压下进入小冷凝器冷凝为高镉锌;馏余物为精锌,在铸锭机上铸锭得到锌锭。

粗锌

熔化炉

加锌控制器

铅塔加料器

含镉锌 ——→ 镉塔加料器

冷凝器

铅塔

精炼炉

镉塔 ——→ 大冷凝器

纯锌槽

铸锭

小冷凝器

锌渣
(ZnSO₄原料)

B#锌
(B#塔原料)

硬锌
(送真空炉)

粗铅
(送鼓风)

精锌

高镉锌
(精镉原料)

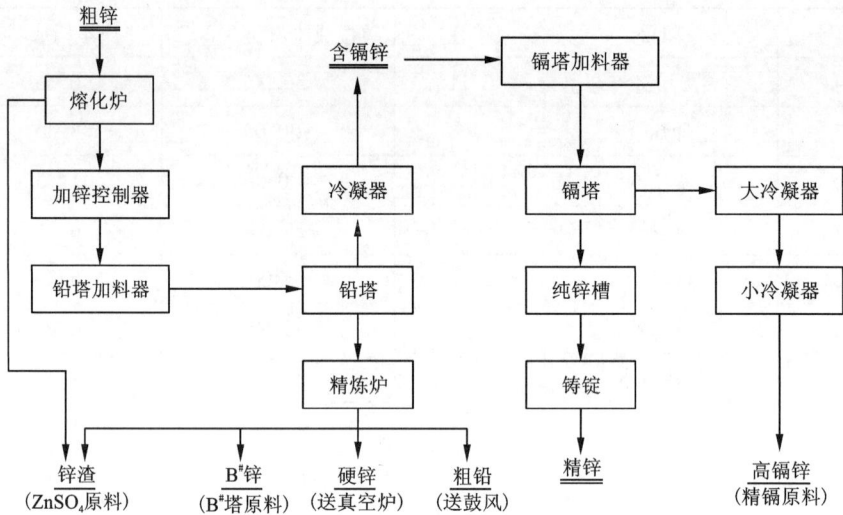

图 4 - 15　粗锌精馏精炼工艺流程图

4.3.2　设备运行及维护

1. 概述

粗锌精馏精炼过程是在密闭的精馏塔内进行的, 精馏塔的结构及其组合如图 4 - 16 所示。

精馏塔包括铅塔和镉塔。精馏塔由塔本体、燃烧室、换热室和下延部构成, 而镉塔还包括大冷凝器。借助溜槽或加料管, 精馏塔与熔化炉、熔析炉、纯锌槽和冷凝器相连, 形成一个密封的精馏系统。

根据粗锌处理量规模、杂质含量多少等因素, 精馏塔的生产组合有两塔型、三塔型、四塔型、七塔型等。目前, 国内工厂大多采用三塔型和四塔型。三塔型由两座铅塔和一座镉塔组成, 即一生产组。四塔型由三铅塔(其中一座用于处理 B#锌)和一镉塔组成。

2. 镉塔

镉塔由塔本体、燃烧室、换热室、大冷凝器、小冷凝器、纯锌池、加料器组成。

1) 塔本体

塔本体由塔盘重叠安装而成, 分为两部分: 在燃烧室内部分称蒸发塔, 燃烧室以上不加热部分称为回流塔。回流段不外加热, 但四周有保温空间。每座精馏塔有 50 ~ 60 块塔盘。塔盘系优质碳化硅制品, 形状均为长方形, 但其内部结构不

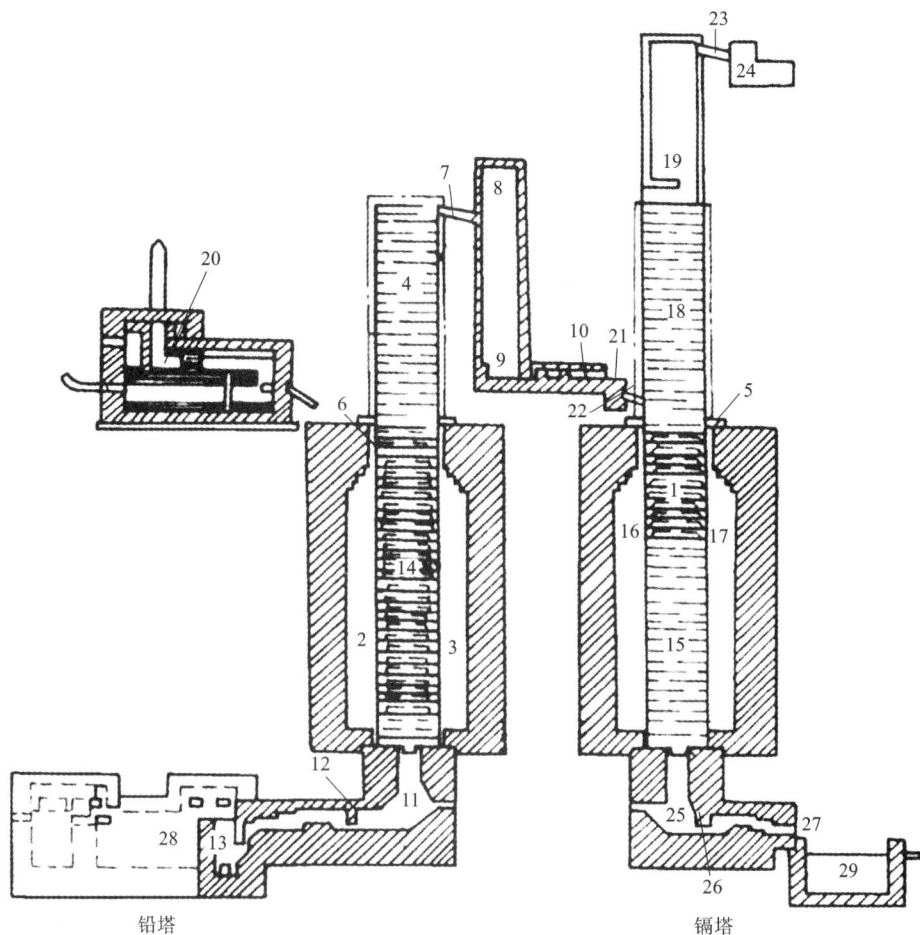

图 4 - 16　粗锌精馏塔组合示意图

1、14—蒸发盘；2、3、16、17—燃烧室；4、15、18—回流盘；5—燃烧室上盖；6、22—加料管；
7、23—连接槽；8—铅塔冷凝器；9—贮锌池；10—溜锌槽；11、25—下延部；12、26—液封隔墙；
13—B#锌出口；19—镉塔冷凝器；20—熔化炉；21—镉塔加料器；24—小冷凝器；27—精锌出口；
28—精炼炉；29—精锌贮槽

同，技术要求各异。盘的四角为圆角，以防因热应力变化而开裂。目前，为保证塔盘砌筑质量，延长塔龄，国内大多采用平口塔盘。安装塔盘时要使其紧密地一块叠着一块，形成一个密封的整体，以免塔盘内金属被塔盘外燃烧气体所氧化。相邻两个塔盘的开口互转180°，这样就使整个塔内形成了"之"字形通道。塔内的金属液体和蒸馏出来的金属蒸气都沿"之"字路下流或上升，使蒸气和液体能更有效地接触。一方面可使锌液在下流过程中有充分机会受热而蒸发，另一方面上升气流中夹带的高沸点金属蒸气有充分的机会冷凝。

蒸发盘安装在底部。盘的构造呈 W 形，中间高出的部分是塔盘底，塔盘的周边形成一条沟，这种形状可以使液体大部分积存在沿塔盘四周的沟内，可直接与外加热的塔盘内壁接触，因而热传导快，蒸发能力强。在塔盘平底上只积存很薄一层液体金属。当金属积存到一定高度时，则由塔盘一端的溢流孔溢出，流到下一块塔盘，并逐渐按顺序交错下流，直至底盘，经下延部溢出。

回流盘呈 U 形，液体在盘内呈 S 形流动，安装在铅、镉塔的回流部。回流部无须外加热，靠金属蒸气的冷凝热即可保持温度，为此在回流盘的外面砌有保温砖。

辅助盘包括空盘、加料盘和大檐盘。空盘是内部直通的回流盘，作用是使气体运动速度得到缓冲。加料盘也是由回流盘加工而成，在靠近加料器的一端预留一个加料口，并且在加料口前面设置一个锌封，防止塔内的气体从加料口冲出。大檐盘的内部结构和回流盘相同，在外壁中部有一圈突出的边沿，形似伞。当回流部塔盘漏锌时，可以通过边缘将锌引到回流部外面，从而避免锌沿塔盘外壁流入燃烧室。塔体从初期到终期，由于塔盘内外壁结垢，严重影响热传导，其蒸发能力单塔日产相差 3~5 t，因此燃烧室温度指标有一个逐步提升过程。由于碳化硅的热脆性，要求供热供料十分稳定，否则将给塔体造成冲击引发漏锌，导致炉况恶化，严重影响塔体寿命。

2）燃烧室和换热室

燃烧室以高铝砖、黏土砖、保温砖砌筑。精馏塔燃烧室以发生炉煤气为燃料，围绕塔体蒸发部，采用多段供气、拉长火焰的燃烧方式，两段供应煤气，三段供应空气，对塔盘内金属液体间接加热，使燃烧室内温度场均匀。在燃烧室顶与塔体四周接合处用压密砖砌筑，防止回流部塔盘或大冷凝器漏出的锌液进入燃烧室。

换热室位于燃烧室后部，利用燃烧室的高温烟气预热煤气和空气至 600℃左右。采用黏土双孔筒形砖正交逆流式结构，空心垂直向上分别引导煤气及空气，筒形砖两侧为烟气通道，煤气走中央部分筒形砖，空气走两侧，汇总到燃烧室煤气、空气总道。高温烟气从燃烧室烟气出口经直升烟道进换热室上部烟气通道，"之"字形分三段由上至下，对煤气、空气逆流预热，汇总至烟囱排放。

锌精馏过程热能供应直接影响锌锭产量、质量和炉况，燃烧室温度提高 10℃，塔内的锌蒸发量明显增加。燃烧室温度通过调整入炉煤气、空气量及烟气抽力达到控制目的。因此要保持煤气、空气畅通。抽力在烟囱高度一定的前提下，取决于换热室拉板砖的开度及烟气通道是否顺畅。

3）大、小冷凝器

镉塔大、小冷凝器均采用普通碳化硅砖砌筑，大冷凝器用碳化硅砖砌筑于回流段上部,镉塔回流段的金属蒸气冷凝回流,使镉得到富集,再将其导入小冷凝器。镉塔小冷凝器分底座和冷凝室,冷凝室为室状容器,从大冷凝器进来的富镉蒸气迅速冷却成液体。小冷凝器底座采用液封与大气隔离,液态高镉锌由底座溜槽连续或定期排出。为防止漏锌,底座采用钢板外壳,内衬耐火混凝土和保温砖。

4)纯锌池

每座镉塔配置一座用耐热混凝土捣制的纯锌槽,用以储存纯锌并控制合适的温度。纯锌槽可以直接通过出锌控制器控制适当流量,并流到定量浇铸斗进行自动浇铸,也可以用锌包转运。

5)加料器

镉塔加料器以碳化硅为材质,主要作用为引流并密封塔体。因镉塔塔内的压力波动大,通常镉塔加料器比铅塔加料器大。

3. 铅塔

铅塔由塔本体、燃烧室、换热室、冷凝器、熔化炉、精炼炉和附属加料系统组成。

1)塔本体

铅塔的塔本体、燃烧室、换热室与镉塔的结构相同。

2)冷凝器

铅塔冷凝器分冷凝室与底座两部分,冷凝室为室状容器,用碳化硅波纹砖砌成,以增加其散热面积,提高冷凝效率。由塔顶盘出来的锌蒸气经溜槽进入铅塔冷凝器后迅速散热而冷凝,冷凝液沿器壁落入冷凝器底座。冷凝器底座采用液封与大气隔离。液态金属由底座外池连续排出。底座采用钢板外壳,内衬耐火混凝土及保温砖。

铅塔冷凝器与铅塔相通,冷凝器温度直接受主塔的制约,冷凝器的温度操作与调整同时影响着主塔。它们相互制约,相互适应。调整和控制好冷凝器温度,主要是使塔内金属蒸发速度和蒸气冷凝速度相适应,如调整不及时,冷凝器温度过高,塔内蒸汽压力大,不仅影响产量和质量,而且会导致塔顶或冷凝器被崩开。为便于调节冷凝器温度,在保温套保温砖砌筑段,留有散热孔,上部设有活动保温窗。冷凝器保温套与冷凝器之间留有 120 mm 间隙,并于底部留口,利用空气冷却,这样可避免冷凝器急冷急热而裂漏;上部保温窗在紧急时可快速调节冷凝器温度,必要时保温套散热孔也可以调节冷凝器温度。

3)熔化炉

熔化炉的作用是熔化固体粗锌以及对液体粗锌进行加热与保温,保证铅塔加料流量与温度的稳定,同时尽量减少锌液氧化。每座铅塔配一座熔化炉,采用反射式直接加热,其底座外围是整体钢板,内衬保温砖,再用高铝混凝土整体捣制,拱顶为夹层,煤气在炉膛燃烧后,由炉尾返回夹层,经炉前端的烟囱排出。有的熔化炉拱顶不设夹层,烟气直接由尾部经烟囱排放。

4) 精炼炉

精炼炉分为大池和小池。大池通过降温对馏余锌熔析精炼,使锌和铅、铁分离,达到除铅、铁的目的。熔析的锌溢流进入小池,返回系统。来自下延部的馏余物首先流经方井,再进入大池。馏余物在方井中起到初步降温和熔析作用,减轻大池负担。

5) 加锌控制器和加料器

加锌控制器控制锌液流量,通过两级石墨锥调节开度来控制,使锌液连续均匀地加入塔内。由于加锌控制器部分通道狭小,须特别注意保温,以防结死断流。加料器对锌液入塔之前起隔离浮渣与大气的作用。由铁壳内衬保温层、混凝土固定碳化硅加料器、碳化硅锌封砖将浮渣挡在外,加料器盖板将大气隔离。碳化硅加料管将锌液从加料器导入加料盘,加料管两端接口须密封无泄漏,塔内蒸气通过加料管至加料器预热。

4. 碳化硅蒸馏盘制作系统

蒸馏盘制品的工艺流程分为:配料、成形、干燥、烧成(煅烧)四个工序。

(1) 配料　将各种不同粒度的碳化硅砂、软质黏土、亚硫酸纸浆溶液、水按一定配比混合,使之具有一定的干湿度和合理的堆密度。

(2) 成形　将混合好的料注入木模内捣打成形,成形压力为 0.68 ~ 0.8 MPa。在注料之前,为了便于脱模,常在木模上涂一层石墨,以减少脱模的摩擦力。

(3) 干燥　脱模后的胚体先送入干燥室低温干燥,其干燥温度在 40 至 4100℃之间。干燥后胚体的水分 <1%。

(4) 煅烧　将干燥好的胚体送入倒焰窑或梭式窑煅烧,按一定的升温要求升温,终点 1450℃左右。煅烧后的蒸馏盘还要经过挑选、上下口加工等工序,才进入生产现场使用。

(5) 塔盘制品常见的缺陷及处理方法　塔盘制品常见的缺陷及处理如表 4 - 17 所示。

表 4 - 17　塔盘制品常见的缺陷及处理

缺陷	原因	处理方式
尺寸偏差	配料水分不稳定	加强配料检查,最大限度保持适当水分
	木模变形	检修木模
	垫板变形	加强检修和校正,变形 >2 mm 的不得使用
	窑内烧成变形	运用"逆向尺寸装窑法"装窑
缺棱缺角	用料过干或搅拌不均匀	适当增加水分或纸浆,延长配料时间
	粗料过多	增加细料,投料成形要搅均匀
	搬运碰伤	搬运要相互配合、拿稳、轻放

续表 4 - 17

缺陷	原因	处理方式
熔洞	杂质集中点	按操作规程用料和配料，发现杂质随时捡出
裂纹	内应力过大或细料过多	调整捣固时间，调整配料粒度组成
	因水分不足，搬运中造成内伤	适当增加水分，小心搬运和脱模
	干燥时间不够，胚体水分 >1%	延长干燥时间
	制品干燥升温过高过快	调整升温速度，严禁直接高温干燥
	窑内升温过快或上下波动大	严格按升温曲线升温
	制品捣打、铆压时间过长	适当减少捣打、铆压时间
	黏性过大，水分过度，内有空气	检查配料情况，适当减少水分
	冷却过快或过热出窑	严格按规定降温和出窑

4.3.3　生产实践与操作

1. 工艺技术条件

1) 铅塔及 B#塔处理量

单炉处理量为 51 ~ 60 t/d。要求加料连续均匀、稳定。

2) 温度

①熔化炉锌液温度 500 ~ 650℃；②纯锌槽锌液温度 430 ~ 600℃；③精炼炉锌液温度：铅塔精炼炉大池 450 ~ 500℃，小池 600 ~ 650℃，B#塔精炼炉大池 480 ~ 530℃，小池温度 600 ~ 650℃；④铅塔冷凝器 650 ~ 900℃；⑤镉塔冷凝器：大冷凝器 850 ~ 900℃，小冷凝器 550 ~ 750℃；⑥燃烧室温度：燃烧室 1050 ~ 1300℃，控制误差 ±5℃；⑦直升墙温度规定低于燃烧室 20 ~ 60℃，换热室废气温度小于 600℃。

3) 各点压力

①烟囱负压 300 ~ 400 Pa；②换热室出口负压 80 ~ 250 Pa；③空气进口压力 <150 Pa；④燃烧室顶部呈零压或微正压。

4) 各种物料产出率

①精锌 50% ~ 60%；②B#锌 27% ~ 37%；③高镉锌 1.5% ~ 2.5%；④锌渣 <2%；⑤硬锌：铅塔 <2%，B#塔 <3%。

2. 岗位操作规程

1) 一熔化岗位操作

(1) 加料操作　①调整好加料架的位置紧靠墙体且正对炉门，斜度要稍大于炉门口斜度。②等粗锌固体放稳后，打开加料架卡具，让锌自动滑进熔化炉。

③如果加液体锌时，锌包提升速度一定要慢、稳、均匀。

（2）熔化炉扒渣操作 ①扒渣前应减煤气，并先铲掉炉内壁上的渣。②加入适量化渣剂，并充分搅拌，待锌渣不黏时迅速扒出，先堆放于炉门口。待其流尽夹带液锌后，扒到地面上，回收碎锌后装渣斗。③扒渣结束后，煤气恢复正常，并关闭炉门。

（3）熔化炉的温度调整操作 ①温度低，可增大煤气量，合理调节抽力，加强扫除口保温。②温度高，减少煤气量。

（4）常见事故及处理方法 ①熔化炉烟囱冒白烟：由于熔化炉内温度过高，锌液氧化严重，产生氧化锌粉尘，此时减少煤气用量，打开观察口，给锌液适当降温。②熔化炉正压，煤气进不去：熔化炉长期高温运行，会使熔化炉的废气道、烟囱被氧化锌渣堵塞。打开废气道的扫除口，依次清扫烟囱、废气道，扒净堵渣。

2）二熔化岗位操作

（1）正常生产操作 ①调整好加料系统，确保准确均匀加料。②勤检查铅塔加料器内锌液面的变化情况，若发现涨潮、抽风异常现象，应及时处理。③加锌控制器过道、孔板孔眼、溜槽及铅塔加料器加料口，每个小时至少要清渣一次，保持加料系统畅通。④经常检查含镉锌液流量，及时调整冷凝器温度，保证含镉锌液连续均匀加入镉塔。⑤交班前应将加锌控制器及加料器方井锌液面浮渣捞尽，浮渣返回自身熔化炉处理。⑥不得随意放气，如有冲塔顶危险，又来不及采取其他措施时，铅塔可在冷凝器底座扒渣口放气，待压力不大时，清干净冷凝器底座及扒渣口结渣，盖好盖板，刷好灰；镉塔如有上述情况，只能在小冷扒渣口放气，并做好清扫和密封工作。⑦及时清扫，并尽量避免使用铁质工具，以免影响产品质量；在干燥的铸模内铸高镉锌，并吊运至指定地点。⑧及时检查压密砖和燃烧室探火孔完好程度，若有损坏，及时补修，防止锌液漏入燃烧室；常检查塔顶、溜槽、冷凝器、回流部塔体、流管等部位，发现漏锌及时处理。⑨若小冷凝器温度过低，或高镉锌产量低于指标，而镉塔冷凝器温度在正常范围时，及时清扫冷溜槽及小冷凝器；若大、小冷凝器温度下降，而燃烧室温度、含镉锌流量正常，及时清扫镉塔 2#、3# 眼。

（2）常见故障处理 ①铅、镉塔冷凝器温度高：打开保温门散热，确保燃烧室温度稳定，且在指标范围内；检查料量情况，保持加料的均匀稳定；检查镉塔溜槽、回流部、冷凝器底座看其结渣情况，如有必要进行清扫。②镉塔加料器抽风或涨潮：联系调整工监控燃烧室各点的温度，加强各相关岗位的参数控制，清扫各部位的结渣，均匀入炉料量。③精锌含铅、铁高：降低原料铅、铁杂质元素的含量，加强铅塔回流段的散热。④精锌含镉高：降低粗锌含镉，或补充 B# 锌，稳定含镉锌流量，如果是燃烧室温度偏低可适当提高，同时加强镉塔回流段和大冷凝器的保温效果。

3) 温度调整岗位操作

(1) 正常岗位操作规程　①当各炉燃烧室温度有同一变化时,应调整总条件(煤气或废气)。②调整燃烧室温度时,先变动煤气、空气、废气中的一个条件,在温度尚未反映出具体情况以前,不能变动第二个条件。③对炉内燃烧室情况尚未确实掌握以前,不能盲目地调整,必须首先了解和掌握炉内的基本燃烧情况,才能采取相应措施。④温度调整操作中,要做到"三勤一稳":勤联系煤气发生炉岗位,了解煤气压力及发热值;联系一熔化岗位了解加料情况;联系二熔化岗位了解铅、镉塔冷凝器保温窗开关情况;联系精炼工和纯锌工,了解下延部流量情况。勤检查测温仪表温度变化趋势;检查炉内燃烧情况;等等。勤调温,温度有变化,应小动、勤动。一稳定煤气压力:严格控制总管煤气压力,确保温度稳定。⑤正常情况下,燃烧室的温度变化遵循以下原则调整,如表 4 - 18 所示。

表 4 - 18　燃烧室温度变化及调整方法

上部	中部	下部	直升烟道	废气	调整方法
高	正常	正常	正常	正常	关一层空气
低	正常	正常	正常	正常	开一层空气
低	高	高	高	高	关煤气总阀
高	低	低	低	低	开煤气
正常	高	低	高	高	关死二层空气,全开三层空气,关小一层空气
正常	正常	低	低	低	开二层煤气、三层空气
高	高	低	低	低	关小一层空气,关死二层空气,开三层空气、二层煤气
高	高	高	高	高	关抽力,减煤气
低	低	低	低	低	开抽力,增煤气

(2) 常见故障处理　①煤气阀门全开而煤气不够:清理煤气管道,同时联系煤气供应站,要求增大煤气压力。②废气拉砖全开而抽力不够:检查各相关部位,包括废气出口、直升烟道、换热室各阶、废气拉板下垂直烟道以及到烟囱的水平烟道,清扫堵塞部位,清扫顺序逆气流方向,动作要迅速。每次清扫换热室时只开一个眼,清扫完及时堵上,依次清扫。同时要保证燃烧室温度波动在 50℃ 以内。

4) 精炼纯锌岗位操作

(1) 正常岗位操作规程　①勤检查,确保下延部以及方井与大池、大池与小池间的过道畅通。②及时出 B# 锌,大小池之间的过道严禁被锌淹没,要求每小时通一次过道。③经常疏通下延部，使之不堵不漏，通下延部时钎子一定要扎过内锌封。④化渣时合理使用氯化铵，并充分搅拌，减少渣含锌。⑤及时捞取大池硬锌，不允许集中捞取硬锌，并运往指定地点。⑥及时抽铅，保证 B# 锌含铅不超标。⑦捞硬锌操作要求控制好大池温度，在炉门处漏干大部分锌后，倒在铸铁板上，严禁与水接触，冷却后敲干净硬锌底边锌，将碎锌返回精炼炉。

（2）常见故障处理　①铅塔下延部流量减少或断流：下延部锌封、溜槽如有堵塞及时疏通。联系调整工和二熔化工，适当地调整燃烧室温度及料量。②方井过道堵塞：增大捞硬锌的量，适当提高大池温度。③B# 锌含铅、铁高：及时捞硬锌和出铅，适当降低大池温度，同时增加出 B# 锌的频率。

5）开炉操作

（1）锌精馏塔及附属设备升温　①烟道烟囱烘烤：对于新建烟囱、烟道或冷态下烟囱、烟道要用木柴慢火烘烤 2～3 d，待烟囱达到一定抽力，然后才能开始进行燃烧室、换热室烘烤。②塔盘烘烤：在塔外下延部升温口搭建烘烤炉，让煤燃烧产生的废气热量烘烤塔盘。烘烤开始升温宜慎重，以 5℃/h 速度升温，并在 200℃ 和 400℃ 时分别保温 24 h 以上，防止水分蒸发太快，避免塔盘灰缝出现孔隙。③燃烧室、换热室升温（送小煤气）：投料换大煤气前用小煤气升温，一般燃烧室升温速度为 5℃/h，燃烧室升至 200℃ 和 400℃ 分别保温 24 h 以上。为保证蒸发部塔盘灰浆能有效烧结，先升至 1000℃，然后降至 920℃ 投料。④回流段升温：回流段保温套两侧用砖砌筑临时煤气燃烧炉，并用石棉板或碳化硅板遮挡好煤气烧嘴前塔盘，避免塔盘局部过热。升温过程两侧温差小于 30℃，升至 200℃ 和 400℃ 时分别保温 16 h 以上。⑤下延部升温：塔盘烘烤结束"闷炉"的前一天，下延部溜槽开始烧少量煤气烘烤。"闷炉"后，加大煤气按升温计划升温。塔顶反扣的顶盘气体出口不盖盖板，可供烘烤废气排出塔体。⑥ 铅、镉塔冷凝器、熔化炉、精炼炉、纯锌槽和含镉锌溜槽等附属设备的升温：碳化硅材质以 5℃/h、普通耐火材料以 5～10℃/h 升温。对于新砌筑设备，在 200℃ 与 400℃ 分别保温 16 h 以上，铅塔冷凝器、镉塔大冷凝器升至 400℃ 以上即可。熔化炉、精炼炉、纯锌槽 200℃ 以上方能使用煤气烧嘴升温，至 650℃ 保温。升温过程中，严格执行升温计划，如果超过指标，可恒温，不允许用降温办法达到指标。

（2）投料　精馏塔投料分为铅塔投料和镉塔投料，但二者的操作大同小异，具体情况如下：①密封下延部操作：先将油毡纸点燃，然后关小煤气，塔顶冒大量黑烟后，立即扒出杂物，关死煤气，迅速封闭下延部与溜槽。②向塔体加料：用耐火泥和碳化硅灰浆分别刷好流管、塔顶溜槽接口。安装好加锌控制器石墨锥，疏通加锌控制器后用煤气烘烤，同时预热加料器与加料管后加料。③换大煤气：拆完煤气盲板后，在煤气方箱两侧扫除口燃烧木柴，待火势较旺后，打开换热室煤气进口，调整抽力与进入换热室大煤气量，使小煤气升温口呈现正压。依次密封小煤气升温口、煤气方箱扫除口。④燃烧室提温：逐步打开空气进口，尽量稳定燃烧室温度。按临时升温计划调整燃烧室温度，以 30 ~ 50℃/h 的升温速度升至 1050 ~ 1080℃，直到塔顶来锌蒸气。⑤过锌蒸气操作：当塔顶冒大量锌蒸气时，用预热好的盖板盖严塔顶与溜槽，并抹刷好。封好塔顶后，密封冷凝器顶部，底座扒出氧化锌渣后，再封闭底座扫除口。塔顶和塔顶溜槽砌上保温砖。

6）停炉操作

编排停炉计划和降温计划。各岗位的操作如下。

（1）一熔化　铅塔燃烧室开始降温前 8 h，熔化炉停止进料，并扒净熔化炉及溜槽出口锌渣，做好停炉准备工作。熔化炉给塔体供完料时，掏净加锌控制器、加料器存锌，揭开加料器盖板，密封加料管。若熔化炉需要大修，应将底锌放净。再关闭煤气自然降温。若不需要大修，调节煤气给入量以 10℃/h 降温，锌液温度降到 420℃ 以下，关死煤气阀门及抽力挡板，使其缓慢自然降温。

（2）二熔化　铅塔冷凝器温度降到 600℃ 以下时，扒净底座和含镉锌溜槽锌渣。镉塔燃烧室温度降至 1100℃ 以下时，停止加料，掏净加料器存锌，密封加料管。当小冷凝器温度低于 350℃ 时，掏净底座内高镉锌。

（3）调整　按计划降温。降温采用减煤气、减空气、减抽力方法，严禁用过剩煤气降温。当燃烧室上部温度高于 900℃ 时，降温速度为 5℃/h；低于 900℃ 时，降温按 10℃/h 进行；低于 800℃ 时，应将进口煤气阀门关死，并对进换热室煤气管堵盲板。密闭炉体各部位，闷炉降温。

（4）精炼　铅塔停炉降温前，要捞净硬锌，扒干净大小池锌渣。停止向塔内加料 8 h 后，掏净下延部内锌封的锌。下延部断流后，精炼炉不大修时，以 10 ~ 20℃/h 降至 420℃ 以下，关死煤气阀门和废气挡板自然降温。要大修时，放净大小池内存锌，出完铅，关死煤气、抽力自然冷却。

7）补炉操作

调制好补塔灰浆：-80 目(0.180 mm)黏土 10% 与 -180 目(0.088 mm)碳化硅灰 90% 混合、均匀搅拌；10% 磷酸与 90% 净水混合、均匀搅拌；再将上述二者混合、搅拌均匀，即为磷化硅灰浆。铲干净塔漏部位氧化物，把事先浸入水中的纸铺在铲子上敷碳化硅灰浆。将补塔泥浆贴于漏锌部位加压烧结5 min 左右，慢慢将铲子拿出。如果没补上，铲掉重补；如果补上了，观察 2 min 后未发现有漏锌，立即封闭补炉孔，通知调整工控制温度。也可以直接在原料中加少量铝补，但效果不理想。

3. 突发停煤气和来煤气故障处理

先关闭单炉煤气总阀，再关单炉抽力、空气。如停电时间过长，应关小废气总道抽力。用木柴对熔化炉、加料器、加控器、加料管、含镉锌溜槽、纯锌池、有锌液的锌包保温。根据熔化炉储存锌量适当关小料量。来电来煤气后所有煤气阀门前应有木柴明火方可开煤气,及时检查疏通加料器、加控器、流管、含镉锌溜槽,根据温度、压力等情况,逐步恢复各塔炉加料量。当煤气总压力大于 1500 Pa 时,方可使用煤气,原则上提温不超过 40℃/0.5 h。

4.3.4 计量、检测与自动控制

1. 计量

电子秤和吊钩秤做为计量工具,对原料、中间物料、产品等计量。

(1)原料计量:粗锌精馏原料为粗锌,粗锌经过台秤称重,送入精馏炉。根据精馏塔的燃烧室温度和炉况,每个班每台精馏塔加入的粗锌也不一样,通过对原料的计量,可以更好地提高单塔日产和延长炉龄。国内某厂每台精馏塔每个班的加料量在 18~20 t 之间。

(2)中间物料计量:需计量的中间产品有精馏炉产出的 B#锌和镉塔小冷凝器产出的高镉锌。前者关系到铅塔的产出率,后者关系到镉塔的脱镉能力。

(3)成品计量:由相关岗位人员负责。

(4)煤气流量计量:煤气流量采用孔板流量计配合差压变送器进行测量。所有数据传递到仪表控制室,由无纸记录仪进行运算、显示和处理。

2. 检测

主要对精炼使用的煤气流量、压力以及炉体各点温度进行测量和控制。所有测量设备均须定期检定校准,重点关注涉及安全、环保的测量设备,确保生产工艺正常进行。

(1)温度检测 温度用热电偶测量,根据测量介质及温度的不同,分别使用 K 分度及 S 分度的热电偶。测出的数据经过补偿导线传递到仪表控制室,然后进入无纸记录仪显示、处理等。

(2)压力检测 压力用压力变速器进行测量。所有数据传递到仪表控制室,由无纸记录仪进行运算、显示和处理。

(3)流量检测 流量用流量孔板配合差压变送器进行测量。所有数据传递到仪表控制室,由无纸记录仪进行运算、显示和处理。

3. 自动控制

粗锌精馏精炼控制系统由多台无纸记录仪组成,对数据进行采集、处理及显示。

无纸记录仪是将工业现场的各种需要监视记录的输入信号,比如流量计的流量信号、压力变送器的压力信号、热电阻和热电偶的温度信号等,通过高性能微处理器进行数据处理;一方面在大屏幕液晶显示屏幕上以多种形式的画面显示出来,另一方面把这些监控信号的数据存放在本机自带的大容量存储芯片内,以便在本记录仪上直接进行数据、图形查询、翻阅及打印。

4.3.5　技术经济指标控制和管理

1. 技术经济指标

精馏精炼的主要技术经济指标有：①锌回收率≥99.30%。②锌直收率≥95.2%。③铅塔单产≥30 t/d。④塔龄(月)：铅塔≥20；镉塔≥22；B#塔≥16。⑤锌锭99.995%品级率≥99.5%。⑥锌锭99.99%品级率≥99.9%。⑦一次合格率100%。⑧生产1 t精锌的原材料及能源消耗：粗锌≤1.08 t，电≤40 kW·h，水≤0.5 t，煤气≤2300 m³，蒸汽≤0.18 m³。

2. 能量平衡和节能

粗锌精馏精炼热平衡如表4-19所示。

表4-19　精馏塔热平衡

收入				支出			
	项目	热量 /(GJ·h⁻¹)	比例 /%		项目	热量 /(GJ·h⁻¹)	比例 /%
Q_1	煤气带入热	11936	0.2	$Q_{1'}$	含镉锌升温蒸发热	2694922	36.2
Q_2	煤气燃烧热	7423142	98.8	$Q_{2'}$	B#锌升温热	173173	2.3
				$Q_{3'}$	回流锌蒸发热	1002015	13.5
				$Q_{4'}$	烟气带走热	2893387	38.9
				$Q_{5'}$	炉体表面散热	413841	5.6
				ΔQ	差值	257740	3.5
	合计	7435078	100		合计	7435078	100

从表4-19可以看出，主要的热损失是烟气带走热，占总热量的38.9%。要减少煤气的单耗须做好：①降低烟气的温度和烟气量。经过热交换后的烟气温度一般在500~650℃。造成烟气温度高的原因有烟道的抽力过大，造成小部分煤气在直升墙处燃烧，同时也使烟气流速增大，带走热量增多。此外燃烧室内的煤气过量或煤气空气混合不均匀，使小部分煤气在烟道燃烧。要降低烟气温度首先要控制烟道抽力，避免大抽力操作；其次要协调一、二层煤气和一、二、三层空气的量，在满足精馏塔温度的前提下，使之能充分混合燃烧。②加强炉体保温。在回流段、冷凝器、蒸气过道等部位周围砌筑保温砖，减少与空气直接接触带走的热量。溜槽、加料器使用性能好的保温板密封。③余热利用。在烟道处可增设热交换器，用来满足自身的蒸汽消耗。

3. 物质平衡和减排

1) 金属平衡表

粗锌精馏精炼金属平衡如表4-20所示。

表4-20　精馏塔主要金属元素平衡　　　　　　　　　t/d

名称	物质质量	Zn		Pb		Cd		Fe	
		含量/%	质量	含量/%	质量	含量/%	质量	含量/%	质量
加入									
鼓风炉粗锌	146.56	97.65	143.12	1.45	2.127	0.4	0.59	0.028	0.041
外购粗锌	16.61	97.5	16.19	1.5	0.242	0.4	0.07	0.24	0.04
真空炉粗锌	7.8	97.5	7.61	2.4	0.187	—	—	0.014	0.001
含镉粗锌	4.21	98	4.13	—	—	1.43	0.06	—	—
合计	175.18		171.05		2.556		0.72		0.082
产出									
精锌	160.29	99.995	160.28	0.001	0.002	0.001	0.002	0.0005	0.001
硬锌	5.21	77.9	3.78	15	0.782	—	—	1.19	0.062
粗铅	1.78	1.54	0.03	97	1.726			0.8	0.014
锌渣	3.18	82.34	2.62	1.5	0.048	0.01	0.0003	0.16	0.005
高镉锌	4.72	86	4.06	—	—	14	0.71	—	—
合计	175.18		170.77		2.558		0.7123		0.082

2) 减排

精馏火法精炼最主要的减排问题为减少外排烟气中粉尘含量。第一,要做好过程控制,使工艺参数平稳,减少过程烟气的产生。第二,要建立完善的收尘系统,在熔化炉、废气出口、冷凝器等粉尘多发区设置收尘,降低烟气中的粉尘含量,使之达到国家规定的烟气排放标准。

4. 原料控制和管理

1) 鼓风炉粗锌

①化学成分(%): $w(Zn) > 97$, $w(Pb) < 2.0$, $w(Cd) < 0.45$。②物理规格:液体粗锌温度500~600℃,无浮渣、杂物;固体长条呈长方形,不夹带浮渣、杂物,无飞边、挂耳,无水分,单重380~550 kg。

2) 外购粗锌

①化学成分(%): Zn 余量, $w(Pb) < 2.5$, $w(Cd) < 0.5$, $w(Fe) < 0.2$, $w(As)$

<0.08，$w(Cu)<0.05$，$w(Sb)<0.02$，$w(Sn)<0.05$。②物理规格：为长方形锭，小锭两端应有突出的耳部，锭重 20～30 kg；大锭应有完整可靠的吊耳，锭厚度 <200 mm，宽度 <450 mm，锭重 300～400 kg。

5. 辅助材料控制与管理

1）氯化氨

工业用氯化氨，$w(NH_4Cl)>95\%$。

2）煤气

煤气发热值大于 5100 kJ/m³，压力稳定，少波动，压力在 4000～6000 Pa，焦油、尘含量小于 0.5 g/m³。

3）耐火材料

使用的耐火材料制品主要有碳化硅制品、高铝砖、普通黏土砖；常用的隔热材料有保温砖、石棉板，其主要技术性能如表 4 – 21 所示。不定形耐火材料主要有耐火混凝土、耐火泥浆等，耐火材料结合剂有水泥、水玻璃和磷酸。

表 4 – 21　锌精馏常见耐火材料技术性能

名称	耐火度/℃	常温耐压强度/MPa	0.2 MPa 有重软化开始温度/℃	真密度/(g·cm⁻³)
碳化硅砖	>1900	60～150	1500～1750	2.6～2.65
高铝砖	1750～1790	40～80	1420～1560	
黏土砖	1580～1750	15～16	1300～1450	
保温砖	≥900			0.5～0.6
石棉板	≥600			1～1.4

6. 能量消耗控制和管理

1）煤气消耗的控制和管理

①加强现场管理，杜绝煤气阀门、交接口及水封等部位的煤气泄漏。②稳定工艺参数，避免大煤气大抽力操作。③改进燃烧室空气道和煤气道结构，使二者能更加充分地燃烧，提高热利用率。④不同部位要求使用不同的煤气烧嘴，提高热效率。

2）水消耗的控制和管理

建立冷却水的循环系统。

3）电、蒸汽消耗控制

电和蒸汽都是设备运转的正常消耗，其控制措施是保证设备正常运转。

7. 金属回收率控制和管理

精馏过程中生产操作、设备维护和生产管理是影响锌回收率的主要因素，具体有：①塔盘裂漏，锌液或蒸气漏入燃烧室，使金属烧损。②压密砖损坏和燃烧室上盖灰缝不严密，压密砖渗入燃烧室，使金属烧损。③处理塔顶和冷凝器事故，清扫回流段、冷凝器和下延部等部位，更换加料器和加料管等，会造成金属蒸气的跑冒损失。④熔化炉和精炼炉温度控制过高，引起金属蒸发氧化损失。⑤锌渣或氧化锌灰的搬运损失。针对以上损失原因，只要加强过程操作管理，稳定工艺参数，就能提高锌的回收率。

8. 产品质量控制和管理

精锌质量包括化学成分和物理质量。影响精锌化学成分的主要杂质元素是铅、铁、镉。

1) 原料控制

自产的鼓风炉粗锌，成分较稳定，主要化验的杂质为 Pb、Cd，如有杂质不合格则通知鼓风炉冶炼工序加强工艺参数的控制，而精馏工序视杂质成分波动的幅度采取相应的措施。外购粗锌成分较为复杂且不稳定，对于每一批次的粗锌都需取大样做全分析，根据化学成分和鼓风炉粗锌搭配使用，定期对熔化后的搭配液体锌取样，视结果调配比例。

2) 过程控制

含温度控制、过程操作控制和表面质量控制。

(1) 温度控制　在线监控燃烧室温度、冷凝器温度、大池温度等关键工序点，并建立相应的考核制度。燃烧室温度可视精馏塔的情况制定相应的温度指标，指标内的温度波动不超过 ±5℃。冷凝器的温度通过间接的手段来控制，例如改变料量、保温、散热等。要求镉塔的大冷凝器温度为 850 ~ 900℃，小冷凝器 550 ~ 750℃。

(2) 过程操作控制　每次入熔化炉的料量必须精确计量，根据精馏塔的状况给出相应的加料量。进精馏塔的料量其均匀度须严格控制，采取不定期检查料量的方式，波动范围在 700 kg 以内。此外可采用自动加料控制系统，增强使用效果。

(3) 表面质量控制　采用自动浇铸装置，完善表面冷却工艺。

9. 生产成本控制和管理

精馏塔的生产成本与单塔日产、精馏塔的塔龄有关。

1) 单塔日产

单塔日产指的是每塔每日所产精锌质量。1372 mm × 762 mm 单塔一般日产量为 28 ~ 32 t。影响单塔日产量的因素有：塔的热传导性、塔的总受热面积、蒸发盘与回流盘的比例、原料质量、冶炼技术条件及操作水平等。

2）塔龄

塔龄是精馏生产的一个重要技术经济指标。国内一般铅塔塔龄为 15 个月，镉塔塔龄为 22 个月，国外铅塔一般为 2 年左右，镉塔为 3 年左右。影响塔龄的主要因素有：塔盘制作、加工质量、塔盘砌筑质量、烘烤升温、开炉操作质量以及正常生产后工艺条件的稳定性、原料含铁量及精馏塔日常维护等。通过对原料含铁的控制、入炉物料均衡性控制、燃烧室温度控制、塔盘砌筑工艺的改善以及日常维护的加强可以有效提高塔龄。

3）生产成本及构成

锌精馏精炼的加工成本及其构成见表 4-22。

表 4-22　锌精馏精炼的加工成本及其构成

名称	单位成本/(元·t⁻¹)	成本构成/%
水费	1.55	0.07
电费	25.25	1.21
煤气费	1046.23	50.00
天然气费	288.85	13.81
蒸汽费	97.3	4.65
空气费	1.68	0.08
耐火材料费	21.78	1.04
制造费用	366.41	17.51
人工费	243.33	11.63
合计	2092.38	100

由表 4-22 可以看出，锌精馏精炼的加工成本的大头是煤气费，占 50%，其次是制造费用（17.51%）、液化气费（13.81%）和人工费（11.63%）。

参考文献

[1] 彭容秋.锌冶金[M].长沙：中南大学出版社，2005.
[2] 赵天从.重金属冶金学（下）[M].北京：冶金工业出版社，1981.
[3] 陈国发.重金属冶金学[M].北京：冶金工业出版社，1992.
[4] 蒋继穆，张驾，等.重有色金属冶炼设计手册铅锌铋卷[M].北京：冶金工业出版社，1995.
[5] 彭容秋.有色金属提取冶金手册锌镉铅铋卷[M].北京：冶金工业出版社，1992.
[6] 张乐如.铅锌冶炼新技术[M].长沙：湖南科学技术出版社，2006.

[7]徐鑫坤，魏昶.锌冶金学[M].昆明：云南科技出版社，1996.

[8]唐帛铭.有色金属提取冶金手册能源与节能 [M].北京：冶金工业出版社，1992.

[9]谭荣和.密闭鼓风炉炼铅锌的技术进展[J].有色冶炼(冶炼·重金属)，2002，12(6)：90-92.

[10]舒见义.I.S.P工艺替代竖罐炼锌研究[J].湖南有色金属，2003(4)：21-24.

[11]杨立新.锌精馏碳化硅塔盘加工技术的发展[J].有色金属(冶炼部分)，2001(4)：38-40.

[12]梅炽，段志云，周萍，等.现代炉窑的全息仿真[J].中南工业大学学报(自然科学版)，1999，30(6)：592-596.

[13]陈德喜，段力强.我国电炉炼锌工艺的技术进步与发展[J].有色金属(冶炼部分)，2003(3)：20-23.

[14]王振岭.电炉炼锌[M].北京：冶金工业出版社，2001.

第 5 章　锌生产安全和劳动卫生

5.1　概述

锌的冶炼生产属于高危行业，有毒有害、易燃易爆因素较多，涉及高温强酸腐蚀性气氛作业、有限空间和高空作业，因此，必须高度重视锌冶炼的安全生产工作，高度重视锌冶炼的职业卫生防护工作，高度重视锌冶炼的环境保护工作。锌冶炼企业和业主单位必须贯彻"安全第一、预防为主、综合治理"的安全生产方针，落实国家有关建设项目（工程）劳动安全卫生设施"三同时"监督的规定，遵守国家有关法律、法规和文件要求，保障劳动者在生产过程中的安全与健康。必须全面、客观、公正地分析和预测在生产过程中存在的主要危险、有害因素的种类和程度，遵守国家相关法律、法规和标准、规范的要求，提出合理可行的安全对策措施和建议。本章主要讨论锌冶炼企业安全生产和劳动卫生规范，适用于锌冶炼企业的设计、生产、设备检修和施工安装。规范性引用文件包括但不限于：

（1）《中华人民共和国安全生产法》，中华人民共和国主席令第 13 号。

（2）《生产安全事故报告和调查处理条例》，中华人民共和国国务院令第493 号。

（3）《特种设备安全监察条例》，中华人民共和国国务院令第 373 号。

（4）《起重机械安全监察规定》，国家质量监督检验检疫总局第 92 号令〔2018〕。

（5）《气瓶安全监察规定》，国家质量监督检验检疫总局令第 46 号。

（6）《压力容器安全技术监察规程》，国家质量技术监督局（质技监局锅发〔1999〕154 号）。

（7）《压力容器定期检验规则》（TSG R 7001—2013）。

（8）《固定式压力容器安全技术监察规程》（TSG R0004—2009）。

（9）《生产经营单位安全生产事故应急救援预案编制导则》（AQ/T 9002—2006）。

（10）《工业企业设计卫生标准》（GBZ 1—2010）。

（11）《工作场所有害因素职业接触限值 第 1 部分：化学有害因素》（GBZ 2.1—2019）。

（12）《工作场所有害因素职业接触限值 第 2 部分：物理因素》（GBZ 2.2—

2007）。

  （13）《钢制压力容器》（GB 150—2010）。

  （14）《起重机械安全规程》（GB 6067—2010）。

  （15）《固定式钢梯及平台安全要求 第 1 部分：钢直梯》（GB 4053.1—2009）。

  （16）《固定式钢梯及平台安全要求 第 2 部分：钢斜梯》（GB 4053.2—2009）。

  （17）《固定式钢梯及平台安全要求 第 3 部分：工业防护栏杆及钢平台》（GB 4053.3—2009）。

  （18）《企业职工伤亡事故分类标准》（GB/T 6441—86）。

  （19）《缺氧危险作业安全规程》（GB 8958—2006）。

  （20）《污水综合排放标准》（GB 8978—2002）。

  （21）《个体防护装备选用规范》（GB/T 11651—2008）。

  （22）《工业企业厂界环境噪声排放标准》（GB 12348—2008）。

  （23）《生产过程危险和有害因素分类与代码》（GB/T 13861—2009）。

  （24）《大气污染物综合排放标准》（GB 16297—2017）。

  （25）《危险化学品重大危险源辨识》（GB 18218—2018）。

  （26）《建筑照明设计标准》（GB 50034—2004）。

  （27）《工业锅炉运行规程》（JB/T 10354—2012）。

5.2 建厂安全总则

5.2.1 厂址选择

  （1）厂址应全面考虑周围环境，整体规划，不应邻近居民区、风景旅游区、文物保护区、生活水源地和重要农业区；同时考虑废水、废渣、废气的排放、弃置及电网闪烁等公害所产生的影响，并采取必要的防护措施。

  （2）厂区边缘与居住区之间应设置卫生防护带或绿化带距离，在此距离内，不应设置居住用房屋。

  （3）新建项目选址应符合项目安全预评价的要求。

5.2.2 设计

  （1）新建、改建及扩建项目的安全设施，应与主体工程同时设计、同时施工、同时投入生产和使用。安全设施的投资应纳入建设项目概算。

  （2）建设工程的安全设施设计，应符合项目安全预评价所提出的要求。

  （3）对引进国外技术项目或设备配套项目的设计，应符合国家有关安全生产的法律法规。

5.2.3　施工

（1）施工单位应按照批准的安全设施设计施工，施工期间发现建设项目的安全设施设计不合理或者存在重大事故隐患时，应当立即停止施工，并报告建设单位。

（2）隐蔽工程应由建设单位、监理单位和施工单位三方共同审查验收。

（3）建设工程项目竣工后，应由安全生产监督管理部门对建设项目的安全设施和安全条件进行验收，经验收合格，方可投入正常运行。

5.2.4　厂区布局

（1）厂区的布局应符合项目设计方案。

（2）车间与各辅助车间，应尽可能布置在生产流程的顺行线上。

（3）根据生产流程和作业特点，合理布置车间工艺装备、生产设施和操作区域，确保各工序安全、顺行。

（4）厂区污水排放应按照《污水综合排放标准》（GB 8978—2002）执行。烟气排放按照《大气污染物综合排放标准》（GB 16297—2017）执行。

5.2.5　厂房

（1）厂房热源点、安全防护栏、道路设施、消防设施、特种设备、危险化学品生产和储存必须符合国家有关规范。

（2）厂房应有噪声防治措施，符合《工业企业厂界环境噪声排放标准》（GB 12348—2008）。

（3）厂房四周道路与厂内主干道相连，在主要道路及交叉路口应设消防栓。

（4）厂房设置的安全出口不得少于 2 个，门应向外开放，工作期间不应上锁。疏散通道应有明显逃生标志，疏散通道的楼梯最小宽度不少于 1.1 m；确实达不到 1.1 m 的，应有第二条逃生通道。

（5）厂房、车间紧急出入口、通道、走廊、楼梯等处，应设应急照明，其设计应符合 GB 50034—2004 的规定。

5.2.6　建构筑物

（1）建构筑物必须符合土建规范。

（2）设备与建构筑物之间，留有满足生产、检修需要的安全距离。移动车辆与建构筑物之间，应有 0.8 m 以上的安全距离。

（3）厂房内楼梯、爬梯、台阶等应符合 GB 4053.1—2009、GB 4053.2—2009 的规定。

（4）操作位置高度超过 1.5 m 的作业区，应设固定式或移动式平台；固定式钢平台应符合 GB 4053.3—2009 的规定。

（5）主控室、电气间、电缆隧道、可燃介质的液压站等易发生火灾的建构筑物，应设自动火灾报警装置，应设置消防水系统与消防通道，并设置警示标志。

5.2.7　设备

（1）设备选型应符合项目设计方案，不应选用国家明令淘汰、禁止使用的危及生产安全的工艺、设备。

（2）机械设备的防护、保险、信号等装置必须处于良好状态。

（3）电器设备的用电安全和消防安全必须符合国家规定。

（4）特种设备的安装、使用、检测、维修应按照中华人民共和国国务院令第 373 号《特种设备安全监察条例》的规定进行。起重机械的安装、使用、检测、维修应按照国家质量监督检验检疫总局第 92 号令〔2018〕《起重机械安全监察规定》进行。压力容器的安装、使用、检测、维修应按照国家质量技术监督局《压力容器安全技术监察规程》（质技监局国发〔1999〕154 号）、《压力容器定期检验规则》（TSG R7001—2013）、国家质量技术监督局令第 13 号《气瓶安全监察规定》《固定式压力容器安全技术监察规程》（TSG R0004—2009）、《钢制压力容器》（GB 150—2010）的规定进行。

（5）特殊工艺设备应按照制造厂家的说明，制定安全使用规程并对操作人员进行培训。

5.2.8　安全管理

（1）安全管理符合中华人民共和国主席令第 13 号《中华人民共和国安全生产法》的要求。生产经营单位主要负责人对本企业的安全生产负全面责任：负责建立、健全本单位安全生产责任制；组织制定本单位安全生产规章制度和操作规程；保证本单位安全生产投入的有效实施；督促、检查本单位的安全生产工作，及时消除生产安全事故隐患；组织制定并实施本单位的生产安全事故应急救援预案；及时、如实报告生产安全事故。生产经营单位主要负责人应具备相应安全生产知识和管理能力。

（2）按照国家法律法规要求，组织进行安全生产学习和培训。

（3）特种设备作业（管理）人员、重要设备与设施的作业人员，应接受专门的安全教育和培训，经考核合格、取得操作资格证，方可上岗。

（4）采用新工艺、新技术、新设备、新材料前，应辨识、分析、评价危险有害因素，制定相应的风险防范控制措施；对相关生产作业人员，应进行针对性的安全技术培训。

（5）生产经营单位应为员工提供符合国家标准 GB/T 11651—2008 或行业标准的劳动防护用品，员工作业过程中应正确佩戴和使用劳动防护用品。

（6）生产经营单位应建立重大事故的应急救援预案，配备必需的应急物资，定期组织应急救援预案的演练。

（7）发生伤亡事故，应按中华人民共和国国务院第 493 号令《生产安全事故报告和调查处理条例》的有关规定报告和处理。

5.2.9 个体防护

（1）按照《个体防护装备选用规范》（GB/T 11651—2008）的要求，制定适合生产要求的个体防护制度。

（2）操作人员生产作业前，应按规定穿戴劳动防护用品，未穿戴劳动防护用品的人员不应进入生产作业区域。

（3）锌的湿法冶炼要特别注重以下要求：①接触腐蚀类物质、飞溅物料的岗位应佩戴面部护罩或护目镜。②进入高噪声厂房、机器房内巡检、操作维护、检修设备，应佩戴护耳器。③进入毒害气体易聚集场所应携带便携式毒害气体泄漏监测仪，佩戴防毒面具。④含尘岗位作业应佩戴防尘口罩或面具。

5.2.10 清理检修作业

（1）清理检修作业应制定安全施工方案，进行现场安全确认，每项工作应设置安全监护人并严格履行职责。

（2）设备清理检修作业应严格实施停电挂牌，应关闭进出料、风、汽、水等管道、溜槽的阀门，加盲板，挂警示牌，由施工负责人进行安全确认后方可施工。进入槽内清理、检修，应测定槽罐内氧含量高于 19.5%。

（3）检修承压设备前，应将压力泄放为零。不应重力敲打和拉挂负重带料承压管道、容器；拆卸管道及槽罐人孔等前，应将料、风、汽、水排空；作业时不应垂直面对法兰，拆卸螺栓由下而上，注意物料喷出。

（4）多人作业时，专人指挥、互相监护、统一行动，风镐作业、休息时间时，应将钎子拔出。

（5）使用电气设备、电动工具，应有良好的漏电保护装置。

（6）允许进入窑、炉、槽、罐等容器内工作的气流温度为 40℃ 以下，至少两人以上同时在场，内外相互监护。进入前应先观察有无松脱的结疤、耐火砖等。进入狭小密闭空间及二氧化碳管道前，应对有毒有害气体浓度进行监测，CO 气体含量在 30 mg/m³ 以下，氧含量执行 GB 8958—2006 的规定，进入一次的时间小于 20 min。

（7）在各类窑体上等高处作业时应采取防坠落措施，在活动爬梯上作业应设专人扶梯保护。

（8）检修作业过程中，气瓶安全附件应齐全、灵敏可靠。氧气瓶、乙炔气瓶应分置存放，使用间距大于 5 m，易燃易爆物品与火源的距离须大于 10 m。吊运气瓶应使用吊笼；乙炔气瓶应竖直使用。

（9）穿越皮带机等运行的输送机械设备应走过桥，不应在螺旋盖板和溜槽盖板上行走。

（10）地面及作业平台上的坑、孔、沟、池应有盖板或围栏。临时开挖的坑、沟或在通道上设置的障碍物，应有明显的防护、警示标志，夜间设置警示灯。

5.2.11　交通、消防

（1）厂区道路应设限速标志，行驶车速不应超过 20 km/h，进入大门或转弯处时速不应超过 5 km/h。

（2）驾驶厂内机动车辆应携带行驶证和特种设备作业人员资格证。

（3）车辆应定期检验，检验不合格车辆不应使用。

（4）生产、检修车辆不应载人、超载。车辆未熄火时不应进入车下检修。

（5）应配备足够的消防设备、设施，完善消防安全系统，消防器材定置存放，定期检验。消防器材失效或超过有效期限不应继续使用。

（6）清洗设备、工具及地面时不应使用汽油等易挥发溶剂。

（7）库房内不应混合存放各类油脂、油漆、易燃易爆等危险品，库房照明应使用防爆灯具。

5.3　工段及工序安全生产规范

5.3.1　湿法炼锌安全生产规范

1. 锌精矿备料

1）上料设备

（1）抓斗吊车操作遵守 5.4.1 节中起重作业的相关要求。

（2）抓斗吊车装卸易干燥物品时，要使用牙口密封性能好的抓斗，防止物料飞扬。

（3）输送皮带因大块物料或杂物卡死以及打扫皮带支架卫生或擦洗设备时，均先停车后处理。

（4）输送皮带运转时，禁止从皮带上跨越，严禁用手及铁质器物直接加油润滑皮带齿轮。

（5）调节给料量或处理输送物料堵塞时，必须有安全防范措施。

2)干燥窑

(1)处理堵料时不能正面对着下料口,窑头加完料后要将下料入口盖好,以免回火伤人。

(2)司窑观察燃烧室或窑内情况时,应站在观火孔侧面,以防喷火伤人。

(3)燃烧室高温矿必须冷却至60℃才能进入输送皮带送下道工序。

(4)防止窑内灰尘逸出污染环境。

(5)使用煤气(天然气)过程中,突然熄火或点不着火时,应马上关闭阀门,打开放散管,待试点火正常后,才能再次点火;严禁熄火后立即点火,防止爆炸。煤气(天然气)管道堵塞时,排污阀应慢慢打开。煤气(天然气)正常后,应及时关好排污阀和放散阀。

(6)使用煤气(天然气)时应打开燃烧室的2个以上煤气嘴,并通过调整煤气(天然气)开关的大小来调整燃烧室的温度。停用煤气(天然气)时,关闭煤气(天然气)阀,并从燃烧室操作孔确认燃烧已经终止。

(7)干燥窑点火作业,应先开窑尾风机,煤气(天然气)点燃后,再开窑头风机。收尘设施要勤检查、勤维护,做到安全可靠地运行。

(8)保证烟气系统及循环水系统的畅通,做到定期清理。

3)运输带斗及鼠笼破碎设备

(1)开车前清理带斗、鼠笼粘矿时必须上操作台,严禁站在鼠笼漏斗上操作。

(2)清理带斗时,必须停车。

(3)鼠笼破碎开车时严禁打开操作门,停车时,车未停稳不准打开操作门清理鼠笼或处理故障,以防物料飞出伤人。

(4)鼠笼内衬断衬、松衬要及时更换。严防锤子、钎子、石头、木板、砖块等杂物掉入鼠笼内,听到不正常的响声时,及时停车检查处理。

4)振动筛

(1)清理筛上杂物时,注意操作方向,从侧面操作。

(2)处理振动重锤偏心或筛板螺栓松动等故障时必须停车,并有专人监护。

2.沸腾炉焙烧

1)沸腾炉

(1)在开炉或烤炉时如使用煤气,应严防煤气中毒、火灾和爆炸等事故。如使用柴油或重油,应采取特别消防措施,防治火灾。

(2)要防止石头、砖头、铁器等杂物进入沸腾炉内,清理下料系统时要采取措施以防烧烫伤。

(3)打开沸腾炉操作门观察炉况时,炉气出口应保持负压,并应侧着身体站在上风向,防止热矿冒出烫伤。

(4)清理沸腾炉排料出口时,应先缩减风量,先清理下料入口后,再清理排料出口。

（5）使用压缩风吹沸腾层时，操作人员要戴好面罩式安全帽，应先把风管插入炉内，然后开风；开阀门时应缓慢进行，停吹时应先关风，然后拿出风管，防止风管烫伤人。

（6）开炉点火要及时调整沸腾炉排风机入口负压，避免炉膛正压过大外冒烟气，具备投料条件时，先通炉气再投料。

2）鼓风机

（1）认真做好开车前的检查和准备工作，开车前必须盘车转动，检查风机油位。检查机械设备或测听机械声音时，应站在安全区域。

（2）事故停车：主机或副机突然出现强烈振动或碰撞发生研磨声时，应紧急停车处理。

（3）风机换机操作时，严防只关出口阀而不开放散阀，造成顶风现象。

（4）沸腾炉缩风过程中要求采用降电流的方式，不允许开风管放散阀。

3）余热锅炉

（1）锅炉设备的运行必须严格按照 JB/T 10354—2012 的规定执行，禁止违章作业。

（2）点火升温前，首先检查安全附件是否灵敏、可靠；然后关闭汽包主汽阀及水套、冷却器等排污阀，顶开安全阀，并上水至汽包低水位线。同时保证锅炉软化水的供应。

（3）锅炉使用的压力表必须每半年校验一次，并加铅封。运行中必须随时校对压力表指示是否准确。锅炉的安全阀必须一年校检一次，安全阀的专门维护每班都要进行，以防锈蚀结死。安全阀定压时须有相关管理部门确认，校验后加铅封。

（4）严格按规定进行排污。排污、放汽操作应站在上风方向，防止被蒸汽烫伤。排污时，不得两个排污点同时进行，单点排污时间要合适。排污时，应注意汽包水位，防止缺水。

（5）水套、冷却器烧红时，应关闭进水阀，顶开安全阀，如烧红情况不严重时，可缓慢进水。如断水时间过长或水套等烧红变形时应停炉检修。

（6）经常清洗水位计，保持水位计指示准确，防止出现假水位的现象。

（7）经常清洗蒸汽压力表和排水阀，保证表压准确。

（8）冬季备用炉汽化系统应打开排污阀，将水放尽，防止设备冻裂。

（9）蒸汽管道送汽前，必须先疏水、后暖管、再送汽。

（10）严防锅炉满水与缺水事故的发生，锅炉出现严重缺水时，禁止继续向炉内加水。

（11）锅炉在运行中禁止带压对受压部件进行焊接和紧固螺栓等工作。检修

后或新投产的锅炉允许在升压过程中热紧螺栓，但热紧螺栓时的压力不许超过
3×10^5 Pa，并只能使用标准扳手，不准接长扳手的手柄。

（12）锅炉停炉后，必须采取防腐措施，做好保养工作。只有当炉水温度降至
70℃以下时，方可放干炉水。

（13）锅炉的超水压试验，只有在锅炉受压部件进行了检修后才进行。开炉前
的水压试验压力，不许超过工作压力，操作必须按 JB/T 10354—2012 的要求
进行。

（14）锅炉的高低水位、压力超高等报警器，在冬季要做好仪表管路的防冻
工作。

4）真空输送

（1）清理灰斗时应与相关岗位联系，严禁在清理、扫除的同时放尘。

（2）输送放矿时人应站在上风口，防止烫伤。散落的高温矿应及时输送，以
防造成伤人事故。

（3）开车后待真空度升至正常后开始放尘，须特别注意防止 SO_2 气体污染。

（4）清理作业时，应有两人以上配合处理。

5）电收尘

（1）电收尘壳体、收尘极、气流分布板、灰斗楼梯、操作台和保温箱等各处接
地可靠，接地电阻小于 2 Ω。

（2）收尘器各人孔门必须与高压供电设备连锁，即当门被打开时，高压供电
设备应立即自动切断电源，并导走电场余电，只有将门关闭后，高压供电机组方
可启动送电。

（3）处理电场故障时，必须将电场对应的硅整流停车，搭上地线，挂上"有人
工作，禁止合闸"牌，反复核准发生故障的电场，搭好电场地线，方能处理电场
故障。

（4）处理电场故障，必须有两个以上人员操作，其中一人负责安全监督。

（5）处理故障完毕，所有人员、工具和别的金属杂物全部清出场外，拉下地
线，关闭检修场所，方可取走警告牌，开车送电。

（6）凡处理收尘室内故障，必须确认安全后，方能由两人以上配合处理。

（7）电场出现故障后要及时联系或处理，凡处理收尘室内故障，要求处理
迅速。

6）旋涡收尘

（1）旋涡收尘时应特别注意防止二氧化硫和积尘逸出造成的低空污染。

（2）定期检查收尘风机振动情况，防止风机叶片腐蚀造成偏心，引起设备
事故。

7）排风机

(1)开车前必须检查电气和机械部分是否正常,严格检查润滑、冷却情况。

(2)严格控制排风机出口压力在适当范围。

8)给水除氧

(1)给水泵启动前,应详细检查,周围应无障碍物,电源完好,有接地保护,手动盘车灵活,靠背轮有安全防护罩,压力表完好,地脚螺栓无松动,冷却水畅通,除氧水箱水位正常,泵的出口阀关、入口阀开、循环阀稍开等。

(2)经常检查除氧水箱的水位、压力、温度,严格控制超标,运行中要严防缺水。

(3)连续排污扩容器的水位不得高于最高水位。

3. 焙砂浸出

1)焙砂加入作业

(1)过筛加入,保持焙砂、烟尘中无杂物。

(2)此岗位接触高温焙砂、接触高温溶液,要采取相应防护措施。

(3)此岗位容易发生跑、冒液事故,要经常巡视溜槽、管道设备,采取有效的防范、补救措施。

2)冷焙砂加入作业

(1)冷焙砂运输和加入场所,要采取收尘、隔尘措施,防止粉尘。

(2)冷焙砂加入前采用筛分,去除杂物。如有球磨机,按照其安全规程维护和运行。

3)矿浆分级作业

(1)敞开式分级设备,易发生跑、冒液现象,要经常巡视。

(2)此岗位清理作业较多,须严格遵守5.2.10节中清理检修作业的规定。

4)球磨机

(1)开动球磨机时,开车前做好一切检查工作,注意转动部分不能有人有物。开车顺序:先开球磨机后进矿浆。

(2)球磨机检修时,要通知电工将配电室内电源切断,拿下保险,并挂上"禁止合闸"警告牌。筒内有人时,派专人监护;检修完试车时,应检查球磨机内外是否有人和障碍物,确认无误后方可开车。

5)浸出反应槽罐

(1)严格控制溶液酸度,防止剧烈反应造成溶液冒槽、飞溅。

(2)槽罐排气引出室外,保持槽罐排气畅通。

(3)槽内积渣应及时清理,防止搅拌设备损坏或者有效反应空间减小。

(4)入罐清渣时,首先应检查检修设施是否结实可靠,同时防止槽盖上物品坠落;操作时,罐内应保持通风良好,严格遵守5.2.10节中清理检修作业的规定。

6)浓缩澄清槽

(1)保持底阀完好、畅通。开、关浓缩槽底阀及处理底流积渣时,防止渣料垮塌伤人。

(2)槽盖板要经常检查,保障其安全、结实。浓密机负荷要经常检查。

7)浓硫酸槽

(1)本工序为浸出系统酸损失补酸,在操作时事先必须戴好耐酸手套和防护面罩等防护用品;操作人员不得离开操作现场,以防浓硫酸泄漏。

(2)操作时要检查酸泵、管道是否完好,确保安全无误。所有酸阀应定期注油、扳动,防止锈死。

(3)操作现场严格管理水和浓硫酸,防止两类物质大量接触。同时应准备碱、石灰等应急物资。

4.浸出液净化

1)槽罐设备

(1)操作槽罐,按照规程进行,防止液体冒出、飞溅伤人。

(2)本工序可能产生砷化氢,应按要求严格遵守工艺纪律,同时保持作业现场通风,现场应有砷化氢气体检测、报警装置。

(3)本工序严禁烟火,操作时应防止金属相碰产生火花,以免引起氢气爆炸。

2)过滤设备

(1)开过滤器时,一定要先检查出液阀是否打开。

(2)压滤机压力表、调压阀不准私自调动。

(3)拆洗压滤机前,必须先停压滤泵。拆洗压滤板,要防止斜拉掉板伤人。

(4)压滤机顶紧压力超过上限时应及时停车处理。

5.电积

1)电解槽

(1)通电时电解槽内应盛满电解液。确认系列内全部形成电路后方可送电。通电、停电时每槽所装的极板,各电解系列都要保持一致。

(2)出槽时从槽内最多同时吊出一半阴极,待这半槽全部装完新的阴极,并确认导电后方可再取出另一半阴极,以防发生断路。

(3)平整单片阳极时,只能扯出相邻一片阴极,以及相对夹住该片阳极导电头的一片阴极,平整下片阳极时必须将所扯出的阴极装入槽内,以防止发生断路。

(4)经常检查,防止电解槽漏液,采取保障措施保持槽内液面。槽上作业,要严防槽间短路。

(5)采取通风措施,减少现场酸雾,现场应注意避免电解酸液造成的伤害。

2)冷却塔

(1)冷却塔应定期清理,防止塔壁结晶、积渣导致垮塌。

(2)冷却塔塔体应定期检查,防止泄露,风机风叶应定期校准。

3)剥锌作业

(1)剥锌前必须对工具、设备进行认真检查,确保安全、方便。

(2)应能熟练指挥、配合行车作业,作业时集中精力,注意来往吊车,协助吊运。

(3)现场要保持定置管理,锌片码堆应保持合适高度。

4)平板作业

(1)应能熟练指挥、配合行车作业,落吊后阴极板要放稳。

(2)操作前检查工具是否牢固,防护用品是否可靠。

5)刷板作业

(1)作业前应检查刷板设备设施,保持润滑良好。经确认无误后方可送电,试车运行。

(2)机械发生故障,应停车后进行检查、处理。

(3)及时清理刷板机内和循环水桶中的铝粉灰,对铝粉起火有应对措施。

6)行车

(1)遵守 5.4.1 起重作业的相关要求

(2)阴极板出槽时,行车作业必须在槽面上停留一定时间,防止造成废水污染。

6. 熔铸

1)熔铸炉

(1)严格控制入炉锌片水分,单次进料量要合理。近炉口(扒渣口)前有人时不能进行进料作业。

(2)炉旁各类物料要定置管理,现场保持干燥,同时保证安全通道畅通。

(3)定期对设备进行检查维护,对容器、模具、管道进行清理。

(4)各类作业工具要经常检查,防止由于缺陷引起突发事故。

2)铸锭机

(1)开动铸锭机前检查有无障碍物;浇铸前检查锭模和所用工具是否干燥;冷模作业前,先对模具进行处理。

(2)开动铸锭机前,要对设备状况进行检查,对机器翻、转部位的灵活度进行确认,对设备冷却等附属系统进行检查。

(3)设备发生故障时,必须停机处理。对设备进行清扫和维护时也应停机后进行。

3)码锭作业

(1)首先要检查落锭辊道、辊道输送机、码锭台等锌锭传送系统是否完好、牢固。

（2）作业过程中，重点防范锌锭翻落、滑落伤人。

（3）码锭要配合传送设备做到及时、稳妥。锌锭堆码整齐，不可超高。

5.3.2　火法炼锌安全生产规范

1. 生产现场安全管理规范

火法炼锌现场特有的安全管理措施如下。

（1）火法炼锌各岗位操作人员必须穿戴好防护器具，严格按操作规程操作，杜绝操作失误引起的冶炼产物外泄、爆炸等恶性安全事故产生。

（2）所有产生烟气及粉尘的系统，都应设净化或收尘系统；产生粉尘、烟气的设备和输送装置均应设置密闭罩壳。

（3）值班室、待机室、会议室等人员聚集场所不应设置在吊运熔融液体及危险物品的影响范围内，应当与以上场所保持安全距离，符合《工业企业设计卫生标准》（GBZ 1—2010）。

（4）进行高温熔融金属吊运时，吊罐（包）与大型槽体、高压设备、高压管路、压力容器的安全距离应当符合有关国家标准或者行业标准的规定，并采取有效的防护措施。

（5）吊运熔融金属时应当采用带有固定龙门钩的铸造起重机，司机室等高温作业岗位应当采取降温防护措施。

（6）吊运装有高温熔融金属的槽罐，应与邻近设备或建构筑物保持大于 1.5 m 的净空距离，不可与其他物体碰撞。

（7）吊运的熔融金属液面应与盛装容器口保持至少 300 mm 的距离。

（8）氧气瓶、乙炔瓶及易燃易爆等危险化学品，必须专人管理，按规定存放、搬运和使用。

2. 炉窑设施安全运行管理规范

（1）加入各冶炼炉的原料、燃辅料应有具备防雨、防潮设施的专用厂房或仓库。熔炼炉窑应具有紧急停车和安全连锁装置，并纳入工业自动化控制系统。

（2）必须配备对熔炼温度、熔池高度、鼓风压力、烟气量等重要工艺参数的测量显示装置。

（3）配料系统原料输送机必须设置紧急复位操作系统。

（4）冶金炉窑应装备炉体温度监测报警装置；对于出现炉体温度过高的紧急情况应有冷却应急处置设施。

（5）熔炼炉渣排放口必须设置紧急排渣设施，并采取及时有效的防爆措施。

（6）熔炼炉循环冷却，必须设置水流量、温度报警装置；其参数应上传至自动控制系统；应有防止冷却水大量进入炉内的安全设施（如止回阀、快速切断阀、泄流口等)。

(7)各冶炼炉应安装集烟装置,操作平台必须设立安全防护设施。

(8)熔炼炉的附属机构设备、电气设备、配电系统、压力容器、起重机械的安全防护装置、信号装置、警报装置、安全连锁装置、限位装置等必须齐全、有效。

(9)受高温辐射、炉渣喷溅的操作平台或物体撞击的梁柱结构和墙壁、设备、操作室等,应有隔热、防撞击设施。

(10)应设置熔体泄漏后能够存放熔体的安全设施,如安全坑、挡火墙、隔离带等;并储备一定数量的应急处置物资,如灭火器、沙袋、防火服等。

(11)产生或使用有毒有害气体的场所,按规定设置气体泄漏检测、报警装置,锅炉、回转窑、收尘设备等设施的排烟系统应设置泄爆门。

3. 燃气及燃料安全使用管理规范

(1)防爆区域照明灯具、电磁阀、电气控制箱等应有防爆装置或接地装置。

(2)煤气站、制氧站及煤气输送管道必须设置有效的防静电措施。

(3)煤气站必须设置煤气、O_2含量在线监测。

(4)煤气的燃烧装置,应有煤气紧急切断阀以及火灾报警器、超敏度气体报警器。

(5)使用气体燃料的炉窑应安装泄漏检测的装置和防静电装置。

(6)煤粉罐及输送煤粉的管道,应有供应压缩空气的旁路设施,应有除尘降燥设施;气体燃料须单独设置输送管道,储存粉煤、煤气的罐体应设置泄爆阀,泄爆孔的朝向不应存在泄瀑时危及人员和设备的可能性。

(7)燃料燃烧器和输送管道之间,应设有逆止阀、自动切断阀或防回火装置。

(8)检查煤粉喷吹设备时,应配备铜质检测工具。

(9)根据使用燃料的特点,设立温度、CO 浓度、CO_2 浓度、O_2 浓度等检测设备,应有除尘降燥设施,并配置报警装置。

(10)煤粉仓罐应设充惰性气体设施。

(11)燃气站、油站及粉煤储存区应设有烟雾火灾自动报警器、监视装置及灭火装置;应采取防火墙、防火门间隔等建筑设施。

(12)采用煤气燃烧的冶炼炉,应满足以下要求:①工作场所应配备固定式和便携式 CO 监测设备;②煤气管道必须有低压报警装置和低压快速切断装置,并纳入工业自动化控制系统;③煤气使用点必须有煤气应急防护用品。

4. 收尘设施安全生产管理规范

(1)所有产生烟气及粉尘的系统,必须采用在线监测进行实时监控;并设置可靠的净化或收尘系统。

(2)产生粉尘、烟气的设备和输送装置均应设置密闭罩壳。

(3)除尘设施的开停,应与工艺设备一致;收集的粉尘应采用密闭运输方式,避免二次扬尘产生。

（4）主抽风机操作室应与风机房隔离，应有隔音和调温设施。

（5）处理含易燃、易爆介质的除尘器应安装易燃、易爆气体检测装置、连锁报警控制系统、防爆装置。

（6）布袋收尘器高压供电系统应具备安全连锁装置；进入布袋收尘器内部作业前应监测有毒有害气体是否排净，作业人员应配置便携式气体检测仪。

（7）气力输送系统中的贮气包、吹灰机或罐车，均应设有安全阀、减压阀和压力表。

（8）风机、空压机须配备相应的压力表、温度计、油位计、流量计等测量装置。

（9）空压机须配备相应的安全阀、排污阀。

（10）35 kW 以上的风机必须设置紧急复位操作系统。

（11）2051 kW、800 kW、671 kW 风机必须设置自动监测轴承振动装置。

（12）炉前环保风机应采用 DCS 系统控制。

（13）风机、空压机现场需设有隔音降噪设施。

（14）风机、空压机应拥有报警功能，其控制系统须拥有防喘振功能。

5.4　辅助及附属

5.4.1　起重作业

（1）起重作业必须遵守《起重机械安全规程》（GB 6067.1—2010）。起重作业工必须经过培训、考试、考核取得操作证才能上岗作业。视力、听力、体温不正常者不准从事起重作业。

（2）起重作业工操作时，开车前应认真检查设备机械、电气部分和防护保险装置是否完好、可靠，如控制器、制动器、限位器、电铃、紧急开关等主要附件失灵，严禁吊运。夜间起重作业应有充足的照明。

（3）起重作业工必须确认作业环境后方可操作，起重设备启动时应先发出警示信号。起重作业工必须听从地面指挥人员指挥，对任何现场人员发出的紧急停车信号采取停车措施。

（4）应掌握起重作业对象的位置和高度，起、落要平稳。重吨位物件起吊时，应稍离地面试吊，确认吊挂平稳，制动良好，然后升高、缓慢运行，不准同时操作三只控制手柄。

（5）行车起重作业，当吊钩（抓斗）接近卷扬限位器或大、小车临近终端，以及邻近吊车相遇时，速度要缓慢。不准用倒车代替制动、限位代替停车、紧急开关代替普通开关。

(6)行车运行时,严禁人员攀越、上下。不得在吊车运行时进行检修和调整机件。运行时由于突然故障而引起吊件下滑时,必须采取紧急措施向无人处降落。

(7)行车运行中发生突然停电,应将开关手柄放置到"0"位。起吊件未放下或索具未脱钩时,操作人员不准离开驾驶室。

5.4.2　计量控制

(1)仪表设备应定期校检,非操作人员严禁操作自动设备、仪表。

(2)更换、安装带压管道、容器上的计量器具或检测用具应卸压,以防物料喷出伤人。

(3)现场作业前应对工作区域进行安全监测。作业时两人以上,并设专人现场监护,做好应急防范措施。

5.4.3　动力

动力系统主要为企业提供水、电、汽、风、天然气等能源,各企业要参照相关国家或行业标准、设备使用说明书,结合本企业的实际情况,制定企业的动力规程,包括安全管理制度、操作规程、运行规程、检修规程、安全规程、事故应急预案等。

5.5　工作环境

车间及厂区环境应符合《环境空气质量标准》(GB 3095—2012)、《工业企业厂界噪声排放标准》(GB 12348—2008)、《污水综合排放标准》(GB 8978—2002)、《大气污染物综合排放标准》(GB 16297—2017)、《工业企业设计卫生标准》(GBZ 1—2010)和《工作场所有害因素职业接触限值》(GBZ 2.1—2019)的规定。

5.6　应急预案

(1)根据企业安全生产的实际情况,依据《生产过程危险和有害因素分类与代码》(GB/T 13861—2009)或《企业职工伤亡事故分类标准》(GB 6441—86)进行危险源辨识。

(2)重大危险源辨识按《危险化学品重大危险源辨识》(GB 18218—2018)要求进行辨识。

(3)锌的湿法冶炼生产过程的主要危险及有害因素有:酸液灼烫、高温、高压、粉尘、噪声、车辆伤害、触电、物体打击、起重伤害、锅炉爆炸、容器爆炸、机械伤害等。

（4）生产企业应按照《生产经营单位安全生产事故应急救援预案编制导则》（AQ/T 9002—2016）要求，结合企业具体情况，制定切实可行的各类事故应急预案，至少应包括：《特种设备重大事故应急救援预案》（锅炉、压力容器及压力管道、起重设备等）；《重点部位、关键设备事故应急预案》（炉窑、风机、反应器等）；《危险化学品事故应急预案》（硫酸、天然气、煤气、有毒品、爆炸品等）；《动力系统事故应急预案》（水、电、风、气等）；《厂内重大交通事故抢险救援预案》（道路、铁路）；《生产场所火灾事故应急预案》；《自然灾害抢险救援应急预案》（地震、极端天气等）。

参考文献

[1] 彭容秋.有色金属提取冶金手册(锌镉铅铋卷)[M].北京：冶金工业出版社，1992.
[2] 国家安全生产监督管理总局.危险化学品重大危险源辨识(GB 18218—2018)[S].北京：中国标准出版社，2018.

第6章 锌生产三废治理与环境保护

6.1 概述

锌冶炼工业是资源、能源密集型产业，其特点是产业规模较大、生产工艺流程复杂。目前我国锌矿山为冶炼厂提供的锌精矿主要是闪锌矿精矿，其次是铁闪锌矿精矿，还有一些氧化锌矿也逐渐成为锌冶炼的原料。锌冶炼过程主要分为火法、湿法两大种类。无论是火法还是湿法，锌冶炼过程就是通过物理化学的方法将锌精矿中的锌与其他元素分离。锌冶炼过程中部分元素根据工艺变化进入烟气、水体，形成污染物的排放。锌冶炼污染物的排放主要分为三大类：废水、废气、固体废物。

2000 年以来，随着国家对环境保护要求的日益严格，我国有色工业通过不断推进清洁生产，工艺升级改造，从源头消除、消减污染物排放，已达到从根本上保护环境、安全文明生产的目的。为控制锌生产工业污染物排放，防止其污染物排放对环境造成的污染和危害，促进生产技术装备和污染控制技术的进步，环境保护部于 2010 年 9 月出台了《铅、锌工业污染物排放标准》（GB 25466—2010），替代铅、锌生产企业之前执行的《水污染物综合排放标准》《大气污染物综合排放标准》和《工业窑炉大气污染物排放标准》，并于 2010 年 10 月 1 日起实施。标准规定了铅、锌工业企业生产过程中产生的废水、废气中污染物排放限值、监测和监控要求，具体情况如表 6 – 1 及表 6 – 2 所示。

表 6－1　水污染物排放浓度限值及单位产品基准排水量　　　　mg/L

序号	污染物项目		限值		特别限值		污染物排放监控位置
			直接排放	间接排放	直接排放	间接排放	
1	pH		6~9	6~9	6~9	6~9	企业废水总排放口
2	化学需氧量		60	200	50	60	
3	悬浮物		50	70	10	50	
4	氨氮(以N计)		8	25	5	8	
5	总磷(以P计)		1.0	2.0	0.5	1.0	
6	总氮(以N计)		15	30	10	15	
7	总锌		1.5	1.5	1.0	1.0	
8	总铜		0.5	0.5	0.2	0.2	
9	硫化物		1.0	1.0	1.0	1.0	
10	氟化物		8	8	5	5	
11	总铅		0.5		0.2		车间或生产设施废水排放口
12	总镉		0.05		0.02		
13	总汞		0.03		0.01		
14	总砷		0.3		0.1		
15	总镍		0.5		0.5		
16	总铬		1.5		1.5		
17	单位产品基准排水量	选矿/原矿 $(m^3 \cdot t^{-1})$	2.5		1.5		计量位置与监控位置一致
		冶炼/产品 $(m^3 \cdot t^{-1})$	8		4		

表 6－2　大气污染物排放浓度限值　　　　mg/m³

序号	污染物	适用范围	限值	污染物排放监控位置
1	颗粒物	所有	80	污染物净化设施排放口
2	二氧化硫	所有	400	
3	硫酸雾	制酸	20	
4	铅及其化合物	熔炼	8	
5	汞及其化合物	烧结、熔炼	0.05	

为推动铅锌行业产业升级,国家发展和改革委员会 2007 年第 13 号公告颁布了《铅锌行业准入条件》。2015 年 3 月,工业和信息化部颁布了 2015 年第 20 号公告,将《铅锌行业准入条件(2007)》修订为《铅锌行业规范条件(2015)》,对铅锌企业布局和生产规模、质量、工艺和装备、能源消耗、资源消耗及综合利用、环境保护等方面出台了行业规范条件。在环境保护方面,20 号公告规定:新建及改造锌湿法冶炼项目,总硫利用率须达到 96% 以上,硫捕集率须达到 99% 以上;水的循环利用率须达到 95% 以上;硫化锌精矿单台焙烧炉炉床面积须达到 100 m² 以上,配套建设烟气双转双吸制酸工艺,必要时制酸尾气须配套脱硫设施;若用火法工艺处理浸出渣,则必须配套建设窑渣回收设施、余热回收利用系统、尾气脱硫系统;处理含氟、氯的含锌二次资源项目应建有完善的除氟、氯设施。冶炼企业依法实施强制性清洁生产审核。

锌冶炼生产企业属涉重金属企业,使用和产生的有毒有害危险化学品较多,因此,必须高度重视三废治理和环境保护工作。为了满足日益严格的环境保护法规,必须大力开发锌冶炼的绿色技术和绿色装备,这是今后锌冶炼工业发展的一个重要方向。

锌生产环境保护主要涵盖三个方面:①尽量减少和达标排放有害气体和粉尘及发散噪声到空气中;②尽量减少和达标排放废水到环境水系中;③废渣、烟尘等固体废弃物的无害化处置和资源利用。

为实现环保目标,一系列相应的三废处置工艺方法已成功开发。本章系统介绍锌冶炼生产过程产生的三废情况及其处置方法,重点介绍二氧化硫烟气的治理和制酸、酸性重金属废水的处理与回用以及铁渣的无害化处置技术与措施。

6.2 锌冶炼污染源

锌冶炼方法主要分为湿法炼锌和火法炼锌两大类。湿法炼锌生产过程由以下几个工序组成:备料、焙烧、浸出、净化、电解、熔铸及浸出渣处理,最终产品为锌锭。火法炼锌包括如下过程:备料、烧结焙烧、挥发熔炼及精馏精炼等,最终生产精锌锭。以上这些生产过程产生和排放废水、废气及废渣,产生和发散噪声,成为污染环境的污染源。

6.2.1 废气的产生

空气中含有颗粒物、SO_2、酸雾及其他有害物即为废气,废气可分为工艺废气和通风废气。锌冶炼过程中产生大量的废气,如一个拥有一台 17.5 m² 鼓风炉的标准火法炼锌厂产生的废气量达到 100000 m³/h。

1. 颗粒物废气的产生

湿法炼锌过程中的颗粒物来源于锌精矿干燥窑烟气以及精矿上料、抓斗配料、定量给料设备、皮带运输设备转运过程的矿粉流失；焙烧炉及其烟气冷却收尘系统、焙砂和烟尘输送系统的泄漏；浸出渣还原挥发炉窑及其烟气冷却收尘系统、次氧化锌输送系统的泄漏；熔铸炉的挥发及其收尘系统的泄漏；阳极铸造过程的挥发和泄漏；沉铁中和剂和净化锌粉加入过程中的泄漏。火法炼锌过程中颗粒物来源于烧结机及其收尘系统的泄漏和烧结快破碎过程中的飞扬；熔炼炉冶炼和粗锌蒸馏过程中的熔体喷溅以及加料口、放金属口、放渣口、溜槽、收尘系统等处的泄漏。

2. 二氧化硫废气的产生

SO_2 主要来源于焙烧炉或烧结机及其冷却收尘系统的泄漏；浸出渣挥发炉窑及其收尘系统的泄漏；烟气净化和制酸系统的泄漏和制酸尾气；火法炼锌熔炼炉窑及其收尘系统的泄漏；氧化锌多膛炉焙烧烟气的泄漏；锌精矿和浸出渣的干燥窑烟气。

3. 酸雾废气的产生

酸雾来源于电积工序的电解槽和其他储槽或计量槽；制酸烟气净化洗涤塔和制酸尾气；浸出、净化、沉铁等工序中的反应槽罐、溜槽、浓密机、空气冷却塔、储槽等的外溢废气。

4. 其他污染物废气的产生

其他污染物主要来源于锌精矿干燥、焙烧以及在熔炼和精炼过程中产生的污染，如铅、砷、汞等污染；在锌粉净化、钴渣酸洗、副产品镉和铟回收过程中产生的砷化氢气体；锌电积过程中可能产生的氯气；火法炼锌过程中一氧化碳含量较高的锌冷凝尾气的泄漏，以及精馏精炼过程中镉塔、铅塔含镉、铅锌蒸气的泄漏。

6.2.2　废水的产生

锌冶炼过程中产生污酸、电解废水、渣料洗水、湿法除尘器酸性水、工艺废水、冷却水排污水及冲洗设备及地面废水等。

1. 污酸

硫化精矿焙烧产生的 SO_2 炉气中含有尘、酸雾、砷、氟、汞等有害物质。先用稀硫酸对烟气进行洗涤，其中的烟尘和各种杂质大部分进入稀酸循环液中。为保证稀酸洗涤效果，需要开路一部分，产出所谓的"污酸"。污酸通常除含4% ~ 6%硫酸外，还含有锌、镉、汞、铊、硒、铅、铜、砷、氟、氯等多种污染物以及不溶性烟尘，成分复杂，须单独处理。

2. 电解废水

电积极板出槽和极板平整以及电解槽面和剥锌面污染时，都要用水滤洗、冲洗，洗水循环使用，定期开路，产生酸性废水。这部分废水的主要污染物是废酸和重金属，必须回收，用于浸出洗渣。但体积膨胀时，还是需要外排进入废水处理站。

3. 渣料洗涤水

为了提高锌直收率，锌厂通常对各种渣料(包括浸出渣、沉铁渣、铅银渣、净化渣等)用水进行洗涤，产生含废酸和重金属的洗涤废水。洗水通常返回流程，但在体积膨胀时，还是有一部分需要外排进入废水处理站。

4. 湿式除尘器排污水

利用湿法工艺除去系统中产生的颗粒物和烟尘即产生湿法除尘器酸性水，包括精矿干燥窑、焙烧炉(开停炉时)、锌熔铸炉等湿式除尘设备以及低浓度 SO_2 烟气、制酸尾气等除尘脱硫设备产生的酸性水，其主要污染物为悬浮物、重金属和热污染。

5. 工艺废水

锌冶炼厂工艺过程产生的废水，包括次氧化锌水洗液或碱洗液、除氯渣碱洗液、贫镉液、铟萃余液和置换后液、滤布洗涤液、袋装精矿洗袋水等。工艺废水的主要污染物是废酸、氟、氯和重金属。

6. 冲渣水和直接冷却水

冲渣水和直接冷却水来源于挥发窑、烟化炉、鼓风炉等炉窑炉渣的水淬装置等设备，主要污染物有悬浮物和少量重金属污染物。冲渣水一般循环使用，多雨季节体积膨胀时须开路处理。

7. 冷却水排污水

在使用各种熔炼炉时必须用工业冷水对某部位进行冷却降温，需要的水量较大，通常采用循环冷却方法。如焙烧炉、密闭鼓风炉、烟化炉、挥发窑等利用汽化水套或水冷套将冷却水不断循环使用，但仍需要在一定时间内将升温的冷却水进行排放后，再补充新的冷却水。冷却水排污水的主要污染为热污染。

8. 熔铸冷却水排水

对锌产品浇铸所用的冷却水排污水，如利用圆盘浇铸机、直线浇铸机等进行的浇铸过程。主要污染物为热污染。

9. 冲洗设备及地面废水

在锌生产中，由于跑冒滴漏的影响，一些设备及地面会有一定的污染，必须用水进行清洗。清洗设备及地面的废水含重金属等污染物，必须进行治理。工厂内的初期雨水也不能直接外排。

6.2.3 废渣的产生

在锌冶炼厂，每生产 1 t 锌锭通常要产出 0.8 ~ 1.2 t 各种废渣。废渣主要来自于锌精矿中的脉石，主要成分是不同形态的硅和铁。废渣产生量与原料品位与矿物构成有关，也与选用的冶炼工艺有关。如果原料是氧化锌矿，则废渣的产生量更多。从工艺上说，采用常规浸出－回转窑工艺产生的废渣量最少，火法炼锌工艺产生的废渣量次之，热酸浸出－除铁工艺产生的废渣最多，因为除铁过程产生了大量含铁较低的沉铁渣。我国目前锌产量约 6220 kt/a，其中 85% 以上为湿法生产，大约产出浸出渣 5390 kt/a。国内已有多个锌厂采用黄钾铁矾法生产，年产铁矾渣达 1000 kt。

1. 浸出渣

湿法炼锌浸出渣包括常规浸出法的低酸浸出渣、热酸浸出法的高酸浸出渣（也叫铅银渣）和硫化锌精矿氧气直接浸出产生的浸出渣和硫精矿渣。几种浸出渣的成分如表 6-3 所示。

表 6-3 湿法炼锌浸出渣成分 %

类别	Zn	Cd	Pb	Cu	Fe	Ag	S	SiO$_2$	Ge	In	As	CaO
低酸浸渣	21.88	0.13	3.46	0.79	25.28	0.02	7.04	10.15	—	—	—	2.34
高锗浸渣	12.24	0.12	4.51	—	8.61	0.06	12.6	20.23	0.022	—	—	—
高酸浸渣	3.42	0.26	0.52	0.15	27.23	0.01	—	9.84	—	0.193	0.41	0.3
氧压浸渣	1.36	—	9.25	—	12.32	—	51.42	—	—	—	—	—

2. 沉铁渣

热酸浸出液含有大量铁，必须进行除铁，从而产生大量的沉铁渣。依据除铁方法不同，沉铁渣可分成黄钾铁矾渣、针铁矿渣和赤铁矿渣。我国电锌厂主要采用的是黄钾铁矾法。国内几家炼锌厂的铁矾渣成分如表 6-4 所示。

表 6-4 国内几家炼锌厂铁矾渣成分 %

炼锌厂	Zn	Ag	Fe	Cu	Cd	As	Sb	Pb	In	SiO$_2$	Ge	备注
柳州有色总厂	4.78	0.0119	26.9	0.18	0.05	1.23	0.18	0.63	—	4.78	—	洗涤
来宾冶炼厂	8.65	0.005	28.55	0.29	0.13	0.52	0.27	0.24	0.30	4.50	—	未洗
西北锌冶炼厂	3.33	0.002	31.06	0.04	0.04	0.059	0.11	1.65	0.02	—	—	洗涤
西昌冶炼厂	3.23	0.0137	28.14	0.11	0.29	1.04	0.33	1.44	—	1.58	0.13	洗涤
赤峰红烨锌厂	9.20	—	22.22	0.45	0.24	S12.29	—	0.58	—	2.58	—	未洗

3. 还原挥发渣

现在越来越多的锌冶炼厂采用还原挥发法来处理锌浸出渣,有时还处理沉铁渣。我国采用最多的工艺是回转窑,其次是基夫赛特炉和烟化炉,国外还有澳斯麦特炉和密闭鼓风炉等。还原挥发浸出渣得到的炉渣,具有类似玻璃的结构和良好的工程性能,且不易浸出,属于一般固废,可得到资源化利用。

4. 净化渣

锌除铁液深度净化过程产生的净化渣包括铜镉渣、钴渣、镉渣、铟锗镓富集渣、除氯渣、钙镁结晶渣等。这些渣料含有大量有价金属,必须进行综合回收。

5. 污酸渣

污酸沉降过滤产生的酸泥含有大量的锌,必须返回流程。污酸单独处理得到的污酸渣,主要成分是硫酸钙(75%),还含有砷、汞、铅、锌、氟等有害物质,属于危险固废。这种渣目前还没有经济有效的处理办法,大多数锌厂选择堆存,但要做好防水、防渗、防飞扬。

6. 阳极泥

锌电积阳极板清理和电解槽掏槽产生的阳极泥,主要成分是二氧化锰,返回浸出氧化槽作为 Fe^{2+} 氧化剂。如果系统锰离子含量过高,阳极泥就须开路送回转窑或铅冶炼。

7. 中和渣

锌冶炼厂含重金属的酸性总废水在处理过程中产生的中和渣,含有 10% ~ 18% 的锌、铅,是危险固废。通常用回转窑还原挥发回收铅和锌。

8. 还原熔炼渣

密闭鼓风炉渣还含有较多的铅、锌等有色金属,尽管其具有类似玻璃的结构和良好的工程性能,已经能用作建筑材料,但这种用途仍然没有被完全接受。韶关冶炼厂的 ISP 熔炼炉渣烟化炉已经运行了多年,回收有价金属后的烟化炉炉渣用于生产水泥。

9. 烟尘

多膛炉烟尘含氟氯高,一般外售给有资质的企业生产化工产品。熔铸炉产生的烟尘送回转窑处理。烧结机产生的烟尘收集后,返回烧结配料,并定期部分开路回收镉、铟、锗等。密闭鼓风炉铅雨冷凝器系统产生的各种浮渣和蓝粉,返回鼓风炉熔炼。

6.2.4 噪声的产生

锌冶炼过程产生的噪声主要为由于机械的撞击、摩擦、转动等运动而引起的机械噪声以及由于气流的起伏运动或气动力引起的空气动力性噪声,主要噪声源有:焙烧炉、回转窑、余热锅炉、鼓风机、空压机、SO_2 风机、空气冷却塔、除尘风机、搅拌机、球磨机、泵类等。总的来说，锌冶炼厂噪声污染不是很大。

6.3 三废治理与环境保护

锌的冶炼及其副产品回收过程也是重金属、SO_2 等污染物产生的过程。如果控制和防治不力，就容易产生环境污染事件。因此，锌冶炼企业必须未雨绸缪，从以下三个方面发力，做好环境保护工作。一是要从源头开始，大力开发和应用能源利用率高、生产流程短、环境保护好的生产工艺、技术和装备，如锌精矿氧气直接浸出工艺、152 m² 大型流态化焙烧炉、单系列 300 kt/a 的自动化浸出和净液系统、大型高效浓密机、锌电积自动化大极板出装槽技术和自动剥锌机、2000 kW 自动化熔铸生产线、锌产品合金化及智能化工厂。二是要大力开发和应用资源循环综合利用新技术，实行锌、铅、铜、稀贵金属联合冶炼，并与钢铁、建材等行业联合，打造循环经济产业发展模式，实现资源利用最大化和污染物排放最小化。如与铅厂联合，用铅冶炼系统处理锌浸出渣、铅银渣、浮选银精矿，用锌冶炼系统处理铅烟化炉氧化锌。三是要大力开发和应用经济适用的污染物末端防治新技术，如酸性重金属废水深度净化和零排放技术、生物制剂处理废水技术、废水膜过滤技术、DBA 聚合物烟气吸附脱汞技术、高效收尘技术、铟直接萃取技术、镉连续真空蒸馏技术、窑渣资源化利用技术、高效余热发电技术等。

6.3.1 废气治理

锌冶炼废气来源于精矿干燥、焙烧、烧结、熔炼、挥发、熔铸等火法冶金过程和浸出、净化、电积等湿法冶金工程，且绝大部分废气来源于火法过程。废气中的污染物在大气中可呈气态、液态和固态。各种矿物原料粉尘、未燃烧的煤粒、氧化锌烟尘等为固态；硫酸雾、焦油物质等为液态；汞蒸气、铅蒸气、SO_2、SO_3、H_2、O_2、H_2S、CO、CO_2、H_3As 等为气态。在锌冶炼过程中，废气中最主要的污染物是 SO_2 和重金属烟尘，必须对锌冶炼废气进行有效治理。

1.高浓度二氧化硫烟气治理

锌精矿氧化焙烧过程和铅锌混合精矿烧结焙烧过程都会产生高浓度 SO_2 烟气。这种烟气经余热锅炉、旋风收尘器、电收尘器等工艺设备冷却、收尘后，烟气温度 230～320℃，$w(SO_2) \geq 4.5\%$，含尘 ≤ 300 mg/m³，送入制酸系统。制酸工艺流程如图 6-1 所示。

通常，锌精矿含锌在 40% 至 55% 之间，生产 1 t 锌要副产 2 t 左右的硫酸。烧结机的烟气通常含 4%～8% 的 SO_2，烟气温度为 300℃。沸腾炉烟气温度高达 970℃，SO_2 浓度 7%～12%，能从中回收余热生产蒸汽。

电收尘出口烟气

空塔 → 稀酸

烟气

稀酸 → 沉降槽

填料塔 → 烟气 → SO₂气体

水 → 循环槽 → 循环泵 → 板式换热器

底流 → 底流泵 → 脱气塔 → 送液泵 → 污酸（送污酸处理）

溢流 → 循环槽 → 循环泵

一级电除雾 → 二级电除雾

脱汞塔 → 捕集液

干燥塔

烟气

水 出塔酸 → 循环槽 → 循环泵 → 板式热换器

92.5%硫酸

SO₂风机

IV热交换器 → I热交换器 → 转化一层

转化四层

转化二层 → II热交换器

转化三层 → III热交换器

一吸塔

计量槽 → 酸库 → 酸库计量槽

92.5%硫酸（出库）　98%硫酸（出库）

出塔酸 水 → 循环槽 → 循环泵 → 板式热换器 → 98%硫酸

二吸塔 → 烟气

出塔酸 → 循环槽 → 循环泵 → 板式换热器 → 98%硫酸

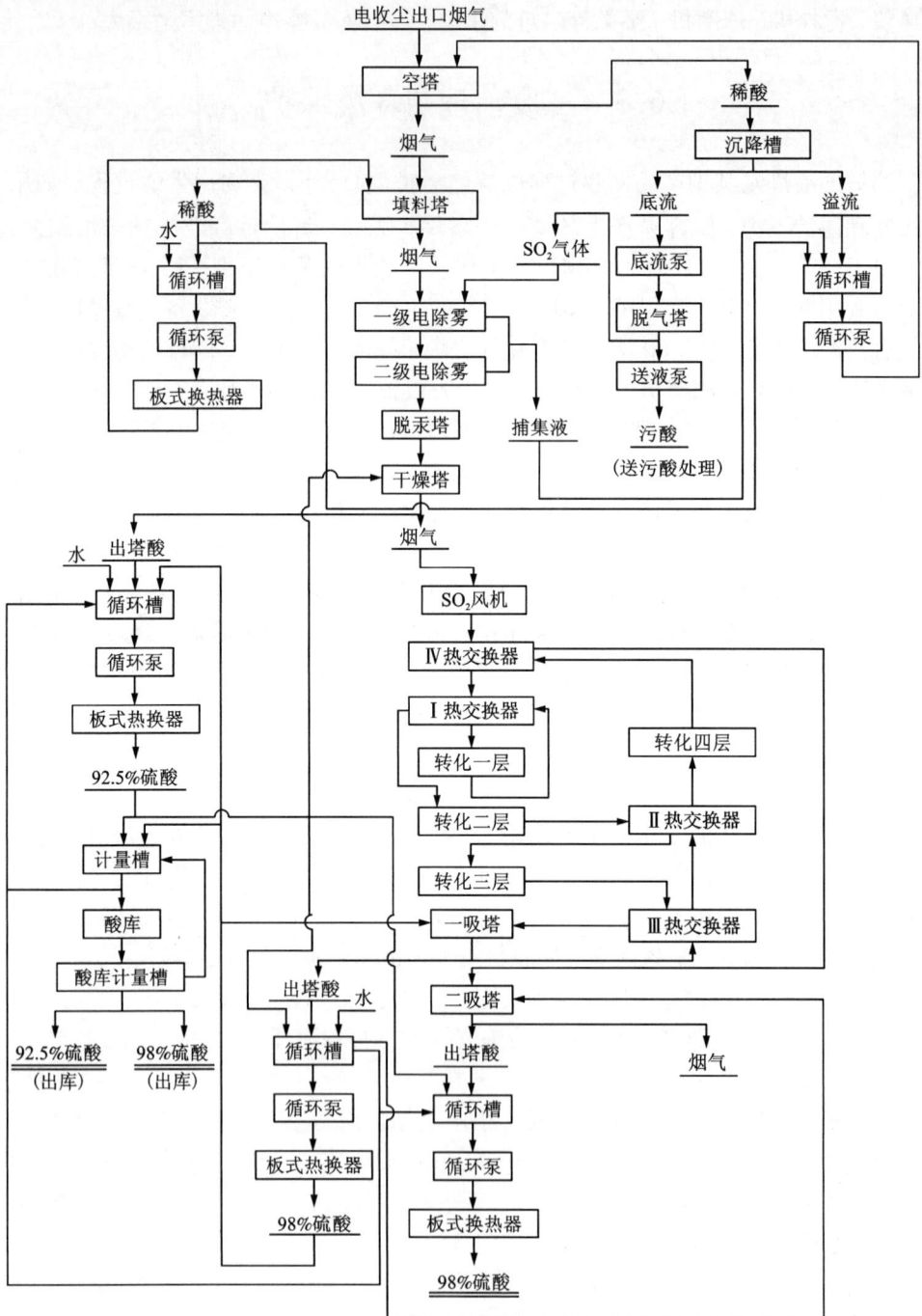

图 6-1　二氧化硫烟气制酸工艺流程

电收尘器出口烟气先用空塔、填料塔、动力波洗涤器等设备进一步冷却净化,再用电除雾器在电场力作用下将酸雾除去。如果烟气中含汞较高,可采用波利顿法除汞。然后用93%硫酸脱去烟气中的水分,以保护转化器和催化剂免遭水分的侵蚀。

纯净干燥的 SO_2 烟气通过五氧化二钒催化剂转化成 SO_3。用浓硫酸吸收 SO_3,并加入水,以控制产品酸的浓度。在吸收工序使用的98%硫酸串到干燥工序调节维持酸浓度,而从干燥工序来的硫酸又用于调节维持吸收工序中的酸浓度。干燥工序产出的硫酸浓度一般为93%。吸收之后,烟气还可再与催化剂接触一次,把剩余的 SO_2 大部分转化成 SO_3。这就是"双接触"工艺,其转化率超过99.5%。

制酸厂生产费用中的主要部分是驱动烟气通过制酸系统的风机所需要的电费。典型的电能消耗多在 120 kW·h/t 产品酸以下。制酸厂必须与 SO_2 烟气源匹配好,这一点非常重要,因为烟气浓度高才有可能使冶炼厂制酸获利。

流态化焙烧炉烟气中 SO_2 浓度一般在 7% 至 12% 范围内,而烧结机烟气中 SO_2 浓度在 4% 至 8% 范围内。为了维持沸腾层的条件,进入和离开沸腾炉的气体流量是相对恒定的。这也是有利于制酸的一个因素。离开烧结机的烟气流量不稳定,漏气也是一个较大的问题,但并没有给制酸厂带来很大的问题。

烟气制酸的主要技术经济指标:净化率≥96%,转化率≥99.50%,吸收率≥99.98%,尾气中二氧化硫浓度≤400 mg/m³。今后,尾气中二氧化硫浓度将逐渐降低到 100 mg/m³ 以下。

冶炼烟气制工业硫酸的理化指标应符合 GB/T 534—2014 的规定,如表 6-5 所示。

表 6-5　冶炼烟气制工业硫酸标准(GB/T 534—2014)　　　　　　　　%

序号	指标名称	浓硫酸(优等品)	浓硫酸(一等品)	浓硫酸(合格品)
1	硫酸(H_2SO_4)的质量分数	≥92.5 或 98.0	≥92.5 或 98.0	≥92.5 或 98.0
2	灰分的质量分数	≤0.02	≤0.03	≤0.10
3	铁(Fe)的质量分数	≤0.005	≤0.010	—
4	砷(As)的质量分数	≤0.0001	≤0.001	≤0.01
5	汞(Hg)的质量分数	≤0.001	≤0.01	—
6	铅(Pb)的质量分数	≤0.005	≤0.02	—
7	透明度/mm	≥80	≥50	
8	色度	不深于标准色度	不深于标准色度	

注:指标中的"—"表示该类别产品的技术要求中没有此项目。

2. 焙烧烟气除汞

(1)概述 有色冶炼工业是全球第二大的大气汞污染源。从 1980 年开始,西方国家有了严格的汞污染物控制措施,炼锌企业的汞污染得到了有效遏制。但在我国,目前大多数锌冶炼企业没有进行烟气汞的回收。虽然我国精锌产量连续 26 年居世界第一,但相关的汞污染防治措施却相对滞后。锌冶炼过程中排放的汞对局部生态系统会产生影响,甚至引发职工汞中毒。2013 年 1 月,联合国环境规划署宣布:超过 140 个国家就全球第一部限制汞排放的国际公约《关于汞的水俣公约》达成一致,将在全球范围内监控和限制涉汞产品的生产和贸易。2016 年 4 月,全国人大常委会批准了这个公约。这对我国炼锌企业提出了挑战。

在锌精矿焙烧时,精矿中的辰砂几乎全部直接转化为汞金属蒸气进入炉气。在烟气稀酸洗涤过程中,有 35% ~45% 的汞进入污酸,剩余的汞进入后续工序,最终大部分进入硫酸,影响硫酸品质。

(2)除汞方法 国外炼锌厂采用最多的烟气除汞方法是波利顿氯化法。我国锌厂采用的除汞方法有:西北冶的硫化 - 氯化法,株冶的氯化法和高分子 DBA 吸收法,韶冶的碘络合 - 电解法(已停用)。

氯化脱汞系统安置在制酸工序电除雾与干燥塔之间(见图 6 - 1),其工艺流程如图 6 - 2 所示。脱汞工艺是一个连续的气体洗涤过程,当 SO_2 烟气被氯化汞配合物溶液洗涤时,溶液中的汞离子将与烟气中的金属汞蒸气进行一个快速而完全的反应,生成不溶于水的氯化亚汞晶体;一部分氯化亚汞用氯气重新氧化成溶于水的氯化汞,加入洗涤液中继续循环,多余部分经处理后成为甘汞产品。

氯化除汞率达 98% 以上,出口烟气含汞稳定在 0.2 mg/m^3 以下,成品硫酸中含汞在 1 g/t 以下。但氯化法只对洗涤塔出口含汞 0 ~35 mg/m^3 烟气有效,超过 35 mg/m^3 的烟气就难以避免汞的冷凝析出问题。

3)除汞新技术 为了解决汞分散到污酸和冷凝析出问题,中南大学与株冶合作开发了 DBA 汞吸附剂除汞新技术。DBA 是一种粒度 20 ~100 μm 的超细高分子粉体材料,在高温复杂烟气和污酸中性能稳定且保持活性,不溶于水而又高度分散于水,对汞有优先吸附的性能,吸附量是活性炭的近 60 倍。工业实践证明:在烟气洗涤器稀酸喷淋系统中加入 DBA,能一次性脱除烟气和污酸中的汞,除汞率达 96% ~99%,渣含汞 15% ~40%,可作为提汞原料外售,既节省了投资,又产出了优质硫酸。

3. 低浓度 SO_2 烟气治理

(1)低浓度 SO_2 烟气来源 湿法炼锌过程中的锌浸出渣回转窑挥发、次氧化锌多膛炉脱氟氯、锌精矿回转窑干燥和火法炼锌过程中的密闭鼓风炉熔炼、炉渣烟化炉挥发、电热炉熔炼等生产过程以及在焙烧炉和烧结机开停炉时都会产生低

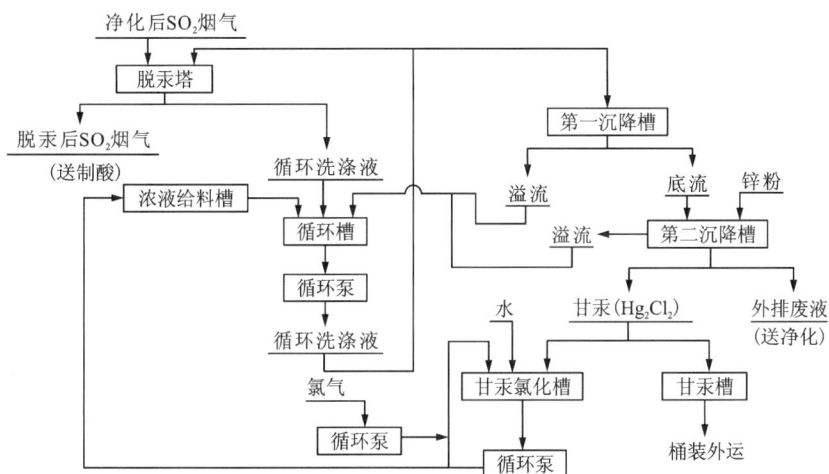

图 6-2　烟气氯化除汞原则工艺流程

浓度 SO_2 烟气,并夹带有重金属粉尘,必须对这种烟气冷却、除尘和脱硫,才能达标排放。制酸尾气含有的 SO_2 和硫酸雾如果不达标,也需要治理。

烟气冷却、除尘的方法主要有余热锅炉、旋风收尘器、动力波洗涤器、布袋收尘器、湿式除尘器、喷淋塔、文丘里除尘器等。在生产实践中,通常根据工艺要求对各种除尘方法进行组合使用,回收的烟尘必须返回生产过程。

(2)烟气脱硫的方法　在锌冶炼工业中应用的脱硫方法有钠碱吸收法、氧化锌吸收法、氨水(氨液)吸收法、离子液吸收法、石灰石膏法等。株冶集团分 2 期对 5 台挥发窑尾气采用钠碱法吸收,生产亚硫酸钠,年减排 SO_2 8000 t,但生产的亚硫酸钠销路不好。氧化锌法在日本、韩国、澳洲应用较多,产出的亚硫酸锌经氧化后生成硫酸锌,可返回湿法炼锌系统做原料使用,但其脱硫率只有 90% 左右,且氧化锌矿浆易于板结堵塞设备。氨水(氨液)吸收法利用氨水、氨液作为吸收剂去除烟气中 SO_2,副产硫酸铵可作为肥料,也可回收 SO_2 生产硫酸和液体二氧化硫,但此法只适应液氨供应充足且副产物有需求的锌冶炼企业,对总废水氨氮超标有影响。离子液法以离子液体或有机胺类为吸收液,添加少量活化剂、抗氧化剂和缓蚀剂组成的水溶液,在低温下吸收 SO_2,高温下将吸收剂中 SO_2 解析出来送制酸。但此法需要消耗蒸汽,生产成本较高。石灰石膏法采用 $Ca(OH)_2$ 或 $CaCO_3$ 粉末的浆料来除 SO_2,先生成亚硫酸钙,再氧化成石膏作为副产品,此法在日本应用较多,因为在日本石膏有市场。虽然成本低,但此法在我国应用很少,因为含重金属的石膏没有市场,且高钙废水的循环利用有问题。在我国锌冶炼企业,不管采用何种方法脱硫,都要求外排烟气含 $\rho(SO_2) \leqslant 400\ \mathrm{mg/m^3}$,在特别排放限值区要小于200 mg/m^{3}乃至100 mg/m^3。

4. 其他废气治理

1）酸雾治理

（1）电解槽酸雾通常采用机械强制通风法和覆盖剂法两种方法治理。把空气冷却塔配置在电解厂房屋顶，对电解厂房进行强制抽风，把酸雾排出厂房；在电解槽面增加盖板；在电解厂房内配置大功率的排风扇；在电解槽内加入一些表面活性剂，槽面形成一层膜，消除气泡上升动能，阻止大部分酸雾逸散。

（2）高温反应槽罐中形成的酸雾，工业上一般采用强制抽风机，经排气筒直接排空。治理这种酸雾更有效的方法是将这些槽罐产生的气体抽到一台或多台气液分离器中进行气液分离后再排空，酸液返回工艺过程。

2）熔铸烟气治理

锌熔铸和合金化过程产生的烟气，过去通常采用水膜除尘器进行治理。但由于产生大量废水，现在大都改成用多效高温布袋收尘器来处理。

3）砷化氢废气治理

在溶液净化和镉、钴、铟、锗、镓等副产品回收过程中，会产生 H$_2$ 和 H$_3$As 气体，危害职工健康。治理措施有：加强现场通风，确保排气筒通畅；安装防爆电机；配备 H$_3$As 气体检测、报警装置；严禁烟火；严格工艺纪律，戴好防护口罩。

6.3.2 废水治理

由于各锌冶炼厂投入的原料不同，采用的工艺也不同，因此各厂排出的废水成分也不一样。但总的来说，都是酸性重金属废水。在锌冶炼厂，除污酸单独处理外，其他废水通常汇总形成一般的含重金属的酸性废水，由总废水处理站处理。

传统上，控制废水中的重金属就是用石灰或钠碱进行中和沉淀，还有一种更为昂贵但也更有效的办法，就是用硫化钠作为反应剂，使重金属成为硫化物而沉积下来。这种方法能更彻底地去除重金属，大部分沉积物能循环返回到冶炼系统。采用生物制剂和膜过滤等新技术处理酸性重金属废水，可提高废水处理深度，废水循环利用率 >95%。

1. 重金属酸性废水处理

锌冶炼生产过程中会产生各种各样的废水，最终汇总成含重金属的酸性工业废水。控制这种废水产生量的主要措施有：加强体积、渣和金属平衡管理，严控体积膨胀；提高设备完好率，严禁跑冒滴漏；提倡集中洗涤，多扫少冲；设置雨水收集池和应急事故池；采用清洁工艺技术，减少新水用量；鼓励车间零排放，鼓励清污分流、分类收集、分质处理、净化回用等。冶炼企业都设有水处理厂，集中处理废水，但污酸须先预处理。废水处理产生的渣料要尽量返回冶炼过程。采用生物制剂和膜过滤等新技术处理重金属酸性废水，可提高废水处理深度，提高废水循环利用率。

工业上应用的重金属酸性废水的处理方法主要有石灰中和法、硫化法、铁盐（铝盐）- 石灰法、电化学法、生物制剂法、膜分离法、沉淀法、吸附法、离子交换法、蒸发结晶法等。来自全厂的废水，通常先经格栅过滤、沉砂池后交替汇入数个均化池，进行自然沉降（有时也加入絮凝剂和助凝剂），底泥压滤后返回回转窑，废水进入后续处理工序。废水处理方法一般都是组合使用，单独使用往往难以满足排放标准。

1）石灰中和法

这是我国锌冶炼企业应用最早、最广、最便宜的方法。向废水中投加一定浓度的中和剂石灰乳液[$Ca(OH)_2$]，将终点 pH 控制在 $7.5 \sim 9.0$，废水中的 Cu^{2+}、Pb^{2+}、Zn^{2+}、Cd^{2+}、AsO_3^{3-}、Fe^{3+} 等重金属离子与 OH^- 反应，生成难溶金属氢氧化物沉淀而分离，中和渣送回转窑回收次氧化锌。沉淀工艺有分步沉淀和一次沉淀两种。中和剂也可以是氢氧化钠或碳酸钠，但成本高。株冶集团曾使用株洲化工厂的电石泥[主要成分是 $Ca(OH)_2$]作中和剂，也取得了好的效果，达到了以废治废的目的。石灰中和法的缺点主要是因各种重金属离子水解沉淀 pH 不同而导致废水净化深度不高，以及因净化后液含有饱和浓度的钙离子而导致废水循环利用困难。

2）硫化法

这是一种更为昂贵但也更有效的办法，向废水中投加硫化钠或硫化氢等作硫化剂，使重金属离子与硫离子反应生成难溶的金属硫化物沉淀分离除去。由于重金属硫化物溶度积很小，因此硫化法能更彻底地去除重金属，且沉积物能循环返回到冶炼系统。由于运行成本高，锌冶炼厂只有在废水含汞、铊等较高时，才使用硫化法。

3）生物制剂法

这是中南大学与株冶联合开发的新工艺，成功地实现了废水回用。酸性重金属废水首先与生物制剂发生配位反应，反应完全后加入氢氧化钠调节 pH 使其充分水解，加入适量的碳酸钠脱除其中的钙离子，最后投加聚丙烯酰胺进行絮凝沉降。上清液部分进入净化水回用系统，部分经进一步降钙处理后进行反渗透膜深度净化再回用。底流经浓缩后送压滤工序脱水，所得滤饼送回转窑回收次氧化锌。

4）石灰 - 铁盐（铝盐）法

向废水中加石灰乳[$Ca(OH)_2$]，并投加铁盐，如废水中含有氟时，须投加铝盐。将 pH 调整至 $9 \sim 11$，去除废水中的砷、氟等有害元素。此法还适用于去除钒、铬、锰、铁、钴、镍、铜、锌、镉、锡、汞、铅、铋等。

5）电凝聚法

以铝、铁等金属为阳极，在电流作用下，金属离子进入水中与水电解产生的氢氧根离子形成氢氧化物，氢氧化物絮凝将重金属吸附，生成絮状物，从而使水得到净化。

6）膜分离法

包括超滤膜、纳滤膜、反渗透膜和离子交换电渗析膜，可用于废水深度处理和废水中有价金属的综合回收。但膜分离法对入膜进水的 pH、浊度、硬度、有机物、游离氯、铁锰含量等水质指标有要求，而且膜分离成本很高，因此只能与其他方法配合使用。用其他方法将废水净化后，再用膜来进行深度处理，达到废水回用目标。

7）其他方法

离子交换法可去除废水中的重金属离子和氟氯离子，也可选择性回收废水中的有价金属。蒸发结晶法可处理含碱金属和氟氯较高的废水，常用于膜法处理后的浓水，通常利用冶炼过程中产生的多余低品位热能作为热源，以废治废。吸附法可用于废水处理中的深度处理，也可用于选择性除汞、铊等特定金属。

2. 污酸处理

一个 100 kt/a 的锌冶炼厂每天产污酸约 30 ~ 50 m^3，其中有毒有害成分多，必须单独处理。处理后的废水要求汞含量 < 0.03 mg/L，并送总废水站继续处理。

1）硫化法 – 石灰石中和法

处理分两步进行，第一步是先在硫化反应槽中加入硫化钠溶液，使之与污酸中的 As、Hg 等金属离子发生反应生成硫化物沉淀。第二步是用石灰石浆（浓度 ≥20%）或石灰乳（浓度 ≥10%）或电石泥矿浆来中和稀硫酸溶液，中和后液 pH 为 5 ~ 7。由于污酸成分复杂、汞含量波动大，采用硫化 – 中和法处理后车间出水含汞往往难以达标，且存在 H_2S 二次污染问题。

2）生物制剂 – 石灰石中和法

针对污酸酸度高、汞的形态复杂等特点，中南大学与株冶集团联合研发了高效生物制剂，并优选了一种高分子聚合物脱汞剂。处理工艺主要分为均化、配合、水解三部分。均化池用于均化系统污酸的汞等金属离子浓度和酸度。均化后汞浓度相对稳定，并能沉降部分悬浮态汞。配合反应时污酸中的汞、镉、铅、砷、锌、铜等金属离子与生物制剂中的官能团（羟基、巯基、羧基、氨基等）配合生成生物配合离子，加入的脱汞剂破坏污酸中以悬浮颗粒、胶体存在的汞结构，使其脱稳聚沉。水解过程中随着石灰乳 [10% Ca(OH)$_2$] 的加入，体系中 OH^- 增加，诱导生物配位体胶团长大形成溶度积非常小的非晶态化合物，从而使汞、镉、铅、砷、锌等重金属离子高效脱除。工业应用表明：车间外排水中的汞离子稳定达标,除汞率稳定 >98% ,配合渣含汞 22% 、铅 21% ,可作为汞冶炼的原料。

6.3.3　废渣治理

1. 概述

锌冶炼生产企业的固体废弃物可以分成两大类。第一大类是火法炉渣,包括挥发窑窑渣、密闭鼓风炉炉渣等。它们有类似玻璃体的结构,工程性能稳定,不易浸出重金属。另一大类是湿法冶炼渣,分两种:一是浸出渣,浸出渣又分为高酸浸出渣和低酸浸出渣,后者含铁酸锌较高;二是铁渣,按除铁方法不同又分为黄钾铁矾渣、针铁矿渣和赤铁矿渣。湿法冶炼渣的处理已经成为湿法炼锌厂日益增加的成本负担。

维斯麦港用威尔兹法来处理针铁矿渣。据报道,用该法回收有价金属的价值可抵消所付出的成本。然而,威尔兹法的主要目的是为了处理高品位含锌物料,单独处理铁渣是否合算还值得商榷。俄罗斯的切尔雅宾斯克和伏拉基卡夫卡茨以及哈萨克斯坦的列宁诺戈尔斯克和乌斯季卡明诺戈尔斯克,都采用威尔兹法来处理低酸浸出渣。这在中国也是很普遍的现象。

里斯顿一直都把黄钾铁矾渣倾倒到离塔斯马尼亚海岸大约 44 km 的海里,反对采用此法的环保呼声愈来愈高。里斯顿冶炼厂已经把黄钾铁矾除铁法改成针铁矿除铁法,而针铁矿渣运到本公司的皮里港铅冶炼厂用烧结—鼓风炉—烟化工艺来回收有价金属,即与其他厂联合处理针铁矿渣。

锌浸出渣的处理和资源利用已在第 3 章 3.7 节中详细介绍,在此不重复,本节重点介绍铁渣和窑渣的处理及利用。

2. 铁渣处理

铁渣的主要部分是黄钾铁矾渣,其次是针铁矿渣。铁渣是一种无价值而有害的固废,在环保立法日益严格的情况下,要求处理铁渣的紧迫感越来越大。铁渣的处置方法主要是堆存,其次是火法处理。

1)堆存处置

堆存处置黄钾铁矾渣的首要问题是需要建造大型的渣池,渣池衬有密封膜,如图 6-3 所示。随着环保意识的增强,这种处理方法越来越受到反对,其原因是铁矾渣中有毒的重金属溶入地下水后会产生严重的毒害问题。因此,目前世界上许多铁矾渣池都衬上不透水的塑料板,以防止对地下水的污染。许多铁矾渣池旁掘出一些测试井来监测渗漏情况。尽管采取了这些措施,锌厂仍面临日益增加的环保压力。

挪威的奥达把黄钾铁矾渣贮存在特意开凿出来的山洞里,这也许是一种环保安全的方法。加拿大的瓦利菲尔德和西班牙的圣胡安德涅瓦分别于 1998 年和 2001 年采用了所谓的黄钾铁矾固定法,即用水泥来固定黄钾铁矾渣,从而达到长

图 6 - 3　新建的衬有密封膜的渣池

期堆存的目的。芬兰科科拉锌厂采用新工艺，使黄钾铁矾渣中的水溶金属变成硫化物沉积物，从而确保长期堆存时重金属不会进入地下水。卡塔热纳冶炼厂处置铁矾渣的方法是彻底洗涤，使可溶锌降到 0.5% 以下，最终铁矾渣可用敞口无衬的渣池存放，堆满后用泥土覆盖，并可种植蔬菜。

1987 年，荷兰布代尔装黄钾铁矾渣的渣池发生泄漏，污染了地下水，环保担忧成为现实。尽管泄漏得到控制，荷兰政府还是宣布如果布代尔冶炼厂提不出可接受的处理方案的话，就要关闭该冶炼厂。

2）火法处理

布代尔被责令建一个黄钾铁矾渣处理厂，不但要处理正在产生的渣，还要处理前 15 年产生的渣，最终产品是一种可用于建筑的渣。布代尔用火法处理铁矾渣，可能是奥托昆普闪速熔炼工艺的变种。增加这一额外工序需投资 1.2 亿美元，成本非常高，还不包括 70 美元/t 渣的运行成本。政府考虑到荷兰的高失业率，从而做出让步，不再强制关厂，但要求将工厂改造成高效的无污染冶炼厂。这才使布代尔继续采用黄钾铁矾法除铁，从而促使澳大利亚世纪矿低铁锌矿的开发。1999 年底开始供应荷兰布代尔大部分的低铁锌精矿原料，以减少铁渣量，不然火法处理厂的能力根本不够。2000 年布代尔厂完成了工艺改造。

用火法处理铁矾渣包括澳斯麦特浸没熔炼法，韩国高丽锌公司已安装了 7 台澳斯麦特炉来处理铁矾渣和其他渣。火法处理的目的是将易挥发的毒性金属烟化出来，而将其他成分固定在不溶的炉渣中。株冶集团和丹霞冶炼厂采用回转窑还原挥发处理针铁矿渣，汉中冶炼厂也采用回转窑处理过去堆存的浸出渣和沉铁渣。

在我国，有高温法和低温法两种处理富铟铁矾渣的热分解法：高温法是在还原气氛下及 1100 ~ 1200℃ 的温度下将绝大部分铟、锌、铅等还原挥发出来，从而与铁分离；低温法是在 530 ~ 590℃ 的温度下热解铁矾渣，并使铟转化成易溶于硫酸溶液的物种，然后浸出回收。富铟铁矾渣在回收铟的过程中，不仅产生大量的低浓度二氧化硫烟气污染环境，而且产生无用的二次铁渣。

3）研究趋势

铁矾渣的处理一直是国内外湿法炼锌工业界的难题，开展过不少处理方法的研究，总体上可分火法和湿法两大类。火法又包括热分解法、碱烧结法、电炉还原挥发法及硫酸化焙烧法，其中热分解法是在 670℃（钾矾）、700℃（钠矾）、650℃（铵矾）以上的温度下热分解铁矾，放出 SO_2、H_2O、NH_3，生成 Fe_2O_3 及 A_2SO_4（A 代表 Na、K 及 NH_4）；碱烧结法将铁矾渣与纯碱（用量 70%）混合后在 700 ~ 740℃ 的温度下烧结，产生 NH_3、CO_2、H_2O，生成 Fe_2O_3 及 Na_2SO_4，氧化铁中 $w(As) < 0.5\%$，可作一般铁红用。湿法包括高温水解法、氨分解法、氯化浸出法及细菌还原 – 氧化法等。

3. 窑渣处理

从株冶 1956 年建厂到 21 世纪初，锌浸出渣回转窑还原挥发产出的窑渣在工厂西门外堆存了 2000 kt，形成了一座渣山，积压资源，污染环境，影响景观，占用土地。针对窑渣粒度小、残碳高、硬度大、含有价金属多且含量低、综合回收难度大的特点，利用窑渣中铁质与碳质等的磁性和密度的差异，开发了水力冲洗法分离部分焦粉、破碎 – 磁选法分离铁渣与焦粉、球磨 – 磁选法生产铁粉和重选法富集生产银铁矿等技术，实现了对窑渣中 Ag、Cu 等有价金属的物理分选回收，并使湿法炼锌工业中的挥发窑废渣资源得到了有效的综合循环利用。按照铁分离、铁煤分选、银富积的处理思路，已建成三条 200 kt/a 挥发窑渣处理能力的生产线。2003 年起，当期产挥发窑渣全部资源化利用，不再形成新的堆积。2006 年起，开始处理堆存的老窑渣。到 2012 年，2000 kt 老渣全部资源化处理完，填出土地 230 亩。窑渣的综合利用，每年为公司创效数千万元。

6.3.4　噪声治理技术

锌冶炼生产过程噪声治理措施有：①根治声源，如选用配有隔音室的进口二氧化硫风机，回转窑采用柔性传动，进行余热发电消除夏季高压蒸汽放空噪声等。②控制传播，在设计上从消声、隔声、隔振、减振及吸声方面考虑，结合合理布置厂内设施，采取绿化等措施，降低噪声。③个人防护，设置必要的隔声操作间、控制室等，使室内的噪声符合有关卫生标准；佩戴耳塞、耳罩进行个人防护。

参考文献

[1]彭容秋.有色金属提取冶金手册锌镉铅铋卷[M].北京：冶金工业出版社,1992.

[2]国家环境保护部,国家质量监督检验检疫总局.一般工业固体废物贮存处置场污染控制标准(GB 18599—2010)[S].北京：中国标准出版社,2010.

[3]国家环境保护部.铅、锌工业污染物排放标准(GB 25466—2010)[S].北京：中国标准出版社,2010.